中国轻工业“十四五”规划立项教材

高等学校食品科学与工程类专业教材

食品感官评定

（第二版）

王永华　崔瑞国　主编

中国轻工业出版社

图书在版编目（CIP）数据

食品感官评定 / 王永华，崔瑞国主编. -- 2 版.
北京 : 中国轻工业出版社，2025. 7. -- ISBN 978-7
-5184-5345-0

Ⅰ. TS207. 3

中国国家版本馆 CIP 数据核字第 2025NJ1893 号

责任编辑：马　妍　　责任终审：许春英
文字编辑：黄小艳　　责任校对：刘小透　晋　洁　　封面设计：锋尚设计
策划编辑：马　妍　　版式设计：砚祥志远　　责任监印：张京华

出版发行：中国轻工业出版社（北京鲁谷东街 5 号，邮编：100040）
印　　刷：北京君升印刷有限公司
经　　销：各地新华书店
版　　次：2025 年 7 月第 2 版第 1 次印刷
开　　本：787×1092　1/16　印张：22. 25
字　　数：570 千字
书　　号：ISBN 978-7-5184-5345-0　定价：55. 00 元
邮购电话：010-85119873
发行电话：010-85119832　010-85119912
网　　址：http://www. chlip. com. cn
Email: club@ chlip. com. cn

230136J1X201ZBW

本书编写人员

主　　编　王永华　华南理工大学

　　　　　　崔瑞国　河北科技师范学院

副 主 编　刘　源　宁夏大学

　　　　　　田洪磊　陕西师范大学

　　　　　　张　丽　河北科技师范学院

参编人员（按姓氏笔画排序）

　　　　　　王俊钢　亳州学院

　　　　　　龙勇益　广西科技师范学院

　　　　　　刘　媛　河北北方学院

　　　　　　刘登勇　渤海大学

　　　　　　杜双奎　西北农林科技大学

　　　　　　何　利　四川农业大学

　　　　　　宋丽军　河北科技师范学院

　　　　　　张海伟　安徽农业大学

　　　　　　陈安均　四川农业大学

　　　　　　陈海华　青岛农业大学

　　　　　　胡小军　岭南师范学院

　　　　　　康明丽　河北科技大学

主　　审　张水华　华南理工大学

PREFACE | 序

随着现代社会和经济的发展，消费者对食品的要求越来越高。食品在发挥其营养功能的同时，更多的是为人们提供感官享受和精神盛宴，食品能否得到消费者认可，很大程度取决于其感官特性。

食品感官科学是系统研究人类感官与食物相互作用的形式和规律的学科，是现代食品科学中最具特色的学科之一。感官评定是食品感官科学的基本方法，是借助人类的感觉器官对食品的质量特性进行科学评定的过程，具有理论性、实践性和技能性并重的特点。经过几十年的发展，食品感官评定的原理和技术日趋完善，并广泛应用于食品研发、质量控制、风味营销和质量安全检验监督等方面，成为现代食品科技及产业发展的重要技术支撑。

该教材源于20世纪90年代出版的《食品感官鉴评》，主编为华南理工大学张水华教授。在随后的几十年里，该教材得到了迅速发展和普及，引领了我国食品感官分析技术的教学和科研工作。一系列以食品感官分析和评定为主题的教材如雨后春笋般涌现，并于不同的时期，为食品科学专业的人才培养做出了重大贡献。

进入21世纪以来，感官科学的新理论、新方法、新应用不断涌现，为了紧跟食品感官科学的发展步伐，加强食品感官评定的教学与科研工作，该教材应运而生。

该教材的编写人员来自全国多所高等院校，都是活跃在食品感官科学教学及科研一线的中青年骨干，具有扎实的理论基础和丰富的实践经验。教材内容在保持原有教材特色的基础上，重新进行了编写，简化了烦琐的统计学理论，加大了应用案例和实验内容比例，具有极强的科学性、系统性和实用性。

该教材对于食品相关专业的师生及从业人员具有很好的参考价值，值得一读。

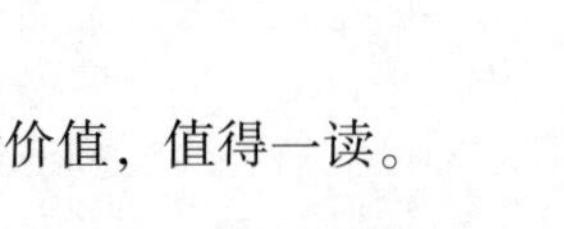

PREFACE | 前言（第二版）

食品感官科学是一门系统研究人类感官与食物相互作用形式与规律的学科，具有典型的多学科交叉、综合的特点。随着食品感官理论的发展和现代多学科交叉手段的运用，食品感官科学逐渐形成了一套完整的科学体系，成为现代食品科学中最具特色的分支。

食品感官评定是食品感官科学的基础方法，并以其理论性、实践性及技能性并重的特点，成为现代食品科学技术及食品产业发展的重要基础。我国已完成全面建成小康社会的历史任务，食品产业的规模化、品牌化和市场化基本成熟，这些都为食品感官评定技术的快速发展提供了契机。

《食品感官评定》自 2018 年出版以来，受到了全国食品院校师生的好评。随着食品感官分析技术的不断发展，相关原理、方法、标准和应用等不断创新，第一版教材的修订也提上日程。在第一版的基础上我们更新了部分感官评定方法，将人工智能技术在感官评定中的研究和应用添加到各个章节，同时将课程思政有机融入各章节。

2024 年 1 月，我们再次组织了多位食品感官科学领域的中青年教师启动教材修订工作，具体分工为：第一章由王永华、宋丽军、崔瑞国编写，第二章由刘源、胡小军编写，第三章由王永华、田洪磊编写，第四章由杜双奎编写，第五章由王俊钢、刘媛编写，第六章由王永华、刘登勇编写，第七章由陈海华编写，第八章由康明丽、刘媛编写，第九章由张海伟编写，第十章由陈安均、何利编写，第十一章由宋丽军、龙勇益、张丽编写，附录由宋丽军编写，全书由宋丽军、张丽统稿。

本书可作为高等学校食品相关专业师生的教科书，也可供企事业单位从事食品生产、研发、检验、监督、管理等相关工作的科技人员参考，是一本具有应用价值的参考书。

衷心感谢华南理工大学张水华教授在百忙之中对书稿进行认真的审阅！本书编写过程中参考了国内外同行的相关文献和资料，在此表示诚挚的感谢！鉴于目前学术资料及编者水平所限，书中难免有遗漏和不当之处，恳请广大读者批评指正。

编者

2025 年 1 月

PREFACE | 前言（第一版）

食品是人类赖以生存的基本物质条件之一。食品的感官质量是消费者购买食品的第一驱动力并始终影响消费者的购买意向。

食品感官评定即利用科学的方法，借助人类的感觉器官对食品的质量特性进行评定，并结合心理学、生理学、化学及统计学等，对食品进行定性、定量的测量与分析的过程。食品感官评定具有理论性、实践性及技能性并重的特点，是现代食品科技及产业发展的重要基础。

20世纪60年代，美国加州大学首先在食品专业开设食品感官评定课程，此后许多学校也陆续开设。在接下来的几十年中，食品感官分析的原理和技术日趋完善，其应用范围也越来越广泛。在这方面，我国起步较晚，感官分析研究基本停留在传统的方法应用层面，企业对感官分析技术的诉求也不理想。为了开展和加强食品感官评定的教学与研究工作，编写出版了《食品感官评定》一书。

本书内容全面，在理论的基础上，更加强调实践过程的操作性，具有较强的科学性、逻辑性和实用性。内容涉及感官评定基础理论，感官评定的组织及试验设计，感官评定的方法和应用，感官分析与仪器分析的关系，以及部分试验指导。

本书的编写人员都是长期从事食品感官评定教学及科研的中青年骨干。具体编写分工如下：第一章和第三章由王永华、吴青共同编写；第二章由戚穗坚编写；第四章由杜双奎编写；第五章和附录由宋丽军编写；第六章由冯卫华编写；第七章由陈海华编写；第八章由康明丽编写；第九章由张海伟编写；第十章由陈安均编写；第十一章由谢主兰编写。全书由宋丽军统稿。

本书可作为大专院校食品相关专业师生的教科书，也可供企事业单位从事食品生产、研发、检验、监督、管理等相关工作的科技人员参考，是一本极具应用价值的参考书。

在本书完稿之时，华南理工大学张水华教授在百忙之中对书稿进行了认真的审阅，在此深表谢意。

本书编写过程中参考了许多国内外同行的相关文献和资料，在此表示诚挚的感谢。

鉴于目前学术资料及编者水平局限，书中难免有遗漏和不当之处，恳请广大读者批评指正。

王永华

2018年1月

于华南理工大学

CONTENTS | 目录

第一章

01

绪 论

内容提要

本章主要介绍食品感官评定定义及内容、感官评定与其他分析方法的关系、感官科学技术发展趋势。

教学目标

1. 掌握感官评定定义及内容。
2. 掌握感官评定与其他分析方法的关系。

重要概念及名词

感官评定、感官分析、食品质量标准、智能感官、食品风味、分子感官。

第一节　食品感官评定的概念与内容

感官是人类最为原始、简单、有效的使用工具。传统上，食品感官评定来自少数生产管理者或专业技术人员的评定。生产管理者拥有改变生产工艺的权力，通过他们的感官评定，决定生产工艺以保证产品具有满意的品质。这种方法在传统消费嗜好食品的生产和消费领域仍发挥着重要作用，如评酒师、调酒师等。然而，随着经济社会的发展，人们对品质生活的追求，以“客户体验与满足”为中心的产品研发生产成为趋势，科学、真实地反映消费者感知到的食品质量，挖掘、设计并满足消费者期望的产品感官品质如食品风味、口感等成为企业发展之本、行业发展之道，食品感官科学应运而生。

美国食品科学技术学会（Institute of Food Technologists，IFT）感官评定分会给予食品感官评定的定义为：食品感官评定是用于唤起、测量、分析和解释通过视觉、嗅觉、触觉、味觉和听觉而感知到的食品及其他物质特征或性质的一门科学。换言之，食品感官评定即利用科学的方法，借助人类的感觉器官（视觉、嗅觉、味觉、触觉和听觉）对食品的质量特性进行评定（唤起、测量、分析、解释），并结合心理学、生理学、化学及统计学等，对食品进行定性、定量的测量与分析的过程。简而言之，感官评定就是以人为工具，采用客观方法收集产品对人类刺激的感官反应，以得到或推测消费者对产品的反应的过程。

现代感官分析技术包括一系列精确测定人对食品各种特性反应的方法，可以在产品性质和人的感知之间建立一种合理的、特定的联系，并把可能存在的各种偏见及其对消费者的影响降低到最低程度。同时，尽量解析食品本身的感官特性，向食品科学家、产品开发者和企业管理人员提供该产品感官性质的重要信息。

感官评定涉及人类五大感觉器官的参与，即味觉评定、触觉评定、视觉评定、嗅觉评定、听觉评定。包括两方面内容：一是以人的感官测定物品的特性；二是以物品的特性来获知人的特性或感受。感官评定试验均由不同类别的感官评价小组承担，试验的最终结论是评价小组中评价员各自分析结果的综合。所以，在感官评定试验中，并不看重个人的结论如何，而是注重评价小组的综合结论。

食品感官评定也是一门测量的科学，像其他的分析检验过程一样，也涉及精密度、准确度和可靠性。所以，感官评定试验应在一定的控制条件下制备和处理样品，在规定的程序下进行试验，从而将各种偏见和外部因素对结果的影响降到最低，通常包括四种活动：唤起、测量、分析、解释。

（1）唤起　感官评定试验应在一定的控制条件下制备和处理样品，唤起的目的在于最大程度地保证感官评定环境是独立而稳定的，包括组织评价员、建立评定程序、设计评定方法、保障评定时的外部环境及参评人员的心理、生理方面的工作在规定程序下进行试验，从而使各种偏见和干扰因素对结果的影响降到最低。

（2）测量　根据评价员通过视觉、嗅觉、味觉、听觉和触觉的行为反应，采集数据，在产品性质和人的感知之间建立一种联系，从而表达产品的定性、定量关系。

（3）分析　即采用统计学的方法对来自评价员的数据进行分析统计，让纷杂无序的数据变得条理并具有可信性。在现实的感官评定过程中，由于参与者的身体状况、情绪、动机、喜好、对感官刺激的生理敏感性、个人经历以及对类似产品的熟悉程度等因素的影响，会产生不同的人员对同一事物的评定不同，甚至同一个人在不同的条件下对同一事物的评定也具有不一致性等现象。这就需要借助计算机和各种软件，利用统计学的方法对数据进行分析，最大限度地去控制这些因素，做到科学合理的数据分析。

（4）解释　通过数据分析对所采用的方法、试验可靠性和局限性等进行合理的判断和解释，并据此提出合理的试验措施。

第二节　感官作用的生理学基础

一、味觉

味觉是化学刺激物对口腔中的“味觉接收器细胞”刺激而引起的反应。味觉受体细胞被不同类别的化合物激活，根据化合物的性质导致不同的行为和生理反应。味觉受体细胞主要分布在舌和软腭上，以 50~100 个为一组，形成味蕾，然后聚集形成更高级的结构，如乳头。由于舌面上各种感受味蕾的分布不同，对各种刺激的敏感也不同。至少有五种味觉，包括甜味、鲜味、咸味、酸味和苦味，每种味觉都由不同的机制和一组受体介导。

二、嗅觉

嗅觉是指挥发性物质刺激鼻腔中的嗅觉神经而在中枢神经引起的一种感觉。在鼻腔上部有一块对气味异常敏感的区域，称为嗅感区或嗅裂，嗅感区内的嗅黏膜是嗅觉感受体。人的嗅感区约 2.5cm^2，含大约 5 亿个嗅觉感受器细胞。空气中的气味物质在呼吸作用下，首先进入嗅感区，吸附并溶解在嗅黏膜的表面，进而扩散至嗅毛，被嗅细胞所感受，嗅细胞将感受到的气味刺激通过传导神经以脉冲信号的形式传至大脑，从而产生嗅觉。

嗅觉的功能特性类似于味觉，包括敏感性、强度辨别、性质辨别、有表现较强适应性和混合抑制的倾向。人类嗅觉具有觉察许多极低浓度有效气味的能力，可以检测许多重要的、在十亿分之几水平范围内的风味物质，例如，含硫化合物乙基硫醇，一种卷心菜或臭鼬味的化合物。人类嗅觉在察觉能力上强于味觉，但分辨气味物质浓度变化却不及味觉。

三、三叉神经的风味官能

三叉神经是一种感觉神经，主要负责触觉、压迫、疼痛和温度的感觉，这些感觉仅指存在于口腔、眼睛和鼻腔部分的感觉。许多化学物质对三叉神经的刺激能产生诸如辣、凉爽、麻或刺痛的感觉，如苏打水中二氧化碳气泡破裂产生的麻刺感，辣椒产生的灼烧感，黑胡椒及生姜、孜然芹等调料产生的辛辣感等。大约 70%的风味物质都能刺激三叉神经，但其灵敏度比嗅觉器官低。

四、感官的相互作用

人工感官评定过程非常复杂，不仅与生理学有关，与心理物理学等也有关联。对风味的感知涉及气味、滋味等单独感觉的整合，并受它们之间相互作用的影响。

1. 味觉和嗅觉对多感官风味感知的影响

虽然人们很自然地认为味觉在多感官味道感知中发挥着关键作用，但大多数感官研究人员一致认为，实际上是嗅觉为人们的风味体验提供了大部分信息。事实上，有人认为，食物 80%~90%的味道来自鼻子，例如，当人们感冒时，食物尝起来没味道。相对于味觉来说，嗅觉对风味的感知影响更大。当甜、苦、咸、酸的食物同时对嗅觉刺激，这相应的可以增强相关味觉感知强度。因此，在这种跨通道的感官交互作用下，很难在味觉和嗅觉之间划出一条清晰的界限。

2. 口腔-体感知觉对多感官风味感知的影响

口腔-体感知觉是指在口腔内产生的身体感觉，以及这些感觉提供的关于口腔本身的状态、结构和口腔内物体的信息。口腔组织由很强的体感神经支配，因此是我们强烈和生动的身体体验组织。目前为止，相较于其他感觉（感官），关于口腔-体感（或口感）对风味感知的影响研究甚少。

在口腔中，三叉神经感觉，能引起灼烧和冰爽的感觉，如辣椒和薄荷醇，通常也被认为是风味感知的一个组成部分。然而像辣椒素刺激等伤害性刺激不仅刺激三叉神经，还刺激舌咽神经和迷走神经。除了大家熟知的这会产生一种口味对另一种口味的相互抑制作用外，功能核磁共振成像研究表明，碳酸化也会抑制大脑对甜味的反应，如碳酸饮料。

近年来，研究人员通过嗅觉计将后鼻腔的香气（奶油味）和纹理基质（不同黏度的类似牛乳的物质）分别传递到品尝者的嘴里，要求品尝者评价风味的强度，以及入口后的口感。结果表明，风味强度等级随着液体黏度的增加而降低。同样，食物的质地或盘子的纹理感觉会影响多感官风味感知。例如，比格斯（Biggs）等人发现，人们认为生姜饼干从质地粗糙的盘子中拿出比光滑的盘子中拿出后品尝更美味。此类结果显示了食物质地（包括口感）在风味的多感官感知中发挥重要而复杂的作用。

3. 视觉对多感官风味感知的影响

已有研究表明，如食物颜色的色调或强度发生变化，会影响人们对食物风味的感知。甚至有证据表明，味觉阈值也可能会因为食物颜色的加强和缺失而受到影响，原因可能是面对同一种食物不同的人会有不同的风味预期。常见的观察结果有：倘若改变饮料的颜色，相应地会改变人们感知到的饮料味道，如樱桃味的饮料呈绿色，许多人会觉得有酸橙的味道，如呈橘色就会感知到橘汁饮料的风味。

现已证明食物颜色对口味识别影响的大小会随着一个人的年龄变化和品尝时的状态而变化。有些人，被称为味觉超强者，其舌头上的味蕾是非味觉超强者的 16 倍。研究表明，人们对苦味食物的敏感度存在巨大差异，例如，球芽甘蓝和丙基硫氧嘧啶（PROP），它们更多地取决于 *TAS2R38* 基因编码的 PROP 受体的状态，而不是味蕾的密度。味觉超强者往往对苦味和口腔体感更敏感，如沙拉酱和冰淇淋。赞平（Zampin）也表明，味觉超强者受一系列水果味饮料中不恰当颜色（异样颜色）的影响较小。

近几年，越来越多的研究开始证明食物刺激的背景颜色也会影响人们的味觉或风味评级。例如，在这一领域发表的第一批研究之一中，皮克拉斯-菲兹曼（Piqueras-Fiszman）等在西班牙艾丽西亚基金会进行了参与者内部试验，这些人对粉红色草莓慕斯进行品尝并打分，7%更甜，13%更有风味，同时，9%的人更喜欢在一个白色圆盘子里而不是从一个黑色的圆盘子里进行品尝。

研究人员也有报告，灯光的亮度会影响人们对辛辣食物和食用苦味咖啡的行为。总之，过去 80 年左右发表的研究清楚地表明，颜色在设定人们的味觉或风味预期方面发挥着重要作用，从而调节人们对食物的体验。虽然每个人都可能受到食物外观属性的影响，但人们与不同食物颜色的特定味道或风味关联，因所处地区或拥有文化而有所不同。而颜色的影响绝对取决于看到颜色的环境（即产品、餐具、环境或产品包装中的颜色）。

4. 听觉对多感官风味感知的影响

近 60 年前，研究人员首次开始思考听觉在饮食体验中的影响。听觉对多感官风味感知的贡献被一些人描述为“被遗忘的味觉”，越来越多的证据表明，人们在吃喝东西时（或之前）听到的东西可以对多感官味觉体验产生深远的影响。例如，薯片和苹果的脆性可以通过增强品尝者产生的咬或咀嚼的声音来改变。这种研究多感官风味感知的方法来自对羊皮纸皮肤错觉的基础研究，因此，人们对一个纹理表面的感觉体验可以仅仅通过他们所听到的声音来改变。

然而，除了咀嚼食物发出的声音之外，值得注意的是，准备食物的声音，甚至包装的声音都可以对味觉体验设立一定的期望。这些期望，反过来，可以改变人们对风味的感知或判断，比如热盘上牛排的嘶嘶声，薯片包装的嘎嘎声和咖啡机的声音。

品尝食物时所处环境的背景噪声水平也可以改变人们的味觉感知。例如，研究人员曾记录到，当参与者暴露在巨大的白噪声或飞机引擎噪声中时，他们对甜味和咸味的感知会被抑制，而对鲜味的感知被增强。在另一方面，音乐和声景也可以用来增强食物的感官辨别性或享乐性属性。这是一个全新的研究领域，被称为“声波调味品”。

目前，已有众多研究人员确定了食品风味感知中各类复杂感官信息输入的相互影响机制。多感官风味感知存在混合增强或混合抑制现象。对于化学刺激物的触觉也得到了很好的认识，任何位于鼻中或口腔中的风味化学物质可能有多重感官效应，如酸不仅具有酸味，也能改变口腔环境的触觉轮廓。另外，视觉和触觉印象对于我们正确评定和接受食品风味也起着关键作用。最后，在饮食时，食品的声音对风味的感知也具有潜在作用，例如，销售者常利用牛乳倒于谷物食品上所产生的噼啪声来引起消费者注意，由此达到推销目的。

第三节 食品感官评定与其他分析方法的关系

食品的质量标准通常包括感官指标、理化指标和卫生指标。理化指标和卫生指标主要涉及产品质量的优劣和档次、安全性等问题。而感官评定除了测定出传统意义上的感官指标外（该指标通常是具有否决性的，即如果某一产品的感官指标不合格，则不必再做理化指标检测和卫生指标检测，直接判该产品为不合格品），更多的还在于评价产品在人的感知中的细微差别和喜好程度。所以，食品的感官评定不能代替理化分析和卫生指标检测，它只是在产品性质和人的感知之间建立起一种合理的、特定的联系。

由于感官评定是利用人的感官进行的试验，而人的感官状态又常受环境、身体状况、感情等众多因素的影响，所以在极力避免各种情况的影响的同时，人们也一直在寻求用物理、化学的方法来代替人的感觉器官，使容易产生误解的语言表达方式转化为精确的数字表达方式，如电子眼、电子舌、电子鼻的开发和应用，可使评价结果更趋科学、合理、公正。

随着科学技术的发展，特别是计算机技术的应用，将逐渐出现不同的理化分析方法与分析型感官评定相对应，但目前由于以下原因，理化分析暂时还无法代替感官评定。

（1）理化分析方法操作复杂，费时费钱，不及感官评定方法简便、实用；

（2）一般理化分析方法还达不到感官方法的灵敏度；

（3）一些用感官感知的产品性状，其理化指标尚不明确；

（4）对于一些感官指标，还没有开发出合适的理化分析方法。

第四节 食品感官评定技术的发展历史及趋势

一、食品感官评定技术的发展历史

感官评定其实是人类存在以来就一直存在的传统方式，从神农尝百草，到现代人类日常生活中以看、闻、尝、摸等动作来决定食品的品质状况，都是最基本的感官评定，其依赖的是个人的经验积累与传承。长期以来，许多食品感官评定技术一直用于品评香水、精油、香料、咖啡、茶、酒类等产品的感官特性，其中以酒类的感官评定历史最为悠久。

在传统的食品行业和其他消费品生产行业中，大部分的商品品质完全依赖具有多年经验的专家意见来判定。随着食品科技的进步，以师傅教徒弟方式培养专家的速度跟不上食品工厂与产量增加的速度，同时统计学的缺乏使得专家的权威及其意见逐步失去了代表性，导致专家的经验无法真正反映消费者的意见。

1931 年，普拉特（Platt）提出产品的研发不可忽视消费者的接受性，并且提出应该废除超权威的专家，代之以一定数量的、真正具有品评能力的评价员来参与感官评定。在整个 20 世纪 30 年代，许多新的食品感官评定方法不断涌现，并朝着科学化方向迈进，如评分法、标准样品的使用等。1932 年，费尔（Fair）提出了对饮用水味道及气味的感官评分方法；1936 年，科弗（Cover）发表了测量肉类嫩度的方法，同年梅登（Maiden）发表了测量面包香味的方法；1939 年，韦弗（Weaver）提出了测量牛乳香味的感官评定方法。

食品接受性的研究始于第二次世界大战期间，当时营养学家为士兵调配高营养食品时，由于忽视了食品的接受性导致食品风味差而受到排斥。因此，在 1945—1962 年间，位于芝加哥的研究所进行了大量关于食品接受性的研究工作，美国陆军开始以系统化的方式收集士兵们对食品接受程度的数据，进而决定供应何种食品。期间，许多科学家开始思索如何收集人们对物品的感官反应以及形成这些反应的生理基础，同时发展出了测量消费者对食品喜爱性及接受性的评分方法，如 7 分评分法与 9 分评分法等，并对差别检验法作了综合性整理与归纳，详细说明了比较法、三角法、稀释法、评分法、顺位法等感官评定方法的优劣。另外，评价员的选择与训练方法、试验结果的统计分析方法、品评结果与物理化学测量结果相关性研究等更具体、更科学的感官评定方法不断发展。

20 世纪 60~70 年代，国际上对食品与农业、能源危机、食品组成原料价格竞争及全球化市场的关注，都直接或间接地为感官评定提供了发展机会。例如，寻找替代甜味剂，促使人们对甜味感觉的测量产生新的兴趣，随之引发了新型测量技术的开发，同时也间接地鼓励了用来评估不同组分甜度的直接数据登录系统的开发及应用。

随后随着新产品的不断涌现，为感官评定创造了市场，反过来，对新产品评定方法的研究也促进了感官评定本身的发展。比如对甜味剂替代物的研究促进了甜度的测量方法，这些都对感官领域测量方法的完善起到了推动作用。

当今食品感官评定更多地被用于食品开发商在考虑商业利益和战略决策方面。例如，市场调研消费群体的偏爱、工艺或原材料的改变是否给产品带来质量的影响、一种新产品的推出是否会受到更多消费者的喜欢等。

20 世纪 80 年代，感官评定技术开始蓬勃发展，越来越多的企业成立感官评定部门，建立评价小组。一些高等学校成立研究部门并纳入高等教育课程，感官评定成为食品科学五大学科领域（食品化学、食品工程、食品微生物、食品加工、食品感官评定）之一。美国材料与试验学会（ASTM）也制定了感官评定实施标准。20 世纪 90 年代以来，由于国际商业活动频繁以及全球化观念影响，感官评定开始了国际交流，并涉及跨文化与人种的影响。

近年来，随着食品感官理论的发展和现代多学科交叉手段的运用，感官科学与感官评定技术不断融合了其他领域的知识，如统计学家引入更新的统计方法及理念、心理学家或消费行为学家开发出新的收集人类感官反应的方法及心理行为观念、生理学家修正收集人类感官反应的方法等，通过逐步融合多学科知识，形成了一套完整的科学体系，成为现代食品科学中最具特色的学科，并以其理论性、实践性及技能性并重的特点，成为现代食品科学技术及食品产业发展的重要基础。

二、食品感官科学技术的发展趋势

随着信息科学、生命科学、仪器分析技术的发展，食品感官科学技术与多个学科交叉，表现为人机一体化、智能化的发展趋势。感官分析的应用呈现出与市场需求和消费意向密切结合的多元化态势。

1. 专业品评与消费嗜好评价相结合，感官营销推进学科应用

无论是专业感官评价小组还是管理者的感官分析，都是针对特定产品进行描述、剖析、评价，从而控制产品的稳定性或寻找产品的不足之处，指导配方设计以及工艺的改进。产品生命周期主要决定于市场消费需求与消费意向。如何评价与预测某类产品的消费意向以及产品与消费意向的差异性，成为当前感官分析中一个新的研究领域。如蔬菜汤中有机成分及其稳定技术与消费者接受程度之间的关系研究、消费者对猪肉外观特征的偏爱性研究等。

2. 感官分析不断规范化、特色化

感官分析的规范化将传统经验型的感官品评提升为对感官分析技术的研究与应用，合理认识与有效控制感官影响因素，规范感官评定活动要素（环境、人员、方法、评定器具），统一感知表达的工作语言（术语、描述词）和感知测量的标尺（感官参比样、标准样品），建立良好感官实践应用工具，提高感官分析结果的可比性和可靠性，实现产品感官质量评定与控制的规范化。

不同国家、人种、民族、地域、性别、年龄的人群具有对食品不同的消费偏好，食品工业及其他消费品行业的发展，需要不断地挖掘不同目标人群的需求，开拓市场、细分市场，这就需要描绘能反映“中国人感官消费特色”的风味地图，构建我国特有的感官分析数据资源，这既是我国特有的财富，更是中国参与感官科学国际交流与合作的资本。同时我国幅员辽阔、历史悠久，形成了许多特色、传统食品，这些食品也正经历着现代化、规模化的转型，系统研究这些产品类型的感官特色，形成规律、评价方法与嗜好性演变，是我国感官科学工作者的责任。

食品感官科学技术发展方向为立足于中国传统文化与管理背景，以减少人的主观因素、生理因素和环境因素等影响，提高感官分析结果的可比性及可靠性为目标，通过统计学和心理学方法，研究感官分析环境、人员、评定方法和器皿等方面的标准化方法和计算机信息管理系统，将它们有机地融合于企业管理系统中，以实现规范化的感官质量管理体系。

3. 人机结合的智能感官分析技术逐渐成为主流

随着现代工业的快速发展，完全凭借感官评价小组的感官分析方法难以满足数量大、跨地区产品的品控要求。工业化、规模化和自动化的生产过程需要精确、可控制的参数，而传统感官分析仅提供定性和模糊的描述，这就需要将感官分析与现代仪器分析技术相结合，建立两者相关性数据库模型，借助仪器辅助进行感官评定。

用智能感官模拟人的感官（耳、眼、鼻、舌和大脑）进行感官评定，一直是人类的梦想和为之奋斗的目标。随着智能感官分析技术、相应设备和技术标准等研究的深入，感官分析与计算机、传感器、仪器分析等手段相结合，一系列仪器化智能感官技术不断出现，如计算机自动化系统、气相色谱-嗅闻技术、电子鼻技术、电子舌技术、计算机视觉技术，高光谱成像技术、多传感器融合技术、感官评定机器人等。对感官分析与仪器分析、理化分析的相关

性以及定性与定量相结合的感官分析方法标准的研制，智能感官分析技术的研究及电子感官设备的开发是今后的研究重点。

智能感官设备的研究对象有所差异，但设备组成和工作原理具有一定的相似性，一般都包括了传感器阵列、数据处理单元和模式识别系统。传感器阵列模拟人类的嗅觉、味觉和视觉，并获取具有样本综合特征的响应信号；数据处理单元则通过处理外部刺激时模拟神经系统的复杂维度，并将处理结果传输到模式识别系统；模式识别系统在生物系统中充当“大脑”，区分不同的测量样本。

智能感官分析技术通过测量食品风味信息，不仅可以实现单源或多源信息融合技术表征评价食品风味品质，还可以静态或动态监测食品发酵过程中风味品质的变化情况，从而实现对食品风味品质的评价。智能感官分析技术通过模拟哺乳动物的嗅觉、味觉和视觉器官来获取挥发性风味物质、液体呈味物质以及外观纹理、颜色等食品风味品质信息。目前，智能感官分析技术主要应用于食品风味品质评价、食品新鲜度检测、食品真实性鉴别和产地溯源检测及其他检测等方面。

4. 食品风味化学的发展促进食品感官基础理论研究不断深入

食品风味（food flavor）是食品作用于人的感官（嗅觉、味觉、视觉及其他感觉接受器）产生的感觉，食品风味的好坏直接影响到消费者的可接受性和购买行为。食品风味化学（food flavor chemistry）的发展，促进了感官基础研究的不断深入。

近年来，科学家对感官形成的生理基础，食品风味的组成、分析方法、生成途径，以及食品风味的变化机制和调控等进行了大量研究，并逐渐形成了分子感官科学（molecular sensory science）的概念，其核心内容是在分子水平上定性、定量和描述风味，对食品的风味进行全面深入地剖析。以气味物质分析为例，在食品中气味物质提取分离分析的每一步骤中，将仪器分析方法与人类对气味的感觉相结合，最终得到已确定成分的气味重组物，即气味化合物与人类气味接受器（smell receptor，如嗅觉上皮细胞）作用，在人类大脑中形成了食品气味的印象。分子感官科学也称感官组学（sensomics）。

经过多年发展，分子感官科学已成为食品风味分析中顶级的系统应用技术。在食品中应用分子感官科学的概念，可以在分子水平上解释、预测和开发感官现象，研究食品的风味，使其由一种“混沌理论”变为一种清晰的、可认知的科学理论。还可以为系统地研究食品感官的品质内涵、理化测定技术、工艺形成、消费嗜好等食品科学和消费科学等基本问题提供数据基础。

食品感官科学技术具有学科综合交叉的特点，涉及食品科学技术、消费科学、试验与应用心理学、感官计量学、智能与信息科学等，需要多学科共同发展，在产业发展和社会需求的共同推动下，感官科学技术的发展面临前所未有的机遇与挑战。

本章小结

本章节介绍了食品感官评定的内容、作用以及发展历程，强调感官评定不仅是科学技能，也是文化传承和道德教育的载体。感官评定是一个多学科交叉的领域，在学习过程中需要有一定的团队协作精神。中国传统食品文化源远流长，通过感官评定可以让我们深入了解中华民族深厚的文化底蕴，增强对民族文化的认同感和自豪感。

思考题

1. 什么是食品感官评定？它的主要内容是什么？
2. 食品感官科学技术的发展趋势是什么？
3. 食品感官评定与其他分析方法的关系是什么？

第二章

02

食品感官评定基础

内容提要

本章主要介绍食品感官评定中感觉的定义及分类、感官的主要特征、影响感觉的因素，概述食品感官评定中的视觉、听觉、嗅觉、味觉和触觉的特征及其作用机制。

教学目标

1. 掌握食品感官评定中感觉的定义与分类。
2. 掌握食品感官评定中感官的主要特征。
3. 掌握食品感官评定中影响感觉的因素。
4. 掌握食品感官评定中视觉、听觉、嗅觉、味觉、触觉、化学物理觉和食品风味的特征及简要机制。

重要概念及名词

感觉、知觉、疲劳现象、对比现象、变调现象、协调作用、阻碍作用、视觉、听觉、嗅觉、味觉、触觉、化学物理觉、食品风味。

第一节　概述

一、感官及其主要特征

在人类产生感觉的过程中，感觉器官（感官）可以直接与客观事物的特性相联系，且不同感官对外部刺激具有较强的选择性。感官由感觉受体和（或）能够对外界刺激产生反应的多个细胞（感受器）组成。当这些感受器获得刺激后，刺激将以信号的形式通过神经传导到大脑。

感官通常具有以下特征：

（1）感官对外界环境和自身内部的化学和物理变化十分敏感。感官收到内、外界刺激后会变成神经冲动，进而引发感觉。

（2）通常情况下，一种感官只能接受和识别一种刺激。例如，人可以通过眼睛感受色彩，通过耳朵感受音乐以及通过鼻子感受香气等。

（3）只有刺激强度在一定范围内才会引起人体产生感觉。感官或感受器并不是对所有刺激都会产生反应，只有当引起感受器发生变化的刺激强度处于适当识别范围内时，才能产生正常的感觉。当感官连续接受到一定高强度的刺激时，感官会产生适应和疲劳现象，感觉不到刺激差异，导致器官的敏感性明显下降。例如，人在刚进入水产品市场时，会嗅到强烈的鱼腥味，可随着在市场逗留时间延长，所感觉到的鱼腥味逐渐变淡，若长期待在此处，这种鱼腥味甚至可以被忽略。

（4）感官及其感觉对刺激的响应在一定程度上是依赖于人的心理。例如，心情愉悦和悲伤，使人对同一事物的判断会截然相反；年幼和年长的人对同一气味的感受也不相同。

（5）不同感官在响应内外刺激时会相互影响。只有当不同感官产生交互响应后，感觉才能真正反映出刺激源的本身属性。

二、感觉的定义及分类

感觉（sensation）是人脑对直接作用于感官的客观事物的个别属性的反映。例如，一块面包有颜色、形状、气味、滋味、质地等多种属性。这些属性通过刺激不同感官反映到人的大脑，大脑接受和加工这些属性，进而认识这些属性，产生不同的感觉。感觉是人类认识客观世界最开始的阶段，其在个人获得生存信息中发挥重要作用。首先，感觉提供了内、外环境的信息。人能够通过感觉认识外界事物的个性特征，进而了解事物的其他属性。其次，感官保证了机体与外界环境信息的平衡。人若想正常生活和工作，必须从周围的环境中获得有用信息，保证机体能够正常生活和工作，进而才能保持与环境的平衡，其中也包含信息的平衡。假如信息发生超载或不足都会导致机体发生信息失衡，使机体产生不良的影响。最后，感觉也是一切高级或复杂认识过程的开始，也是人心理现象的基础。人的知觉、记忆、思维等复杂的认识活动必须依靠感觉提供原始资料。人的情绪体验也必须借助人对环境和身体内部状态的感觉。

按照刺激物的来源可以将感觉分为外部感觉和内部感觉。外部感觉是由外部刺激引起的，反映外部事物个别属性的感觉，主要包括视觉、听觉、嗅觉、味觉和肤觉。内部感觉是对来自身体内部刺激所引起的，反映内脏器官、身体平衡及自身状态的感觉，一般包括运动觉、平衡觉和机体觉（也称内脏感觉）。

按照刺激能量性质划分，可以将感觉划分为接受电磁能的感觉、接受机械能的感觉、接受化学能的感觉、接受热能的感觉。如眼睛可以看到色彩是视觉对电磁能的响应、舌头可以品尝到滋味是味觉对化学能的响应、身体可以感受触压是皮肤对机械能的响应、双手可以感受水温是皮肤对热能的响应。

三、感觉与知觉

人认识某种事物或现象，并不仅仅局限于它的某方面的属性，而是把这些属性组合联系。因此，知觉（perception）是人将通过感官得到的信息经过头脑的加工（综合与解释），产生了对事物整体的认识，并了解它的意义，即将事物的各种不同属性、各个部分及其相互关系进行整合。

感觉和知觉存在区别。例如，人们可以通过感觉获得各种不同的声音特性（音高、音响、音色），但人们通过知觉将这些听觉刺激序列加以组织，并依据人们头脑中的经验，赋予声音意义。因此，感觉是对事物的一些简单属性的认识，提供内、外环境的信息；而知觉并非各种感觉的简单相加，而是感觉信息与非感觉信息的有机结合依赖多种感觉器官的联合活动，反映事物的整体及其关联性。

感觉和知觉有密切的联系。两者皆依赖于事物对感官的刺激，如果事物不再直接作用于人们的感官，那么人们对该事物的感觉和知觉也将停止。感觉和知觉都是人类认识世界的初级形式，反映的是事物的外部特征和外部联系。如果要想揭示事物的本质特征，光靠感觉和知觉是不行的，还必须在感觉、知觉的基础上进行更复杂的心理活动，如记忆、想象、思维等。知觉是在感觉的基础上产生的，没有感觉，也就没有知觉。人们感觉到的事物的个别属性越多、越丰富，对事物的知觉也就越准确、越完整。但知觉并不是感觉的简单相加，因为在知觉过程中还有人的主观经验在起作用，人们要借助已有的经验去解释所获得的当前事物的感觉信息，从而对当前事物作出识别。

感觉虽然较为简单，但却能使个体获取生存的必要信息，是一切高级复杂心理活动的基础和前提，对人类的生活有重要影响。研究也发现“感官剥夺”（sensory deprivation）（即将人的一部分感知能力隔绝掉），会对生理和心理造成严重后果。知觉按一定方式整合和解释由感觉提供的信息。感觉和知觉通常合称为感知，是人类认识客观现象最基本的认知形式，人们对客观世界的认识始于感知。

四、感知与感觉器官

感知的产生依赖于感觉器官。感觉器官（sense organs）（简称感官）是实现感觉过程的生理装置。包括感受器、神经通道和大脑皮层感觉中枢三部分。其中，感受器的职能是将刺激的物理化学特性转变为神经冲动；神经通道负责传导神经冲动，并在传输过程的不同阶段得到有选择的加工；感觉经验的形成是在大脑皮层感觉中枢，感觉中枢是由大脑皮层上相应感觉的中枢部分和弥散部分组成。

对于食品感官评定，重要的感官有：

（1）眼　视觉感受器位于眶内，由眼球及其辅助装置组成。眼球主要感受光波的刺激，经视神经传入脑。

（2）耳　耳包括外耳、中耳和内耳三部分。听觉感受器和位觉感受器位于内耳，因此内耳又叫位听器。听觉感受器和位觉感受器在功能上虽然不同，而结构上难以分割。外耳和中耳是波传导的装置；内耳前部的蜗管接受声波刺激，中、后部为接受位觉刺激的椭圆囊、球囊和半规管。耳经前庭蜗神经将冲动传导至脑。

（3）鼻　嗅觉感受器位于鼻腔后上部黏膜内，感受空气中气味的刺激，经嗅神经传至脑。

（4）舌　味觉感受器即味蕾，主要分布于舌黏膜上的菌状乳头和轮廓乳头内，少数分布于软腭、咽和会厌处的黏膜，经面神经、舌咽神经等将冲动传导至脑。

五、刺激浓度与感觉强度的关系

人的感官仅对适当范围内的刺激产生正常反应，这个刺激范围即为感觉阈值（sensory

threshold）。依照测量技术和目的的不同，感觉阈值又可区分为绝对阈（absolute threshold）与差别阈（difference threshold）。低于所指阈的刺激强度称为阈下刺激，高于所指阈的刺激强度称为阈上刺激。

绝对阈，又称觉察阈（detection threshold），表示引起感觉所需要的感官刺激的最小值。例如，人们通常不能体会到0.002g/L蔗糖溶液的甜味。但是，当蔗糖溶液浓度调整到20g/L时，人们不但能体会到甜味，而且能感觉到它过于甜腻。当然，不同条件下，同一感觉的觉察阈可能不同。如嗜好甜味的人与口味清淡的人可能对甜味刺激具有不同觉察阈，通常嗜好甜味的觉察阈更高。

差别阈，又称最小可觉差（just noticeable difference），表示可感知到的刺激物理强度差别的最小值。对于同类刺激，它们的强度（浓度）需要差别一个差别阈时，才能使人感觉到差异。

一系列针对刺激浓度与感觉强度的关系的心理物理学函数和定律也被提出。19世纪40年代，德国生理学家韦伯（E. H. Weber）在研究重量感觉的差别阈时发现，100g的砝码放在手上，至少需要增减3g；如果原重量为200g，则至少需要增减6g；如果原重量为300g，则至少需要增减9g才能觉察出重量的变化。可见，引起差别感觉的刺激增量与原刺激量之间存在某种关系。这种关系可用韦伯定律公式（2-1）来表示：

$$K = \Delta I / I \quad (2-1)$$

式中 ΔI——引起差别感觉的刺激增量；

I——原刺激量；

K——韦伯常数。

对于不同的感觉而言，K的数值不同。根据K值的大小，可以判断人对某种感觉的敏感程度。K值越小，感觉越灵敏。通常，韦伯定律只适用于中等刺激强度。

感觉由一定刺激引起。因此，感觉的强弱与刺激强度间有直接联系。德国的心理物理学家费希纳（G. H. Fechner）在韦伯定律的基础上，进行了大量的试验研究，在1860年出版的《心理物理学纲要》一书中，提出了一个经验公式（2-2），用以表达感觉强度与物理刺激强度之间的关系，又称为费希纳定律：

$$S = K \times \lg I \quad (2-2)$$

式中 S——感觉强度；

I——刺激量；

K——常数，与某种感觉的韦伯常数相关。

按照这个公式，感觉的强弱是刺激量的对数函数。费希纳定律提供了度量感觉大小的一个量表，但他假定所有差别阈在主观上都相等，而这与事实不符。并且，费希纳定律以韦伯定律为基础，由于后者只适用于中等强度的刺激，导致费希纳定律也受限于中等强度刺激。

20世纪50年代，美国心理学家斯蒂文斯（S. S. Stevens）用量值估计法（magnitude estimation method）研究了刺激强度与感觉强度的关系。例如，给被试呈现一个中等强度的光刺激，并给它的明度指定一个数值，如10（标准光）。然后，随机呈现不同强度的光刺激（比较光），要求被试根据主观感受给每种光刺激的明度一个数值，以表示强弱。如果比较光看上去只有标准光的一半亮，则它的估计值就为5。如果比较光看上去是标准光亮度的两倍，则它的估计值可为20。这样即可得到三种刺激强度与感觉强度（估计值）的关系。根据系列试验，斯蒂文斯认为，心理量并不随物理量对数的上升而上升，而是与物理量的幂成正比，这种定律可表示为式（2-3）：

$$S=K\times I^{n} \tag{2-3}$$

式中 S——感觉强度；

I——刺激量（物理变量或化学物质的浓度）；

K——调整 S 与 I 所使用单位的常量；

n——定律指数，用对数 lg 单位表示时，n 为 S 与 I 的回归曲线的斜率。

对该定律指出，当 $n<1$ 时，感觉强度的增长慢于刺激量的增长；当 $n>1$ 时，感觉强度的增长快于刺激量的增长。

第二节 影响感知的因素

一、生理因素

1. 疲劳现象

疲劳现象是经常发生在感知过程中的一种现象。当一种刺激长时间施加在一种感官上后，该感官就会产生疲劳现象。疲劳现象发生在感官的末端神经、感受中心的神经和大脑的中枢神经上，疲劳的结果是感官对刺激感受的灵敏度急剧下降。嗅觉器官若长时间嗅闻某种气味，就会使嗅感受体对这种气味产生疲劳，敏感度逐步下降，随着刺激时间的延长甚至达到忽略这种气味存在的程度。除痛觉外，几乎所有感觉都存在疲劳现象。

感觉的疲劳程度依所施加刺激强度的不同而有所变化，在去除产生感觉疲劳的强烈刺激之后，感官的灵敏度会逐渐恢复。一般情况下，感觉疲劳产生越快，感官灵敏度恢复得越快。值得注意的是，强刺激的持续作用会产生感觉疲劳，敏感度降低，而微弱刺激的持续作用，反而会使敏感度提高。利用后者可进行感官评价员的培训，使其感官灵敏度得到提高。

2. 对比现象

当两个刺激同时或连续作用于同一个感官时，一个刺激的存在造成另一个刺激增强的现象称为对比增强现象。在感觉两个刺激的过程中，两个刺激量都未发生变化，而感觉的变化是由于这两种刺激同时或先后存在时对人心理上产生的影响。例如，在吃过糖后，再吃山楂会感觉山楂特别酸，这是常见的先后对比增强现象。同一种颜色，将浓淡不同的两种放在一起观察，会感觉颜色深的更加突出，这是同时对比增强现象。与对比增强现象相反，若一种刺激的存在减弱了另一种刺激，则称为对比减弱现象。例如，在吃牛乳巧克力后喝汽水，也不觉得汽水甜，这就是对比减弱现象。各种感觉都存在对比现象。对比现象提高了两个同时或连续刺激的差别反应。因此，在进行感官评定时，应尽量避免对比现象的发生。

3. 变调现象

当两个刺激先后施加时，一个刺激造成另一个刺激的感觉发生本质的变化时的现象，称为变调现象。例如，尝过氯化钠或奎宁后，即使再饮用无味的清水也会感觉有甜味。对比现象和变调现象虽然都是前一种刺激对后一种刺激的影响，但变调现象影响的结果是本质性的改变。

4. 协同作用

当同时施加两种或两种以上的刺激时，感觉水平超出每种刺激单独作用效果叠加的现象，称为协同作用。鲜味成分之间存在协同作用，例如，2g/100mL 的味精和 2g/100mL 的核苷酸共存时，会使鲜味明显增强，增强的强度超过相同浓度下味精和核苷酸单独存在时鲜味强度的加和。协同作用的效果广泛应用于复合调味料的调配中，如 5′-肌苷酸和 5′-鸟苷酸等动物性鲜味与谷氨酸并用可使鲜味明显增强。从分子层面解释是由于谷氨酸紧密结合在鲜味受体的胞外结构域，使受体构象发生改变，5′-核苷酸的结合使鲜味受体构象更加稳定。食盐和味精在水溶液中均以钠离子（Na^+）的形式存在，食盐与谷氨酸协同交互，可以减少制作美味的食物所需要的食盐含量，此外，味精的存在不改变实际上食盐的味觉阈值。另外，麦芽酚对甜味的增强效果，也是一种协同作用。

5. 拮抗作用

由于某种刺激的存在导致另一种刺激的减弱或消失的现象称为阻碍作用或拮抗作用。如产于非洲西部地区的神秘果会阻碍味觉受体对酸味的响应，在食用神秘果后，再食用带酸味的物质，会感觉不出酸味的存在。匙羹藤酸（gymnemic acid）能阻碍味觉受体对苦味和甜味的感觉，但对咸味和酸味无影响。日常生活中，因为有谷氨酸的存在，盐腌制品与相同浓度的食盐溶液相比，感觉咸度不高，如酱油、咸鱼等含有 20%左右的食盐和 0.8%~1.0%谷氨酸。鲜味可以和苦味相互作用，减轻苦味的影响。糖精是常用的合成甜味剂，但其缺点是有苦味，如果添加少量的谷氨酸钠，苦味就可明显减弱。

二、心理因素

心理因素如压力、情绪对食品选择和感知有很大的影响。个体本身的期望、喜好和需求决定食品的摄入与接受程度。个体生理与心理的失衡会导致食品感知的失衡，进而可能诱发暴食或神经性厌食症等疾病。

1. 压力

心理压力是现代生活的一个共同特征，可以改变影响健康的行为。压力对食物摄入的影响取决于个人、压力源和环境。一般来讲，有些人在承受压力时会吃得更多，而有些人会吃得更少。研究还表明，如果工作压力过大，可能会导致不利的饮食变化，增加体重增加的可能性，从而增加心血管疾病风险。

2. 情绪

食物会影响人们的情绪，而这种情绪对食物的选择和摄入有很大的影响。有趣的是，食物对情绪的影响似乎与对特定食物的态度有关。节食者、高度克制的人和一些女性报告说因为没有吃到本应该吃的东西而感到内疚。此外，限制某些食物摄入会增加对这些特定食物的渴望，从而导致所谓的“食物渴望”。女性比男性对“食物渴望”报告的频率更高一些。抑郁情绪会影响这些渴望的严重程度。

三、其他因素

1. 食用温度

食物的食用温度对感觉有重要影响。食物可分为热、冷和常温食用食物。理想的食物温度因食品的品种不同而异，热食和冷食食物的适宜品尝温度显然是有区别的，热食的温度最好在60~65℃，冷食的温度最好在10~15℃，详见表2-1。而常温食用食物，通常在（30±5)℃的范围内最适宜。一般零食（饼干、糖果等）适宜于室温下食用。食物的最佳食用温度，也受个人的健康状态和环境因素的影响，一般来讲，体质虚弱的人喜欢食用的温度稍高。

表2-1 常见食品的适宜品尝温度

食用温度	食品名称	适宜温度/℃	食用温度	食品名称	适宜温度/℃
热食	咖啡	67~73	冷食	水	10~15
	牛乳	58~64		冷咖啡	6
	汤类	60~66		牛乳	10~15
	面条	58~70		果汁	5
	炸鱼	64~65		啤酒	10~15
				冰淇淋	-6

2. 年龄

随着人的年龄的增长，各种感觉阈值都在升高，敏感度下降。年龄到50岁左右时，敏感度呈更加明显的衰退，对食物的嗜好也有很大的变化。这就可以理解为什么老人的口味往往难以满足，主要是因为他们的嗅觉和味觉在衰退，吃什么东西都觉得无味。人们调查研究了年龄和味觉的关系，得出了各种年龄层次对鲜味、咸味、甜味、苦味等物质的阈值和满意浓度（即感觉最适口的浓度）。成人对甜味的阈值为12.3mg/mL，十几岁的青少年对甜味的敏感度是成人的1/2，阈值仅为6.8mg/mL；5~6岁的儿童和老年人对极高糖浓度下呈现的甜味表示满意，而初、高中生则喜欢低甜度。咸味则没有随着年龄的不同而发生明显的变化。

3. 生理情况

人的生理周期对食物的嗜好也有很大的影响，平时觉得很好吃的食物，在特殊时期（如妇女的妊娠期）会有很大变化。许多疾病也会影响人的感觉敏感度。因此，如果味觉、嗅觉等突然出现异常，可能是疾病发生的信号。

4. 药物

许多药物能削弱味觉功能，如服用抗阿米巴药、麻醉药、抗胆固醇血症药、抗凝血药、抗风湿药、抗生素、抗甲状腺药、利尿药、肌肉松弛剂、镇静剂、血管舒张药等药物的病人常患化学感觉失调症。

第三节 食品感官评定中的主要感觉

一、视觉

视觉是人类重要的感觉之一，绝大部分外部信息依靠视觉获取。视觉是认识周围环境，建立客观事物第一印象的直接和简捷的途径。通过视觉，人和动物感知外界物体的大小、明暗、颜色、动静，获得对机体生存具有重要意义的各种信息。

视觉是通过视觉系统的外周感觉器官（眼球）接受外界环境中一定频率范围内的电磁波刺激，经视觉中枢进行编码加工和分析后获得的主观感觉。产生视觉的刺激物质是光波，且只有波长在 380~780 nm 的光波才能被人眼捕捉到。图 2-1 为眼球的简明示意图，眼球的表面由三层组织构成，从外到里依次为巩膜、脉络膜和视网膜。巩膜使眼球免遭损伤并保持眼球形状，脉络膜可以阻止多余光线对眼球的干扰，视网膜是视觉感觉的核心部分，其上分布有多种感光细胞，主要发挥功能的是视锥细胞和视杆细胞，它们分别执行不同的视觉功能，前者位于视网膜的中心部位，对光线最为敏感，在光亮条件下，能够分辨颜色和物体的细节；后者属于暗视觉器官，只能在较暗条件下起作用，适用于微光视觉，但不能分辨颜色与细节。此外，角膜无色、透明，可以透过光线；瞳孔是虹膜中央的小孔，是光线的通道，瞳孔的放大和缩小可以调节进入眼球的光亮；晶状体无色透明，有弹性，像双凸透镜，能折射光线，曲度可调节，保持外部物体的图像始终集中在视网膜上；玻璃体是透明胶状物质，支撑眼球并折射光线。

眼球视觉的基本原理类似于照相机成像：视网膜就好像照相机里的底片，脉络膜相当于照相机的暗室，晶状体和瞳孔分别相当于镜头和光圈。当光线进入眼睛时，光线依次经过角膜、瞳孔、晶状体和玻璃体，落在视网膜上，形成倒立的虚像。在此过程中，光线经过晶状体等结构的折射逐渐汇聚，当视网膜上对光线敏感的细胞获得图像的光刺激信息时，产生讯号，通过视觉神经将信息传输到大脑的视觉中枢，大脑处理信息后形成视觉。

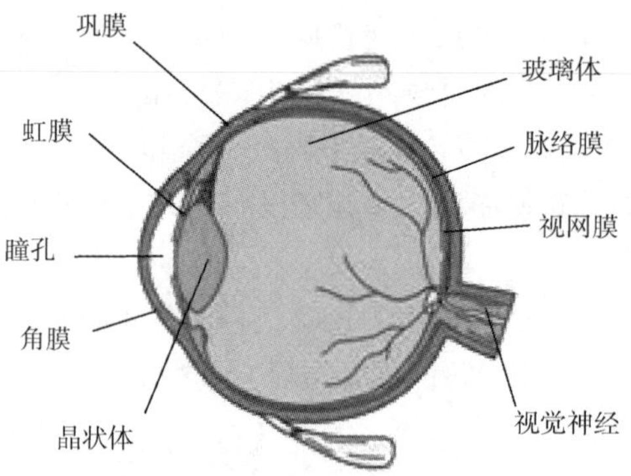

图 2-1 眼球的简明示意图

食品色泽是评价食品品质的重要因素，一般通过视觉获取。视觉虽不像味觉和嗅觉那样对食品风味分析起决定性作用，但它的作用不容忽视。食品的颜色可以反映食品是否发生了腐败变质，是食品内在品质的重要线索，它支配着消费者对他们搜索、购买以及随后可能消费的食品和饮料的感官和喜好性期望。不同食品呈现不同的颜色，且食品颜色常与食物的成熟程度或熟制程度、香气和滋味等变化相关。例如，食品色彩的明亮度与其新鲜度有关，而色彩的饱和度则与食品的成熟度有关。食品的颜色变化也会影响其他感觉。试验证实，只有当食品处于正常颜色范围内才会使味觉和嗅觉在对该种食品的评定上正常发挥，否则这些感觉的灵敏度会下降，甚至不能正确感觉。

同时，食物的颜色对人的心理也具有显而易见的影响，它会设定消费者对某种食品的感官期望。例如，研究发现在给糖浆甜度打分时，即使深色蔗糖溶液的蔗糖含量比浅色蔗糖溶液的含量低 1%，但前者的甜度打分往往高出后者 2%~10%；酱油的褐色强度与咸味和鲜味的预期/感知相关联；评价员对传统面条、绿色和黄色面条的鲜味认知强度更高，对红色面条的鲜味预期值较低；奶酪外观过白或过于透明时，都会对消费者的喜好产生负面影响。颜色对心理的影响存在个体差异，例如，跨文化因素、发育因素（年龄等）、专业知识和遗传因素等。

食品多样化的颜色（如食品色素的使用）在推动各种食品和饮料产品的喜好和消费者接受度方面发挥着重要作用，增加食物中的颜色种类会使消费增加；但也要明确，消费者接收到的固有食品颜色信息也会抑制对“异色食品”的食欲行为。

二、听觉

听觉是接受声波刺激后产生的一种感觉。耳朵是感觉声波的器官，耳朵分为内耳、中耳和外耳三部分，三部分之间通过耳道相连。外界的声波经过外耳道传到鼓膜，引起鼓膜的振动；振动通过听小骨传到内耳，刺激耳蜗内的听觉感受器，产生神经冲动；神经冲动通过与听觉有关的传入神经传递到大脑皮层的听觉中枢，形成听觉。

声波的振幅和频率是影响听觉的两个主要因素。声波振幅大小决定听觉所感受声音的强弱，振幅大则声音强，振幅小则声音弱。声波振幅通常用声压或声压级表示，即分贝（dB）。频率是指声波每秒钟振动的次数，它是决定音调的主要因素，例如，正常人只能感受到频率处于30~15000Hz范围的声波，对其中500~4000Hz的声波最为敏感。

听觉虽不常用于食品风味分析，但听觉对食品风味和品质的判断具有切实的影响，可以说，声音是一种被“被遗忘的风味感官”。在品尝食物前接收到的各类声音会显著影响食用者的感官辨别和喜好性反应。与食品相关的声音，包括准备食品的声音（如牛排的嗞嗞声或微波炉加热的叮当声），打开食品包装的声音（如香槟软木塞的爆裂声或打开一瓶可乐的嗞嗞声）等，无疑会让消费者建立味觉和/或嗅觉的期望，并以此调节随后品尝阶段的味觉体验。同时，在品尝食品阶段的咬、咀嚼、吮吸和啜食等与食物的身体互动会产生潜在的听觉信息，例如，咀嚼饼干、薯片等膨化和油炸食品时发出的特有的清脆的响声，这些信息会影响对食物质地特性和“口腔体感”的感知。此外，环境噪声和/或背景音乐也会对品尝时的风味体验带来正面和负面的影响。

总而言之，当人们在品尝食品时，甚至在决定食用某种食品前，人们所接收到的声音信息，包括食品的准备、包装和消费过程，以及背景噪声和背景音乐等，会对食品的选择以及味感的体验等发挥令人意想不到的重要作用。所以，在“正确”的背景音乐（或背景）下，可以显著提高对食品的可接受度和质量评价。音乐可以使食品显得更有价值，它会影响人们最终消费多少食物，增加在特定场所花费的时间，这也是为什么一些连锁餐厅会精心选择店内播放的音乐。

三、嗅觉

食品除含有各种滋味外，还含有各种不同气味。滋味和气味是食品的风味特性的重要组成部分，影响人类对食品的选择性、接受度和喜好性，其中，食品的气味更是人类辨别不同食物的重要依据。迄今为止，研究学者已在食品中发现了10000余种挥发性化合物，但不是所有挥发性化合物都可以被人体感知，人体只能感知到其中3000余种挥发性化合物的气味。气味化合物种类繁多，一般含量微少、极易挥发且稳定性差。不同的食品气味是由不同的气味化合物按照不同浓度组合而成，而嗅觉是捕捉气味信息的途径，因此，嗅觉与食品气味有着密切的联系，是进行感官评定时所使用的重要感官之一。

1. 感知气味的嗅觉生理学基础

嗅觉是由气味物质刺激鼻腔中的嗅细胞，引起嗅觉神经冲动，沿嗅觉神经传入大脑皮层而引起的感觉。人类对食物气味的感知始于鼻腔，依赖于嗅觉系统。嗅觉系统主要由嗅觉上皮细胞、嗅球和嗅觉皮层这三大部分组成。人在正常呼吸时，气味物质随空气进入鼻腔，气味物质激活嗅觉上皮细胞中嗅觉神经元表达的嗅觉受体并与其结合，引起细胞内的信号传导，将气味分子的化学信号传导为动作电位的电信号，通过轴突把信号传导至嗅球进行加工、修饰等处理，然后输入到大脑的嗅觉皮层进行最后的解码，最终实现对气味的感知。其中，嗅觉神经元位于嗅觉上皮细胞，其树突末端进化出纤毛，即嗅觉受体所在位置。早在1991年，美国科学家琳达·巴克和理查德·阿克塞尔联合发表论文，报道了嗅觉受体属于7次跨膜的G蛋白偶联受体（G-protein coupled receptor，GPCR），N-端位于细胞外，C-端位于细胞内，同时发现了约1000个基因组成的哺乳动物嗅觉基因大家族，深入地阐明了整个嗅觉系统的工作原理，他们也因此获得了2004年诺贝尔医学或生理学奖。每个嗅觉神经元只表达一种嗅觉受体，嗅觉受体识别气味分子的机制尚不明晰，目前主要存在有2种理论：立体结构理论和振动理论。

立体结构理论，又称“锁匙”机制。假定嗅觉受体有特殊形状的结构，只能受到与之契合形状的气味分子的刺激，该理论认为一个嗅觉受体可以识别不同的气味分子，而一个气味分子也可以结合不同的嗅觉受体。起初，艾摩尔（Ammore）提出该理论时认为，嗅觉系统可区分由7种基本气味组合而成的不同气味，这7种基本气味分别为：樟脑味、麝香味、花香味、薄荷味、醚味、刺激味和腐臭味。后来，琳达·巴克和理查德·阿克塞尔的相关研究论文也支持了该理论：嗅觉受体以不同组合的方式识别并编码不同的气味分子。

振动理论把嗅觉受体识别气味分子归因于分子的能量水平，而不是嗅觉受体与气味分子的相互作用。该理论认为，嗅觉受体与气味分子的振动频率有关，当气味分子的振动频率与嗅觉受体的振动频率一致时，嗅觉受体便被气味分子成功激活。

2. 基于嗅觉的气味感官评定

嗅觉作为感官评定时所使用的重要感官之一，其存在个体差异，并存在嗅觉疲劳。嗅觉的个体差异很大，对于同一种气味物质的嗅觉敏感度，不同人具有很大的区别：长期从事评酒工作的人，其嗅觉对酒香的变化非常敏感，但对其他气味就不一定敏感；有的人甚至缺乏一般人所具有的嗅觉能力，通常称其为嗅盲。嗅觉感官评价员不应有嗅觉缺陷。此外，虽然嗅觉器官已产生疲劳，但样品呈样顺序不一定遵循由淡至浓，要根据试验目的和方法而定。嗅觉感官评定结果受到多种因素的影响，例如，个人的身体状况、心理状态、实际经验，环境的温度、湿度、气压，样品的呈递顺序、用量、乘装容器等。对气味进行感官评定可通过鼻前通路和鼻后通路来实现，常用的气味感官评定方式包括嗅技术、范式试验、啜食技术等。

（1）嗅技术　嗅觉受体位于鼻腔最上端的嗅上皮细胞内，而在正常的呼吸中，吸入的空气多通过下鼻道和中鼻道，并不倾向通过鼻腔上部，因此，含有气味物质的空气只能极少量而且缓慢地通入鼻腔嗅区，可能导致只能感受到较轻微的气味。所以嗅闻样品时，必须作适当用力的吸气（收缩鼻孔）或煽动鼻翼作急促的呼吸，并且把头部稍微低下对准被嗅物质，使气味自下而上地通入鼻腔，使空气易形成急驶的涡流。这样，气味分子更多地接触嗅上皮，从而引起嗅觉的增强效应。值得注意的是，该嗅技术并不适用所有食品的嗅闻，应避免能引起痛感的含辛辣成分的气味。此外，通常使用嗅技术嗅闻同一气味的次数不超过三次，否则会引起“适应”，使嗅觉灵敏度下降。

（2）范氏试验 人们时刻可以感觉到气味的存在，但由于无意识或习惯性也就并不觉察它们。因此要记忆气味就必须设计专门的试验，有意地加强训练这种记忆，以便能够识别各种气味并详细描述其气味特征。范氏试验可用于训练气味记忆。其流程是先用手捏住鼻孔，张口呼吸，然后把一个盛有气味物质的小瓶放在张开的口旁（注意瓶颈靠近口但不能接触口），迅速地吸入一口气并立即拿走小瓶，闭口，放开鼻孔使气流通过鼻孔流出（口仍闭着），通过鼻后通路感知到该气味物质。气味训练试验通常选用气味分子纯品（如对丙烯基茴香醚等），使用乙醇（99.8%）或水作溶剂稀释气味分子纯品（当样品具有强烈辣味时可制成水溶液），装入无味的玻璃容器或滴加在嗅条上，借用范氏试验训练对气味的记忆。

（3）啜食技术 为避免吞食大量样品，可采用啜食技术，使样品气味顺着口腔又回到鼻腔，通过鼻后通路感知气味，这种技术通常需要一定时间才能熟练使用。例如，品茗专家和咖啡品尝专家用药匙把样品送入口内并用劲地吸气，使液体吸向咽壁（就像吞咽时一样），这样食品气味可以通过鼻后通路被感知。该技术也用于品酒领域，但酒香比茶香/咖啡香的挥发成分更多，因此品酒专家的啜食技术更应谨慎。此外，使用啜食技术品评气味时，不必要吞咽样品，样品在品评后可以被吐出。

四、味觉

味觉是人的基本感觉之一，是指可溶性呈味物质刺激口腔中味觉受体后产生的化学感受。目前普遍接受的基本味觉包括酸、甜、苦、咸和鲜五种。甜味、鲜味和咸味引起食欲，可引导人和其他哺乳动物识别生存所必需的化合物。甜味由碳水化合物（糖）引起，代表富含热量（卡路里）的食物。鲜味，即“可口味/美味”，往往代表食品中可检测到的氨基酸，尤其是谷氨酸，并识别食物中的蛋白质。盐味表示 Na^+ 和其他维持渗透压平衡所需的离子。苦味和酸味一般反映潜在有害的化学物质，有毒化合物通常是苦的，食物腐败变质后含有不安全的酸性化合物。简言之，味觉一直是人类辨别、挑选和决定是否接受食物的主要因素之一，对人类的进化和发展起着重要作用。

1. 外周味觉系统

食品中的呈味组分由位于口腔味蕾中的味觉受体细胞（taste receptor cells，TRCs）检测。在哺乳动物中，味蕾主要位于舌头背面称为乳突的特殊凹槽或凸起中，其他分布于咽、会厌、喉和软腭并散布在整个口腔中。如图2-2（1）所示，舌头上含有味蕾的乳突包括三类：菌状（fungiform，Fun）乳突、叶状（foliate，Fol）乳突和轮廓状（circumvallate，CV）乳突，它们参与味觉的感知。Fun 乳突位于舌尖和舌侧边缘，每个 Fun 乳突包含 1~2 个味蕾，并由面神经的鼓索分支支配（颅神经Ⅶ）。CV 乳突位于舌后部，在背侧上皮形成 U 形内陷；每个 CV 乳突容纳数百个味蕾，并由舌咽神经的分支（颅神经Ⅸ）支配。Fol 乳突由舌后外侧垂直方向的褶皱形成，每个 Fol 乳突包含数百个味蕾；Fol 乳突由舌咽神经和鼓索神经共同支配。

哺乳动物的典型味蕾形似“洋葱”状，由 50~150 个 TRCs 群组成。TRCs 是梭形细胞，通过味孔（味蕾顶端的一个小开口）将微绒毛投射到口腔中。呈味化学物质溶解在口腔的唾液中，激活位于 TRCs 微绒毛上的味觉受体。组成味蕾的细胞可根据其微观结构和功能特点分为五种类型：Ⅰ型（类胶质）细胞、Ⅱ型（味觉受体）细胞、Ⅲ型（突触前）细胞、Ⅳ型（基底）细胞和Ⅴ型（边缘）细胞。Ⅱ型细胞占味蕾细胞的1/3，膜上表达G蛋白偶联受体（G protein-coupled receptors，GPCRs），用于感受鲜味、甜味和苦味。Ⅰ型细胞和Ⅲ型细胞表达离子通道，分别参与咸味和酸味的检测。需要明确，味蕾由感受五种基本滋味的TRCs组成，它是一个彼此分开而又统一的功能单元：一方面能让感受不同味觉刺激的细胞进行横向相互交流或作用，同时又能保证不同味觉刺激的可区分性味觉传导。而由于味蕾广泛分布于舌上，所以没有舌上“味觉地图”之说，即舌头的所有区域均能感受五种基本滋味刺激［图2-2（2）］。

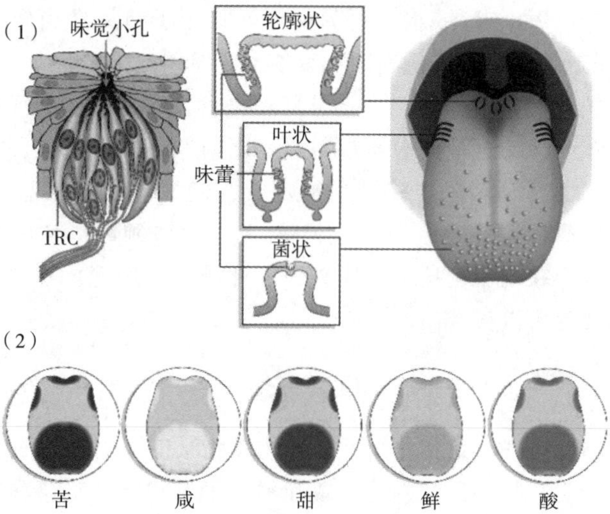

图2-2 外周味觉系统

（1）人类舌头上味觉乳突（菌状、叶状和轮廓状）、味蕾和味觉受体细胞示意图 （2）反对舌上“味觉地图”之说示意图

2. TRCs的信号传导通路

味觉传导涉及刺激与GPCRs或TRCs上的离子通道的结合，以启动信号级联响应，最终产生发送到大脑的输出信号。迄今为止，已经鉴定了两类味觉GPCRs，味觉受体1型成员（taste receptor type 1，T1Rs）和味觉受体2型成员（taste receptor type 2，T2Rs）。T1Rs介导甜味和鲜味，而T2Rs检测苦味刺激。相反，咸味和酸味物质与离子通道相互作用并使之激活。

GPCRs属于膜蛋白，含有典型的跨膜结构域，其胞内的C末端与G蛋白偶联相互作用。G蛋白是由Gα、Gβ和Gγ三个亚基组成的异源三聚体，其中Gα亚基直接与GPCRs相互作用。在Ⅱ型（味觉受体）细胞中，与T1Rs或T2Rs偶联的G蛋白异源三聚体为Gα-gustducin和Gβ3γ13。T1Rs或T2Rs与呈味配体结合被激活后，G蛋白异源三聚体发生解离，其中Gβ3γ13异二聚体可激活质膜磷脂酶C β2（phospholipase C β2，PLCβ2）。激活的PLCβ2可将膜磷脂酰肌醇4，5-二磷酸（phosphatidylinositol 4，5-bisphosphate，PIP2）分解成两个第二信使甘油二酯（diacylglycerol，DAG）和肌醇1，4，5-三磷酸（inositol 1，4，5-trisphosphate，IP3）。IP3可激活内质网上的Ⅲ型IP3受体（type Ⅲ IP3 receptors，IP3R3）通道，促使内质网向胞质释放Ca^{2+}，提高胞质Ca^{2+}浓度。胞内Ca^{2+}浓度升高激活瞬时受体电位阳离子通道亚家族 M 成员 4/5（transient receptor potential cation channel subfamily M member 4/5，TRPM4/5），促使 Na^+经 TRPM4/5 内流进入细胞，细胞发生去极化，产生动作电位。由于Ⅱ型（味觉受体）细胞没有典型的化学突触，故通过介导电压敏感的离子通道钙稳态调节剂 1/3（calcium homeostasis modulator 1/3，CALHM 1/3）的形式向胞外释放神经递质 ATP。ATP 激活胞外的嘌呤受体，将味觉信号通过传入神经系统传递到大脑味觉皮层，产生特定味觉。

酸中的质子 H^+和盐中的 Na^+等阳离子直接与离子型受体相互作用并进入细胞，导致细胞去极化，产生动作电位并激活电压门控钙通道（voltage-gated calcium channels，VGCCs），介导神经递质以囊泡形式向胞外释放。

（1）甜味受体　甜味受体由 T1Rs 中的两个亚基 T1R2（T1Rs 成员 2）和 T1R3（T1Rs 成员 3）强制形成的异源二聚体组成，一般表示为 T1R2/T1R3。与之相对应的，T1Rs 的两个亚基 T1R1（T1Rs 成员 1）和 T1R3 强制形成鲜味受体 T1R1/T1R3 异源二聚体。T1Rs 属于 C 类 GPCRs 家族成员，其结构复杂，由典型的胞外 N 端结构域，又称为捕蝇草结构（venus flytrap，VFT，T1Rs 的正构结合位点），由紧邻的半胱氨酸富集区（cysteine-rich domain，CRD）、7 次跨膜结构域（7-transmembrane domain，7-TMD），以及胞内 C 端尾部区域组成。T1R2/T1R3 可被目前已发现的所有天然糖、D-氨基酸、人造甜味剂和甜蛋白激活，进而发生构象变化，介导上文阐述的胞内信号传导通路。可在拓展阅读部分了解不同甜味分子与 T1R2/T1R3 互作的结合区域等信息。

（2）鲜味受体　如上文所述，其中一种主要的鲜味受体为 T1R1/T1R3，能识别包括鲜味氨基酸（谷氨酸、天冬氨酸）和核苷酸（腺苷酸、肌苷酸、鸟苷酸等）等在内的大多数鲜味分子。鲜味的一个特征是谷氨酸的鲜味能被嘌呤核糖核苷酸，例如，5′-单磷酸肌苷（inosine-5′-monophosphate，IMP）和 5′-单磷酸鸟苷（guanosine-5′-monophosphate，GMP）增强，即鲜味组分间的协同增效作用，这种协同作用的分子机制发生在 T1R1/T1R3 受体水平（详见拓展阅读部分）。

除了 T1R1/T1R3，代谢型谷氨酸受体 1/4（metabotropic glutamate receptors 1/4，mGluR1/4）是另一种鲜味受体，mGluR1/4 可特异性地识别食物中高浓度的 L-谷氨酸和它的类似物。

（3）苦味受体　在人的舌头上，苦味分子被 25 种不同类型的苦味受体感知，称为 T2Rs。T2Rs 属于 A 类 GPCRs 家族，其结构具有多样性，单个受体仅共享 30%～70%的氨基酸同一性。相比于鲜味和甜味受体 T1Rs 仅 3 个亚基，数量众多的苦味受体则是识别结构多样的苦味配体的所必需的，其中一些受体对特定化合物非常具有特异性，而另一些则经过广泛调整并对多种苦味刺激作出反应。

（4）酸味受体　酸味受体属于离子通道，位于Ⅲ型（突触前）细胞膜上。潜在的酸受体候选者是上皮钠离子通道（epithelial Na^+ channels，ENaCs）、超极化激活的环核苷酸门控通道（hyperpolarization-activated cyclic nucleotide-gated，HCN）、酸敏感离子通道（acid-sensing ion channels，ASICs）、瞬时受体电位（transient receptor potential，TRP）超家族的两个成员（多囊肾病蛋白 1-1/3，polycystic kidney disease protein 1-like 1/3，PKD1L1/3），以及酸敏感性 K^+通道（acid-sensitive K^+ channel，$K_{IR}2.1$）。当质子 H^+进入细胞后，$K_{IR}2.1$ 被抑制，被认为是一种酸味传导中的信号放大通道。此外，离子通道 Otopetrin-1（OTOP1）（一种质子选择性通道）也是哺乳动物潜在的酸味受体。

（5）咸味受体　典型的咸味由 NaCl 赋予，它在哺乳动物中的味道会引发两种截然不同的行为反应：低浓度（<100mmol/L）通常刺激食欲，而高浓度（>300mmol/L）产生极大的厌恶感觉。对阿米洛利敏感的 ENaCs 是小鼠体内低浓度 NaCl 的高选择性离子通道。高浓度的 NaCl 可以通过激活酸味和苦味感受细胞来触发酸味和苦味的神经信号通路，从而产生排斥行为。

五、触-压觉

触-压觉是触觉（touch）和压觉（pressure）的统称，由皮肤收到机械性刺激而引起，后者实际上是持续性的触觉。人的皮肤内存在多种触-压觉器，如环层小体（pacinian corpuscle）、麦斯纳小体（meissner corpuscle）、梅克尔盘（merkel disk）和鲁菲尼小体（ruffini ending）等。它们在皮肤上呈点状分布，不同感受器的感受野不同。触觉绝对阈的高低与感受器的感受野大小和皮肤上感受器的分布密度有关。在人的鼻、口唇和指尖等处，触觉感受器的感受野很小，而感受器密度却很高；相反，在腕、足等处的感受野较大，感受器密度却很低。因此，触觉绝对阈在鼻、口唇和指尖处很低，而在腕、足处很高。

对食品的触觉是手、口等部位与食品接触时产生的感觉，通过对食品的形变所加力产生刺激的反应表现出来，表现为咬断、咀嚼、品味和吞咽的反应。评价食品作用于触觉感受器官所引起的反应的方法称为触觉检验。触觉检验可以借助手、皮肤等器官的触觉来检验食品的弹性、韧性、紧密程度、稠度等。例如，根据鱼体肌肉的硬度和弹性，可以判断鱼的新鲜度；用手抓起一把谷物可以通过手感评价其水分含量；可用掌心或指头揉搓饴糖和蜂蜜，凭借润滑感鉴定其稠度。品尝食品可以通过口腔评价其脆性、黏度、弹性、硬度、冷热、和接触压力等触感。研究发现，进食时触觉通常优先于味觉或嗅觉将感受传达至中枢。因此，触觉信号的优先性使人们通过触觉感知食物在口腔中的位置。进行感官评定时，通常先进行视觉检验，再进行触觉、嗅觉和味觉检验。

六、化学物理觉

化学物理觉（chemethesis）包括通过口腔、鼻腔乃至整个身体体会到的化学感觉刺激，是体感系统的一部分。清凉感、化学温度觉、痛觉、气泡产生的刺激感、瘙痒、刺鼻这些感觉都被纳入化学物理觉。这种感觉主要依赖于瞬时受体电位（transient receptor potential，TRP）超家族的阳离子通道激活。例如，研究发现 TRPV1 被辣椒中的刺激性化合物激活，TRPM8 被薄荷和其他诱发化学冷感的化合物激活。特别地，由于口腔前部和鼻黏膜区域由三叉神经（trigeminal nerve）支配，因此将诱发味觉或嗅觉以外感觉的化学刺激物称为“三叉神经刺激”，产生的感觉即为“三叉神经感”。例如，嗅闻无水乙醇和消毒液会使人在鼻腔和咽喉部位感到刺激与不适。

在食物中，特别是草本植物，发现多种化合物能引起化学物理觉。例如，薄荷醇会引起清凉感和刺痛感，而肉桂醛引起温热感和灼烧感。辣椒素（香草酰胺化合物）刺激产生烧灼感缓慢而延续，与芥末中的异硫氰酸烯丙酯快速发作和消散的感官属性有很大不同。

七、食品风味感知

食品风味为在品尝食物过程中感知到的嗅觉、味觉和三叉神经感觉的复合感觉。除此之外，食物的颜色、质构（如疏松的气孔）等视觉属性，咀嚼食物时产生的声音，如薯片的松脆感也会对食物感知产生巨大的影响。一项经典的研究调查了颜色如何影响人们对葡萄酒香气的感知。这项研究的50多名参与者为法国波尔多大学葡萄酒专业的学生。研究中使用的样品为波尔多白葡萄酒、红葡萄酒和人为染成红色的波尔多白葡萄酒。这些学生首先得到一杯白葡萄酒，并被要求嗅闻后描述它的香气。接着，他们得到一杯红葡萄酒，并重复上述操作。学生们用不同的术语来描述这两种酒的香气：白葡萄酒的术语为柑橘、荔枝、稻草和柠檬，红葡萄酒的术语为巧克力、浆果、烟草等。最后，他们得到了第三杯酒，并再次被要求描述其香气。这杯酒看起来像红葡萄酒，但实际上为白葡萄酒，只是经过人为染色。有趣的是，学生们再次使用红葡萄酒的术语来描述这杯酒。显然，他们捕捉到的视觉线索支配了嗅觉。另一项有趣的发现是提高或降低舌头上不同位置的温度可以引起甜味、酸味、咸味和苦味。

因此，风味可引申包括品尝食物时感知到的一切感觉。这种不同感官的信息的整合依赖于多模式处理。认知神经科学的相关研究已证明，味觉刺激投射到初级味觉皮层（前脑岛和额叶或顶叶），而嗅觉刺激投射到初级嗅觉皮层，又称梨状皮层。这两种模式的信号都投射到眶额皮层（orbitofrontal cortex，OFC），其中味觉信号投射到尾部外侧OFC，而嗅觉刺激投射到尾部内侧的OFC。OFC在调节味觉中的多感官相互作用方面起着核心作用，并且与品尝和摄入食物的愉悦度和奖励有关。

本章小结

食品感官评定课程是食品科学与工程专业的重要组成部分。生理状态与心理状态息息相关，相互影响。通过介绍人体感官系统（如视觉、嗅觉、味觉、触觉等）的生理机制和心理反应，学生可以理解食品感官评定的科学依据和原理，并运用不同的生理基础结合正确的心理去进行食品的评定。本章内容的目的是让大家意识到健康的生理、心理状态对于学科知识的重要性，树立正确的价值观和道德观，为社会的和谐发展和国家的繁荣富强贡献自己的力量。

思考题

1. 感觉和知觉的定义分别是什么？两者在人类的生活中有什么意义？
2. 感觉的几个基本特征是什么？
3. 举例说明味觉的对比增强与对比减弱现象。如何利用此现象进行食品产品的研发？
4. 简述食品感官评定中主要涉及的感官，介绍其各自依赖的感受器。
5. 举例说明人类的各种感官是如何相互作用、相互影响的。

延伸阅读

一、甜味受体T1R2/T1R3的配体结合位点

人的甜味受体T1R2/T1R3能响应包括天然糖类和人工合成甜味剂在内的所有甜味分子。其中，T1R2/T1R3的VFT结构由两个铰链区域分隔的子叶组成，是识别配体的主要区域；此外，CRD和7-TMD也是配体结合位点。激动剂的正构结合发生在VFT中，为大多数天然糖

和人造甜味剂提供结合位点，例如，蔗糖、三氯蔗糖和葡萄糖可结合到T1R2和T1R3的VFT上，使VFT的构型从静息的“开放”状态转换为有活性的“闭合”状态；基于嵌合受体的研究发现氨基酸衍生物阿斯巴甜和纽甜只与T1R2结合，而仙茅甜蛋白（neoculin），一种对pH敏感的甜味蛋白，主要与T1R3-VFT相互作用。T1R2/T1R3也是变构激动剂和调节剂的靶点。甜味蛋白莫内林甜蛋白（monellin）和布那珍甜蛋白（brazzein）与T1R3-CRD相互作用；甜味激动剂新陈皮苷二氢查耳酮（neohesperidin dihydrochalcone）、甜蜜素（cyclamate）和甜味抑制剂乳酸醇（lactisole）与T1R3-TMD结合。

二、鲜味受体T1R1/T1R3的配体结合位点

鲜味受体T1R1/T1R3为异源二聚体，可与常见的鲜味物质如氨基酸（谷氨酸，天冬氨酸）和5′-核苷酸等结合。T1R1-VFT为T1R1的正构结合位点，L-谷氨酸（L-Glu）密切地结合T1R1-VFT的铰链区，5′-核苷酸，如GMP和IMP结合在T1R1-VFT的开口区域，进一步稳定了T1R1的闭合构型（活性状态），提高了T1R1/T1R3的敏感性。由于T1R1/T1R3与甜味受体T1R2/T1R3共享T1R3亚基，所以T1R1/T1R3对乳酸和甜蜜素也有反应（两者结合在T1R3的7-TMD），前者抑制T1R1/T1R3的活性，而甜蜜素增强了鲜味受体对L-Glu的感受。此外，T1R1的7-TMD是鲜味化合物S807的结合位点。

三、案例分析

北京时间2021年10月4日，瑞典卡罗琳医学院宣布，将2021年诺贝尔生理学或医学奖授予戴维·朱利叶斯（David Julius）和阿德姆·帕塔普蒂安（Ardem Patapoutian），以表彰他们在痛觉和触觉领域研究方面所作出的贡献。戴维·朱利叶斯利用辣椒素来识别皮肤神经末梢中对热有反应的辣椒素受体——瞬时受体电位香草酸亚型1（transient receptor potential vanilloid 1，TRPV1）；阿德姆·帕塔普蒂安通过压敏细胞发现了一类可以对皮肤和内部器官中的机械刺激做出反应的新型传感器，其对于维持机体内环境稳态和生理功能具有重要的意义。两位获奖者阐明了感官与环境之间复杂相互作用的关键环节，揭示人们神经系统如何感知热、冷和机械刺激的机制。

案例分析与讨论：

（1）辣椒素的发现　尽管辣味极大地影响人们饮食方式和文化，但是辣椒的刺激性物质究竟是何种物质仍是未知。直到1816年，德国化学家布霍尔茨（Christian Friedrich Bucholz）（1770—1818）使用溶剂萃取出辣椒中的刺激性物质，然而受限于当时的技术手段，获得的产物纯度较低。1876年，英国化学家约翰·克劳·塞尔升（John Clough Thresh）（1850—1932）制得纯净的辣椒素晶体，将其称为“capsaicin（辣椒素）”，并一直沿用至今。辣椒素从分离至得到纯晶体以及应用与临床研究的百年之间，没有人对其结构进行过研究，直到1919年奈尔森（E. K. Nelson）报道了辣椒素的结构，是一种酰基化的香草酸同源同系物高香草酸（homovanillic acid），这也是把在以后发现的辣椒素受体命名为香草酸受体（vanilloid receptor，VR）的原因。随后，斯帕斯（E. Spath）和达林（S. F. Darling）首次实现了辣椒素的人工合成。1961年，日本科学家小菅贞义（Sadayoshi Kosuge）和稻垣幸夫（Yukio Inagaki）从辣椒中分离出类似的多种其他物质，它们同样具有辣味的生物学活性，于是将这些物质统称为“capsaicinoids”。辣椒中引起辣感的成分通称为类辣椒素（capsaicinoids），主要有5种，分别为：辣椒素（capsaicin）、二氢辣椒素（dihydrocapsaicin）、降二氢辣椒素（nordihydrocapsaicin）、高辣椒素（homocapsaicin）、高二氢辣椒素（homodihydrocapsaicin）。其中辣椒素和二氢辣椒素约占总量的90%，提供主要辣感和热感。侧链脂肪烃长度、是否存在双键和分支点和辣度不同是造成辣椒素类物质差异的主要原因。

（2）辣味强度的评价　目前，对于辣椒辣味强度的评价方法可分为感官评价和色谱检测两类。国际上最早衡量辣度的感官评价方法为斯科维尔（scoville）方法，其基本原理是把辣椒样品制备成一定量的醇提取物，通过用稀糖液不断稀释该提取物至尝不出辣味，此时的稀释倍数即为斯科维尔指数（scoville heat units，SHU）。我国关于辣度评价相关标准GB/T 21266—2007《辣椒及辣椒制品中辣椒素类物质的测定及辣度表示方法》已经颁布。此外，也有学者提出线性标度法、定量描述分析、时间强度法等用于评价辣椒素物质与辣椒产品。色谱检测多为使用高效液相色谱仪，分析多倍稀释的辣椒提取液中辣椒素和二氢辣椒素含量，其后将两者换算得到辣椒素含量，其中1mg/L的辣椒素溶液等价于15SHU单位，由此评价辣度。

（3）辣椒素受体的发现　我们常说的“辣味”是一种由辣椒素类物质刺激神经引起的痛觉。虽然大家已经清楚辣椒素可以激活引起疼痛感的神经细胞，但这种化学物质如何真正引发痛觉当时仍然是一个未解之谜。20世纪90年代，美国加利福尼亚大学擅长受体克隆的朱利叶斯开始对躯体感受与疼痛的分子机制产生兴趣。朱利叶斯团队从背根神经节细胞（能够感觉疼痛）提取mRNA构建了一个包含数百万个片段的文库。通过将构建的神经元cDNA文库分组，每个组大约包含16000个克隆，瞬时转化到携带特殊荧光蛋白的HEK293细胞，如果某组文库含有辣椒素受体，则采用辣椒素处理转入该文库这些细胞可以诱导产生荧光。经过层层筛选，他们发现了一个单独的含有长3kb cDNA的克隆，表达该克隆的细胞在受到辣椒素刺激时表现出强烈钙信号（图2-3）。这种新发现的辣椒素受体后来被命名为TRPV1，朱利叶斯团队进一步发现该受体也可以被43℃以上的物理高温激活。这也解释了为什么吃辣会产生灼热的感觉。之后，朱利叶斯和帕塔普蒂安团队按照同样思路使用化学物质薄荷醇来识别TRPM8受体（一种被证明会被寒冷激活的受体），并发现TRPV1和TRPM8相关的其他离子通道。

（4）辣椒素受体的分布与功能　TRPV1不仅分布于皮肤，也在其他器官如心、肝、肺、肾、肠、脑、子宫、睾丸、唾液腺、背根神经节、感觉神经元中均有分布，发挥着更加广泛的生理作用。目前，辣椒素受体在疼痛、炎症和免疫、呼吸系统、心血管系统和高血压、胃肠道功能、凋亡和肿瘤、肥胖和糖尿病、膀胱功能及体温调节等方面发挥生物学作用，并可以其为靶点进行药物研发及临床应用。北京大学万有团队发现TRPV1受体参与内源性甲醛导致慢性癌性疼痛及其调控的分子机制，表明TRPV1受体在慢性疼痛中的作用。未来可以此为靶点，开发出高效低毒的药物，用以治疗慢性疼痛等疾病。重庆大坪医院祝之明团队先后阐明辣椒素能激活TRPV1通道可抑制白色脂肪合成，增强棕色脂肪功能；改善血管功能及降低血压；防止肝脏脂肪变性和代谢性脂肪肝的发生；抑制泡沫细胞形成，减少动脉粥样斑块的生成；辣椒素还能激活心肌细胞TRPV1，增加能量代谢，拮抗高盐诱导的心肌肥厚。这些系列成果为辣膳食预防心血管代谢病提供了重要科学依据，也拓展了TRPV1在非神经系统领域中的认识。

案例归纳与总结：辣味是一种由辣椒素类物质刺激神经引起的痛觉，而不是基本味觉。辣椒中引起辣感的成分统称为类辣椒素（capsaicinoids），主要有5种，以辣椒素（capsaicin）为主。辣椒辣味强度的评价方法可分为感官评价和色谱检测两类。朱利叶斯因发现TRPV1而

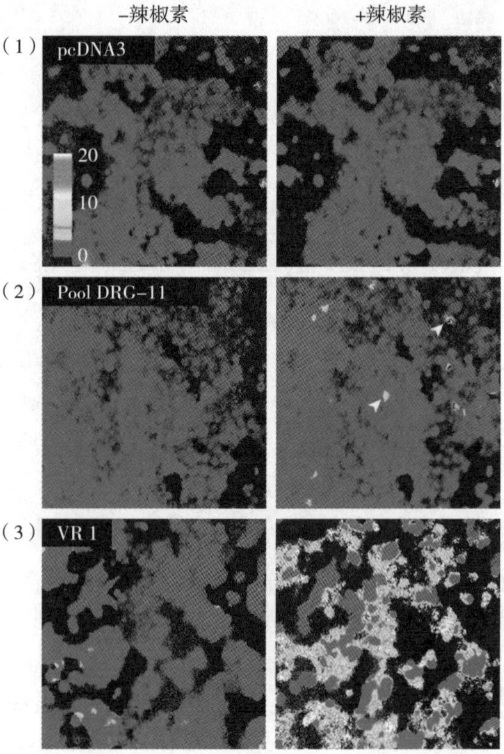

图 2-3 利用钙离成像技术对辣椒素受体进行表达克隆

（1）单纯转染载体的细胞（pCDNA3）为阴性对照 （2）含有目标克隆的转染池表现出细胞质钙的显著增加（箭头） （3）最终分离出的单独阳性克隆（TRPV1）

被授予诺贝尔生理学或医学奖。在辣度评价方面讲述了评价方法的分类及发展历程。尽管寥寥几句就可以总结辣椒素受体的发现历程，但科学的发现与揭示并不容易，不仅要从生活中发现科学问题，也要培养如何揭示和回答科学问题的能力，进而将科学发现用于改善人类生活。

第三章

03

食品感官评定的组织

内容提要

本章主要介绍食品感官评定的组织程序及要求，包括食品感官评定前的准备，食品感官评定试验室的设计及要求，样品的制备、呈送以及食品感官评价员的选拔与培训流程等内容。

教学目标

1. 熟悉食品感官评定前的准备程序。
2. 熟悉食品感官评定试验室的设计及要求。
3. 掌握优选评价员的招募、初筛和启动流程及要求。
4. 掌握专家评价员的选拔流程及要求。

重要概念及名词

评价员、优选评价员、专家评价员、评价小组、嗅觉测量、嗅觉测量仪、气味测量、定性描述分析、定量描述分析、再现性、重复性。

第一节　食品感官评定前的准备

感官评定是基于心理、生理、物理等学科发展起来的一种研究手段。在食品领域中，通过人灵敏的感知系统可快速察觉产品生产、储存、运输等过程中品质的变化。因此，感官评定是一种简单且有效的研究手段。然而，评定结果往往因外部条件不同（如温度、湿度等）、个体差异等因素会出现偏差。为确保结果的准确性，必须开展感官评定前的准备工作（表3-1），包括外部环境的调试、人员的选拔和培训等。

表 3-1 感官评定前准备表

检验对象：	
检验类型：	
评价员： 招聘：联系方式 管理层批准 筛选：接收通知 动机 培训： 样品： 大小和形状 体积 装载工具 准备温度 最大保持时间	说明： 标度类型 品质用语 固定用语 编码 随机化/均衡化 品评间细则 清扫 布置安排 承接 评价员的任务报告
检验计划： 评价员报到 味觉清除 指令（对于技术人员、对于评价员） 打分表	检验区域： 评价员的隔离 温度 湿度 光照条件 噪声（听觉） 背景气味/空气清洁处理/正压 可接近性 安全性

第二节 食品感官评定试验室

一、食品感官评定试验室的要求

（一）一般要求

食品感官评定试验室应建立在环境清净、交通便利的地区，远离噪声和空气污染。设计感官评定试验室时，一般要考虑的条件有：噪声、振动、温度、湿度、色彩、气味、气压等条件。试验室应使人感到舒适、宁静、不受干扰，避免各种可能引起评价员生理和心理变化的因素。针对检查对象及种类，还需做适合各自对象的特殊要求。

（二）功能要求

食品感官评定试验室由两个基本部分组成：试验区和样品制备区。若条件允许，也可设置一些附属部分，如办公室、休息室、更衣室、盥洗室等。

试验区是感官评定人员进行感官评定的场所，专业的试验区应包括品评区、讨论区以及评价员的等候区等。最简单的试验区应有可以将评价员分隔开的、互不干扰的独立工作台和座椅。

样品制备区是对不同种类的样品进行预处理的场所，该区域应靠近试验区，但又要避免试验人员进入试验区时经过样品制备区而对检验结果造成偏差，也应该防止制备样品时的气味传入试验区。

休息室是供评价员在样品试验前等候，或多次试验时中途休息的地方，有时也可用做宣布一些规定或传达有关通知的场所。如果作为多功能考虑，兼作讨论室也是可行的。

品评试验区是感官评定试验室的中心区，品评试验区的大小和个数，应视评定样品数量的多少及种类而定。如果除了做一般食品的感官评定之外，还可能评价一些个人消费品之类的产品，如剃须膏、肥皂、除臭剂、清洁剂等，则需建立有特殊的评价室。

（三）试验区内的环境要求

1. 试验区内的微气候

这里专指试验区工作的环境条件，包括温度、湿度、换气速度和空气纯净度。

（1）温度和湿度　温度和湿度对感官评价员的味觉、嗅觉等有一定影响。当评价员处于不适当的温度和湿度环境中时，人体体温将受到影响，不仅会抑制感官感觉能力的正常发挥，还会生成一些生理反应带来不适感。因此试验区内应有空气调节装置，保证其温度和湿度恒定且适宜，室温保持在20~22℃，相对湿度保持在55%~65%。

（2）换气速度　试验区应尽量保持无气味。有些食品样本自身气味浓重，加之试验人员的活动从而会加重室内空气污染程度，可通过安装带有活性炭过滤器的换气系统来保证室内空气的清洁，换气速度以半分钟左右置换一次室内空气为宜，避免评价员感觉到有风，同时又不影响产品气味的嗅入。

（3）空气的纯净度　试验区应安装带有磁过滤器的空调，用以清除异味。必要时，允许在试验区增大大气压强（形成正压）以减少外界气味的侵入。此外，试验区的建筑材料、设施和装置均应无味，不吸附和不散发气味。

2. 光线和照明

感官评定中照明的来源、类型和强度对感官评定特别是颜色评定非常重要。试验区的照明应是可调控和选择的，同时具备均匀、无影的特性，有足够的亮度以利于感官评定。桌面上的照度应有300~500lx，推荐的灯的色温为6500K。在做消费者评定时，通常选用日常使用产品时类似的照明。评定中所需照明的类型应根据具体评定的类型而定。

3. 颜色

试验区内的装饰色彩不仅与人的视觉有关，而且与人的情绪有关，其色彩的设置首先要适应人的视觉特点，不仅要有助于改善采光照明的效果，更要明朗开阔，有助于消除疲劳，创造较安静、良好的工作环境，避免使人产生郁闷情绪。试验区墙壁、地板和内部设施的颜色应为中性色，采用稳重、柔和的颜色，一般以乳白色或中性浅灰色为好，反射率为 40%～50%，其颜色不能影响被检样品的色泽。

4. 噪声

噪声会影响人的听力，还会使人产生不快感、焦躁感导致工作效率降低等。检验期间应控制噪声，推荐使用防噪声装置、安装降噪地板、防振处理等方法。

二、食品感官评定试验室的设计

1. 平面布置

食品感官评定试验室各个区的布置有各种类型，常见的形式见图 3-1 至图 3-4。基本要求是：试验区和制备区以不同的路径进入，而制备好的样品只能通过检验隔挡上带活动门的窗口送入到试验工作台上。

2. 检验隔挡

（1）数量　建立隔挡的目的是便于评价员独立进行个人品评，以避免评价过程中的干扰和相互交流。隔挡的数目应根据试验区实际空间的大小和日常试验类型而定，一般为 5～10 个，但不得少于 3 个，保证试验区内有足够的活动空间和提供样品的空间。

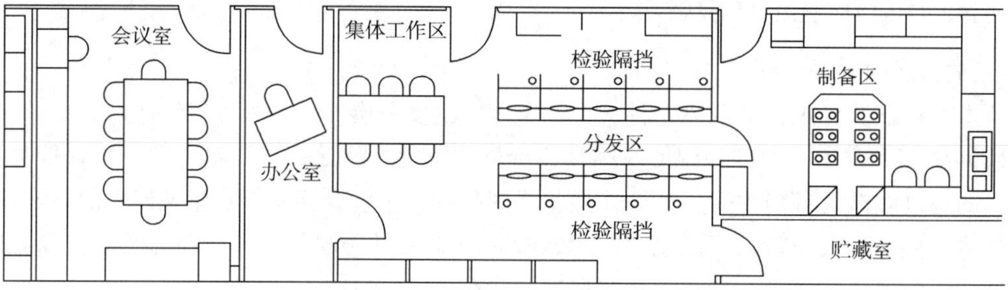

图 3-1　食品感官评定试验室平面图示例 1

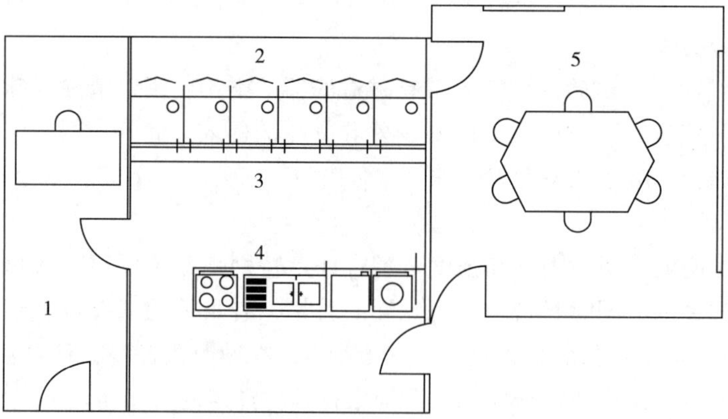

图 3-2　食品感官评定试验室平面图示例 2

1—办公室　2—评定小间　3—样品分发区　4—样品准备区　5—会议室和集体工作区

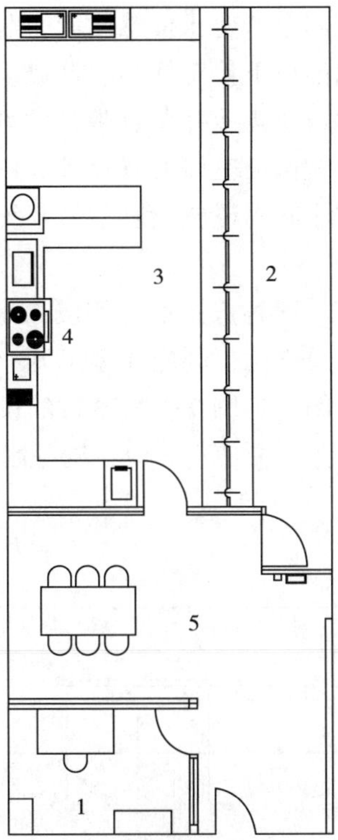

图 3-3 食品感官评定试验室平面图示例 3

1—办公室 2—评定小间 3—样品分发区 4—样品准备区 5—会议室和集体工作区

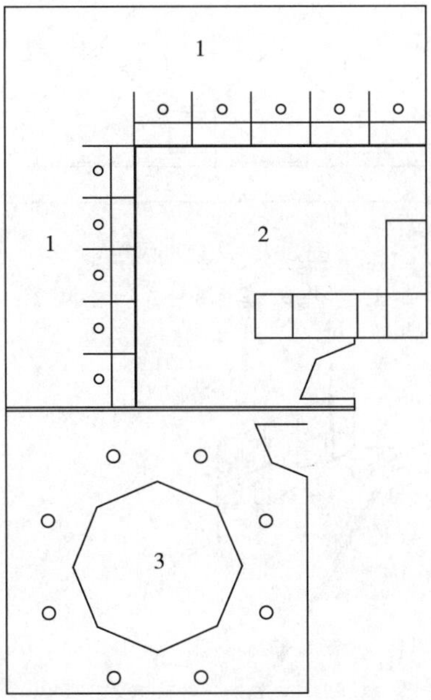

图 3-4 食品感官评定试验室平面图示例 4

1—评定小间 2—样品准备区 3—会议室和集体工作区

（2）设置方式　评定室表面应无吸附性，设计上应方便卫生保洁。评定室的空间尺寸很重要，过低的天花板或者狭窄的空间会产生压抑感或者引起幽闭恐惧感。每一评定小间内应设有一工作台，工作台应足够大以能放下评定样品、器皿、回答表格和笔或用于传递回答结果的计算机等设备。还应备有水池或痰盂，并备有带盖的漱口杯和漱口剂。安装的水池，应控制水温、水的气味和水的响声。应保证座椅的舒适性，座椅下应安装橡皮滑轮，或将座位固定，以防移动时发出响声。评定小间内还应设有信号系统，使评价员做好准备和检验结束时可通知检验主持人。

一般要求使用固定的专用隔挡，两种方式的专用隔挡示意图见图 3-5、图 3-6。若评定小间是沿着试验区和制备区的隔墙设立的，则应在墙上开一窗口以传递样品，窗口应带有滑动门或其他装置以能快速地紧密关闭，见图 3-7。窗口的设计应便于样品的传递并保证评价员看不到样品准备和编号的过程。为方便使用，应在制备区沿着评定小间外壁安装工作台。

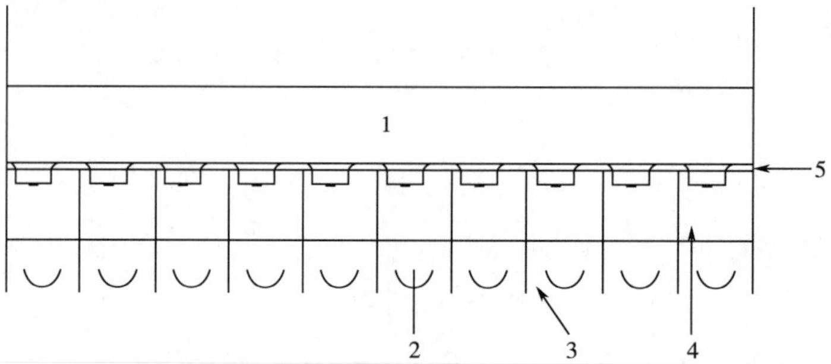

图 3-5　用隔挡隔开的柜台

1—工作台　2—评定小间　3—隔板　4—小窗　5—开有样品传递窗口的隔断

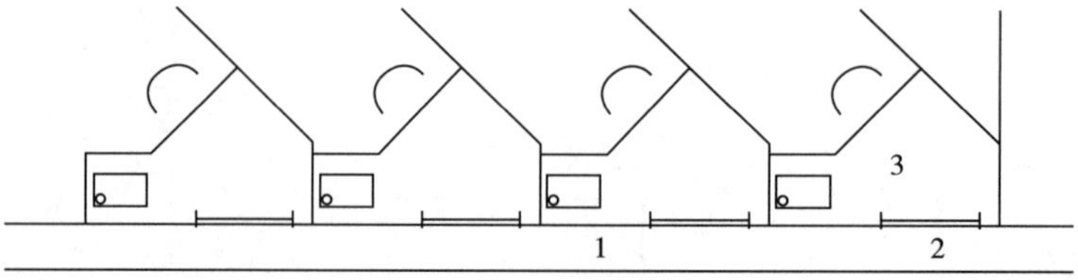

图 3-6　人字形隔挡

1—工作台　2—窗口　3—水池

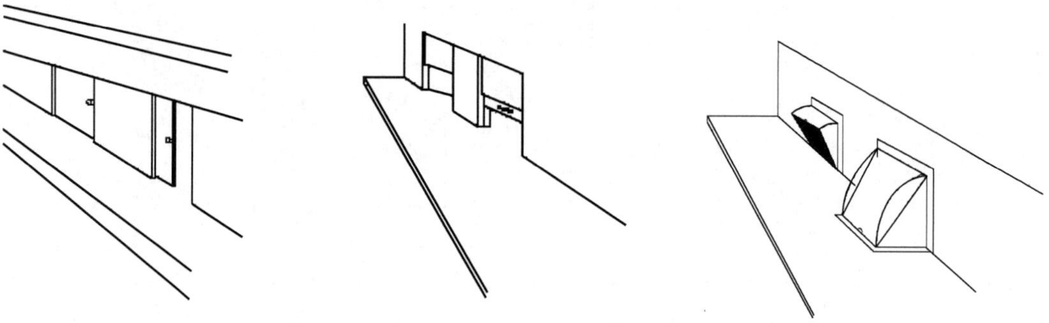

图 3-7　几种常用的传递样品窗口类型

3. 试验主持人坐席

有些试验可能需要试验主持人现场观察和监督，此时可在试验区设立坐席供试验主持人就座（图 3-8）。

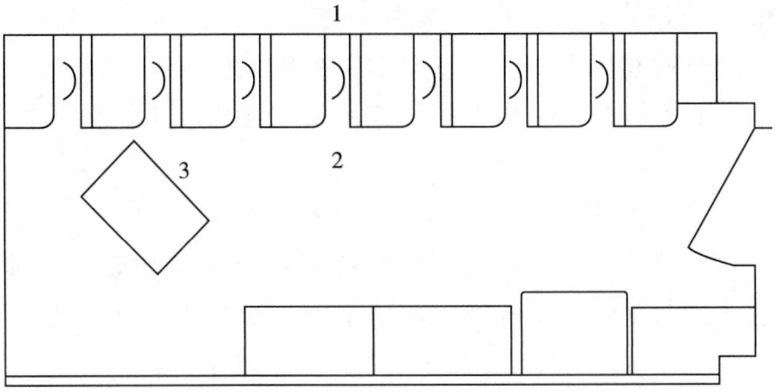

图 3-8　设立试验主持人坐席的试验区

1—横向布置的评定小间　2—分发区　3—试验主持人座位

4. 集体工作区

集体工作区是评价员集体工作的场所，用于评价员之间以及与试验主持人之间的讨论，也可用于评价员的培训、授课。集体工作区应足够宽大，能摆放一张桌子及舒适的椅子供所有评价员同时使用，如图 3-1～图 3-4 所示。桌子可配置可拆卸的隔挡，以使评价员进行独立评价，如图 3-9 和图 3-10 所示。

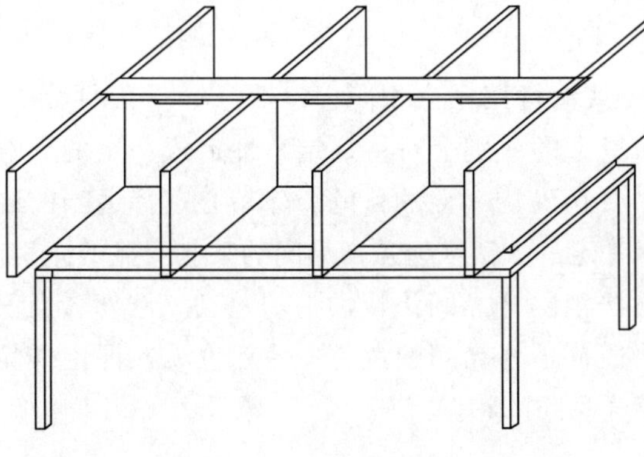

图 3-9　带有可拆卸隔挡的桌子

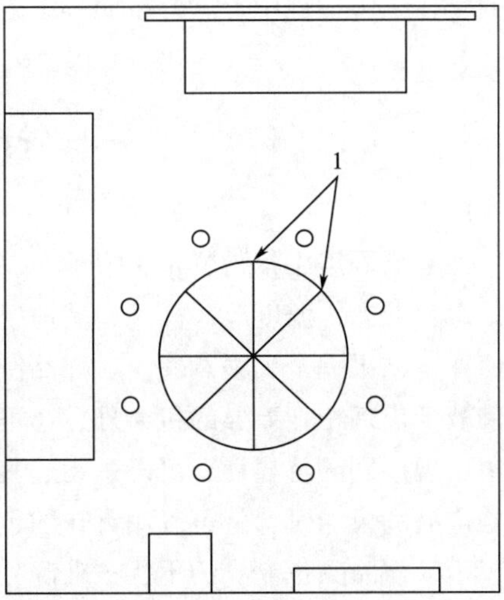

图 3-10　用于个人试验或集体工作的带有可拆卸隔挡的桌子

1—可拆卸的隔挡

5. 样品制备区

样品制备区应紧靠试验区，其内部布局应合理，并留有余地，空气应流通，能快速排除异味。

三、试验室的设备要求

前面已经谈到试验区的设计和设施要求，这里主要讨论样品制备区的设施和要求。样品制备区应紧靠试验区，但要避免评价人员进入试验区时穿过样品制备区，同时保证有良好的通风性能，防止样品在制备过程中气味传入试验区。

1. 常用设施和用具

样品制备区应配备必要的加热、保温设施，如电炉、燃气炉、微波炉、恒温箱、冰箱、冷冻机等，用于样品的烹调和保存，以及专门的防火设施。

此外，还应有用于制备样品的必要设备，如厨具、容器、天平等，仓储设施，清洁设施，办公辅助设施等。

选择的容器不应影响感官评定或样品特性。容器包括可清洗的陶瓷制品或玻璃容器以及一次性塑料或纸制容器，但是，这些容器不应转移或释放化学物质。特别是可清洗的容器应使用无味、无污染的清洁剂清洗，并用清水冲洗干净。塑料或纸制容器包括隔热容器应无味、无污染。

2. 样品制备区工作人员

样品制备区工作人员应是经过一段培训，具有常规化学试验室工作能力、熟悉食品感官评定有关要求和规定的工作人员。

第三节　样品的制备与呈送

样品制备的方法及制备好的样品呈送给评价员的方式，都会对食品感官评定的结果造成重大影响，在试验过程中，需要按照一定的操作规程合理控制制备及呈送过程中的各种外部因素。

一、样品制备要求

1. 均一性

均一性是指同组中每份样品除待评特性外的其他特性完全相同，包括每份样品的份量、颜色、外观、形态、温度等。样品在其他感官质量上的差别会对待评定特性造成一定的影响甚至会使评定结果完全失去意义。在样品制备中要达到均一性的目的，除精心选择适当的制备方法以减少出现特性差异的机会外，还可选择一定的方法来掩盖样品间的某些明显的差别。对不希望出现差别的特异性，可以采用适宜的方法消除样品间该特性上的差别。例如，当仅仅评定某样品的风味时，就可以用无味的色素物质掩盖样品间的色差，使评价员在评定样品风味时，不受样品颜色差异的干扰，准确分辨出样品间的味差。

2. 样品量

样品量包括样品的个数以及每个样品的份量，由于物理、心理等因素，提供给评价员的样品个数和分量，对他们的判断会产生很大影响。因此，试验中要根据样品品质、试验目的提供恰当的样品给评价员。

感官评价员理论上可以一次评定多个样品，但实际能够评定的样品个数还取决于下列情况。

（1）评价员的主观因素　评价员对被检样品特性的熟悉程度，以及对试验的兴趣和认知、对未知样品的特性和特性间差别的分辨能力等因素都会影响评价员能正常评定的样品个数。

（2）评价员的预期值 评价员事先对试验了解的程度和难易度的预估。如果评价员对样品、试验方法了解不够，或对试验难度估计不足，可能会造成拖延试验时间，降低可鉴评样品数量，还会增大试验结果误差。

（3）样品特性 样品特性强度会影响评价员能正常评定的样品数量。通常样品特性强度越高，能够正常评定的样品个数就越少。具有强烈气味或味道的样品，会造成评价员的感官疲劳，明显减少可评定的样品数。

除上述主要因素外，一些次要因素如噪声、谈话、不适当光线等也会降低评价员评定样品的数量。

考虑到各种因素的影响，在大多数食品感官评定试验中，每组试验的评定个数控制在4~8个，每评定一组样品后，应间歇一段时间再评定。

呈送给每个评价员的样品份量应随试验方法和样品种类的不同而分别控制。通常对于差别试验，每个样品的份量控制在液体和半固体30mL左右；固体30~40g为宜；嗜好性试验的样品份量可相应的比差别试验多一倍；描述性试验的样品份量可以实际情况而定，但应提供足够鉴评的份量。

3. 样品的温度

恒定和适当的样品温度才可能获得稳定可靠的评定结果。样品温度的控制应以最容易感受所检测特性为原则，通常是将样品温度保持在该产品日常食用的温度范围，过冷或过热的样品都会造成感官不适和感觉迟钝，影响评定结果。此外，温度的变化易影响气味物质的挥发，温度升高，挥发性气味物质挥发速度过快，会影响其他感觉的评定；另外，温度变化也会导致食品的质构以及其他物理特性（如松脆性、黏稠性等）的变化而影响评定结果。因此在试验中，应事先制备好样品，保存在恒温箱内，然后统一呈送，保证样品的温度恒定和一致。

表3-2所示为几种样品的最佳呈送温度。

表3-2 几种样品的最佳呈送温度

样品	最佳呈送温度/℃	样品	最佳呈送温度/℃
啤酒	11~15	冷冻橙汁	10~13
白葡萄酒	13~16	食用油	55
红葡萄酒	18~20	肉饼	60~65
葡萄酒	18~20	热蔬菜	60~65
乳制品	15	热汤	68
面包、咸肉	室温	糖果	室温
鲜水果	室温		

4. 器皿

呈送样品的器皿以素色、无气味、清洗方便的玻璃或陶瓷器皿比较适宜，也可采用没有其他异味的一次性塑料或纸塑杯、盘作为感官评定试验器皿。同一试验批次的器皿，外形、颜色和大小应一致。试验器皿和用具应选择无味清洁剂洗涤，器皿和用具的储藏柜也应无味，避免互相污染。

二、样品编码与呈送

1. 样品的编码

所有呈送给评价员的检测样品均应适当编码，通常由试验组织者或样品制备工作人员用数字、拉丁字母或字母和数字结合的方式对样品进行编码，试验前不得告知评价员编号的含义或给予任何暗示。在编码中需遵循以下原则：①数字编号一般采用三位随机数；②字母编号要避免按顺序编写，编号的关键是不带有任何相关信息；③同次试验编号位数应该一致；④同一个样品应编多个不同的号码；⑤同一个评价员拿到的样品不能有相同的编号。评定样品的顺序也应随机化。例如，有 A、B、C、D、E 五个样品，对它们进行编号和决定评定顺序的方法如下。

首先从随机数表中任意选择一个位置，例如，选从第 5 行第 10 列开始以多位数（如 3 位数）来编号是 343，往下移（或往其他方向）依次是 774，027，982，718。评定顺序也可查此表确定，先在表中任选一个位置，例如，从第 10 行第 10 列开始往右取 5 个数（由于只有 5 个样品，数字大于 5 的不选），得先后顺序为 5，1，4，2，3。

当由多个评价员评定时，提供给每位评价员的样品编号和评定顺序彼此都应有所不同，表 3-3 为 8 位评价员对 4 种样品进行感官评定时的样品编号和评定顺序（括号内数字）。

表 3-3　8 位评价员对 4 种样品进行感官评定时的样品编号和评定顺序

评价员	样品编号和评定顺序			
	A	B	C	D
1	198（1）	571（3）	349（4）	141（2）
2	974（2）	609（1）	428（4）	441（3）
3	552（2）	688（3）	769（4）	037（1）
4	687（4）	033（2）	290（3）	635（1）
5	303（3）	629（2）	897（1）	990（4）
6	734（3）	183（1）	026（2）	997（4）
7	042（2）	747（4）	617（1）	346（3）
8	706（4）	375（3）	053（1）	367（2）

2. 样品的呈送

样品呈送的顺序会对感官评定试验结果产生影响，主要涉及两个方面：一是在比较两个与客观顺序无关的刺激时，常常会过高地评价最初的刺激或第二次刺激，造成所谓的第一类误差或第二类误差；二是在评价员较难判断样品间差别时，往往会多次选择放在特定位置上的样品。如在三点试验法中选择摆放在中间的样品，在五中取二试验法中，则选择位于两端的样品。因此样品呈送的顺序，首先要坚持“平衡原则”，即每一个样品出现在某个特定位置上的次数一样，比如对三个样品 A、B、C 进行评定，三个样品的所有可能排列顺序如下：

ABC—ACB—BCA—BAC—CBA—CAB

所以这个试验需要评价员的数量就应该是6的倍数，这样才能使这6组组合被呈送给评价员的机会相同。

在“平衡原则”的基础上，样品的呈送还应遵照“随机原则”，即哪一个评价员品尝哪一种样品是随机的，评价员品尝样品的顺序是随机的，哪一个评价员品尝哪一种样品的顺序也是随机的。样品的呈送与试验设计有关，常用的设计方法有完全随机设计（completely randomized design，CRD）、完全随机区组设计（completely random block design，CRBD）、均衡非完全分块设计（balanced incomplete block design，BIBD）等。

三、不能直接感官评定的样品的制备

有些试验样品由于食品风味浓郁或物理状态（黏度、颜色、粉状度等）原因而不能直接进行感官评定，如香精、调味料、糖浆等。为此，需根据评定目的进行适当稀释，或与化学组分确定的某一物质进行混合，或将样品添加到中性的食品载体中，再按照常规食品的样品制备方法进行制备与分发、呈送。

1. 为评估样品本身的性质

为评估不能直接进行感官评定的样品的本身的性质，通常采用以下两种方法制备样品。

（1）与化学组分确定的物质混合　根据试验目的，确定稀释载体最适温度。将均匀定量的样品用一种化学组分确定的物质（如水、乳糖、糊精等）稀释或在这些物质中分散样品。每一个试验系列的每个样品使用相同的稀释倍数或分散比例。由于这种稀释可能改变样品的原始风味，因此在配制时应避免改变其所测特性。当确定风味剖面时，对于相同样品有时推荐使用增加稀释倍数和分散比例的方法。

（2）添加到中性的食品载体中　在选择样品和载体混合的比例时，应避免二者之间的拮抗或协同效应。将样品定量地混入选用的载体（如牛乳、油、面条、大米饭、馒头、菜泥、面包、乳化剂和奶油等）上面。在评定系列中，被评估的每种样品应使用相同的样品/载体比例。根据评定的样品种类和试验目的选择制备样品的温度，但评估时，同一评定系列的温度应与制备样品的温度相同。

2. 为评估食物制品中样品的影响

本法适用于评定将样品加到需要它的食物制品中的一类样品，如香精、香料等。一般情况下，使用的是一个较复杂的制品，样品混于其中，在这种情况下，样品将与其他风味竞争。在同一评定系列中，评估每个样品使用相同的样品——载体比例。制备样品的温度应与评估时的正常温度相同（如冰淇淋处于冰冻状态），同一评定系列的样品温度也应相同。

几种不能直接感官评定食品的制备方法见表3-4。

表3-4　几种不能直接感官评定食品的制备方法

样品	试验方法	器皿	数量及载体	温度
果冻片	P	小盘	夹于1/4三明治中	室温
油脂	P	小盘	一个油炸面圈或3~4个油点心	烤热或油炸
果酱	D、P	小杯和塑料匙	30g夹于淡饼干中	室温

续表

样品	试验方法	器皿	数量及载体	温度
糖浆	D、P	小杯	30g 夹于威化饼干中	32℃
色拉调料	D	小杯和塑料匙	30g 混于蔬菜中	60~65℃
奶油寿司	D、P	小杯	30g 混于蔬菜中	室温
卤汁	D	小杯	30g 混于马铃薯泥中	60~65℃
	DA	150mL 带盖杯	60g 混于马铃薯泥中	65℃
酒精	D	带盖小杯	4 份酒精加 1 份水混合	室温
热咖啡	P	陶瓷杯	60g 加入适量乳和糖	65~71℃

注： D 表示辨别试验， P 表示嗜好试验， DA 表示描述试验。

第四节　评价员的选拔与培训

食品感官评定作为评价食品感官质量及可接受度的重要手段，它是基于人的味觉、嗅觉、视觉、触觉等感觉，使用文字、符号等形式评价食品外在属性并进行统计分析进而得到感官评定结果。由于食品感官评定是以人作为“测量仪器”在特定的试验条件下进行的，其结果不但受到试验区环境条件、样品制备标准化程度等客观条件的影响，也会受到感官评定人员感官灵敏性、稳定性、趋向性等主观因素的影响。因此，通过背景调查、系列感官检验等筛选适合特定评价方法的感官人员并对其进行针对性的感官培训是获得准确、可现性高的感官评定试验结果的前提。

一、优选评价员的招募、筛选与启动

（一）招募

1. 招募原则、方式及数量

招募是建立优选评价小组的基础工作。招募的方式、标准及相关测试方法应具有专业性和多样性，以便能够精准、有效地筛选出适合进行感官评定培训的候选人。此外，应尽量避免招募与被检验样品有密切接触的人员（如技术和销售人员），以免因其对被检验样品各项特性具有较高的熟悉程度而造成评价结果的偏离。

招募方式主要分为内部招募和外部招募，通过两种不同方式招募的候选人员以不同的比例共同组成混合评价小组。内部招募即从办公室、工厂或试验室职员中招募候选人。外部招募即从单位外部招募候选评价员，常用的外部招募途径有：

①通过公共途径（当地出版社、免费报刊、专业刊物等）投放广告进行招募；

②通过调查机构获取对此项目感兴趣的人群信息；

③对单位来访人员进行相关的宣传，以达到招募目的；

④个人推荐。

进行感官评定试验的评价小组至少由10名优选评价员组成。后期的选拔过程中，通常有约一半的招募候选人由于在味觉灵敏度、身体状况等方面存在较大个体差异而被淘汰掉，因此需要招募人数至少是最后实际组成评价小组人数的2~3倍。例如，为了组成10人评价小组，至少需要招募40个候选人，最终挑选20个优选评价员。

2. 候选评价员的背景资料调查

候选评价员的背景资料可通过邀请其填写问卷调查表（表3-5和表3-6）及由经验丰富的感官评价员对其进行面试获得。主要的调查内容如下。

（1）兴趣和动机　对感官评定工作及被调查产品感兴趣的候选人，比缺乏兴趣和动机的候选人具有更高的积极性，是潜在的优秀感官评价员。

（2）对食品的偏好　应充分了解候选评价员对不同食品种类的喜好，对被检验食品具有偏好的人往往会成为优秀的描述分析评价员。同时应确定候选评价员厌恶或因文化、种族差异等不可使用的食品，尽量避免其将来成为这些候选评价员的评价对象。

（3）知识和才能　候选评价员应具有一定的基础理论知识、综合感知能力以及专注力，能够充分感知被检测样品，同时详细地说明和表达出第一感觉。如果候选评价员掌握了某一产品各方面的理论知识，则不仅有利于感官评定的进行，还可能从对这种产品表现出感官评定才能的候选人中选拔出专家评价员。

（4）健康状况　具有良好的健康状况是候选评价员必备的条件之一，即不存在影响感官评定的功能性缺失、过敏或疾病，且未服用任何损伤感官可靠性的药物。假牙可能影响对某些质地、味道等感官特性的评价。感冒或其他暂时状态（如怀孕）不应成为淘汰候选评价员的理由。

（5）表达能力　在考虑选拔描述性评价员时，候选人需要具备一定的表达和描述感觉的能力，这种能力可通过面试及随后的筛选检验进行考察。

（6）可用性　候选评价员应能按时参加培训以及持续进行客观评价工作。那些经常出差或工作繁重的人不宜从事感官评定工作。

（7）个性特点　候选评价员应在感官评定工作中表现出兴趣和积极性，能长时间、集中精力工作，能准时出席评定会，在工作中具有诚实可靠的表现。

（8）其他因素　招募是需要进行候选人背景调查和资料记录的，其调查信息主要包括姓名、年龄、性别、国籍、教育背景、现任职务和感官评定经验等，抽烟习惯等资料也应记录，但不能以此作为淘汰条件。

表3-5　　评价员筛选调查表

1. 个人情况

姓名：____________　性别：____________　年龄：____________

地址：____

联系电话：____

你从何处听说我们这个项目？________________________________

时间：____

（1）一般来说，一周中，你的时间安排怎样？你哪一天有空余的时间？

____

（2）从×月×日 到×月×日之间，你是否要外出，如果外出，那需要多长时间？

____

2. 健康状况

（1）你是否有下列情况？

假牙：______________________________

糖尿病：______________________________

口腔或牙龈疾病：______________________________

食物过敏：______________________________

低血糖：______________________________

高血压：______________________________

（2）你是否在服用对感官有影响的药物，尤其对味觉和嗅觉？

____

3. 饮食习惯

（1）你目前是否在限制饮食？如果有，限制的是哪种食物？

____

（2）你每月有几次在外就餐？______________________________

（3）你每月吃速冻食品有几次？______________________________

（4）你每个月吃几次快餐？______________________________

（5）你最喜爱的食物是什么？______________________________

（6）你最不喜欢的食物是什么？______________________________

（7）你不能吃什么食物？______________________________

（8）你不愿意吃什么食物？______________________________

（9）你认为你的味觉和嗅觉辨别能力如何？

	嗅觉	味觉
高于平均水平	________	________
平均水平	________	________
低于平均水平	________	________

（10）你目前的家庭成员中有人在食品公司工作吗？

____

（11）你目前的家庭成员中有人在广告公司或市场研究机构工作吗？

____

4. 风味小测验

（1）如果一种配方需要香草香味物质，而手头又没有，你会用什么代替？______________________________

（2）还有哪些食物吃起来像乳酪？______________________________

（3）为什么往肉汁里加咖啡会使其风味更好？______________________________

（4）你怎样描述风味和香味之间的区别？______________________________

（5）你怎样描述风味和质地之间的区别？______________________________

（6）用于描述啤酒的最适合的词语（一个或两个词）。______________________________

（7）请对食醋的风味进行描述。______________________________

（8）请对可乐的风味进行描述。______________________________

（9）请对某种火腿的风味进行描述。______________________________

（10）请对苏打饼干的风味进行描述。______________________________

表 3-6　香味评价员筛选调查表举例

1. 个人情况

姓名：＿＿＿＿＿　性别：＿＿＿＿＿　年龄：＿＿＿＿＿　地址：＿＿＿＿＿＿＿＿＿＿

联系电话：＿＿＿＿＿＿＿＿＿＿＿＿＿＿＿＿＿＿＿＿

你从何处听说我们这个项目？＿＿＿＿＿＿＿＿＿＿＿＿＿＿＿＿＿＿＿＿

时间：＿＿＿＿＿＿＿＿＿＿＿＿＿＿＿＿＿＿＿＿

（1）一般来说，一周中你哪一天有空余的时间？

＿＿＿＿＿＿＿＿＿＿＿＿＿＿＿＿＿＿＿＿

（2）从 ×月 ×日 到 ×月 ×日之间，你是否要外出，如果外出，那需要多长时间？

＿＿＿＿＿＿＿＿＿＿＿＿＿＿＿＿＿＿＿＿

2. 健康状况

（1）你是否有下列情况？

鼻腔疾病：＿＿＿＿＿＿＿＿＿＿＿＿＿＿＿＿＿＿＿＿

低血糖：＿＿＿＿＿＿＿＿＿＿＿＿＿＿＿＿＿＿＿＿

过敏史：＿＿＿＿＿＿＿＿＿＿＿＿＿＿＿＿＿＿＿＿

经常感冒：＿＿＿＿＿＿＿＿＿＿＿＿＿＿＿＿＿＿＿＿

（2）你是否在服用一些对器官，尤其是对嗅觉有影响的药物？

＿＿＿＿＿＿＿＿＿＿＿＿＿＿＿＿＿＿＿＿

3. 日常生活习惯

（1）你是否喜欢使用香水？＿＿＿＿＿＿＿＿＿＿＿＿＿＿＿＿＿＿＿＿

如果用，是什么品牌？＿＿＿＿＿＿＿＿＿＿＿＿＿＿＿＿＿＿＿＿

（2）你喜欢带香味还是不带香味的物品？如香皂等。＿＿＿＿＿＿＿＿＿＿＿＿

陈述理由＿＿＿＿＿＿＿＿＿＿＿＿＿＿＿＿＿＿＿＿

（3）请列出你喜爱的香味产品＿＿＿＿＿＿＿＿＿＿＿＿＿＿＿＿＿＿＿＿

它们是何种品牌＿＿＿＿＿＿＿＿＿＿＿＿＿＿＿＿＿＿＿＿

（4）请列出你不喜爱的香味产品＿＿＿＿＿＿＿＿＿＿＿＿＿＿＿＿＿＿＿＿

陈述理由＿＿＿＿＿＿＿＿＿＿＿＿＿＿＿＿＿＿＿＿

（5）你最讨厌哪些气味？＿＿＿＿＿＿＿＿＿＿＿＿＿＿＿＿＿＿＿＿

陈述理由＿＿＿＿＿＿＿＿＿＿＿＿＿＿＿＿＿＿＿＿

（6）你最喜欢哪些气味或者香气？＿＿＿＿＿＿＿＿＿＿＿＿＿＿＿＿＿＿＿＿

（7）你认为你辨别气味的能力在何种水平？＿＿＿＿＿＿＿＿＿＿＿＿＿＿

高于平均值＿＿＿＿＿＿＿　平均值＿＿＿＿＿＿＿　低于平均值＿＿＿＿＿＿＿

（8）你目前的家庭成员中有人在香精、食品或者广告公司工作吗？＿＿＿＿＿＿＿＿

如果有，是在哪一家？＿＿＿＿＿＿＿＿＿＿＿＿＿＿＿＿＿＿＿＿

（9）评价员在评价期间不能用香水，在评价小组成员集合之前 1h 不能吸烟，如果你被选为评价员，你愿意遵守以上规定吗？＿＿＿＿＿＿＿＿＿＿＿＿＿＿＿＿＿＿＿＿

4. 香气检测

（1）如果某种香水类型是“果香”，你还可以用什么词汇来描述它？＿＿＿＿＿＿＿＿＿＿

（2）哪些产品具有植物气味？＿＿＿＿＿＿＿＿＿＿＿＿＿＿＿＿＿＿＿＿

（3）哪些产品有甜味？＿＿＿＿＿＿＿＿＿＿＿＿＿＿＿＿＿＿＿＿

（4）哪些气味与“干净”“新鲜”有关？＿＿＿＿＿＿＿＿＿＿＿＿＿＿＿＿＿＿＿＿

（5）你怎样描述水果味和柠檬味之间的不同？＿＿＿＿＿＿＿＿＿＿＿＿＿＿＿＿

（6）你用哪些词汇来描述男用香水和女用香水的不同？＿＿＿＿＿＿＿＿＿＿＿＿＿＿

（7）哪些词语可以用来描述一篮子刚洗过的衣服的气味？＿＿＿＿＿＿＿＿＿＿＿＿＿

（8）请描述一下面包坊里的气味。________________

（9）请你描述一下某种品牌的洗涤剂气味。________________

（10）请你描述一下某种品牌的香皂气味。________________

（11）请你描述一下地下室的气味。________________

（12）请你描述一下某食品店的气味。________________

（13）请你描述一下香精开发试验室的气味。________________

（二）筛选

通过背景资料调查初步确定感官评定候选评价员后，需进一步通过多方面能力测验筛选具有感官评定能力的候选人员。筛选检验应在清洁低噪无味的环境下进行，根据候选评价员将要承担的评定任务的类型和性质来选择测试方法和供试材料，再依据候选评价员的试验结果进行面试，最终确定适合感官评定的人员。选择评价员应综合考虑其将要承担的任务类别、面试表现及潜力，而不应以当前的表现作为唯一评价标准。筛选过程主要侧重以下几方面的检测。

1. 色彩分辨力

色彩分辨不正常的候选评价员不宜做颜色判断和配比工作，色彩分辨力可由有资质的验光师来做，在缺少相关人员和设备时，可以借助其他有效的方法进行评定。

2. 味觉和嗅觉的缺失

需测定候选评价员对产品中低浓度的敏感性来检测其是否存在味觉、嗅觉的缺失或敏感性不足，对味觉和嗅觉灵敏度低或缺失的候选评价员不予录用。

3. 匹配检验

制备一组明显高于阈值水平（浓度不能过高以致产生遗留作用）的有味道物质样品用于检验，以三位数随机编码，在正式开始前，先给候选评价员熟悉样品。更换编码后，再次将样品提供给候选评价员，要求其辨别并描述与原试样匹配的样品。注意品尝不同样品前应用无味无嗅的水来漱口且两次评价之间需要保留一定的时间间隔以保证感觉的恢复。

表 3-7 给出了匹配度试验的物质和浓度实例，一般来讲，如果候选评价员对这些物质和浓度的正确匹配率低于 80%，则不能被选为优选评价员。其次，要求候选评价员最好能准确描述对样品产生的感觉。

表 3-7　　匹配度试验的物质和浓度实例

味道		材料	室温下水溶液/（g/L）	室温下乙醇①溶液/（g/L）
滋味	甜	蔗糖	16	—
	酸	酒石酸或柠檬酸	1	—
	苦	咖啡因	0.5	—
	咸	氯化钠	5	—
	涩	鞣酸②	1	—
		槲皮素	0.5	—
		硫酸铝钾（明矾）	0.5	—
	金属味	水合硫酸亚铁③ ($FeSO_4 \cdot 7H_2O$)	0.01	—

续表

味道		材料	室温下水溶液/(g/L)	室温下乙醇①溶液/(g/L)
气味	柠檬味	柠檬醛	—	1×10^{-3}
	香荚兰	香草醛	—	1×10^{-3}
	百里香	百里酚	—	1×10^{-4}
	山谷百合、茉莉等花卉	乙酸苄酯	—	1×10^{-3}

注：①原液用乙醇配制，配制后用水稀释，且乙醇含量（体积分数）不超过2%。

②该物质不易溶于水。

③为避免由于氧化作用而出现黄色，需要用中性或弱酸性水配制溶液。如果出现黄色显色现象，将溶液在密闭不透明容器内或在暗光或有色光下保存。

4. 敏锐度和辨别能力

（1）刺激物识别测试　采用三点检验法进行刺激物识别测试以检验候选评价员对被检样品的辨别能力。向每位候选评价员提供两份完全相同的刺激物样品和一份中性介质样品（如水），或者两份完全相同的中性介质样品和一份刺激物。候选评价员每次只能进行一种刺激物的识别测试，刺激物浓度（应大于阈值）和参照物，由组织者根据候选评价员参加的评定类型来选择，最佳候选评价员应能够100%正确识别刺激物。经过几次重复检验候选评价员仍无法识别出差异，则表明其不适于这种检验工作。

可用于刺激物识别测试的物质实例见表3-8。

表3-8　可用于刺激物识别测试的物质实例

物质	室温下水溶液浓度
咖啡因	0.27g/L
柠檬酸	0.60g/L
氯化钠	2g/L
蔗糖	12g/L
叶醇（顺-3-己烯-1-醇）	0.4mL/L

（2）刺激物强度辨别测试　基于排序检验检验候选评价员在特定强度下对刺激物（如味道、气味、质地和色彩）的辨别能力（表3-9）。将4个具有不同特性强度的（统一包装）样品以随机的方式提供给候选评价员，要求他们以强度递增的顺序排列样品，并保证候选评价员接收样品的顺序一致。若候选人顺序排错一个以上，则认为其不适合作为该类分析的优选评价员。

表3-9　可用于强度辨别测试的产品实例

测试	产品①	室温下水溶液浓度
味道辨别	柠檬酸	0.1、0.15、0.22、0.34g/L

续表

测试	产品①	室温下水溶液浓度
气味辨别	乙酸异戊酯	5、10、20、40mg/kg
质地辨别	适合有关产业（如奶油干酪、果泥、明胶）	—
色彩辨别	布、颜色标度等	同一颜色强度排序，如由深红至浅红

注：①也可以使用其他有等级特征的适宜产品。

5 描述能力测试

通过气味刺激测试和质地刺激测试等评价测试及面试综合检验候选评价员描述感官感觉的能力，在试验前，需进行注意事项和试验步骤的讲解。

（1）气味描述测试 此试验用来检验候选评价员描述气味刺激的能力。向候选评价员提供5~10种不同的嗅觉刺激物。这些刺激物样品最好与最终评定的产品相联系，且应包含熟悉的、比较容易识别的样品和一些生疏的、不常见的样品。刺激物的刺激强度应在识别阈值之上，但不能显著高出其在实际产品中的可能水平。

常用的方法是：将吸有样品气味的石蜡或者棉绒置于深色无气味的50~100mL的有盖细玻璃瓶中，使之有足够的样品材料挥发在瓶子的上部。在将样品提供给候选评价员之前应检查一下气味的强度。如果合适也可将样品放在嗅条上直接提供给候选评价员进行气味描述测试。

每次提供一个样品进行气味描述测试，要求候选评价员描述或记录其感受。初次评定后，组织者可以组织候选评价员对样品的感官特性进行讨论，以便显示候选评价员描述气味的能力。

根据下列标准对候选评价员表现分类：

①3分，能正确识别或作出确切描述；

②2分，能大体上描述；

③1分，讨论后能识别或作出合适描述；

④0分，描述不出。

应根据所使用的不同材料规定出合格的操作水平。气味描述测试候选评价员其得分应该达到满分的65%，否则不宜做这类检验。气味描述测试用物质实例见表3-10。

表3-10 气味描述测试用嗅觉物质实例

材料	由气味引起的通常联想物的名称	材料	由气味引起的通常联想物的名称
苯甲醛	苦杏仁、樱桃…	茴香脑	茴香…
辛烯-3-醇	蘑菇…	香兰醛	香草素…
苯-2-乙酸乙酯	花卉…	β-紫罗酮	紫罗兰、悬钩子…
2-烯丙基硫醚	大蒜…	丁酸	酸败的奶油…
樟脑	樟脑、药物…	乙酸	醋…
薄荷醇	薄荷…	乙酸异戊酯	水果、酸水果糖、香蕉、梨…
丁子香酚	丁香…	二甲基噻吩	烤洋葱…
己醛	青草	肉桂醛	肉桂

（2）质地描述测试　要求候选评价员描述随机提供的一系列样品的质地特征，以检验候选评价员描述食品质地的能力。固体样品应加工成大小一致的块状，液体样品应用不透明的容器盛装，以减少样品间误差对整体试验的干扰。

可根据下列标准对候选评价员表现分类：

①3 分，能正确识别或作出确切描述；

②2 分，能大体上描述；

③1 分，讨论后能识别或作出合适描述；

④0 分，描述不出。

应根据所使用的不同材料规定出合格的操作水平。质地描述测试候选评价员其得分应该达到满分的 65%，否则不宜做这类检验。质地描述测试用产品实例如表 3-11 所示。

表 3-11　质地描述测试用产品实例

产品	与该产品关联的质地	产品	与该产品关联的质地
橙子	多汁、汁胞粒	二次分离稀奶油	油腻的
早餐谷物（玉米片）	酥脆	食用明胶	黏的
梨	砂粒结晶质的、硬而粗糙	玉米松饼	易粉碎
砂糖	透明的、粗糙的	太妃糖	胶黏的
药用蜀葵调料	黏、有韧性	枪乌贼	弹性、有弹力、似橡胶
栗子泥	面糊状	芹菜	纤维质
粗面粉	有细粒的	生胡萝卜	易碎的、硬的

（三）培训

经过一定程序筛选得到的感官评价员还需参加特定的感官训练才能达到感官评定的要求，从而保证感官评定结果的准确性。感官培训的目的是传授评价员感官评定程序的基本知识，提高他们觉察、识别和描述感官刺激的能力，使之能熟练应用于特定产品的感官评定。特定的训练能够保证评价员都能以科学、专业的精神对待评定工作，可以降低感官评价员之间及感官评定结果之间的偏差，降低外界因素对评定结果的影响。因此感官培训是非常关键的一步。

在感官评价员培训期间的注意问题：

①感官培训的人数应是评价小组最后实际需要人数的 1.5~2 倍，以防止因疾病、度假或工作繁忙造成人员调配困难。

②为保证候选评价员逐步掌握感官分析的正确方法，培训应在整洁无味、无噪声的适宜环境中进行，同时应对候选评价员进行检测产品的相关基本知识培训，例如，传授他们产品生产过程知识或组织去工厂参观。

③正式培训时，遵循由易到难的原则来设计培训试验，让评价员理解整个试验。感官评定组织者还要向受训练的人员讲解感官评定的基本概念、感官评定程度和感官评定基本用语的定义和内涵，从基本感官知识和试验技能两个方面对感官评价员进行训练。

④除了偏爱检验之外，应要求候选评价员在任何时候都要客观评价，不应掺杂个人喜好和厌恶情绪。

⑤培训期间可以通过提供已知差异程度的样品做单向差异分析或通过评析与参考样品相同的试样特性，了解感官评价员训练的效果，决定何时停止训练，开始实际的感官评定工作。

⑥培训期间，每个参训人员至少应主持一次感官评定工作，负责样品制备、试验设计、数据收集整理和讨论会召集等，使每一感官评价员都熟悉感官试验的整个程序和进行试验所应遵循的原则。

⑦感官评定后应对结果进行讨论，并给予候选评价员再次评价样品的机会，在存在不同意见的时候，应查看他们的答案。要求候选评价员在评价之前和评价过程中禁止使用有香气的化妆品，且至少在评价前 60 min 避免接触香烟及其他强烈味道或气体，手上不应留有洗涤剂的残留香气，避免味觉感受器官受到强烈刺激。

1. 评价内容

培训计划开始时，应教会候选评价员评价样品的正确方法。开展某项评价任务之前要充分学习并在分析中始终遵守规程。除被明确要关注特定属性外，候选评价员应被告知样品的测试温度。候选评价员通常应按下列次序检验特性：①色泽和外观；②气味；③质地；④风味（包括气味和滋味）；⑤余味。

评价气体时，评价员闻气味时应浅吸而不是深吸，时间不宜太长，次数不宜过多，以免嗅觉混乱和疲劳。评价固体和液体样品时，应预先告知评价员样品的大小（口腔检测）、样品在口内停留的大致时间、咀嚼的次数以及是否吞咽，另外告知如何适当地漱口以及两次评价间的时间间隔。样品间的评价间隔时间要充足，以保证感觉的恢复，但要避免间隔时间过长，以免降低辨别能力。所有参加训练的人员应被明确要求集中注意力并独立完成试验，试验中尽可能避免评价员之间谈话和讨论结果。感官评定中的所有达成一致意见的步骤应被明确表述，以保证感官评价员评价方法的一致。

2. 气味的测试和识别培训

比较高、低浓度气味的差异可以提高评价员对各种刺激物的敏感性。气味的测试和识别培训要求候选评价员通过匹配、识别、成对比较、三点和二-三点检验等方式正确识别并描述高、低浓度的气味差异。初级阶段的培训所用刺激物仅为水溶液，待候选评价员具有一定经验后可用实际的食品或者饮料、两种或者多种成分按不同比例混合的样品代替。用于培训和测试的样品数量和温度一般应与交易或使用时相符，且具有其固定的特性、类型、质量及市场代表性。测试过程中应注意确保评价员不会因为测试过量的样品而出现感官疲劳。

表 3-12 为测试和识别培训用物质实例，刺激物应尽可能与最终要评定的物质相关。

3. 标度使用培训

在感官评定中，标度方法就是感官体验的量化方式，通过数字化处理，感官评定可以成为基于统计分析、模型、预测等理论的一种定量科学。标度使用培训是使用单一气味、单一味道和单一质地的刺激物的初始等级系列，让评价员理解等级、分类、间隔和比例标度的概念，通过各种评估过程学会使用标度给样品赋予有意义的量值。

表 3-13 为标度使用培训时可用的物质实例，刺激物应尽可能与最终要评定的物质相关。

表 3-12 测试和识别培训用物质实例

序号	测试和识别培训用物质	序号	测试和识别培训用物质
1	柠檬酸	9	蔗糖（10g/L、5g/L、1g/L、0.1g/L）
2	明胶	10	己烯醇（15mg/L）
3	糖精（100mg/mL）	11	乙醇苄酯（10mg/L）
4	硫酸奎宁（0.20g/L）	12	4~7 项加不同蔗糖含量
5	葡萄柚汁	13	酒石酸（0.3g/L）加乙烯醇（30mg/L）、 酒石酸（0.7g/L）加乙烯醇（15mg/L）
6	苹果汁	14	黄色橙味饮料；橙黄色橘味饮料； 黄色柠檬味饮料
7	野李汁	15	依次加咖啡因（0.8g/L）、酒石酸（0.4g/L）和蔗糖（5g/L）
8	冷茶汁	16	依次加咖啡因（0.8g/L）、蔗糖（5g/L）、 咖啡因（1.6g/L）和蔗糖（1.5g/L）

表 3-13 标度使用培训时可用的物质实例

序号	标度使用培训时可用的物质
1	表 3-9 中的物质和表 3-12 中第 9 项的物质
2	咖啡因（0.15g/L、0.22g/L、0.34g/L、0.51g/L）
3	酒石酸（0.05g/L、0.15g/L、0.4g/L、0.7g/L） 乙酸己酯（0.5mg/L、5mg/L、20mg/L、50mg/L）
4	干乳酪；成熟的硬干酪；成熟的软干酪
5	果胶凝胶
6	柠檬汁和稀释的柠檬汁（10mL/L、50mL/L）

4. 开发和使用描述词的培训

通过向评价小组提供一系列简单样品进行感官描述并要求开发感官特性描述词并使用这些术语来描述感官特性，特别是那些能区别样品的术语。所有感官特性包括外观、嗅闻的气味特性、口中的风味特性（味觉、嗅觉及口腔的冷、热、收敛等知觉和余味）及组织特性（质地）和几何特性（产品的颗粒、形态及物性等）。培训前应向评价小组成员介绍产品剖面的概念，以便他们能够准确开发描述词。术语应由个人提出，然后通过研究讨论将同一类型的描述词（≥10 个）使用一致同意的一个术语表示，最终形成规范的术语表。评价员从表中挑选适宜的术语用于描述每个样品，并通过各种类型的标度对样品感官特性强度打分，最终形成产品的剖面。

表 3-14 所示为产品描述词培训时可用产品实例。

表 3-14 产品描述词培训时可用产品实例

序号	可用产品	序号	可用产品
1	市售果汁产品和混合物	3	干酪
2	面包	4	粉碎的水果或蔬菜

注：参见 ISO 6564。

5. 实践

对应表 3-12 至表 3-14 中所述的培训进行练习，使评价员积累更多的经验。

6. 特定产品的培训

基本培训结束后，评价员要进行一个阶段的产品培训，培训的性质要看评价小组是否要用于差异或描述性检验（外观、气味、质地和味道评价）。

差异评价是指提供给评价员与最终评价的产品相似的样品，由他们用一种差异评价方法评价。

如果描述分析不是针对一种特定产品，就应该通过对较宽范围的不同产品描述分析来获得经验。评价员评价一种特定的产品，每次评价会提供 3 个此种类型产品的样品，总共评价约 15 个样品。

进行描述性检验后，组织者应主导讨论以帮助评价小组将类似的描述词分组，最终选择一个描述词代替一组用语使术语合理化，必要时，可通过检验外观规范和有特别形状的样品来帮助完成这一步骤。将一致同意的描述词综合到一张评分表上，再检验几个样品进行验证，进一步改进描述词。还应对每个特性强度梯度进行研讨，并参考实际样品的测试使其合理化。

（四）特定方法评价小组成员的选择

当有一些特殊的感官评定需要时，需要从经过培训并能熟练应用感官评价方法的评价员中选择一些最适合做某一特定方法评价的成员作为候选人，再从这些人员中筛选部分评价员组成特定方法评价小组，以保证最终感官评定结果的有效性和可信性。每个特定方法需要的评价员数量至少要达到 GB/T 10220—2012《感官分析　方法学　总论》要求，如果候选评价员的数量比评价小组所需人数略多，应从可用评价员中挑选最佳的评价员，而不仅限于符合预定标准的人。适合某种特定方法评价的候选人，未必适合其他方法的评价，而被某种特定方法评价排除的候选评价员，不一定不适合其他评价。

以下是筛选几种特定方法评价员的考核方式。

1. 差异评价

通过三点检验法来考核评价小组的成员是否能够区分将要评价的样品。如果评价小组需要测试某种特别的性状，也可逐渐降低样品的浓度，以识别较低浓度样品的能力作为挑选评价员的依据。在选用此方法时，是以每一类别的评价员数量为基础，一般为强迫回答。

2. 排序评价

排序检验法是指比较数个样品，按指定的特性由强度或者喜好程度对一系列样品进行排序的检验方法。进行感官评定之前应该由组织者对评价员提出具体要求，包括排序标准和需要排序的指标等。挑选出的用于排序评价方法的人员应具备对样品进行正确排序的能力，并能持续完成任务，淘汰完成任务比较差的人选。

3. 评级和打分评价

安排评价员对随机提供的6种不同样品（每种3个）进行评价，必要时可以组织一次以上的讨论会，将结果记录于表中，见表3-15和表3-18。

表3-16和表3-19所示的评价数据需经方差分析方可用于检验各位评价员的结果。评价结果中标准差较大的评价员表明其对同一样品的评价结果不一致；对样品间差异不能明确辨别的评价员，表明其辨别能力差；这些评价员都应考虑淘汰。如果大多数评价员在上述的一项或两项表现都差，可能是因为样品之间的差异不足以形成有效的辨别。

表3-16和表3-19所示的综合数据应用方差分析方法分析，同时应测定评价员之间、样品之间以及评价员和样品交互作用的差异显著性。

评价员之间差异显著表明存在偏好，如一个或多个评价员给的分数始终比其他人高或低；样品间差异显著，表明作为一个组的评价员区别样品是成功的；评价员/样品交互作用差异显著表明两个或多个评价员在两个或多个样品之间有不一致的感觉；某些情况下，评价员/样品交互作用甚至可能反映出样品的排序不一致。

方差分析适合于打分，但不适合于某些类型的评级，如果用于评级，要格外慎重。

4. 定性描述分析

要求小组人员对组成样品的各个指标进行定性描述，尽量完整地描述出样品的品质，通常包括食品的外观、风味、质地等方面。不提倡使用上述方法（差异评价、排序评价、评级和打分评价）以外的专门挑选方法进行定性描述评价，评价员在不同测试中的表现是决定其是否可以进行特定方法评价的依据。

5. 定量描述分析

评价员按照规定的评分表和词汇评价约6个样品，样品应按一定次序一式三份提供，然后每个评价员每个描述应经过多元分析方法分析。如果提供有对照样或参考样品，就应检验候选评价员识别和描述这样品的能力，不能正确识别或充分描述70%对照样品的评价员应认为不适合做此类型检验。

即使是最优秀的候选评价员，感官评定的表现也可能会有波动。对描述分析而言，在系统的测试之后和复杂的数据统计检验之前，筛选表现较好的评价员或采用“评级和打分”方法将评价员分成几个分组大有裨益。

（五）优选评价员的监督检查

由于每个个体对某一种感官评定分析的阈值可能会受到年龄、性别、生活饮食环境、身体健康状况等因素的影响，所以需要定期地检查优选评价员的能力有效性和表现。监督检查的目的在于检验每位评价员的能力，确定其是否能在感官分析中得到可靠的和再现性好的结果。多数情况下，该检查可以随检验工作同时进行，根据检验结果决定是否需要对评价员重新培训。由评价小组负责人根据评价员的应用类型选择测试项目，确定需要开展的特殊感官测试，从而检查评价员的能力和表现。建议将记录结果作为后期何时需要再培训的参考。

（六）优选评价员的得分变异分析

评价员的得分结果见表3-15。

在表3-15中Y_{ijk}表示第j评价员在样品i的第k次重复样品，一共有p个样品，q个评价员

和 r 次重复。

具体到最终选择评价小组的打分和评级，$p=6$ 和 $r=3$，在这种情况下，第 j 评价员的变异分析见表 3-16。

表 3-15 评价员的得分结果

样品	评价员								平均分
	1		2		j		q		
	总分	平均分	总分	平均分	总分	平均分	总分	平均分	
1									
2									
i					Y_{ijl} Y_{ijk} Y_{ijr}	$\bar{Y}_{ij.}$			$\bar{Y}_{i..}$
p									
平均分					$\bar{Y}_{..j.}$				$\bar{Y}_{...}$

表 3-16 变异分析——数据不合并

变异来源	自由度 v	平方和 SS	均方 MS	F
样品间	$v_1=p-1$	$SS_1=r\sum_{i=1}^{p}(\bar{Y}_{ij.}-\bar{Y}_{.j.})^2$	$MS_1=SS_1/v_1$	
残差	$v_1=p(r-1)$	$SS_2=\sum_{i=1}^{p}\sum_{k=1}^{r}(Y_{ijk}-\bar{Y}_{ij.})^2$	$MS_2=SS_2/v_2$	$F=MS_1/MS_2$
总和	$v_1=pr-1$	$SS_3=\sum_{i=1}^{p}\sum_{k=1}^{r}(Y_{ijk}-\bar{Y}_{.j.})^2$		

表 3-16 中，评价员 j 对样品 i 的评价结果平均数，见式（3-1）：

$$\bar{Y}_{ij.}=\frac{\sum_{k=1}^{r}Y_{ijk}}{r} \tag{3-1}$$

式中 $\bar{Y}_{ij.}$——代表第 j 评价员对样品 i 的评价结果平均数；

Y_{ijk}——代表第 j 评价员对样品 i 的第 k 次重复样品评价结果。

第 j 评价员的评价结果平均数，见式（3-2）：

$$\bar{Y}_{.j.}=\frac{\sum_{k=1}^{r}\sum_{i=1}^{p}Y_{ijk}}{pr} \tag{3-2}$$

式中 $\bar{Y}_{.j.}$——代表第 j 评价员的评价结果平均数；

Y_{ijk}——代表第 j 评价员在样品 i 的第 k 次重复样品评价结果。

残差标准计算方法，见式（3-3）：

$$\sqrt{MS_2} \tag{3-3}$$

式中　MS_2——代表残差的均方。

合并后的数据变异分析如表 3-17 所示。

表 3-17　　变异分析——数据合并

变异来源	自由度 v	平方和 SS	均方 MS
样品间	$v_4 = p-1$	$SS_4 = qr\sum_{i=1}^{p}(\overline{Y}_{i..} - \overline{Y}_{...})^2$	
评价员间	$v_5 = q-1$	$SS_5 = pr\sum_{i=1}^{q}(\overline{Y}_{.j.} - \overline{Y}_{...})^2$	$MS_4 = SS_4/v_4$
交互作用	$v_6 = (p-1)\cdot(q-1)$	$SS_6 = r\sum_{i=1}^{p}\sum_{j=1}^{q}(\overline{Y}_{ij.} - \overline{Y}_{...})^2 - SS_4 - SS_5$	$MS_5 = SS_5/v_5$
残差	$v_7 = pq(r-1)$	$SS_7 = \sum_{i=1}^{p}\sum_{j=1}^{q}\sum_{k=1}^{r}(Y_{ijk} - \overline{Y}_{ij.})^2$	$MS_6 = SS_6/v_6$
总和	$v_8 = pqr-1$	$SS_8 = \sum_{i=1}^{p}\sum_{j=1}^{q}\sum_{k=1}^{r}(Y_{ijk} - \overline{Y}_{...})^2$	$MS_7 = SS_7/v_7$

表 3-17 中，所有评价员对样品 i 的评价结果平均数，见式（3-4）：

$$\overline{Y}_{i..} = \frac{\sum_{j=1}^{q}\sum_{k=1}^{r} Y_{ijk}}{qr} \tag{3-4}$$

式中　$\overline{Y}_{i..}$——代表所有评价员对样品 i 的评价结果平均数；

　　　Y_{ijk}——代表第 j 评价员对样品 i 的第 k 次重复样品评价结果。

评价员 j 对所有样品的评价结果平均数，见式（3-5）：

$$\overline{Y}_{.j.} = \frac{\sum_{k=1}^{r}\sum_{i=1}^{p} Y_{ijk}}{pr} \tag{3-5}$$

式中　$\overline{Y}_{.j.}$——代表第 j 评价员对所有样品的评价结果平均数；

　　　Y_{ijk}——代表第 j 评价员对样品 i 的第 k 次重复样品评价结果。

评价员 j 评价样品 i 的得分平均数，见式（3-6）：

$$\overline{Y}_{ij.} = \frac{\sum_{k=1}^{r} Y_{ijk}}{r} \tag{3-6}$$

式中　$\overline{Y}_{ij.}$——代表第 j 评价员对所有样品的评价结果平均数；

　　　Y_{ijk}——代表第 j 评价员对样品 i 的第 k 次重复样品评价结果。

所有评价员对全部样品的评价结果平均数，见式（3-7）：

$$\overline{Y}_{...} = \frac{\sum_{i=1}^{p}\sum_{j=1}^{q}\sum_{k=1}^{r} Y_{ijk}}{pqr} \tag{3-7}$$

式中　$\overline{Y}_{...}$——代表所有评价员对全部样品的评价结果平均数；

　　　Y_{ijk}——代表第 j 评价员对样品 i 的第 k 次重复样品评价结果。

样品和评价员的交互作用的显著性由 MS_6/MS_7 的比率确定，对应的数值为表 3-20 中的 F 值，自由度分别为 v_6 和 v_7。

如果交互作用在 $\alpha=0.05$ 水平上不显著，评价员间的变异显著性由 MS_5/MS_7 决定，对应的数值为标准的 F 值，自由度分别为 v_5 和 v_7。

（七）应用实例

利用 10 分制评价体系评价冰块里不同贮藏时间的 6 批鱼样品，每批各取 3 个，分别让评价员评分，评价员的分数结果见表 3-18，变异分析见表 3-19，总体变异分析见表 3-20。

可以得出：评价员 1 和评价员 4 具有较低的残差标准差，样品间差异显著，他们是合适的人选。评价员 2 具有很高的残差标准差，而样品间的变异不显著，不是合适的人选。同样，评价员 3 的样品间的变异不显著，也不是合适的人选。

评价员间变异不显著，可见评价员 2 和 3 的打分比评价员 1 和 4 的打分低，另一方面，评价员/样品的交互作用不显著，不能推测出评价员对样品的分级具有分歧。

表 3-18 评价员的分数结果

样品	评价员								平均分
	1		2		3		4		
	总分	平均分	总分	平均分	总分	平均分	总分	平均分	
	8		5		6		9		
1	8	8.3	8	7.3	7	6.0	8	8.3	7.50
	9		9		5		8		
	6		6		5		7		
2	8	7.0	7	5.7	4	5.3	7	6.7	6.17
	7		4		7		6		
	4		5		4		5		
3	5	4.7	2	3.3	3	4.0	5	5.0	4.25
	5		3		5		5		
	6		6		4		6		
4	6	5.7	4	5.3	2	3.3	5	5.3	4.92
	5		6		4		5		
	4		3		4		4		
5	5	4.0	2	3.0	4	4.3	5	4.3	3.92
	3		4		5		4		
	5		4		5		7		
6	6	5.7	2	4.3	4	5.0	5	6.3	5.33
	6		7		6		7		
平均分	5.89		4.83		4.67		6.00		5.35

表 3-19 变异分析——数据不合并

变异来源	自由度 v	评价员 1		2		3		4	
		MS	F	MS	F	MS	F	MS	F
样品间	v=5	7.42	13.36①	7.83	2.66②	2.80	2.4②	6.13	13.80①
残差	v=12	0.56		2.94		1.17		0.44	
	残差标准差	0.75		1.71		1.08		0.67	

注：①在 α=0.001 水平上显著；②在 α=0.05 水平上显著。

表 3-20 变异分析——数据合并

变异来源	自由度 v	平方和 SS	均方 MS	F
评价员间	v=3	26.04	8.68	6.79①
样品间	v=5	104.90	20.98	16.42①
交互作用	v=15	16.04	1.07	0.84②
残差	v=48	61.33	1.28	
总和	71	208.31		

注：①在 α=0.001 水平上显著；②在 α=0.05 水平上显著。

二、专家评价员的选拔

专家评价员是食品感官评价员中层次最高的一类、专门从事产品质量控制、评估产品特定属性与记忆中该属性标准之间的差别和评选优质产品等工作。此类评价员数量最少而且不容易培养，品酒师、品茶师等属于这一类人员。他们不仅需要积累多年专业工作经验和感官评定经历，而且在特性感觉上有一定天赋，在特征表述上具有突出的能力。

专家评价员的候选人应具备以下条件：①具备感官评定的能力，建议从优选评价员中选拔候选人；②愿意不断提高感官技能，包括但不限于学习感官方法学和了解一种或多种产品的感官特性；③在本人自愿的基础能保证定期参加培训和实践；④对感官特性的记忆力；⑤与其他专家的沟通能力；⑥对产品的描述能力。不同的优选评价员，具备上述条件的程度不同，所以应选用相应的筛选程序或针对性地对其培训程序进行调整。

（一）培训

培训的目的是向专家评价员提供感官评定基本方法及有关产品的基本知识，优化其知识结构，提高他们察觉、识别和描述感官刺激的能力，挖掘其感官评定的潜力，使最终产生的评价小组能作为特殊的“分析仪器”产生可靠的评价结果。主要包括两个方面：一是专业知识结构，优选评价员应具备一定的嗅觉和味觉生理学知识，从而对产品进行正确的感官评定；二是感官评定知识结构，尤其是增强专家评价员的感官剖面描述词以及强度的记忆，使其具备对产品进行感官剖面评价要求的能力，包括评价结果的重复性和正确度辨别。

1. 感官记忆

专家评价员应具备中等水平以上的感官记忆能力。优选评价员的感官培训主要在于培养其短期的感官记忆，而专家评价员的感官培训则应侧重于培养其长期的感官记忆，当前评价中记录的特征，可能需要参考前期的评价经验。

2. 感官描述词语意及尺度的学习

培训通常包括两个阶段：

（1）描述词的产生、定义和识别　目的是确认这些词能对产品或评价对象进行描述，将这些描述词对应的感官知觉联系起来，并基于感官知觉来定义每一个描述词，并学习识别其描述的感官特性是否在产品或评价对象中存在。

（2）对强度进行评估并记忆强度标度　目的是学会评价每个描述词的强度，并记忆每个特定描述词的强度水平。训练的最初阶段先评价描述词强度较明显的样品，并基于此描述词进行分类，然后评价员学习通过对特定不同强度的描述词所建立的对应参比或产品或原料来对描述词的强度进行表达。

3. 感官描述词词库的建立

感官描述词不仅有助于提高长期感官记忆力，而且还可作为与客户和其他专家交流的工具。受训者应充分了解感官描述词的作用，掌握特定术语方面的知识，并能合理使用。

4. 评价条件的培训

受训者应能屏蔽外界干扰，保证评价结果的稳定性、可靠性以及可再现性；并学会能一次评价大量的样品以及评价同一种产品的不同样品。

（二）评价员表现的监督和测试

感官评价员是对感官评定结果造成影响的重要因素之一，因此定期监督和测试评价员表现以确保评价员对样品评价的重复性、辨别能力、结果一致性和再现性的能力。

测试评价员表现的原则基于以下两个方面（表 3-21）。

重复性：产品或原料的剖面评价结果在同一评价轮次内或不同评价轮次之间的重复性。

再现性：在相同的条件下，同时提供或分包相同的产品，多个试验室同时进行的比对检验。

表 3-21　评价员和评价小组的重复性和再现性

属性	定义	确定方法
重复性	衡量在相同环境下，对相同样品评价结果的一致性 相同条件指： ——相同的评价员（评价小组） ——相同的时间（同时评价） ——相同的环境	评价员： ——在同次评价中评价员之间对重复样品评价分数的标准偏差 ——评价员评价分数的单向方差分析的标准误差 评价小组： ——在同次评价中，评价小组对重复样品平均分数值的单向方差分析标准偏差 ——评价小组评价平均分数值单向方差分析的标准误差

续表

属性	定义	确定方法
再现性	衡量在不同条件下，对相同样品评价结果的一致性 对于评价员，不同条件包括： ——相同的评价员 ——不同的时间（不同次评价） ——不同的环境 对于评价小组，不同条件包括： ——相同的评价小组 ——不同的时间（不同次评价） ——不同的环境	评价员： ——评价组内的标准偏差和组内方差分析的标准偏差的联合 评价小组： ——评价组内的标准偏差和组内方差分析的标准偏差的联合
评价小组（评价方法）之间或评价员之间的评价结果的再现性	评价小组间： 衡量在不同条件下对相同样品评价结果的一致性 不同的条件包括： ——不同的评价小组 ——不同的时间（不同次评价） ——不同的环境 在不同评价中评价小组内结果的一致性：在同一评价小组中不同评价员对相同样品的评价结果的一致性	不同评价间标准偏差和评价小组间标准偏差的一致性 在同次评价中评价员评价分数双向方差分析的标准偏差

（三）结果的分析

对评价结果的分析，能够评估团队整体以及单个评价员的工作表现，包括对评价小组整体和个人工作表现的评估。

1. 对评价小组整体工作表现的评估

通过方差分析等方法进行评估：

（1）单因素方差分析（产品）评价辨别能力；

（2）三因素交互作用的方差分析（产品、评价员、产品间）和两种或三种特性的叠加评价再现性；

（3）三因素交互作用的方差分析（产品、评价员、产品间）检验一致性。

其他数据统计方法如主成分分析（principal component analysis，PCA）、判别因子分析（discriminant factor analysis，DFA）、广义普鲁克分析（generalized procrustes analysis，GPA）、相关系数计算（能评价两个矩阵的相似度），可用于评估评价员之间结果的一致性以及评价员个人与小组评价结果的一致性。

2. 个人工作表现的评估

个人工作表现可通过作图来表示，也可通过数据分析来评估，如：

（1）将每个评价员评价的结果与组内的平均值相比较；

（2）直观表达标准差的量级；

（3）与小组评价结果的一致性；
（4）评价产品间的差异；
（5）每个评价员结果的重复性和再现性。

（四）小组的管理和维护

1. 激励

激励小组工作十分重要，如提供一些与产品结果相关的信息和与个人结果相关的反馈信息，并适当给予酬劳。

2. 技能的保持

为使团队工作更有效，培训效果更持久，应定期进行集训，最好每周组织 1 次，每月应至少保证 1 次。应有选择地评估小组的表现，一年大致开展 2 次。此外，在较长的工作停顿（>6 周）之后，应对评价员进行再次培训。理论上评价小组应定期对自身评价结果进行校准，可通过以下 4 种方式：一是与其他专家评价员小组相对比；二是对参照产品比较或参加比较研究；三是参加不同试验室之间的评价比对；四是针对同一产品，与其提供者或者分包者，同时进行剖面分析比较。

3. 新评价员的补充

若小组成员不可避免地离开时应补充新的人员，为使新评价员达到令人满意的工作水平，应对其进行专门培训。新评价员进入小组的过程应是逐步进行的，应根据评价员的能力来分配工作。

4. 再培训

当待评价的产品和材料改变时，或已经接受过培训的感官评价员若一段时间内未参加感官评定工作，其评定水平可能会下降，应组织新的培训会议来考虑增加新的描述词和对强度标度做适当修改，同时提升其评定水平。

本章小结

本章节讲述在感官评定中要有一个干净整洁且环境良好的试验室，还要进行小组培训以便得到更好的评定效果，旨在培养学生学会细心观察、沉着冷静，具有团队精神。在试验操作中，无论是在自己的学习小组还是在工作单位都要团结一致，营造良好的氛围，同时要不骄不躁，冷静地看待事物。细心观察，可以举一反三，看到事情的另一面，扩展创新思维。

思考题

1. 食品感官评定前的准备措施有哪些？
2. 食品感官评定试验室的具体要求有哪些？
3. 简述食品感官评定过程中，样品的制备和呈送的步骤及注意事项。
4. 简述评价员选拔与培训的步骤及其注意事项。

第四章

04

差别检验

内容提要

本章主要介绍差别检验方法、应用、检验评价结果的统计分析及其解释。

教学目标

1. 掌握不同差别检验方法及其应用。
2. 掌握不同差别检验评价结果的统计分析及其解释。
3. 了解不同多重比较方法的区别。

重要概念及名词

差别检验、成对比较检验、三点检验、二-三点检验、五中取二检验、异同检验、"A" -"非 A" 检验、差异对照检验、选择检验、χ^2 检验、方差分析、多重比较。

差别检验（difference test）是食品感官评定中常用的方法，要求评价员评定两个或两个以上样品是否存在感官差异或存在差异大小的检验方法，特别适用于容易混淆产品的感官性质分析。目前，差别检验主要有成对比较检验、三点检验、二-三点检验、五中取二检验、异同检验、"A" -"非 A" 检验、差异对照检验、排序检验、分类检验及尺度评定等。差别检验广泛用于食品配方设计、产品优化、成本降低、质量控制、包装研究、货架寿命、原料选择等方面的感官评定。

对于差别检验，一般不允许出现"无差异"的回答（即强迫选择），即当评价员未能觉察出样品之间的差异时，鼓励评价员猜一答案做出选择。如果出现"无差异"的回答，可采用以下方法处理：

（1）忽略"无差异"的回答，即由总评价单个数中减去"无差异"回答的评价单数；

（2）将"无差异"结果按照比例分配到对应评价样品中进行统计。差别检验的结果分析是以每一类别评价员人数为基础。例如，有多少人回答选择样品 A，多少人回答选择样品 B，多少人回答正确。所以，需运用统计学中的二项分布参数来检验并解释结果。在差别检验中需要注意样品外表、形态、温度和数量等明显差别所引起的误差。

第一节　成对比较检验

一、方法

如果要确定两个样品间在某个感官属性上是否存在差异，如哪个样品更甜（酸、涩、苦）等，可采用成对比较检验（paired comparison test），也称 2 项必选检验（2-alternative forced choice，2-AFC）。此检验是以随机顺序同时呈送两个样品给评价员，要求评价员对这两个样品进行评价比较，判定两个样品在某个感官属性上的差别强度是否可以感觉到，不给出差别强度的大小。一般情况下评价员要给出选择，若感觉不到可以猜测。

二、适用范围

成对比较检验是操作最简单、应用最为普遍的感官评定方法。可用于产品开发、工艺改进、质量控制等方面，也常用于更复杂的感官评定之前。

三、评价员

成对比较检验试验比较简单，即使没有受过培训的人也可以参加试验，但作为评价员必须熟悉所要评定的感官属性。如果试验特别重要，需要针对某个特殊感官属性进行评价，就需要对评价员进行必要的培训、筛选，以确保评价员对要评定的属性特别敏感。经过筛选的评价员最少应该有 20 人，如果是没有受过培训的人员，则应该更多。

四、样品准备与呈送

成对比较检验时，在条件允许的情况下，尽可能同时呈送两个样品，而且样品可能排序 AB、BA 的数量要相等，各个评价员得到哪个样品是随机的。所有呈送的样品均用三位随机数字给予编码，随机数字表见附表 1。

五、结果整理与分析

成对比较检验的统计分析采用二项分布进行检验。统计回答正确的人数 x，在规定的显著性水平下查临界值 $x_{a,n}$，比较、作出推断。如果 $x \geqslant x_{a,n}$，表明两个样品在 a 水平上感官性质有显著性差异。否则，两个样品没有显著性差异。

在成对比较检验中，有单边检验和双边检验之分。如果在试验前对两个样品所评定的感官性质差异没有预期，即在理论上不可能预期哪个样品更强，此时检验为双边检验，此时称为无方向性的成对比较检验。如果试验之前对两个样品某种感官性质差异方向有预期，即理论上可预期哪个样品的感官性质更强，此时检验为单边检验，统计假设的原假设为两个样品的强度无差异，而备择假设为其中一个比另一个强，这种方法称为方向性的成对比较检验或定向成对比较检验。例如，两种饮料 A 和 B，其中 A 明显甜于 B，则检验时采用单边的；如果这两种样品有显著性差别，但没有理由认为 A 或 B 的特性强度大于对方或被偏爱，则检验采用双边的。

由于双边检验和单边检验时的统计假设不同，因此比较时的临界值也不相同。方向性成对比较检验属单边检验，其猜测概率为1/2，与二-三点检验相同，所以方向性成对比较检验和二-三点检验正确响应临界值相同，见表4-1；无方向性成对比较检验正确响应临界值，见表4-2。

表4-1　方向性成对比较检验（单边）和二-三点检验正确响应临界值

评价员	显著性水平			评价员	显著性水平			评价员	显著性水平		
数量 n	0.05	0.01	0.001	数量 n	0.05	0.01	0.001	数量 n	0.05	0.01	0.001
7	7	7	—	24	17	19	20	41	27	29	31
8	7	8	—	25	18	19	21	42	27	29	32
9	8	9	—	26	18	20	22	43	28	30	32
10	9	10	10	27	19	20	22	44	28	31	33
11	9	10	11	28	19	21	23	45	29	31	34
12	10	11	12	29	20	22	24	46	30	32	34
13	10	12	13	30	20	22	24	47	30	32	35
14	11	12	13	31	21	23	25	48	31	33	36
15	12	13	14	32	22	24	26	49	31	34	36
16	12	14	15	33	22	24	26	50	32	34	37
17	13	14	16	34	23	25	27	60	37	40	43
18	13	15	16	35	23	25	27	70	43	46	49
19	14	15	17	36	24	26	28	80	48	51	55
20	15	16	18	37	24	27	29	90	54	57	61
21	15	17	18	38	25	27	29	100	59	63	66
22	16	17	19	39	26	28	30				
23	16	18	20	40	26	28	30				

表4-2　无方向性成对比较检验正确响应临界值

评价员	显著性水平			评价员	显著性水平			评价员	显著性水平		
数量 n	0.05	0.01	0.001	数量 n	0.05	0.01	0.001	数量 n	0.05	0.01	0.001
6	6	—	—	17	13	15	16	28	20	22	23
7	7	—	—	18	14	15	17	29	21	22	24
8	8	8	—	19	15	16	17	30	21	23	25
9	8	9	—	20	15	17	18	31	22	24	25
10	9	10	—	21	16	17	19	32	23	24	26
11	10	11	11	22	17	18	19	33	23	25	27
12	10	11	12	23	17	19	20	34	24	25	27
13	11	12	13	24	18	19	21	35	24	26	28
14	12	13	14	25	18	20	21	36	25	27	29
15	12	13	14	26	19	20	22	37	25	27	29
16	13	14	15	27	20	21	23	38	26	28	30

续表

评价员	显著性水平			评价员	显著性水平			评价员	显著性水平		
数量 n	0.05	0.01	0.001	数量 n	0.05	0.01	0.001	数量 n	0.05	0.01	0.001
39	27	28	31	45	30	32	34	60	39	41	44
40	27	29	31	46	31	33	35	70	44	47	50
41	28	30	32	47	31	33	36	80	50	52	56
42	28	30	32	48	32	34	36	90	55	58	61
43	29	31	33	49	32	34	37	100	61	64	67
44	29	31	34	50	33	35	37				

【例 4-1】 方向性成对比较检验

某啤酒生产企业市场调查报告发现消费者认为目前所生产的啤酒 A 苦味不够，因此改进工艺，加大酒花的使用酿造啤酒 B，拟评定使用更多酒花的啤酒 B 是否比啤酒 A 苦。

本研究只需判断啤酒 B 是否苦于啤酒 A，所以属于单边检验。

原假设 H_0：啤酒 A 的苦味与啤酒 B 的苦味相同。

备择假设 H_A：啤酒 B 的苦味大于啤酒 A 的苦味。

为确保试验结果的有效性，检验显著性水平定为 $\alpha=0.01$。

将样品 A 编号 379 和样品 B 编号 473，呈送给 40 名评价员评价。方向性成对比较检验评价单如表 4-3 所示，切记不能问“样品 379 是否比 473 苦?”。

表 4-3　　方向性成对比较检验评价单

成对比较检验

姓名：________　日期：________　评价员编号：________

样品类型：啤酒

评定的感官性质：苦味

试验说明：

1. 从左向右品尝样品，然后给出评判。
2. 请在你认为苦味更强的样品编号上划圈。 如果没有明显的差异，可以猜一个答案。 谢谢！

379　473

其他评价：

评价结束后，收集评价单，统计评价结果，有 27 人选择啤酒 B，13 人选择啤酒 A。查方向性成对比较检验正确响应临界值（表 4-1），当有效评价员为 40 人，显著性水平 $\alpha=0.01$ 时，正确响应临界值为 28。本试验选择啤酒 B 的有 27 人，小于临界值，所以认为啤酒 B 的苦味与啤酒 A 在显著性水平 $\alpha=0.01$ 上没有显著差异，尚未达到预期的改良目的。

【例 4-2】 无方向性成对比较检验

某柠檬汁饮品公司市场调查表明，消费者最感兴趣的是新鲜压榨的天然柠檬汁。所以公司现提供两种具有压榨柠檬汁风味的固体粉末饮料，拟通过感官评定判断哪种样品更类似于新鲜压榨柠檬汁风味。

由于不同的消费者对于新鲜柠檬汁风味认定是不同的，因此选用较多的评价员评价。

本研究的试验目的是评定两种样品中哪一个样品风味更类似于新鲜压榨柠檬汁风味，所以属于双边检验。

原假设 H_0：A 的新鲜压榨柠檬汁风味 = B 的新鲜压榨柠檬汁风味。

备择假设 H_A：A 的新鲜压榨柠檬汁风味 ≠ B 的新鲜压榨柠檬汁风味，有 A>B 或 A<B 两种结果。

样品 A 编号 673，样品 B 编号 217，呈送给 40 名评价员评定，无方向性成对比较检验评价单如表 4-4 所示。

表 4-4　　无方向性成对比较检验评价单

成对比较检验

姓名：________　日期：________　评价员编号：________

样品类型：柠檬汁

评定的感官性质：新鲜压榨柠檬汁风味

试验说明：

1. 从左向右品尝样品，然后做出你的判断。
2. 如果没有明显的差异，可以猜一个答案，如果猜不出，也可以做“无差异”的判断。 谢谢！

试验组样品：　　哪一个样品更具有新鲜压榨柠檬汁风味

673　217　　________

其他评价：

收集评价单，结果发现 26 人选择“673”号样品，认为其风味更新鲜，10 人选择“217”，4 人选择没有差异。因此将“无差异”人数平均分给两种答案。即 40 人中有 26+2=28 人认为“673”号样品压榨柠檬汁风味更新鲜。查无方向性成对比较检验正确响应临界值表 4-2，评价员为 40 人，显著性水平 $\alpha=0.05$ 时，临界值为 27。选择样品 A 的人数 28>27，表明两个样品间有明显差异，样品 A 更有新鲜压榨柠檬汁风味。

第二节　三点检验

三点检验（triangle test）是用于两个样品间是否存在感官差别的分析评价方法。这种评价可能涉及一个或多个感官性质的差异分析，但三点检验不能表明产品在哪些感官性质上有差异，也不能评价差异的程度。

一、方法

在三点检验中，每次同时呈送三个编码样品给每个评价员，其中有两个是相同的，要求评价员从左到右按照呈送的样品次序从左到右进行品评，挑选出其中不同于其他两个样品的那个样品。三点检验是一种必选检验方法，这种方法也称三点试验法、三角试验法。其猜对率为1/3，通常适用于鉴别两个样品之间的细微差别。

二、适用范围

当加工原料、加工工艺、包装方式或贮藏条件发生变化时，为确定产品感官特征是否发生变化，三点检验是一个有效的检验方法。但对于刺激性强的产品，由于可能产生感官适应或滞留效应，不宜使用三点检验。三点检验经常在产品开发、工艺开发、产品匹配、质量控制等过程中使用，也可用于对评价员的筛选和培训。

三、评价员

三点检验时，一般要求评价员在20~40名之间。如果产品之间的差别非常大，容易辨别时，也可选12名评价员即可。如果试验目的是检验两种产品是否相似时，要求参评人数为50~100名。

对于评价员，必须基本具备同等的评价能力和水平，熟悉三点检验的形式、目的、评估过程以及用于测试的产品。

四、样品准备与呈送

作为待评样品，必须能够代表产品的性质，用相同的方法进行准备（如加热、溶解等），采用三位随机数字对样品进行编码。

在三点检验中，对于比较的2种样品A和B，每组3个样品的可能排列次序有6种，即

AAB	ABA	BAA
BBA	BAB	ABB

在试验时，为了保证每个样品出现的概率相等，总的样品组数和评价员数量应该是6的倍数。如果样品数量或评价员的数量不能达到6的倍数时，也应该做到2个“A”1个“B”的样品组数和2个“B”1个“A”的样品组数相等，至于每个评价员得到哪组样品应随机安排。当评价员人数不足6的倍数时，可舍去多余样品组，或向每个评价员提供6组样品做重复检验。三点检验评价单见表4-5，三点检验示意图见图4-1。

表4-5 三点检验评价单

三点检验
姓名：________ 日期：________
试验说明：
在你面前有3个带有编号的样品，其中2个是一样的，而另1个和其他2个不同。请从左向右依次品尝3个样品，然后在与其他2个样品不同的那个样品编号上划圈。你可以多次品尝，但不能没有答案。谢谢！
624　　801　　199

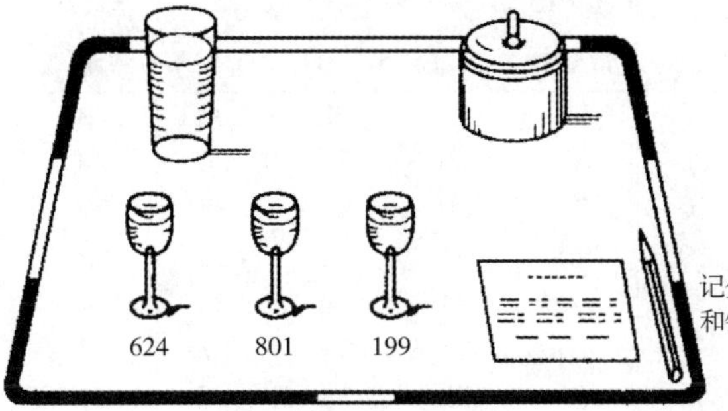

图 4-1　三点检验示意图

五、结果整理与分析

收集评价单，统计回答正确的评价员数，根据有效评价单查取三点检验时的正确响应临界值，比较判断两个产品间是否有显著性差异。

根据试验确定的显著性水平 α（一般取 0.05 或 0.01）和评价员的数量 n，可以查到相应的临界值 $X_{\alpha,n}$，如果试验得到的正确回答人数 $X \geqslant X_{\alpha,n}$，表明所比较的两个样品间在 α 显著性水平上有显著性差异。如果 $X<X_{\alpha,n}$，则比较的两个样品间没有显著性差异。

例如，38 张有效评价单中，有 22 张正确地选择出单个样品，查表 4-6，当 $n=38$ 时，$X_{0.05,38}=19$，$X_{0.01,38}=21$，$X_{0.001,38}=23$，由 $X_{0.01,38}<X=22<X_{0.001,38}$，则说明在 0.01 显著性水平上，两样品之间有差异。

表 4-6　三点检验正确响应临界值

评价员	显著性水平			评价员	显著性水平			评价员	显著性水平		
数量 n	0.05	0.01	0.001	数量 n	0.05	0.01	0.001	数量 n	0.05	0.01	0.001
4	4	—	—	20	11	13	14	36	18	20	22
5	4	5	—	21	12	13	15	37	18	20	22
6	5	6	—	22	12	14	15	38	19	21	23
7	5	6	7	23	12	14	16	39	19	21	23
8	6	7	8	24	13	15	16	40	19	21	24
9	6	7	8	25	13	15	17	41	20	22	24
10	7	8	9	26	14	15	17	42	20	22	25
11	7	8	10	27	14	16	18	43	20	23	25
12	8	9	10	28	15	16	18	44	21	23	25
13	8	9	11	29	15	17	19	45	21	24	26
14	9	10	11	30	15	17	19	46	22	24	26
15	9	10	12	31	16	18	20	47	22	24	27
16	9	11	12	32	16	18	20	48	22	25	27
17	10	11	13	33	17	18	21	49	23	25	28
18	10	12	13	34	17	19	21	50	23	26	28
19	11	12	14	35	17	19	22	51	24	26	29

续表

评价员数量 n	显著性水平 0.05	0.01	0.001	评价员数量 n	显著性水平 0.05	0.01	0.001	评价员数量 n	显著性水平 0.05	0.01	0.001
52	24	27	29	65	29	32	35	78	34	37	40
53	25	27	29	66	30	32	35	79	35	38	41
54	25	27	30	67	30	33	36	80	35	38	41
55	26	28	30	68	31	33	36	82	36	39	42
56	26	28	31	69	31	34	36	84	36	39	43
57	26	29	31	70	31	34	37	86	38	40	44
58	27	29	32	71	32	34	37	88	38	41	44
59	27	29	32	72	32	34	38	90	38	42	45
60	27	30	33	73	33	35	38	92	40	43	46
61	28	30	33	74	33	36	39	94	41	44	47
62	28	31	33	75	34	36	39	96	41	44	48
63	29	31	34	76	34	36	39	98	42	45	49
64	29	32	34	77	34	37	40	100	42	45	49

当评价员数量大于 100（$n>100$）时，正确响应临界值 X 为 $X = 0.4714Z\sqrt{n} + \frac{(2n+3)}{6}$ 的近似整数。其中，Z 取 $Z_{0.05}=1.64$，$Z_{0.01}=2.33$，$Z_{0.001}=3.10$。

【例 4-3】某大型乳业公司，欲对研发的两种酸乳 A、B 进行感官评定，以判断是否有显著性差别。

试验目的是检验两种酸乳产品是否有显著性差异，取检验显著性水平 $\alpha=0.05$。选择 18 名评价员参加检验，每位评价员品评 1 组（3 个）样品，所以共需准备 54 份样品，其中 27 份“A 样”与 27 份“B 样”被随机分为 18 组，ABB、BAB、BBA、AAB、ABA、BAA，每种组合各 3 次。采用 3 个随机数字的编码号对样品进行编码，将试验样品随机呈送给评价员评价。三点检验样品准备表见表 4-7。

表 4-7　三点检验样品准备表

日　期：________　编　号：________　评价员号：________

样品类型：酸乳

检验类型：三点检验

产品	含有 2 个 A 的编码		含有 2 个 B 的编码	
A	249	438	313	
B		231	267	622

评价员	样品编码及呈送顺序			实际样品
1	249	438	231	AAB
2	313	267	622	ABB
3	267	622	313	BBA
4	231	438	249	BAA
5	249	231	438	ABA
6	267	313	622	BAB

续表

评价员	样品编码及呈送顺序			实际样品
7	249	438	231	AAB
8	313	267	622	ABB
9	267	622	313	BBA
10	231	438	249	BAA
11	249	231	438	ABA
12	267	313	622	BAB
13	249	438	231	AAB
14	313	267	622	ABB
15	267	622	313	BBA
16	231	438	249	BAA
17	249	231	438	ABA
18	267	313	622	BAB

评价结束后，收回 18 份评价单，统计有 $X=11$ 人作出正确回答，选择出了 3 个样中不同的那个样品。查表 4-6 三点检验正确响应临界值，在 $\alpha=0.05$，$n=18$ 时，对应临界值为 10，本例 $X> X_{0.05,18}$，表明在 5%水平上，两种酸乳有显著性差异。

对于三点检验的数据分析，也可以参考 GB/T 12311—2012《感官分析方法　三点检验》。

第三节　二-三点检验

一、方法

在评价时，同时呈送给每个评价员 3 个样品，1 个样品为对照样，另外 2 个是编号的样品，其中 1 个编号样品与对照样相同。要求评价员先熟悉对照样之后，从另外 2 个样品中挑选出与对照样相同的样品。其实质是 2 个样品选 1，选对率为 1/2，所以也称为一-二点检验。

二、适用范围

二-三点检验（duo-trial test）是由佩里安（Peryam）和斯沃茨（Swartz）于 1950 年提出的，目的是区别两个同类样品间是否存在感官差异，特别是比较两个样品中有一个是标准样或对照样时，本方法更合适。与三点检验相比，从统计学上讲，其检验效率较差，猜对率较高，为 1/2，但这种方法比较简单，容易理解，一般用于风味较强、刺激性较大、余味较持久的产品检验，以降低检验次数，避免感觉疲劳，对于外观有明显差别的样品不适宜使用此法进行检验。

三、评价员

一般来讲，评价员至少为 15 人。如果能用 30、40 甚至更多评价员来评价，试验效果更好。通常评价员要经过训练以熟悉评价方法、过程及对照样。

四、样品准备与呈送

根据对照样的不同，二-三点检验有固定对照模型和平衡对照模型两种评价模型。

（1）固定对照模型　当评价员对待评样品之一熟悉，或者已有确定的标准样时，可使用固定对照模型。在固定对照模型中，整个试验中都以评价员熟悉的正常生产的产品或标准样作为对照，所有评价员得到相同的对照样品。所以，样品可能的呈送顺序有 2 种：

$$R_A AB，R_A BA$$

使用固定对照模型需要评价员受过培训且熟悉对照样品，否则要使用平衡对照模型。

（2）平衡对照模型　进行比较的两个样品随机做对照，但被对照次数要相同。一半的评价员得到一种样品类型作为对照，另一半评价员应得到另一种样品类型作为参照。此时样品呈送顺序有 4 种：

$$R_A BA，R_A AB$$

$$R_B AB，R_B BA$$

若采用固定对照模型进行试验，排列方式为 $R_A AB$、$R_A BA$，两种样品排列方式在试验中的次数应该相等，试验总次数是 2 的倍数。

若采用平衡对照模型，排列方式为 $R_A BA$、$R_A AB$、$R_B AB$、$R_B BA$，此时 A 和 B 分别作为对照样的次数应该相等，试验总次数为 4 的倍数。

在二-三点检验中，不论是平衡对照模型，还是固定对照模型，除对照样外，其余样品均采用 3 个数字的随机数字对其进行编码，随机呈送给评价员进行评定。二-三点检验评价单见表 4-8。二-三点检验示意图见图 4-2。

表 4-8　　二-三点检验评价单

二-三点检验
姓名：＿＿＿＿＿＿＿　　日期：＿＿＿＿＿＿＿
试验说明：
在你面前有 3 个样品，其中一个标明“对照”，另外两个标有编号。 请从左向右依次品尝 3 个样品，先是对照样，然后是两个编号的样品。 品尝后，请在与对照相同的那个样品编号上划圈。 你可以多次品尝，但必须选择一个。 谢谢！
对照　132　691

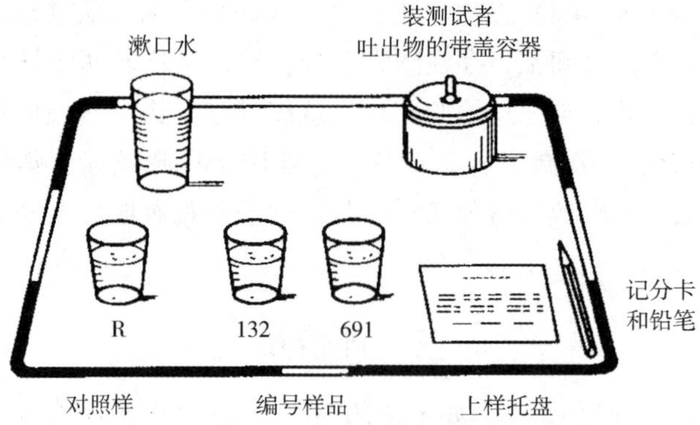

图 4-2　二-三点检验示意图

五、结果整理与分析

统计正确选择的评价员人数。根据试验确定的显著性水平 α，评价员数量 n，由表4-1查相应的临界值 $X_{\alpha,n}$，如果试验得到的正确回答人数 $X>X_{\alpha,n}$，表明比较的两个样品之间有显著性差异。

当评价员人数 $n>100$ 时，对于二-三点检验，$p_0=1/2$，$q_0=1-p_0=1/2$，所以，由式（4-1）：

$$Z=\frac{X-np_0-0.5}{\sqrt{np_0q_0}} \tag{4-1}$$

得式（4-2）：

$$X=\frac{1}{2}Z\sqrt{n}+\frac{(n+1)}{2} \tag{4-2}$$

其中，单边检验时 Z 取 $Z_{0.05}=1.64$，$Z_{0.01}=2.33$，$Z_{0.001}=3.10$。

【例4-4】 某企业为降低生产成本，拟采用新工艺酿造啤酒，但传统工艺酿造的啤酒A具有一定的市场占有率，为了解新工艺酿造的啤酒B是否与传统工艺酿造的啤酒A有差别，选择36名评价员进行品评。

试验目的是通过感官评定来确定新工艺酿造的啤酒B与传统工艺酿造的啤酒A是否有差异。

由于啤酒A为大家所熟悉，所以采用二-三点检验固定对照模型进行分析。

啤酒A作为对照，对于36名评价员，共需准备72个A样、36个B样，然后分成18个AAB和18个ABA组合，每个组合中最左边的样品A为对照，其余两个样品采用3位随机数字编码。每个评价员评定1组样品，样品采用随机呈送。

评定结束后，统计回答正确的人数为27。查表4-1，在 $n=36$、$\alpha=0.01$ 时的临界值为26。可以看出本试验回答正确人数27大于临界值，表明采用新工艺酿造的啤酒B与传统工业酿造的啤酒A有显著性差异。

第四节　五中取二检验

一、方法

五中取二检验（two out of five test），是同时呈送给每位评价员5个已编码的样品，其中2个是同一样品，另外3个是另一样品。要求评价员在品尝后，将与其他3个不同的2个样品选出。

二、适用范围

五中取二检验，是检验两种样品间是否存在总体感官差异的一种方法。在统计学上讲，五中取二检验的猜对率仅为1/10，比三点检验（1/3）、二-三点检验（1/2）猜中率低很多，检验效率高，是非常有效的一种检验方法。此检验可识别两样品间的细微感官差异。当评价员少于10名时，常采用此检验。由于要同时评定5个样品，检验中容易受感官疲劳和记忆效果的影响，一般此检验只用于视觉、听觉和触觉方面的检验，不适用于气味或滋味的检验。

三、评价员

采用五中取二检验时，评价员必须经过培训，一般需要10~20人。当样品间差异较大容易辨别时，5位评价员也可以评价。

四、样品准备与呈送

五中取二检验，同时呈送评价员5个样品，考虑到样品顺序对评价结果的影响，5个样品的平衡排列顺序有以下20种。

AAABB	ABABA	BBBAA	BABAB
AABAB	BAABA	BBABA	ABBAB
ABAAB	ABBAA	BABBA	BAABB
BAAAB	BABAA	ABBBA	ABABB
AABBA	BBAAA	BBAAB	AABBB

为保证每个样品被评定的次数相等，则参与试验的评价员人数应是20的倍数。如果评价员人数少于20时，则呈送样品的顺序组合可以随机选择，但所选取的组合中包含3个A和包含3个B的组合数要相同。五中取二检验评价单见表4-9。

表4-9　五中取二检验评价单

五中取二检验

姓　名：__________　日期：__________

样品类型：__________

试验说明：

1. 在你面前有5个样品，其中有2个样品是相同的，另外3个样品是另一相同样品。
2. 按给定的样品顺序评定样品，评定后，请在你认为相同的2个样品编号后画“√”，谢谢！

编号样品		评语
862	______	______
243	______	______
389	______	______
465	______	______
735	______	______

五、结果整理与分析

评定完成后，统计正确选择的人数，查表4-10得五中取二检验正确响应临界值，比较给出分析结果。

表 4-10 五中取二检验正确响应临界值

评价员数量 n	显著性水平 0.05	0.01	0.001	评价员数量 n	显著性水平 0.05	0.01	0.001	评价员数量 n	显著性水平 0.05	0.01	0.001
2	2	2	—	23	6	7	9	44	9	11	12
3	2	3	3	24	6	7	9	45	9	11	13
4	3	3	4	25	6	7	9	46	9	11	13
5	3	3	4	26	6	8	9	47	9	11	13
6	3	4	5	27	6	8	9	48	9	11	13
7	3	4	5	28	7	8	10	49	10	11	13
8	3	4	5	29	7	8	10	50	10	11	14
9	4	4	5	30	7	8	10	51	10	12	14
10	4	5	6	31	7	8	10	52	10	12	14
11	4	5	6	32	7	9	10	53	10	12	14
12	4	5	6	33	7	9	11	54	10	12	14
13	4	5	6	34	7	9	11	55	10	12	14
14	4	5	7	35	8	9	11	56	10	12	14
15	5	6	7	36	8	9	11	57	11	12	15
16	5	6	7	37	8	9	11	58	11	13	15
17	5	6	7	38	8	10	11	59	11	13	15
18	5	6	8	39	8	10	12	60	11	13	15
19	5	6	8	40	8	10	12	70	12	14	17
20	5	7	8	41	8	10	12	80	14	16	18
21	6	7	8	42	9	10	12	90	15	17	20
22	6	7	8	43	9	10	12	100	16	19	21

与三点检验、二-三点检验相似，当评价员人数 $n>100$ 时，也可以由式（4-1）：

$$Z=\frac{X-np_0-0.5}{\sqrt{np_0q_0}}$$

去估算五中取二检验的临界值 X，此时的 $p_0=1/10$，$q_0=9/10$，Z 依然取 $Z_{0.05}=1.64$，$Z_{0.01}=2.33$，$Z_{0.001}=3.10$。

【例 4-5】某科研单位拟通过添加麦麸来提高面包中的膳食纤维含量。现采用感官评定方法比较添加 20%麦麸的面包与未添加麦麸的面包口感是否有显著性差异。

选择 12 人作为评价员，采用五中取二检验进行评定。随机取两种面包组成 12 个组合，其中 6 个组合中有 3 个“A”，6 个组合中有 3 个“B”。要求评价员评定出“哪两个样品的口感相同且与其他 3 个样品不同”。

12 名评价员中 8 位作出了正确的判断，查表 4-10，在显著性水平为 0.001 时，临界值为 6，表明添加 20%麦麸的面包与未添加麦麸的面包口感有极显著性差异，需继续改进。

第五节 异同检验

一、方法

在异同检验（same-difference test）中，评价员每次得到两个（一对）样品，要求评定后给出两个样品是“相同”还是“不同”的回答。在呈送给评价员的样品中，相同（AA、BB）和不同的（AB、BA）样品对数是相等的。为确保每个样品有相同的被评价次数，呈送样品是一半为相同样品，一半为两种不同样品。通过评价得到结果，比较观察的频率，作χ^2 检验（卡方检验）。

二、适用范围

试验的目的是要确定两个样品之间是否存在感官上的差异，在不能同时呈送更多样品的时候应用此法，即三点检验和二-三点检验都不宜应用，在比较一些味道很浓或持续时间较长（延迟效应）的样品时，通常使用此检验。

三、评价员

对于4种组合（AA、BB、AB、BA）中的每一组合一般都要求有20~50名评价员进行试验，最多可以用200人，也可以100人评定两种组合，或者50人评定4种组合。如果刺激味复杂，则每次最多只能向每位评价员呈送一对样品。采用异同检验时，评价员要么都接受过培训，要么都没有接受过培训，在同一个检验试验中，不能将接受过培训的和未接受培训的两类评价员混合在一起试验。

四、样品准备与呈送

采用随机数字对样品进行编码。如果每位评价员只能评定一对样品，则根据评价员人数，等量准备4种可能的样品组合（AA、BB、AB、BA），随机呈送给评价员评定。

如果试验要求每位评价员评定一对以上样品时，可以准备一对相同和一对不同，或者所有4种组合样品，编码后随机呈送。保证呈送样品中相同（AA、BB）和不同的（AB、BA）样品对数是相等的，且包含A的样和包含B的样对数相等。

五、结果整理与分析

收集评价单，统计评定结果，见表4-11。表中n_{ij} 表示实际相同的成对样品或不同的成对样品被判断为“相同”或“不同”的评价员人数。如n_{11} 为相同组合样品被评定为“相同”的评价员人数，而n_{21} 为相同组合样品被误评为“不同”的评价员人数。n_{12} 为不同组合样品被误评为“相同”的评价人员数，n_{22} 为不同组合样品被评定为“不同”的评价员人数。R_i、C_j 分别为各行、各列的和，此类统计结果表是统计学中2×2四格表数据，宜采用χ^2 检验来进行统计分析。

表 4-11　　异同检验结果统计表

评定结果	评价员评定的样品		总和
	相同组合样品（AA、BB）	不同组合样品（AB、BA）	
相同	n_{11}	n_{12}	$R_1=n_{11}+n_{12}$
不同	n_{21}	n_{22}	$R_2=n_{21}+n_{22}$
总和	$C_1=n_{11}+n_{21}$	$C_2=n_{12}+n_{22}$	$n=R_1+R_2$

对于表 4-11，行、列只有两种分类，所以其自由度 $df=(2-1)(2-1)=1$，因此，进行 χ^2 检验时应该对其进行连续性校正。根据 χ^2 统计量校正公式（4-3）：

$$\chi_c^2=\sum_{i=1}^{r}\sum_{j=1}^{c}\frac{\left(|O_{ij}-E_{ij}|-\frac{1}{2}\right)^2}{E_{ij}} \tag{4-3}$$

式中　O_{ij}——实际观察值；

E_{ij}——期望值，$E_{ij}=\frac{i\text{行的和}\times j\text{列的和}}{\text{行和列的总和}}$，如 $E_{11}=\frac{R_1\times C_1}{n}$。

可以推导出直接计算公式（4-4）：

$$\chi_c^{\ 2}=\frac{\left(|n_{11}n_{22}-n_{12}n_{21}|-\frac{n}{2}\right)^2 n}{C_1C_2R_1R_2} \tag{4-4}$$

当样品总数 $n>40$ 和 $E_{ij}(i=1,\ 2;\ j=1,\ 2)>5$ 时，χ^2 统计量也可以不进行连续性校正，即公式（4-5）：

$$\chi^2=\frac{(n_{11}n_{22}-n_{12}n_{21})^2 n}{C_1C_2R_1R_2} \tag{4-5}$$

查自由度为 $df=1$ 时 χ^2 的临界值（附表 2），当 $\alpha=0.05$ 时，$\chi^2_{0.05(1)}=3.84$；当 $\alpha=0.01$ 时，$\chi^2_{0.01(1)}=6.63$。将计算得到的 χ_c^2（或 χ^2）与 $\chi^2_{0.05(1)}$、$\chi^2_{0.01(1)}$ 比较，当 χ_c^2（或 χ^2）大于临界值时，表明两个样品在 α 水平上有显著性差异。

【例 4-6】 为了使调味酱生产现代化，调味酱制造商对老式加工设备进行了改造。为了确定新设备制造的烤肉调味酱味道是否与老式设备加工的调味酱有区别，企业拟采用异同检验来评定。

由于烤肉调味酱产品味道辛辣，味道会有滞留效应，会影响评定结果，所以，采用异同检验比较合适。

以白面包做载体，共准备 60 对样品，其中 30 对为相同组合（AA、BB），30 对为不同（AB、BA）组合。选择 30 个评价员对其进行评定。每位评价员第一阶段评定一组相同产品对（AA 或 BB），在第二阶段评定一组不同产品对（AB 或 BA），共收集 60 个评定结果。评定时，为消除产品颜色的不同对评定结果的影响，试验在全红色光线的小房间内进行。

将调味酱涂抹到切好的面包片上，按设计次序将样品放在标记好的托盘中，呈送给每个评价员评定。异同检验评价单见表 4-12。

表 4-12　　异同检验评价单

异同检验

姓　　名：____________　　日期：____________

样品种类：白面包上的烤肉调味酱

试验说明：

1. 从左到右品尝样品。

2. 确定样品是否一样或者不一样。

注意：有些组的样品是相同的。

____________样品相同

____________样品不同

收集评价单，整理评定结果见表 4-13，每列为呈送的试验样品，每行为评价员评定结果统计数。

表 4-13　　烤肉调味酱检验结果统计表

评定结果	评定样品		总和
	相同组合（AA 或 BB）	不同组合（AB 或 BA）	
相同	17	9	26
不同	13	21	34
总和	30	30	60

采用χ^2 检验，首先由 $E_{ij} = \frac{i\text{行的和} \times j\text{列的和}}{\text{行和列的总和}}$ 计算各单元的期望值 E_{ij}：

$$E_{11} = \frac{R_1 \times C_1}{n} = \frac{26 \times 30}{60} = 13 \qquad E_{12} = \frac{R_1 \times C_2}{n} = \frac{26 \times 30}{60} = 13$$

$$E_{21} = \frac{R_2 \times C_1}{n} = \frac{34 \times 30}{60} = 17 \qquad E_{22} = \frac{R_2 \times C_2}{n} = \frac{34 \times 30}{60} = 17$$

则

$$\chi^2 = \frac{(17-13)^2}{13} + \frac{(9-13)^2}{13} + \frac{(13-17)^2}{17} \frac{(21-17)^2}{17} = 4.34$$

由附表 2 查自由度 $df=(2-1)(2-1)=1$ 时的χ^2 临界值，$\chi^2_{0.05,\ 1}=3.84$，$\chi^2_{0.01,\ 1}=6.63$，可以看出计算的χ^2 大于 0.05 显著性水平的临界值，小于 0.01 显著性水平的临界值，表明比较的 A、B 两样品间有显著性差异，两种设备生产的调味酱是不同的。如果真想替换原有设备，可以将两种产品进行消费者试验，以确定消费者是否愿意接受新设备生产的产品。

χ^2 也可以由下式直接计算：

$$\chi^2 = \frac{(n_{11}n_{22} - n_{12}n_{21})^2 n}{C_1 C_2 R_1 R_2} = \frac{(17 \times 21 - 9 \times 13)^2 \times 60}{30 \times 30 \times 26 \times 34} = 4.34$$

第六节 “A” - “非 A” 检验

一、方法

先将样品“A”呈送给评价员评价，在评价员熟悉“A”样品以后，以随机的方式再将一系列样品呈送给评价员，其中有“A”也有“非 A”的样品。要求评价员评价后指出哪些是“A”，哪些是“非 A”。在评价过程中，可以考虑将“A”样品再次呈送给评价员，以提醒评价员。但梅尔高（Meilgaard）(1991) 提出评价时可以将两个产品同时呈送评价员使其熟悉样品，在评价过程不再给出“A”或“非 A”提醒。每次样品间的评价应有适当的间隔，一般是 2~5min。“A” - “非 A” 检验结果也是通过 χ^2 检验来分析的。

二、适用范围

“A” - “非 A” 检验（“A” or “not A” test）不是常用的方法，但当二-三点检验和三点检验不适宜使用时可以考虑该方法，该方法最早由普法夫曼（Pfaffmann）等人于 1954 年建立。

此检验方法特别适用于检验具有不同外观或后味强烈样品的差异，也适用于确定评价员对一种特殊刺激的敏感性检验。

当两种产品中的一个非常重要时，可以作为标准产品或者参考产品，并且评价员非常熟悉该样品；或者其他样品都必须和当前样品进行比较时，优先使用“A” - “非 A” 检验，它的实质是一种顺序成对比较检验或异同检验。

三、评价员

评价员没有机会同时评价样品，他们必须根据记忆来比较两个样品，判断其相同还是不同，因此评价员必须经过训练，以便理解此检验方法。评价员在检验开始前要对明确标示“A”和“非 A”样品进行训练辨认。评价人员 10~50 名，在试验中，每个样品呈送 20~50 次，每个评价员可能收到一个样品（“A”或“非 A”），或者两个样品（一个“A”和一个“非 A”），或者连续收到多达 10 个样品。允许评价的试验样品数由评价员的身体和心理疲劳程度来决定。

四、样品准备与呈送

对样品进行随机编码，一个评价员得到的相同样品应该用不同的随机数字编码。样品一个一个地随机呈送或以平衡方式呈送，但呈送“A”样品和“非 A”样品的数量应该保证相同，以便评价“A”样品和“非 A”样品的次数相等。

五、结果整理与分析

收集评价单，对评价员的评定结果整理统计如表 4-14 所示。表中 n_{11} 表示样品本身是“A”而被评判为“A”的评价人员数，而 n_{21} 表示样品本身是“A”而被评判为“非 A”的评价人员数；n_{12} 表示样品本身是“非 A”而被误评判为“A”的评价人员数，n_{22} 表示样品本身是“非 A”而被评判为“非 A”的评价人员数。R_i、C_j 分别为各行、各列的和，此类统计表与异同检验统计表格相似，也是 2×2 四格表数据，亦采用 χ^2 检验来进行统计分析。

表 4-14 “A”-“非 A”检验结果统计表

评定结果	评价员评定的样品		总和
	“A”	“非 A”	
判为“A”的人数	n_{11}	n_{12}	$R_1=n_{11}+n_{12}$
判为“非 A”的人数	n_{21}	n_{22}	$R_2=n_{21}+n_{22}$
总和	$C_1=n_{11}+n_{21}$	$C_2=n_{12}+n_{22}$	$n=R_1+R_2$

【例 4-7】 某饮料企业拟用 0.1%新型甜味剂代替 5%蔗糖来生产饮料，希望通过感官评定来确定添加两种甜味剂生产的饮料口感是否有差别。

试验目的是评定两种甜味剂以明确使用 0.1%的新型甜味剂能否替代 5%的蔗糖来生产饮料。

筛选 20 名评价员进行参评，每位评价员评定 10 个样品，每个样品品尝一次，然后回答是“A”还是“非 A”，然后用清水漱口，等待 1min 再品尝下一样品，其评价单见表 4-15。评定结果见表 4-16。

表 4-15 “A”-“非 A”检验评价单

“A”-“非 A”检验

姓　　名：______________　　日　　期：______________

样品种类：加糖饮料

试验说明：

1. 请先熟悉“A”样品和“非 A”样品，记住它们的口味。
2. 取出编码的样品，这些样品中包括“A”和“非 A”，其顺序是随机的。
3. 按顺序品尝样品，并在□中用“√”标识你的评定结果。

样品编码	样品为：“A”	“非 A”
	□	□
	□	□
	□	□
	□	□
	□	□
	□	□
	□	□
	□	□
	□	□

表 4-16　　“A”－“非 A”检验评定结果

评定结果	评定样品		总和
	“A”	“非 A”	
“A”	60	35	95
“非 A”	40	65	105
总和	100	100	200

样品总数 $n>40$，$E_{ij}>5$，可不进行连续性校正，所以

$$\chi^2=\frac{(n_{11}n_{22}-n_{12}n_{21})^2n}{C_1C_2R_1R_2}=\frac{(60\times65-35\times40)^2\times200}{100\times100\times95\times105}=12.53$$

查附表 2 可得 $\chi^2_{0.05,\ 1}=3.84$，$\chi^2_{0.01,\ 1}=6.63$，由于 $\chi^2=12.53>\chi^2_{0.01,\ 1}$，表明两个样品存在极显著性差异。用 0.1%的新型甜味剂代替 5%的蔗糖会对饮料口味产生可感知的变化。

第七节　差异对照检验

一、方法

差异对照检验（difference from control），又称与对照的差异检验、差异程度检验（degree of difference test，DOD），由奥斯特（Aust）等 1985 年建立。要求检验时呈送给评价员一个对照样和一个或几个待测样（其中包括作为盲样的对照样），并告知评价员待测样中含有对照盲样，要求评价员按照评价尺度定量地给出每个样品与对照样的差异大小。差异对照检验的评定结果是通过各样品与对照间的差异结果来进行统计分析的，以判断不同产品与对照间的差异显著性。差异对照检验的实质是评估样品差异大小的一种简单差异试验。

二、适用范围

差异对照检验的目的不仅是判断一个或多个样品和对照之间是否存在差异，而且还要评估出所有样品与对照之间差异程度的大小。

差异对照检验在进行质量保证、质量控制、货架寿命试验等研究中使用，不仅要确定产品之间是否有差异，还希望给出其差异的程度，以便用于决策。对于那些由于产品中存在多种成分而不适于三点检验、二-三点检验的研究时，如肉制品、焙烤制品等，差异对照检验是适用的。

三、评价员

差异对照检验实施时，一般需要 20~50 人参加评定。评价员可以是经过训练的，也可以是未经训练的，但两者不能混在一起来评定。所有评价员均应熟悉试验模式、尺度（等级）的含义、评定的编码，试验样品中有作为盲样的对照样。

四、样品准备与呈送

试验时如果有可能的话，将待评样品同时呈送评价员，样品包括标记出的对照样、其他待评的编码样品、编码的盲样。每个评价员提供一个标准对照样和数个编码样品（编码的其他样品、编码盲样）。

评价时使用的尺度可以是类别尺度、数字尺度或线性尺度。常用的类别尺度评分等级如表 4-17 所示。

表 4-17 常用的类别尺度评分等级

<table>
<tr><th>语言类别尺度</th><th>数字类别等级</th></tr>
<tr><td>没有差异</td><td>0=没有差异</td></tr>
<tr><td>极小的差异</td><td>1</td></tr>
<tr><td>较小程度差异</td><td>2</td></tr>
<tr><td>中等程度差异</td><td>3</td></tr>
<tr><td>较大的差异</td><td>4</td></tr>
<tr><td>差异大</td><td>5</td></tr>
<tr><td rowspan="4">极大的差异</td><td>6</td></tr>
<tr><td>7</td></tr>
<tr><td>8</td></tr>
<tr><td>9=极大的差异</td></tr>
</table>

如果采用语言类别尺度评定，在进行结果分析时要将其转换成数值进行统计分析。

五、结果整理与分析

收集评价单，整理试验结果，如表 4-18 所示。首先计算每一个样品与未知对照样的平均值，然后采用方差分析方法（如果仅有一个样品时可采用成对 t 检验）进行统计分析以比较各个样品间的差异显著性。

表 4-18 差异对照检验结果统计表

评价员	样品			
	对照盲样	样品 1	样品 2	样品 3
1	x_{10}	x_{11}	x_{12}	x_{13}
2	x_{20}	x_{21}	x_{22}	x_{12}
…	…	…	…	…
i	x_{i0}	x_{i1}	x_{i2}	x_{i2}
…	…	…	…	…
k	x_{k0}	x_{k1}	x_{k2}	x_{k2}

注：x_{i0} 为第 i 评价员对盲样与对照样差异大小的评定结果，x_{i1} 为第 i 评价员对样品 1 与对照样差异大小的评定结果，x_{i2} 为第 i 评价员对样品 2 与对照样差异大小的评定结果，依此类推。

考虑到不同评价员之间的评定水平差异性可能对评定结果产生影响，所以将评价员看成区组因素，可将表 4-18 所示资料看成带有区组的单因素试验资料进行方差分析，也可以看成两因素无重复试验资料进行方差分析。

（一）方差分析基本步骤

若记样品为 A 因素，有 a 个水平；评价员为 B 因素，有 b 个水平，试验数据为 $x_{ij}(i=1, 2, \cdots, a; j=1, 2, \cdots, b)$，如表 4-19 所示。

表 4-19 两因素无重复试验数据模式

A 因素	B 因素						合计 $x_{i.}$	平均 $\bar{x}_{i.}$
	B_1	B_2	…	B_j	…	B_b		
A_1	x_{11}	x_{12}	…	x_{1j}	…	x_{1b}	$x_{1.}$	$\bar{x}_{1.}$
A_2	x_{21}	x_{22}	…	x_{2j}	…	x_{2b}	$x_{2.}$	$\bar{x}_{2.}$
⋮	⋮	⋮	…	⋮	…	⋮	⋮	⋮
A_i	x_{i1}	x_{i2}	…	x_{ij}	…	x_{ib}	$x_{i.}$	$\bar{x}_{i.}$
⋮	⋮	⋮	…	⋮	…	⋮	⋮	⋮
A_a	x_{a1}	x_{a2}	…	x_{aj}	…	x_{ab}	$x_{a.}$	$\bar{x}_{a.}$
合计 $x_{.j}$	$x_{.1}$	$x_{.2}$	…	$x_{.j}$	…	$x_{.b}$	$x_{..}$	$\bar{x}_{..}$
平均 $\bar{x}_{.j}$	$\bar{x}_{.1}$	$\bar{x}_{.2}$	…	$\bar{x}_{.j}$	…			

表中 $x_{i.}=\sum_{j=1}^{b}x_{ij}(i=1, 2, \cdots, a)$，$\bar{x}_{i.}=\frac{1}{b}x_{i.}$，$x_{.j}=\sum_{i=1}^{a}x_{ij}(j=1, 2, \cdots, b)$，$\bar{x}_{.j}=\frac{1}{a}x_{.j}$，$x_{..}=\sum_{i=1}^{a}\sum_{j=1}^{b}x_{ij}$，$\bar{x}_{..}=\frac{1}{ab}x_{..}=\frac{1}{n}x_{..}$。

1. 偏差平方和与自由度的分解

式（4-6）为总偏差平方和：

$$
\begin{aligned}
SS_T &= \sum_{i=1}^{a}\sum_{j=1}^{b}(x_{ij}-\bar{x}_{..})^2 \\
&= \sum_{i=1}^{a}\sum_{j=1}^{b}[(x_{ij}-\bar{x}_{i.}-\bar{x}_{.j}+\bar{x}_{..})+(\bar{x}_{i.}-\bar{x}_{..})+(\bar{x}_{.j}-\bar{x}_{..})]^2 \\
&= \sum_{i=1}^{a}\sum_{j=1}^{b}(x_{ij}-\bar{x}_{i.}-\bar{x}_{.j}+\bar{x}_{..})^2+\sum_{i=1}^{a}\sum_{j=1}^{b}(\bar{x}_{i.}-\bar{x}_{..})^2+\sum_{i=1}^{a}\sum_{j=1}^{b}(\bar{x}_{.j}-\bar{x}_{..})^2+ \\
&\quad 2\sum_{i=1}^{a}\sum_{j=1}^{b}(x_{ij}-\bar{x}_{i.}-\bar{x}_{.j}+\bar{x}_{..})(\bar{x}_{i.}-\bar{x}_{..})+2\sum_{i=1}^{a}\sum_{j=1}^{b}(x_{ij}-\bar{x}_{i.}-\bar{x}_{.j}+\bar{x}_{..}) \\
&\quad (\bar{x}_{.j}-\bar{x}_{..})+2\sum_{i=1}^{a}\sum_{j=1}^{b}(\bar{x}_{i.}-\bar{x}_{..})(\bar{x}_{.j}-\bar{x}_{..})
\end{aligned}
\tag{4-6}
$$

可以证明上述三个交叉积和为 0，所以

$$SS_T = \sum_{i=1}^{a}\sum_{j=1}^{b}(\bar{x}_{i.} - \bar{x}_{..})^2 + \sum_{i=1}^{a}\sum_{j=1}^{b}(\bar{x}_{.j} - \bar{x}_{..})^2 + \sum_{i=1}^{a}\sum_{j=1}^{b}(x_{ij} - \bar{x}_{i.} - \bar{x}_{.j} + \bar{x}_{..})^2$$

$$= b\sum_{i=1}^{a}(\bar{x}_{i.} - \bar{x}_{..})^2 + a\sum_{j=1}^{b}(\bar{x}_{.j} - \bar{x}_{..})^2 + \sum_{i=1}^{a}\sum_{j=1}^{b}(x_{ij} - \bar{x}_{i.} - \bar{x}_{.j} + \bar{x}_{..})^2$$

令
$$SS_A = b\sum_{i=1}^{a}(\bar{x}_{i.} - \bar{x}_{..})^2 \tag{4-7}$$

式（4-7）中，SS_A 为因素 A 各水平间的平方和，反映了因素 A 对试验结果的影响，即样品之间的不同对评定结果的影响；

令
$$SS_B = a\sum_{j=1}^{b}(\bar{x}_{.j} - \bar{x}_{..})^2 \tag{4-8}$$

式（4-8）中，SS_B 为因素 B 各水平间的平方和，反映了因素 B 对试验结果的影响，即评价员评价水平对评定结果的影响；

令
$$SS_e = \sum_{i=1}^{a}\sum_{j=1}^{b}(x_{ij} - \bar{x}_{i.} - \bar{x}_{.j} + \bar{x}_{..})^2 \tag{4-9}$$

式（4-9）中，SS_e 为误差平方和，反映了试验误差的影响大小。

于是总偏差平方和分解为样品平方和、评价员平方和以及误差平方和，记作式（4-10）：

$$SS_T = SS_A + SS_B + SS_e \tag{4-10}$$

修正项 $CT = \frac{1}{n}x_{..}^2$ 其各项偏差平方和的简化计算公式为：

$$SS_T = \sum_{i=1}^{a}\sum_{j=1}^{b}(x_{ij} - \bar{x}_{..})^2 = \sum_{i=1}^{a}\sum_{j=1}^{b}x_{ij}^2 - \frac{1}{n}\cdot x_{..}^2 = \sum_{i=1}^{a}\sum_{j=1}^{b}x_{ij}^2 - CT$$

$$SS_A = b\sum_{i=1}^{a}(\bar{x}_{i.} - \bar{x}_{..})^2 = \frac{1}{b}\sum_{i=1}^{a}x_{i.}^2 - \frac{1}{n}x_{..}^2 = \frac{1}{b}\sum_{i=1}^{a}x_{i.}^2 - CT$$

$$SS_B = a\sum_{j=1}^{b}(\bar{x}_{.j} - \bar{x}_{..})^2 = \frac{1}{a}\sum_{j=1}^{b}x_{.j}^2 - \frac{1}{n}x_{..}^2 = \frac{1}{a}\sum_{j=1}^{b}x_{.j}^2 - CT$$

$$SS_e = SS_T - SS_A - SS_B$$

式（4-11）同理：

$$\begin{aligned} &\text{总自由度 } df_T = ab - 1 = n - 1 \\ &\text{A 因素的自由度 } df_A = a - 1 \\ &\text{B 因素的自由度 } df_B = b - 1 \\ &\text{误差的自由度 } df_e = df_T - df_A - df_B = (a-1)(b-1) \end{aligned} \tag{4-11}$$

2. 计算均方，构造 F 统计量，作显著性检验

由偏差平方和、自由度可求出各自均方，即式（4-12）：

$$MS_T = SS_T/df_T,\ MS_A = SS_A/df_A,\ MS_B = SS_B/df_B,\ MS_e = SS_e/df_e \tag{4-12}$$

其中，MS_A、MS_B 和 MS_e 分别称为样品均方、评价员均方和误差均方。所以得式（4-13）：

$$F_A = \frac{MS_A}{MS_e},\ F_B = \frac{MS_B}{MS_e} \tag{4-13}$$

3. 列出方差分析表

根据上述计算结果，编制出方差分析表，如表 4-20 所示。

表 4-20　　双因素无重复试验方差分析表

变异来源	平方和	自由度	均方	F	F_α	显著性
因素 A	SS_A	$df_A=a-1$	$MS_A=SS_A/(a-1)$	$F_A=\frac{MS_A}{MS_e}$	（查表）	
因素 B	SS_B	$df_B=b-1$	$MS_B=SS_B/(b-1)$	$F_B=\frac{MS_B}{MS_e}$		
误差 e	SS_e	$df_e=(a-1)(b-1)$	$MS_e=SS_e/[(a-1)(b-1)]$			
总和	SS_T	$df_T=n-1$				

对于给定的显著性水平 α，在相应自由度下查附表 3，得 $F_{\alpha\{(a-1),(a-1)(b-1)\}}$、$F_{\alpha\{(b-1),(a-1)(b-1)\}}$。对于因素 A，若 $F_A>F_{\alpha\{(a-1),(a-1)(b-1)\}}$，表明因素 A（样品）间差异显著。即样品间有显著性差异。对于因素 B，若 $F_B>F_{\alpha\{(b-1),(a-1)(b-1)\}}$，表明因素 B 间差异显著，即评价员的评价水平有显著性差异，对试验结果有影响。

4. 多重比较

如果样品间差异显著，有必要进一步作两两样品间的多重比较，以判断哪个样品与哪个样品差异显著，哪个样品与哪个样品差异不显著。目前常用的多重比较方法有最小显著差数法（LSD 法）和最小显著极差法（LSR 法），其中最小显著极差法（LSR 法）又包括 q 检验法（SNK 法）和 Duncan 法（邓肯法）。

① 最小显著差数法（least significant difference，LSD 法）：此法实质上是 t 检验法。

此法的基本做法是：在 F 检验显著的前提下，先计算出显著性水平为 α 的最小显著差数 LSD_α，然后将任意两个处理平均数之差的绝对值 $|\bar{x}_{i.}-\bar{x}_{j.}|$ 与其比较。若 $|\bar{x}_{i.}-\bar{x}_{j.}|>LSD_\alpha$ 时，则 $\bar{x}_{i.}$ 与 $\bar{x}_{j.}$ 在 α 水平上差异显著；反之，则在 α 水平上差异不显著。这种方法又称保护性最小显著差数法（protected LSD，或 PLSD）。

由 t 检验可以推出，最小显著差数由下式计算：

$$LSD_\alpha=t_{\alpha(df_e)}S_{\bar{x}_{i.}-\bar{x}_{j.}} \tag{4-14}$$

式（4-14）中，$t_{\alpha(df_e)}$ 为误差自由度 df_e，显著性水平为 α 的临界 t 值（附表 4），$S_{\bar{x}_{i.}-\bar{x}_{j.}}$ 为均数差数标准误差，由式（4-15）求得：

$$S_{\bar{x}_{i.}-\bar{x}_{j.}}=\sqrt{2MS_e/r} \tag{4-15}$$

式（4-15）中，MS_e 为 F 检验中的误差均方（方差），r 为各处理的重复数。

当显著性水平 $\alpha=0.05$ 和 0.01 时，由 t 值表中查出 $t_{0.05(df_e)}$ 和 $t_{0.01(df_e)}$，代入式（4-16）计算出最小显著差数 $LSD_{0.05}$ 和 $LSD_{0.01}$。

$$LSD_{0.05}=t_{0.05(df_e)}S_{\bar{x}_{i.}-\bar{x}_{j.}}，\ LSD_{0.01}=t_{0.01(df_e)}S_{\bar{x}_{i.}-\bar{x}_{j.}} \tag{4-16}$$

利用 LSD 法进行多重比较时，其基本步骤如下：

第一步，计算样本平均数差数标准误 $S_{\bar{x}_{i.}-\bar{x}_{j.}}$；

第二步，计算最小显著差数 $LSD_{0.05}$ 和 $LSD_{0.01}$；

第三步，列出平均数的多重比较表，各处理按其平均数从大到小自上而下排列；

第四步，各处理平均数的比较，将平均数多重比较表中两两平均数的差数与 $LSD_{0.05}$、$LSD_{0.01}$ 比较，做出统计推断。

任何两处理平均数的差数大于 $LSD_{0.05}$ 时，表明差异显著；大于 $LSD_{0.01}$，表明差异极显著。

②q 检验法（q-test）：是以统计量 q 的概率分布为基础的。q 值由式（4-17）求得：

$$q = R/S_{\overline{x}} \tag{4-17}$$

式中，R 为极差，$S_{\overline{x}}$ 为标准误，其分布依赖于误差自由度 df_e 及秩次距 k 。

为了简便起见，利用 q 检验法作多重比较时，是将极差 R 与 $q_{\alpha(df_e,\ k)}S_{\overline{x}}$ 进行比较，从而作出统计推断。所以，$q_{\alpha(df_e,\ k)}S_{\overline{x}}$ 就称为 α 水平上的最小显著极差。记为式（4-18）：

$$\mathrm{LSR}_{\alpha,\ k} = q_{\alpha(df_e,\ k)}S_{\overline{x}} \tag{4-18}$$

其中

$$S_{\overline{x}} = \sqrt{MS_e/r} \tag{4-19}$$

当显著性水平 $\alpha = 0.05$ 和 0.01 时，根据自由度 df_e 及秩次距 k 由附表 5（q 值表）查出 $q_{0.05(df_e,\ k)}$ 和 $q_{0.01(df_e,\ k)}$ ，求得 LSR 。

$$\mathrm{LSR}_{0.05,\ k} = q_{0.05(df_e,\ k)}S_{\overline{x}},\quad \mathrm{LSR}_{0.01,\ k} = q_{0.01(df_e,\ k)}S_{\overline{x}} \tag{4-20}$$

利用 q 检验法进行多重比较时，其步骤如下：

第一步，列出平均数多重比较表；

第二步，由自由度 df_e、秩次距 k 查临界 q 值，计算最小显著极差 $\mathrm{LSR}_{0.05,k}$，$\mathrm{LSR}_{0.01,k}$；

第三步，将平均数多重比较表中的各极差与相应的最小显著极差 $\mathrm{LSR}_{0.05,k}$，$\mathrm{LSR}_{0.01,\ k}$ 比较，作出统计推断。

③新复极差法（new multiple range method）：此法是由邓肯（Duncan）于 1955 年提出的，又称 Duncan 法，也称 SSR 法（shortest significant range）。

新复极差法与 q 检验法的检验步骤相同，唯一不同的是计算最小显著极差时需查 SSR 表（附表 6）而不是查 q 值表。最小显著极差计算公式为：

$$\mathrm{LSR}_{\alpha,\ k} = \mathrm{SSR}_{\alpha(df_e,\ k)}S_{\overline{x}} \tag{4-21}$$

式中，$\mathrm{SSR}_{\alpha(df_e,\ k)}$ 是根据显著性水平 α、误差自由度 df_e 、秩次距 k ，由 SSR 表查得临界 SSR 值。$S_{\overline{x}}$ 为标准误，$S_{\overline{x}} = \sqrt{MS_e/r}$ 。

三种多重比较方法的检验尺度是不同的，其关系为：

LSD 法≤新复极差法≤ q 检验法

一个试验资料，究竟采用哪一种多重比较方法，主要应根据否定一个正确的 H_0 和接受一个不正确的 H_0 的相对重要性来决定。如果否定正确的 H_0 是事关重大或后果严重的，或对试验要求严格时，用 q 检验法较为妥当；如果接受一个不正确的 H_0 是事关重大或后果严重的，则宜用新复极差法。生物试验中，由于试验误差较大，常采用新复极差法，即 Duncan 法；F 检验显著后，为了简便，也可采用 LSD 法。

④Dunnett（邓尼特）法：当试验研究的目的在于比较处理与对照之间的差异性，而不在于比较处理与处理之间的差异性时常采用 Dunnett 法进行多重比较。

Dunnett 法适用于 k 个处理组与一个对照组均数差异的多重比较。

$$t = \frac{\overline{x}_{i.} - \overline{x}_{ck}}{S_{\overline{x}_{i.} - \overline{x}}} \tag{4-22}$$

式（4-22）中，$\overline{x}_{i.}$ 为第 i 个处理组的均数，$\overline{x}_{ck}$ 为对照组的均数，$S_{\overline{x}_{i.} - \overline{x}_{ck}} = \sqrt{MS_e\left(\frac{1}{n_i} + \frac{1}{n_{ck}}\right)}$

为均数差值标准误。

根据误差自由度 df_e、处理组数 k 以及 α 查 Dunnett-t 临界值表（附表7），比较作出推断。若 $|t| \geq t'_{\alpha}$，则在 α 水平上否定 H_0 表明处理与对照之间有显著差异。

5. 多重比较结果的表示

多重比较结果的表示方法较多，标记字母法是目前最为常用的方法。先将各处理平均数由大到小自上而下排列；然后在最大平均数后标记字母 a，并将该平均数与以下各平均数依次相比，凡差异不显著标记同一字母，直到某一个与其差异显著的平均数标记字母 b；再以标有字母 b 的平均数为标准，与上方比它大的各个平均数比较，凡差异不显著一律再加标 b，直至显著为止；再以标记有字母 b 的最大平均数为标准，与下面各未标记字母的平均数相比，凡差异不显著，继续标记字母 b，直至某一个与其差异显著的平均数标记 c；……；如此重复下去，直至最小一个平均数被标记比较完毕为止。这样，各平均数间凡有一个相同字母的即为差异不显著，凡无相同字母的即为差异显著。通常，用小写拉丁字母表示显著性水平在 $\alpha=0.05$，用大写拉丁字母表示显著性水平在 $\alpha=0.01$。此法的优点是占篇幅小，在科技文献中常见。

（二）差异对照检验实例

【例 4-8】 一家蜂蜜生产商希望增加原产品的黏度。现有两种在质地上比对照样品黏稠的样品（F、N）。产品研发人员想通过试验判断这两种样品与对照样品的差别大小，最终目的是判断哪个样品更接近现有产品。

将预先称量好的每种样品放置于已编号的玻璃器皿中。再将每种样品取相同量给评价员评定。评定过程需要 42 名评价员测试（或一次评定 2 个样品，评价 3 次）。样品分组如下：①对照物与样品 F（C-F）；②对照物与样品 N（C-N）；③对照物与盲样（C-C）。每位评价员先拿到标准对照物，再拿到测试样品。差异对照检验评价单见表 4-21。样品 F、N 与对照差异评定结果见表 4-22。

表 4-21 差异对照检验评价单

差异对照检验

姓　　名：________　　日　　期：________

样品种类：________　　样品编号：________

试验说明：

1. 在你拿到的 2 个样品中，一个标记有“C”的为对照样，另一个是标有三位数字编码的待评样。
2. 比较评定对照样品与待评样，注意有时待评样可能与对照样相同。
3. 根据下列等级尺度，指出待评样与对照样黏度的差异大小。

________ 0=没有差异
________ 1
________ 2
________ 3
________ 4
________ 5
________ 6
________ 7
________ 8
________ 9=极大的差异

采用随机完全区组设计的方差分析（ANOVA）进行统计分析。42 名评价员为设计中的“区组”，3 个样品为“处理”。

表 4-22 样品 F、N 与对照差异评定结果

评价员	盲样	样品 F	样品 N	和（T_B）	评价员	盲样	样品 F	样品 N	和（T_B）
1	1	4	5	10	23	3	5	6	14
2	4	6	6	16	24	4	6	6	16
3	1	4	6	11	25	0	3	3	6
4	4	8	7	19	26	2	5	1	8
5	2	4	3	9	27	2	5	5	12
6	1	4	5	10	28	2	6	4	12
7	3	3	6	12	29	3	5	6	14
8	0	2	4	6	30	1	4	7	12
9	6	8	9	23	31	4	6	7	17
10	7	7	9	23	32	1	4	5	10
11	0	1	2	3	33	3	5	5	13
12	1	5	6	12	34	1	4	4	9
13	4	5	7	16	35	4	6	5	15
14	1	6	5	12	36	2	3	6	11
15	4	7	6	17	37	3	4	6	13
16	2	2	5	9	38	0	4	4	8
17	2	6	7	15	39	4	8	7	19
18	4	5	7	16	40	0	5	6	11
19	0	3	4	7	41	1	5	5	11
20	5	4	5	14	42	3	4	4	11
21	2	3	3	8	和（T_A）	100	200	226	526
22	3	6	7	16	平均值	2.38	4.76	5.38	

试验数据的差异来源有 3 方面：评价员之间的差异、样品间的差异（评价员对样品兴趣爱好的影响）以及试验误差。

如果以 a，b 分别表示样品和评价员数量，x_{ij} 表示各评价值，那么：

修正项 $CT = \frac{1}{n}T^2 = \frac{1}{ab}T^2 = \frac{526^2}{3 \times 42} = 2195.841$

总偏差平方和：

$$SS_T = \sum_{i=1}^{a}\sum_{j=1}^{b}(x_{ij} - \bar{x}_{..})^2 = \sum_{i=1}^{a}\sum_{j=1}^{b}x_{ij}^2 - CT$$

$$= (1^2 + 4^2 + 5^2 + \cdots + 4^2 + 4^2) - 2195.841$$

$$= 548.159$$

样品偏差平方和：

$$SS_A = b\sum_{i=1}^{a}(\bar{x}_{i.} - \bar{x}_{..})^2 = \frac{1}{b}\sum_{i=1}^{a}T_A^2 - CT$$

$$= \frac{1}{42}(100^2 + 200^2 + 226^2) - 2195.841$$

$$= 210.730$$

评价员偏差平方和：

$$SS_B = a\sum_{j=1}^{b}(\bar{x}_{.j} - \bar{x}_{..})^2 = \frac{1}{a}\sum_{j=1}^{b}{T_B}^2 - CT$$

$$= \frac{1}{3}(10^2 + 16^2 + \cdots 11^2) - 2195.841$$

$$= 253.492$$

$$SS_e = SS_T - SS_A - SS_B$$

总自由度 $df_T = ab - 1 = 3 \times 42 - 1 = 125$

样品自由度 $df_A = a - 1 = 3 - 1 = 2$

评价员自由度 $df_B = b - 1 = 42 - 1 = 41$

误差自由度 $df_e = df_T - df_A - df_B = (a-1)(b-1) = 82$

差异对照检验结果方差分析见表 4-23。

表 4-23 差异对照检验结果方差分析

方差来源	平方和 SS	自由度 df	均方 MS	F 值	显著性
评价员间 A	253.492	41	6.183	6.04	**
样品间 B	210.73	2	105.365	102.93	**
误差 e	83.937	82	1.024		
总和	548.159	125			

注：$F_{0.05(2,82)} = 3.11$，$F_{0.01(2,82)} = 4.87$，$F_{0.05(41,82)} = 1.54$，$F_{0.01(41,82)} = 1.84$。

由表 4-23 可以看出，评价员间有极显著性差异，表明评价员间使用尺度的评价水平有差异，但使用方差分析时已将其对评定结果的影响分离出去，因而不会影响样品之间的差异比较。由于样品 $F_A = 102.93 > F_{0.01(2,82)} = 4.87$，差异达到极显著性水平，表明样品间有极显著性差异，需进一步作多重比较。

①采用最小显著差数法（LSD 法）进行样品间平均数的比较。查 t 值表得 $t_{0.05(df_e)} = t_{0.05(82)} = 1.99$，$t_{0.01(df_e)} = t_{0.01(82)} = 2.64$

由 $LSD_\alpha = t_{\alpha(df_e)}\sqrt{\frac{2MS_e}{b}}$ 得

$$LSD_{0.05} = 1.99 \times \sqrt{\frac{2 \times 1.024}{42}} = 0.44,\ LSD_{0.01} = 2.64 \times \sqrt{\frac{2 \times 1.024}{42}} = 0.58$$

产品 F 与对照比较：

$$\bar{x}_F - \bar{x}_{ck} = 4.8 - 2.4 = 2.4 > LSD_{0.01}$$

产品 N 与对照比较：

$$\bar{x}_N - \bar{x}_{ck} = 5.4 - 2.4 = 3.0 > LSD_{0.01}$$

多重比较结果表明，待评两个样品与对照间有极显著性差异，值得进一步做性质差异检验或描述分析等。

②采用 Dunnett 法进行样品间平均数的比较：Dunnett 多重比较结果见表 4-24。

表 4-24　Dunnett 多重比较结果

样品	均值	样品	均值
样品 F	4.8B	对照	2.4A
样品 N	5.4B		

分析表明样品 F、样品 N 与对照之间差异极显著。

第八节　选择检验

选择检验是从 3 个以上样品中选择出 1 个最喜欢或者最不喜欢产品的检验方法。

一、方法特点

（1）常用于嗜好调查。不适用于一些味道很浓或延缓时间较长的样品，采用这种方法在做品尝试验时，要特别强调漱口。

（2）试验简单易懂，技术要求低。

（3）评价员没有硬性规定要求必须经过培训，一般选择 5 人以上，多则 100 人以上。

（4）此试验要求样品提供是随机的。

二、调查表的设计

常用的选择检验调查问答表的设计如表 4-25 所示。

表 4-25　常用的选择检验调查问答表

选择检验
姓　名：＿＿＿＿＿＿　日　期：＿＿＿＿＿＿
试验说明：
1. 从左向右依次品尝样品。
2. 品尝之后，请在你最喜欢的样品编号上画圈。
256　　387　　583

三、结果整理与分析

从统计学角度出发，选择检验的调查结果分析符合 χ^2 适合性检验（拟合优度检验）数据资料要求，宜采用 χ^2 检验。

①分析多个样品间有无差异时，根据χ^2检验来判断结果，其χ_0^2统计量计算公式为式（4-23）：

$$\chi_0^2 = \sum_{i=1}^{m} \frac{\left(x_i - \frac{n}{m}\right)^2}{\frac{n}{m}} \tag{4-23}$$

式中　m——样品数；

n——有效评价表数；

x_i——m 个样品中，最喜好其中某个样品的人数；

n/m——m 个样品没有显著性选择差异时的每个样品期望值（人数）。

查χ^2分布表得$\chi^2_{\alpha,\ df}$，其中 $df=m-1$。若$\chi_0^2 \geqslant \chi^2_{\alpha,\ df}$，说明 m 个样品在 α 显著性水平存在差异；若$\chi_0^2 < \chi^2_{\alpha,\ df}$，表明评价员对 m 个样品的嗜好不存在显著差异。

②分析被多数人判断为最好的样品与其他样品之间有无差异，亦根据χ^2检验来判断结果，其χ_0^2为式（4-24）：

$$\chi_0^2 = \left(x_i - \frac{n}{m}\right)^2 \frac{m^2}{(m-1)n} \tag{4-24}$$

查χ^2分布表得$\chi^2_{\alpha,\ df}$，其中 $df=1$。若$\chi_0^2 \geqslant \chi^2_{\alpha,\ df}$，表明多数人判断为最好的样品与其他样品在 α 显著性水平确实存在差异。否则，无差异。

【例 4-9】某企业拟将自己生产的商品 A 与市场上销售的 3 个同类商品 X、Y、Z 进行比较。有 80 位评价员参加评价，并选出最好的一个产品，选择检验结果见表 4-26。

表 4-26　　选择检验结果

商品	A	X	Y	Z	合计
认为某商品最好的人数	26	32	16	6	80
理论期望值	20	20	20	20	80

①检验消费者对 4 个商品的喜好程度有无差异，计算χ^2值。

假如消费者对 4 个商品的喜好没有显著性差异，那么选择每个商品的消费者人数应该相等，即为 $n/m=80/4=20$，所以：

$$\chi_0^2 = \sum_{i=1}^{m} \frac{\left(x_i - \frac{n}{m}\right)^2}{\frac{n}{m}} = \sum_{i=1}^{4} \frac{\left(x_i - \frac{80}{4}\right)^2}{\frac{80}{4}}$$

$$= \frac{4}{80}\left[\left(26 - \frac{80}{4}\right)^2 + \left(32 - \frac{80}{4}\right)^2 + \left(16 - \frac{80}{4}\right)^2 + \left(6 - \frac{80}{4}\right)^2\right]$$

$$= 19.6$$

自由度 $df = m - 1 = 4 - 1 = 3$，查χ^2表可知，$\chi^2_{0.05,\ 3} = 7.81$，$\chi^2_{0.01,\ 3} = 11.3$。由于$\chi_0^2 = 19.6 > \chi^2_{0.01,\ 3}$，表明消费者对 4 个商品的喜好程度存在极显著性差异。

②检验多数人判断为最好的商品与其他商品之间是否有显著性差异。

比较评定结果，可以看出判断为最好的商品为 X，有 32 人选择，其次是商品 A，有 26 人选择，故对商品 X 与商品 A 两个商品进行比较分析，此时样品数 $m=2$，n 为选择商品 X 的人数与商品 A 人数的总和 $n=32+26=58$，计算：

$$\chi_0^2=\left(x_i-\frac{n}{m}\right)^2\frac{m^2}{(m-1)n}$$

$$=\left[32-\frac{(26+32)}{2}\right]^2\frac{2^2}{(2-1)\times 58}$$

$$=0.62$$

查 χ^2 表可知，$\chi^2_{0.05,\ 1}=3.84$，$\chi^2_{0.01,\ 1}=6.63$，由于 $\chi_0^2=0.62<\chi^2_{0.05,\ 1}$，表明商品 X 与商品 A 没有显著性差异。

本章小结

在该章节的学习过程中，在食品感官评定的试验环节，选取不同品牌的可乐、饼干等食物进行成对比较检验、三点检验、二-三点检验、五中取二检验、异同检验、差异对照检验和“A”-“非 A”检验。试验以 5~6 人/小组为单位，个人品尝后收集问答卷，对每个小组内的数据进行统计分析，评价试验结果的显著性差异情况。在小组实践环节，同学应具有明确的分工，参与到整个知识点试验的设计中，通过根据需求设计试验，亲身体验实际样品的制备、样品编码、呈送、结果统计、分析鉴定、报告出具的全过程，有助于提高团队合作能力、实践规划能力、分析总结能力，在实践中更好地掌握理论知识，并且有更深入的思考。

感官评价员的筛选与培训环节，要求评价员在试验之前不能接触强烈刺激的物品，如气味浓的化妆品、酒、咖啡、口香糖、烟等，且要求评价员准时出席，独立完成试验，客观评价食品等。学生通过逐步总结评定过程中的注意事项并加强自身管理，可内化为自身素养，培养毕业后工作的职业素养。

思考题

1. 试比较三点检验、二-三点检验、五中取二检验的异同。
2. 简述异同检验、“A”-“非 A”检验的检验方法，试分析其检验结果的统计分析方法。
3. 试分析差异对照检验结果的数据处理方法。
4. 试分析选择检验结果的统计分析方法。

第五章

05

排列检验

内容提要

本章主要介绍食品感官评定的排列检验法，内容包括标度的分类及常用标度方法，排序检验法的特点、组织设计和结果分析步骤，分类检验法的特点、问答表设计、做法和结果分析步骤，以及不同方法的例题和解答方法等。

教学目标

1. 掌握标度的分类及方法。
2. 掌握排序检验法的组织设计及结果分析方法。
3. 掌握分类检验法的组织设计及结果分析方法。

重要概念及名词

标度、排序检验法、分类检验法、名义标度、序级标度、等距标度、比率标度、整数标度、语言类标度、快感标度、线性标度、参比样。

第一节　标度

标度是一系列用线或点标出来的间隔，用来计量距离、数额或数量。标度方法是感官分析中的一种测量方法，被用来测量人对产品特性的响应。在食品感官评定中，标度方法就是将人的感觉、态度或喜好等感官体验，用特定的数值（可以是数字，也可以是图形或描述的语言）表示出来的一种方法。

标度方法可以量化感官体验，通过数字化处理，使感官评定可以成为基于心理物理学和统计分析、模型、预测等理论的定量方法。目前，标度方法已被广泛应用于食品整体或特定感官属性的评价，以及产品喜好的评价，消费者接受性分析，产品间差异评估等诸多领域。

标度的基础是感觉强度的心理物理学，由于物理刺激量或食品理化成分的变化会导致评价员在味觉、视觉、嗅觉等方面的感觉发生变化，在感官评定检验中要求评价员能够利用标度的方法来跟踪这些感觉上的变化，给出标度数值。由于食品感官质量的复杂性、改变产品配方或工艺对产品感官质量的影响可能是多方面的，由此产生的感觉变化也是十分复杂的，对这种复杂的感觉变化进行标度很困难或很容易失真，因此需选用合适的方法进行标度。

“标度”一词有响应标度和测量标度两种常用用法。响应标度是评价员以数字、语言或图片的形式，对属性响应强度的定量表达方式。测量标度是指属性（如感知的强度）与用于表示其属性值的数字（如评价员标记的数字或从评价员的响应转化的数字）之间的关系（如顺序的、等距的或比例的）。响应标度与测量标度（与响应记录对应）之间并不存在直接关系。因此，使用同一响应标度产生的数据可以是顺序值（间隔不等），也可以是等距的标度值（间隔相等）。

感官评定标度包括两个基本过程：第一个过程是心理物理学过程，即人的感官接受刺激产生感觉的过程，这一过程实际是感受体产生的生理变化；第二个过程是评价员对感官产生的感觉进行数字化的过程，这一过程受标度的方法、评定时的指令及评价员自身的条件所影响。

一、标度的分类

目前比较实用的标度有名义标度、序级标度、等距标度和比率标度等 4 种。

1. 名义标度

所谓名义标度，就是用数字对某类产品进行标记的一种方法。它只是一个虚拟的变量，并不能反映其顺序特征，仅仅作为便于记忆或处理的标记。如在统计中将产品的类别用数字进行编码处理：1 代表肉制品，2 代表乳制品，3 代表粮油制品，……这里数字仅仅是用于分析的一个标记、一个类型，利用这一标度进行各单项间的比较可以说明它们是属于同一类别还是不同的类别，而无法比较关于顺序、强度、比率或差异的大小。

2. 序级标度

序级标度又称顺序标度，是一种数字的顺序与感知到的属性强弱顺序对应的标度，是对产品的一些特性、品质或观点标示顺序的一种标度方法。在这种标度中，数值表示的是感官感觉的数量或强度，如可以用数字对饮料的甜度、适口性进行排序，或对某种食品的喜好程度进行排序。但使用序级标度得到的数据并不能说明产品间的相对差别，即值与值方差不反应感知强度之间的差异大小，值与值之比也不代表感知强度之比，如对 4 种饮料的甜度进行排序后，排在第四位的产品甜度并不一定是排第一位的 1/4 或 4 倍，各序列之间的差别也不一定相同，因此不能确定感觉到差别的程度，也不能确定差别的大小等，只能确定各样品在某一特性上的名次。序级标度常用于偏爱检验中，很多数值标度中产生的数据是序级数据。在这些标度方法中，选项间的间距在主观上并不是相等的。如在评价产品的风味时可采用“很好、好、一般、差、很差”等形容词来进行描述，但这些形容词之间的主观间距是不均匀的。如通常评价为“好”与“很好”的两个产品的差别比评价为“一般”和“差”的产品间的差异要小得多。但在统计分析时通常会将上述的形容词用数值表示出来，而这些数据是等距的，如用 1~5 的数值来表示产品风味的“很好、好、一般、差、很差”，然后统计每种产品风味的平均值，再对平均值进行分析。序级数据分析的结果可以判断产品的某种趋势，或者得出不同情况的百分比。

3. 等距标度

等距标度是一种既具有顺序标度的属性，测量值之间的距离又与测量的属性（如感官分析中的感知强度）之间的差异大小对等的标度，得到的标度数值表示的是实际的差别程度，其差别程度是可以比较的。等距标度中较大的值对应较大的感知强度，且两个值之间的差值大小反映了被测属性的感知强度之间的差异大小。但等距标度中零并不表示该属性完全不存在，值与值之比也不反映感知强度之比。

4. 比率标度

比率标度是一种具有等距标度属性，且分配给两个刺激的值之比等于刺激感知强度之比的标度，是采用相对的比例对感官感觉到的强度进行标度的方法。这种方法假设主观的刺激强度（感觉）和数值之间是一种线性关系，如一种产品的甜度数据是 10，则 2 倍甜度的产品的甜度数值就是 20。在实际应用中由于标度过程中容易产生前后效应和数值使用上的偏见，这种线性关系就会受到很大的影响。通常，比率数值反映了待评样品和参比样品 R 之间感觉强度的比率。例如，如果给参比样品 R 20 分，感觉到编号为 375 的橙汁酸度是样品 R 的 3 倍，则给其橙汁 60 分；若编号为 658 的橙汁酸度比样品 R 弱 5 倍，则给这种橙汁 4 分。在比率标度中，数值零表示此属性完全不存在，且比率标度是唯一一种可以表示一个结果是另一个结果（强度）几倍的标度。

二、常用的标度方法

在食品感官评定领域，常用的标度方法有 3 种。第一种是类项标度，它是最古老也是最常用的标度方法，评价员根据特定而有限的反应，将觉察到的感官刺激用数值表示出来；第二种是量值估计，评价员可对感觉用任何数值来反映其比率；第三种是线性标度，评价员在一条线上做标记来评价感觉强度或喜好程度。

（一）类项标度

类项标度是提供一组不连续的反应选项来表示感官强度的升高或偏爱程度的增加，评价员根据感觉到的强度或对样品的偏爱程度选择相应的选项。这种标度方法与线性标度的差别在于评价员的选择受到很大的限制。在实际应用中，典型的类项标度一般提供 7~15 个选项，选项的数量取决于感官评定试验的需要和评价员的训练程度及经验，随着评定经验的增加或训练程度的提高，对强度水平可感知差别的分辨能力会得到提高，选项的数量也可适当增加，这样有利于提高试验的准确性。

常见的类项标度有整数标度、语言类标度、端点标示的 15 点方格标度、相对于参照的类项标度、整体差异类项标度和快感标度等。

1. 整数标度

用 1 到 9 的整数来表示感觉强度。如：

强度 1 2 3 4 5 6 7 8 9

弱 强

2. 语言类标度

用特定的语言来表示产品中异味、氧化味、腐败味等感官质量的强度。如产品异味可用下列的语言类标度表示。

异味：无感觉、痕量、极微量、微量、少量、中等、一定量、强、很强。

3. 端点标示的15点方格标度

用15个方格来标度产品感官强度，评价员评价样品后根据感觉到的强度在相应的位置进行标度。如饮料中的甜度可用下列的标度进行标示。

甜味：□ □ □ □ □ □ □ □ □ □ □ □ □ □ □

不甜　　　　　　　　　　　　　　　　　　　　　　很甜

4. 相对于参照的类项标度

在方格标度的基础上，中间用参照样品的感官强度进行标记。

甜度：□ □ □ □ □ □ □ □ □

弱　　　　　　参照　　　　　　强

5. 整体差异类项标度

即先评价对照样品，然后再评价其他样品，并比较其感官强度与对照样品的差异大小。具体用下列标度表示：

例如，与参照的差别：

无差别
差别极小
差别很小
差别中等
差别较大
差别极大

6. 快感标度

在情感检验中通常要评价消费者对产品的喜好程度或者要比较不同样品风味的好坏，在这种情况下通常会采用9点快感标度（图5-1、表5-1）。从9点快感标度中去掉非常不喜欢和非常喜欢就变为7点快感标度；在此基础上再去掉不太喜欢和稍喜欢就变成了5点快感标度。

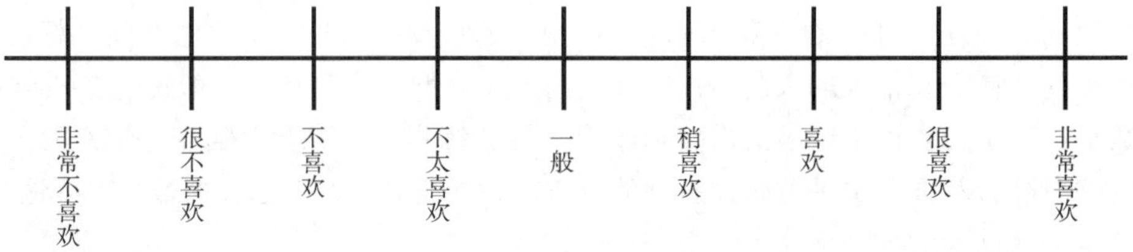

图5-1　9点快感标度

表5-1　　　　9点快感标度

用于评估风味的9点快感标度	用于评估好恶的9点快感标度	
9 极令人愉快的	-4 非常喜爱	1 非常不喜欢
8 很令人愉快的	-3 很喜爱	2 很不喜欢
7 令人愉快的	-2 一般喜爱	3 不喜欢
6 有点令人愉快的	-1 轻微喜爱	4 不太喜欢

续表

用于评估风味的 9 点快感标度	用于评估好恶的 9 点快感标度	
5 不令人愉快也不令人讨厌的	0 无好恶	5 一般
4 有点令人讨厌的	1 轻微厌恶	6 稍喜欢
3 令人讨厌的	2 一般厌恶	7 喜欢
2 很令人讨厌的	3 很厌恶	8 很喜欢
1 极令人讨厌的	4 非常厌恶	9 非常喜欢

7. 综合方法

在实际感官评定试验中，可以将以上类型的标度方法进行综合使用，可以采用数字标度加方格标度，也可以采用数字标度加语言标度等多种综合方法。如产品的喜爱程度可以用下列两种综合方法表示。

（1）数字标度加方格标度

□ □ □ □ □ □ □ □ □

1 2 3 4 5 6 7 8 9

（2）数字标度加语言标度

极不喜欢 很不喜欢 中等不喜欢 轻度不喜欢 无所谓 轻度喜欢 中等喜欢 很喜欢 极喜欢

1 2 3 4 5 6 7 8 9

（二）线性标度

线性标度是让评价员在一条线段上做标记以表示感官特性的强度或数量。线性标度是连续的标度，可细化区分响应之间的差异，这种标度方法有多种形式（图 5-2），大多数情况下只有在线的两端进行标示［图 5-2（1）］；但考虑到很多评价员不愿意使用标度的端点，为了避免末端效应，通常在线的两端缩进一点进行标记［图 5-2（2）］；也可以在线的中间标示，一种常见形式是标示出中间标准样品的感官值或标度值，所需评价的产品根据此参考点进行标度［图 5-2（3）（4）］；线性标度也可用于情感检验中的快感标度，两端分别标示喜欢或不喜欢，中间标示为一般［图 5-2（5）］。

线性标度在描述分析和情感检验中应用很广泛，应用时要对评价员进行必要的培训，使评价员了解其标度的含义，从而使不同的评价员对标度判断标准达到一致。

（三）量值估计

量值估计是流行的标度技术，它不受限制地应用数字来表示感觉的比率。在此过程中，评价员允许使用任意正数并按指令给出感觉定值，因此，数值间的比率反映了感觉强度大小的比率。如某种产品的甜度值是 20，而另一种产品的甜度是它的 2 倍，那么后一种产品的甜度值应该是 40。

量值估计有两种基本形式：一种形式是给评价员一个标准样品作为参照或基准，先给参照样品一个固定值，所以其他样品与参照样品相比而得到标示。其评价指令为“请评价第一个样品的甜度，这是一个参照样品，其甜度值为‘10’。请根据该参照样品来评价所用样品，

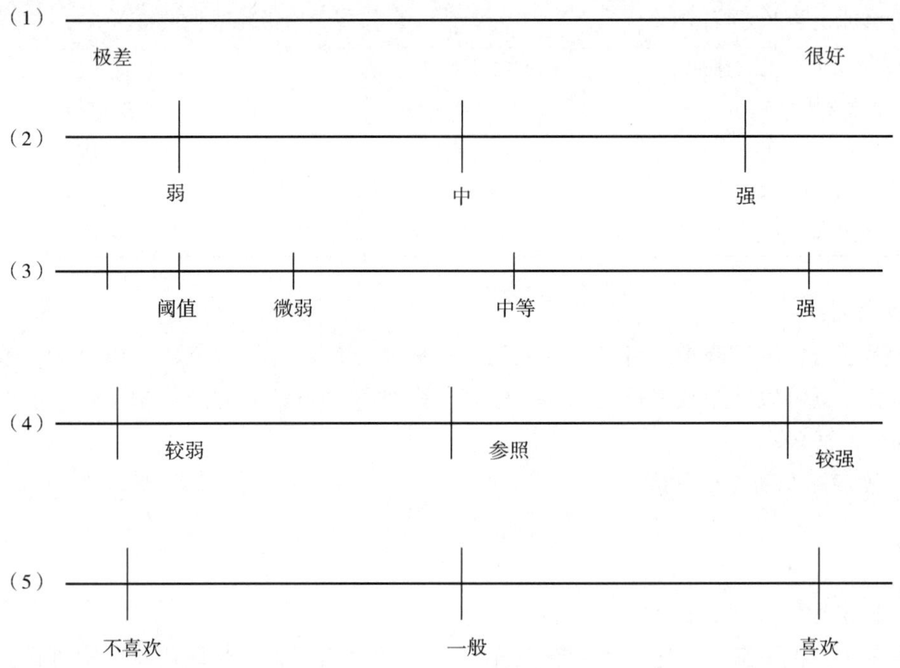

图 5-2 线性标度的类型

（1）端点标示 （2）端点缩进 （3）美国材料与试验协会（ASTM）法 1083 中的附加点标示
（4）利用直线的相对参考点标度 （5）利用直线的快感标度

并与参照样品的甜度进行比较，给出每个样品的甜度与参照样品甜度的比率。如某个样品的甜度是参照样品的 1.5 倍，则该样品的甜度为‘15’；如果样品的甜度是参照样品的 2 倍，则该样品的甜度值为‘20’；如果样品的甜度是参照样品的 1/2，则该样品的甜度值为‘5’。您可以使用任意正数，包括分数和小数”。

另一种形式不给标准样品，评价员可以选择任意数值来标度第一个样品，然后所有样品与第一个样品的强度进行比较而得到表示。评价指令为“请评价第一个样品的甜度，请根据该样品来评价其他样品，并与第一个样品的甜度进行比较，给出每个样品的甜度与第一个样品甜度的比率。如某个样品的甜度是第一个样品的 1.5 倍，则该样品的甜度值为第一个样品的 1.5 倍；如果样品的甜度是第一个样品的 2 倍，则样品的甜度值为第一个样品的 2 倍；如果样品的甜度是第一个样品的一半，则样品的甜度值为第一个样品的 1/2。您可以使用任意正数，包括分数和小数”。

量值估计可应用于有经验、经过培训的评价小组，也可应用于普通消费者和儿童。与其他的标度方法相比，量值估计的数据变化范围大，尤其是评价员没有经过培训时的评价。如果在试验过程中允许评价员选择数字范围，则在对数据进行统计分析前有必要进行再标度，使每个评价员的数据落在一个正常的范围内。

再标度的方法：

（1）计算每位评价员全部数据的几何平均值；

（2）计算所有评价员的总几何平均值；

（3）计算总平均值与每位评价员平均值比率，由此得到评价员的再标度因子；

（4）将每位评价员的数据乘以各自的再标度因子，得到再标度后的数据，然后进行统计分析。量值估计的数据通常要转化为对数后分析。

第二节　排序检验法

排序检验法是指比较数个样品，按指定的特性由强度或嗜好程度排出一系列样品的方法。可用于进行消费者的可接受性调查，也适用于确定由于不同原料、加工、处理、包装和贮藏等各环节而造成的产品感官特性差异，而且此方法还可以用来对评价员进行选择和培训。

检验前，应由组织者对检验提出具体的规定，对被评价的指标和准则要有一致的理解。例如，对哪些特性进行排列；排列的顺序是从强到弱还是由弱到强；检验时操作要求如何等。排序检验只能按一定特性进行，如果要求对不同的特性排序则应按不同的特性安排不同的顺序。检验时，每个检验员以事先确定的顺序检验编码的样品，并安排出一个初步的顺序，然后整理比较，再作进一步调整，最后确定整个系列的强弱顺序，对于不同的样品，一般不应该排为同一位次。进行感官刺激的评价时，可以让评价员在不同的评价之间使用水、淡茶或无味面包等以恢复原感觉能力。评价应在限定时间内完成。

一、方法特点

（1）此法的试验原则是：以均衡随机的顺序将样品呈送给评价员，要求评价员就指定指标将样品进行排序，计算序列和，然后利用弗里德曼（Friedman）法等对数据进行统计分析。

（2）参加试验的人数不得少于 8 人，如果参加人数在 16 人以上，区分效果会更加明显。根据试验目的，评价员要有区分样品指标之间细微差别的能力。

（3）当评定少量样品的复杂特性时，选用此法是快速而又高效的。此时的样品数一般小于 6 个。

（4）但样品数量较大（如大于 20 个），且不是比较样品间的差别大小时，选用此法也具有一定优势。但其信息量却不如定级法大，此法可不设对照样，将两组结果直接进行对比。

（5）进行检验前，应由组织者对检验提出具体的规定，对被评定的指标和准则要有一定的理解。如对那些特性进行排列；排列的顺序是从强到弱还是从弱到强；检验时操作要求如何；评价气味时是否需要摇晃等。

（6）排序检验只能按照一种特性进行，如要求对不同的特性进行排序，则按不同的特性安排不同的顺序。

（7）在检验中，每个评价员以事先确定的顺序检验编码的样品，并安排出一个初步顺序，然后进一步整理调整，最后确定整个系列的强弱顺序，如果实在无法区别两种样品，则应在问答表中注明。

二、组织设计

评价员同时接受 3 份或 3 份以上随机排列的样品，按照具体的评定准则，如样品的某种特性、特性中的某种特征，或者整体强度（即对样品的整体印象），对被检验样品进行排序。

然后将排序的结果进行汇总，进行统计分析。如对 2 个样品进行排序时，通常采用成对比较法。

（一）排序检验法步骤概述

根据检验目的召集评价员。尽可能采用完全区组设计，将全部样品随机提供给评价员。但若样品的数量和状态使其不能被全部提供时，也可采用平衡不完全区组设计，以特定子集将样品随机提供给评价员。评价员对提供的被检样品，依检验的特性排成一定顺序，给出每个样品的秩次。统计评价小组对每个样品的秩和，根据检验目的选择统计检验方法（表 5–2）。

表 5–2　根据检验目的的参数选择

<table>
<tr><th colspan="2" rowspan="3">检验目的</th><th rowspan="3">评价员水平</th><th rowspan="3">评价员人数</th><th colspan="3">统计检验方法</th></tr>
<tr><th rowspan="2">已知顺序比较（评价员表现评估）</th><th colspan="2">产品顺序未知（产品比较）</th></tr>
<tr><th>两个产品</th><th>两个以上产品</th></tr>
<tr><td rowspan="2">评价员表现评估</td><td>个人表现评估</td><td>优选评价员或专家评价员</td><td>无限制</td><td>斯皮尔曼（Spearman）检验</td><td rowspan="4">符号检验</td><td rowspan="4">弗里德曼（Friedman）检验</td></tr>
<tr><td>小组表现评估</td><td>优选评价员或专家评价员</td><td>无限制</td><td rowspan="2">佩奇（Page）检验</td></tr>
<tr><td rowspan="2">产品评估</td><td>描述性检验</td><td>优选评价员或专家评价员</td><td>12~15 为宜</td></tr>
<tr><td>偏好性检验</td><td>消费者</td><td>每组至少 60 位消费者类型的评价员</td><td>—</td></tr>
</table>

1. 排序检验法检验的一般条件

检验时，对样品、试验室和检验用具的具体要求，参照 ISO 6658 和 ISO 8589 等相关标准。

准备被检样品时，应注意以下 3 个方面。

（1）被检样品的制备、编码和提供。

（2）被检样品的数量根据被检样品的性质（如饱和敏感度效应）和所选的试验设计来确定，并根据样品所归属的产品种类或采用的评定准则进行调整。如优选评价员或专家评价员最多一次只能评定 15 个风味较淡的样品，而消费者最多只能评定 3 个涩味的、辛辣的或者高脂肪的样品。甜味的饱和度较苦味的饱和度偏低，甜味样品的数量可比苦味样品的数量多。

（3）被检样品的说明。

2. 评价员

（1）评价员的基本条件和要求　检验的目的不同对评价员的要求也不完全相同，基本条件如下：

①身体健康，不能有任何感觉方面的缺陷。

②各评价员之间及评价员本人要有一致的和正常的敏感性。

③具有从事感官评定的兴趣。

④个人卫生条件较好，无明显个人气味。

⑤具有所检验产品的专业知识并对所检验的产品无偏见。

为了保证评定质量，要求评价员在感官评定期间具有正常的生理状态。为此对评价员有相应的要求，比如要求评价员不能饥饿或过饱，在检验前 1h 内不能抽烟，不吃东西，但可以喝水，评价员不能使用有气味的化妆品，身体不适时不能参加检验。

（2）评价员应具备的条件及人数根据检验目的确定，见表 5-2。

（3）检验前统一认识　检验前应向评价员说明检验的目的。必要时，可在检验前演示整个排序法的操作程序，确保所有评价员对检验的准则有统一的理解。检验前的统一认识不应影响评价员的下一步评定。

（二）检验的物理条件

1. 环境

感官评定应在专门的检验室进行，应给评价员创造一个安静的不受干扰的环境。检验室应与样品制备室分开。室内应保持舒适的温度与通风，避免无关气体污染检验环境。检验室空间环境不宜太小，以免评价员有压抑的感觉，座位应舒适，应限制音响，特别是尽量避免使评价员分心的谈话及其他干扰，应控制光的色彩和强度。

2. 器具与用水

与样品接触的容器应适合所盛样品。容器表面无吸收性并对检验结果无影响。应尽量使用规定的标准化的容器。应保证供水质量。为某些特殊目的，可使用蒸馏水、矿泉水、过滤水、凉开水等。

（三）检验步骤

1. 基本流程

检验前，应由评定主持者对检验提出具体的规定（如对哪些特性进行排列，特性强度是从强到弱还是从弱到强进行排列等）和要求（如在评定气味之前要先摇晃等）。此外，排序只能按一种特性进行，如果要求对不同的特性排序，则应按不同的评定之间使用水、淡茶或无味面包等，以恢复原感觉能力。

2. 样品提供

样品的制备方法应根据样品本身的情况以及所关心的问题来定。例如，对于正常情况是热吃的食品就应按通常方法制备并趁热检验。片状产品检验时不应将其均匀化，应尽可能使分给每个评价员的同种产品具有一致性。

提供样品时，不能使评价员从样品提供的方式中对样品的性质作出结论。

避免评价员看到样品准备的过程，按同样的方式准备样品，如采用相同的仪器或容器、同等数量的样品、同一温度和同样的分发方式等。应尽量消除样品间与检验不相关的差别，减少对排序检验结果的影响。宜在样品平常使用的温度下分发。

盛放样品的容器用 3 位阿拉伯数随机编码，同一次检验中每份样品编码不同（评价员之间也不相同更好）。

提供样品时还应考虑检验时所采用的设计方案，尽量采用完全区组设计，将全部样品随机分发给评价员，但如果样品的数量和状态使其不能被全部分发时，可采用平衡不完全区组设计，以特定子集将样品随机分发给评价员完成各自的检验任务，不遗漏任何样品。

还应根据检验目的确定下列内容。

①排序的样品数：排序的样品数应视检验的困难程度而定，一般不超过 8 个；

②样品制备的方法和分发的方式；

③样品的量：送交每个评价员检验的样品量应相等，并足以完成所要求的检验次数；

④样品的温度：同一次检验中所有样品的温度都应一致；

⑤对某些特性的掩蔽：例如，使用彩色灯除去颜色效应等；

⑥样品容器的编码：每次检验的编码不应相同，推荐使用 3 位数的随机数编码；

⑦容器的选择：应使用相同的容器。

3. 参比样

检验中可使用参比样，参比样放入系列样品中不单独标示。

4. 检验技术

评价员应在相同的检验条件下，将随机提供的被检样品，依检验的特性排成一定的顺序。

评价员应避免将不同样品排在同一秩次。若无法区别两个或两个以上样品时，评价员可将这两个样品排在同一秩次，并在回答表中注明。

如不存在感官适应性的问题，且样品比较稳定时，评价员可将样品初步排序，再进一步检验调整。

每次检验只能按一种特性进行排序，如要求对不同特性进行排序，则应该按不同的特性安排不同的检验。

5. 问答表

为防止样品编号影响评价员对样品排序的结果，样品编号不应出现在空白问答表中。

评价员应将每个样品的秩次都记录在问答表中。排序检验法问答表的一般形式如表 5-3 和表 5-4 所示，可根据被检样品和检验目的对其做适当调整。

表 5-3 排序检验法问答表示例 1

姓名：________ 日期：________ 检验号：________				
请按从左至右顺序品尝每个样品：				
请在下面表格中以甜味增加的顺序写出样品编码：				
编码	最不甜			最甜
注释：				

表 5-4 排序检验法问答表示例 2

姓名：______ 日期：______				
试验指令： （1）从左到右依次品尝样品 A、B、C、D。 （2）品尝之后，就指定的特性方面进行排序。				
试验结果：				
评价员	秩次			
	1	2	3	4
1				
2				
3				
4				
5				
6				

三、结果分析

在试验中，尽量同时提供样品，评价员同时收到以均衡、随机顺序排列的样品。其任务就是将样品排序。同一组样品还可以以不同的编号被一次或数次呈送，如果每组样品被评价的次数大于 2，那么试验的准确性会得到最大提高。在倾向性试验中，告诉评价员，最喜欢的样品排在第一位，第二喜欢的样品排在第二位，依此类推，不要把顺序搞颠倒。如果相邻两个样品的顺序无法确定，鼓励评价员去猜测，如果实在猜不出，可以取中间值，如 4 个样品中，对中间两个的顺序无法确定时，就将它们都排为（2+3）/2=2.5。如果需要排序的感官指标多于一个，则对样品分别进行编号，以免发生相互影响。排出初步顺序后，若发现不妥之处，可以重新核查并调整顺序，确定各样品在尺度线上的相应位置。

（一）结果概要和秩和计算

表 5-5 举例说明了由 7 名评价员对 4 个样品的某一特性进行排序的结果，如果需要对不同的特性排序，则每一个特性对应一个表格。

表 5-5 排序结果和秩和计算

评价员	样品				秩和
	A	B	C	D	
1	1	2	4	3	10
2	1	2.5	2.5	4	10
3	4	2	2	2	10
4	1	3	3	3	10
5	3	1	2	4	10
6	2	1	3	4	10
7	2	1	4	3	10
每个样品秩和	14	12.5	20.5	23	70

注：每个秩和等于 $0.5p(p+1)$，其中 p 为样品数量。

如果有相同秩次，取平均秩次（如表 5-5 中，评价员 2 对样品 B、C 有相同秩次评价，评价员 3 对样品 B、C、D 有相同秩次评价）。

如无数据遗漏，且相同秩次能正确计算，则标准每行应有相同秩和。将每一列的秩次相加，可得到每个样品的秩和。样品每列秩和表示所有评价员对样品排序结果的一致性。如果评价员的排序结果比较一致，则每个秩和的差异较大。反之，如果评价员的排序结果不一致，每列秩和差异不大。因此可以根据样品的秩和来评估样品间的差异。

（二）统计分析与解释

依据检验目的选择统计检验方法，见表 5-2。

1. 个人表现判定： Spearman 相关系数

在比较两个排序结果，如两个评价员做出的评定结果之间或评价员排序的结果与样品的理论排序之间的一致性时，可由式（5-1）计算 Spearman 相关系数，并参考表 5-6 列出的临界值 r_s 来判定相关性是否显著。

$$r_s = 1 - \frac{6\sum d_i^2}{p(p^2 - 1)} \tag{5-1}$$

式中　d_i——样品 i 两个秩次的差；

　　　p——参加排序的样品（产品）数。

表 5-6　Spearman 相关系数的临界值

样品数	显著性水平（α）		样品数	显著性水平（α）	
	α =0.05	α =0.01		α =0.05	α =0.01
6	0.886	1.000	19	0.460	0.584
7	0.786	0.929	20	0.447	0.570
8	0.738	0.881	21	0.435	0.556
9	0.700	0.833	22	0.425	0.544
10	0.648	0.794	23	0.415	0.532
11	0.618	0.755	24	0.406	0.521
12	0.587	0.727	25	0.398	0.511
13	0.560	0.703	26	0.390	0.501
14	0.538	0.675	27	0.382	0.491
15	0.521	0.654	28	0.375	0.483
16	0.503	0.635	29	0.368	0.475
17	0.485	0.615	30	0.362	0.467
18	0.472	0.600	31	0.356	0.459

若 Spearman 相关系数接近+1，则两个排序结果非常一致；若接近 0，则两个排列结果不相关；若接近-1，则两个排序结果极不一致。此时考虑是否存在评价员对指示理解错误或者将样品与要求相反的次序进行了排序。

2. 小组表现判定——Page 检验

样品具有自然顺序或自然顺序已经确定的情况下（如样品成分的比例、温度、不同的贮藏时间等可测因素造成的自然顺序），可用该分析方法判定小组能否对一系列已知或者预计具有某种特性排序的样品进行一致的排序。

如果 R_1、R_2…、R_p 是以确定的顺序排列的 p 个样品的理论上的秩和，如果样品之间没有差别，则按以下步骤进行。

（1）原假设可以写成：

$$H_0: R_1 = R_2 = \cdots = R_p$$

备择假设则是 H_1：$R_1 \leqslant R_2 \leqslant \cdots \leqslant R_p$，其中至少有一个不等式是严格成立的。

（2）为了检验该假设，计算 Page 系数 L：

$$L = R_1 + 2R_2 + 3R_3 + \cdots + pR_p$$

其中，R_1 是已知样品顺序中排序为第一的样品的秩和，依次类推，R_p 是排序为最后的样品的秩和。

（3）得出统计结论　表 5-7 给出了在完全区组设计中 L 的临界值。其临界值与样品数、评价员人数以及选择的统计学水平有关，当评价员的结果与理论值一致时，L 有最大值。

表 5-7　完全区组设计中 Page 检验临界值

评价员人数（j）	样品数（p）											
	3	4	5	6	7	8	3	4	5	6	7	8
	显著性水平 α =0.05						显著性水平 α =0.01					
7	91	189	338	550	835	1204	93	193	346	563	855	1232
8	104	214	384	925	950	1371	106	220	393	640	972	1401
9	116	240	431	701	1065	1537	119	246	441	717	1088	1569
10	128	266	477	777	1180	1703	131	272	487	793	1205	1736
11	141	292	523	852	1295	1868	144	298	534	869	1321	1905
12	153	317	570	928	1410	2035	156	324	584	946	1437	2072
13	165	343*	615*	1003*	1525*	2201*	169	350*	628*	1022*	1553*	2240*
14	178	368*	661*	1078*	1639*	2367*	181	376*	674*	1098*	1668*	2407*
15	190	394*	707*	1153*	1754*	2532*	194	402*	721*	1174*	1784*	2574*
16	202	420*	754*	1228*	1868*	2697*	206	427*	767*	1249*	1899*	2740*
17	215	445*	800*	1303*	1982*	2862*	218	453*	814*	1325*	2014*	2907*
18	227	471*	846*	1378*	2097*	3028*	231	479*	860*	1401*	2130*	3073*
19	239	496*	891*	1453*	2217*	3193*	243	505*	906*	1476*	2245*	3240*
20	251	522*	937*	1528*	2325*	3358*	256	531*	953*	1552*	2360*	3406*

注：标“ * ”的值是通过正态分布近似计算得到的临界值。

比较 L 与表 5-7 中的临界值：

如果 $L<L_{\alpha}$，则产品间没有显著性差异。

如果 $L \geqslant L_{\alpha}$，则产品间的秩和存在显著性差异，拒绝原假设而接受备择假设（可以做出结论：评价员做出了与预知的次序相一致的排序）。

如果评价员的人数和样品数没有在表 5-7 中列出，则按照式（5-2）计算 L' 统计量：

$$L' = \frac{12L - 3jp(p+1)^2}{p(p+1)\sqrt{j(p-1)}} \tag{5-2}$$

式中 p——参加排序的样品数；

j——评价员人数；

L'——统计量近似服从标准正态分布。

当 $L' \geqslant 1.64$（$\alpha = 0.05$）或 $L' \geqslant 2.33$（$\alpha = 0.01$）时，拒绝原假设而接受备择假设（表5-7）。

若试验设计为平衡不完全区组设计，则按式（5-3）计算 L' 统计量：

$$L' = \frac{12L - 3jk(k+1)(p+1)}{\sqrt{jk(k-1)(k+1)p(p+1)}} \tag{5-3}$$

式中 p——参加排序的总样品数；

j——评价员人数；

k——每个评价员排序的样品数；

L'——统计量近似服从标准正态分布。

当 $L' \geqslant 1.64$（$\alpha = 0.05$）或 $L' \geqslant 2.326$（$\alpha = 0.01$）时，拒绝原假设而接受备择假设（表5-7）。

因为原假设所有理论秩和都相等，所以即便统计的结果显示差异性显著，也并不表明样品间的所有差异都已完全区分，只能说明至少有一对样品的差异可以在预排序中被区分。

3. 产品理论顺序未知条件下的产品比较

Friedman 检验能最大限度地显示评价员对样品间差别的识别能力。

（1）至少有两个产品间存在显著性差异　该检验应用于 j 个评价员对 p 个产品进行评价。R_1、$R_2 \cdots R_p$ 分别是 j 个评价员给出的 $1 \sim p$ 个样品的秩和。

A. 原假设可写成

$$H_0: R_1 = R_2 = \cdots = R_p$$

即认为样品间无显著性差异。

备择假设则是 H_1：$R_1 = R_2 = \cdots = R_p$，其中至少有一个等式不成立。

B. 为了检验该假设，按式（5-4）计算 F_{test} 值。

$$F_{test} = \frac{12}{jp(p+1)}(R_1^2 + R_2^2 + \cdots + R_p^2) - 3j(p+1) \tag{5-4}$$

式中 R_p——第 p 个产品的秩和。

平衡不完全区间设计中，按照式（5-5）计算 F_{test} 值。

$$F_{test} = \frac{12}{jp(k+1)}(R_1^2 + R_2^2 + \cdots + R_p^2) - \frac{3r \cdot n^2(k+1)}{g} \tag{5-5}$$

式中 k——每个评价员排序的样品数；

R_p——p 个产品的秩和；

r——重复次数；

n——每个样品被评价的次数；

g——每两个样品被评价的次数。

C. 得出结论。

$F_{test}>F$，根据表5-8中的评价员人数、样品数和显著性水平，就拒绝原假设，认为产品的秩次间存在显著性差异，即产品间存在显著性差异。

表5-8　Friedman检验临界值（0.05和0.01水平）

评价员人数（j）	样品数（p）									
	3	4	5	6	7	3	4	5	6	7
	显著性水平α=0.05					显著性水平α=0.01				
7	7.143	7.8	9.11	10.62	12.07	8.857	10.371	11.97	13.69	15.35
8	6.25	7.65	9.19	10.68	12.14	9.00	10.35	12.14	13.87	15.53
9	6.222	7.66	9.22	10.73	12.19	9.667	10.44	12.27	14.01	15.68
10	6.20	7.67	9.25	10.76	12.23	9.60	10.53	12.38	14.12	15.79
11	6.545	7.68	9.27	10.79	12.27	9.455	10.6	12.46	14.21	15.89
12	6.167	7.7	9.29	10.81	12.29	9.50	10.68	12.53	14.28	15.96
13	6.00	7.7	9.30	10.83	12.37	9.385	10.72	12.58	14.34	16.03
14	6.143	7.71	9.32	10.85	12.34	9.00	10.76	12.64	14.4	16.09
15	6.40	7.72	9.33	10.87	12.35	8.933	10.8	12.68	14.44	16.14
16	5.99	7.73	9.34	10.88	12.37	8.79	10.84	12.72	14.48	16.18
17	5.99	7.73	9.34	10.89	12.38	8.81	10.87	12.74	14.52	16.22
18	5.99	7.73	9.36	10.9	12.39	8.84	10.9	12.78	14.56	16.25
19	5.99	7.74	9.36	10.91	12.4	8.86	10.92	12.81	14.58	16.27
20	5.99	7.74	9.37	10.92	12.41	8.87	10.94	12.83	14.6	16.3
∞	5.99	7.81	9.49	11.07	12.59	9.21	11.34	13.28	15.09	16.81

如果样品数或评价员人数为列在一张表中，可将 F_{test} 值看做自由度为（$p-1$）的 χ^2 分布，估算出临界值。χ^2 分布临界值参照表5-9。

表5-9　χ^2分布临界值

样品数	自由度	显著性水平		样品数	自由度	显著性水平	
	$v=p-1$	$\alpha=0.05$	$\alpha=0.01$		$v=p-1$	$\alpha=0.05$	$\alpha=0.01$
3	2	5.99	9.21	17	16	26.30	32.00
4	3	7.81	11.34	18	17	27.59	33.41
5	4	9.49	13.28	19	18	28.87	34.80
6	5	11.07	15.09	20	19	30.14	36.19
7	6	12.59	16.81	21	20	31.40	37.60
8	7	14.07	18.47	22	21	32.70	38.90
9	8	15.51	20.09	23	22	33.90	40.29
10	9	16.92	21.67	24	23	35.20	41.64
11	10	18.31	23.21	25	24	36.42	42.98
12	11	19.67	24.72	26	25	37.70	44.30
13	12	20.03	26.22	27	26	38.90	45.60
14	13	22.36	27.69	28	27	40.11	47.00
15	14	23.68	29.14	29	28	41.30	48.30
16	15	25.00	30.58	30	29	42.60	49.60

（2）检验哪些产品与其他产品存在显著性差异　当 Friedman 检验判定产品间存在显著性差异时，则需要进一步判定哪些产品与其他产品存在显著性差异。可通过选择可接受显著性水平，计算最小显著差数（LSD）来判定。其中，显著性水平的选择，可以采取以下两种方法之一。

①如果风险由每对因素单独控制，则其与 α 相关。如当 $\alpha=0.05$ 时，在计算 LSD 时的 z 值为 1.96（相当于正态分布概率），称其为比较性风险或个体风险。

②如果风险由所有可能因素同时控制，则其与 a' 相关，$a' = 2a/p(p-1)$ 。如 $p=8$，$a = 0.05$ 时，则 $a' = 0.0018$，$z=2.91$，称其为试验性风险或整体风险。

大多数情况下方法②，即试验性风险被用于产品间显著性差异的实际判定。

在完全区组设计中，LSD 值由式（5-6）得出：

$$\text{LSD} = z\sqrt{\frac{jp(p+1)}{6}} \tag{5-6}$$

在平衡不完全区组设计中，LSD 值由式（5-7）得出：

$$\text{LSD} = z\sqrt{\frac{r(k+1)(nk-n+g)}{6}} \tag{5-7}$$

计算两两样品的秩和之差，并与 LSD 比较。若秩和之差等于或大于 LSD 值，则两个样品之间存在显著性差异，即排序检验时，已区分出这两个样品之间的差异。反之则表示样品间不存在显著性差异，即排序检验时，未区分出这两个样品间的差异。

（3）同秩情况　若两个或多个样品同秩次，则完全区组设计中的 F 值应替换为 F'，由式（5-8）得出：

$$F' = \frac{F}{1 - \{E/[jp(p^2-1)]\}} \tag{5-8}$$

其中 E 值由式（5-9）得出。

令 n_1，n_2，…，n_k 为每个同秩组里秩次相同的样品数，则：

$$E = (n_1^3 - n_1) + (n_2^3 - n_2) + \cdots + (n_k^3 - n_k) \tag{5-9}$$

例如，表 5-5 中两个组出现了同秩情况：

第二行中 B、C 样品同秩次，评定结果来自 2 号评价员，则 $n_1=2$；

第三行中 B、C、D 样品同秩次，评定结果来自 3 号评价员，则 $n_2=3$；

则：

$$E = (2^3 - 2) + (3^3 - 3) = 6 + 24 = 30$$

因 $j=7$，$p=4$，先计算 F，再计算 F'：

$$F' = \frac{F}{1 - \{30/[7 \times 4(4^2-1)]\}} = 1.08F$$

然后比较 F 的值与表 5-7 或表 5-8 中的临界值。

4. 比较两个产品——符号检验

某些特殊的情况用排序法进行两个产品之间的差异比较时，可使用符号检验。如比较两个产品 A 和 B 的差异。k_A 是产品 A 排序在产品 B 之前的评定次数，k_B 是产品 B 排序在产品 A 之前的评定次数。k 则是 k_A 和 k_B 之中较小的那个数，而未区分出 A 和 B 差异的评定不在统计的评定次数之内。

原假设：

$$H_0: k_A = k_B$$

备择假设：

$$H_1: k_A \neq k_B$$

如果 k 小于表 5-10 中配对单个检验的临界值，则拒绝原假设而接受备择假设，表明 A、B 之间存在显著性差异。

表 5-10　　　　单个检验的临界值

评价员人数	显著性水平		评价员人数	显著性水平	
	α =0.01	α =0.05		α =0.01	α =0.05
1			34	9	10
2			35	9	11
3			36	9	11
4			37	10	12
5			38	10	12
6		0	39	11	12
7		0	40	11	13
8	0	0	41	11	13
9	0	1	42	12	14
10	0	1	43	12	14
11	0	1	44	13	15
12	1	2	45	13	15
13	1	2	46	13	15
14	1	2	47	14	16
15	2	3	48	14	16
16	2	3	49	15	17
17	2	4	50	14	17
18	3	4	51	15	18
19	3	4	52	16	18
20	3	5	53	16	18
21	4	5	54	17	19
22	4	5	55	17	19
23	4	6	56	17	20
24	5	6	57	18	20
25	5	7	58	18	21
26	6	7	59	19	21
27	6	7	60	19	21
28	6	8	61	20	22
29	7	8	62	20	22
30	7	9	63	20	23
31	7	9	64	21	23
32	8	9	65	21	24
33	8	10	66	22	24

续表

评价员人数	显著性水平		评价员人数	显著性水平	
	α =0.01	α =0.05		α =0.01	α =0.05
67	22	25	79	27	30
68	22	25	80	28	30
69	23	25	81	28	31
70	23	26	82	28	31
71	24	26	83	29	32
72	24	27	84	29	32
73	25	27	85	30	32
74	25	28	86	30	33
75	25	28	87	31	33
76	26	28	88	31	34
77	26	29	89	31	34
78	27	29	90	32	35

当 $j>90$ 时，临界值由式（5-10）计算，并保留整数。

$$L=(j-1)/2-k\sqrt{j+1} \tag{5-10}$$

$\alpha=0.05$ 时，$k=0.9800$，$\alpha=0.01$ 时，$k=1.2879$。

（三）检验报告

检验报告应包括以下内容：

（1）检验目的。

（2）样品确认所必须包括的信息：

①样品数；

②是否使用参比样。

（3）采用的检验参数：

①评价员人数及其资格水平；

②检验环境；

③有关样品的情况说明。

（4）检验结果及其统计解释。

（5）注明根据本标准检验。

（6）如果有与本标准不同的做法应予以说明。

（7）检验负责人的姓名。

（8）检验的日期和时间。

四、实例

（一）完全区组设计

14 个评价员评价 5 个样品的结果见表 5-11。

表 5-11　　14 个评价员评价 5 个样品的结果

评价员	样品				
	A	B	C	D	E
1	2	4	5	3	1
2	4	5	3	1	2
3	1	4	5	3	2
4	1	2	5	3	4
5	1	5	2	3	4
6	2	3	4	5	1
7	4	5	3	1	2
8	2	3	5	4	1
9	1	3	4	5	2
10	1	2	5	3	2
11	4	5	2	3	1
12	2	4	3	5	1
13	5	3	4	2	1
14	3	5	2	4	1
秩和	33	53	52	45	27

1. Friedman 检验

（1）计算统计量 F_{test}　$j=14$，$p=5$，$R_1=33$，$R_2=53$，$R_3=52$，$R_4=45$，$R_5=27$，则：

$$F_{test}=\frac{12}{14\times5\times(5+1)}(33^2+53^2+52^2+45^2+27^2)-3\times14\times(5+1)=15.31$$

（2）做统计结论　因 F_{test}(15.31) 大于表 5-8 中对应 $j=14$，$p=5$、$\alpha=0.05$ 的临界值 9.32，故可认为在显著性水平小于或等于 0.05 时，5 个样品之间存在显著性差异。

2. 多重比较和分组

如果两个样品秩和之差的绝对值大于最小显著差数（LSD），可认为二者有显著性差异。

（1）计算最小显著差数（LSD）

$$\text{LSD}=1.96\times\sqrt{\frac{14\times5\times(5+1)}{6}}=16.40(\alpha=0.05)$$

（2）比较与分组　在显著性水平 0.05 下，A 和 B、A 和 C、E 和 B、E 和 C、E 和 D 的差异是显著的，它们秩和之差的绝对值分别为：

$$A-B:|33-53|=20,\ E-B:|27-53|=26,\ A-C:|33-52|=19$$
$$E-C:|27-52|=25,\ E-D:|27-45|=18$$

以上比较的结果表示如下：

E A D C B

下划线的意义表示：

未经连续的下划线连接的两个样品之间有显著性差异（在 0.05 的显著性水平下）；

由连续的下划线连接的两个样品间无显著性差异；

无显著性差异的 A 与 E 排在无显著性差异的 D、C、B 前面。

3. Page 检验

根据秩和顺序，可将样品初步排序为：E≤A≤D≤C≤B，Page 检验可检验该推论。

（1）计算 L

$$L = (1 \times 27) + (2 \times 33) + (3 \times 45) + (4 \times 52) + (5 \times 53) = 701$$

（2）做统计推论　由表 5-7 可知，$j = 14$，$p = 5$，$\alpha = 0.05$ 时，Page 检验的临界值为 661。因为 $L>661$，所以当 $\alpha = 0.05$ 时，拒绝原假设，样品之间存在显著性差异。

4. 结论

（1）基于 Friedman 检验　在 0.05 的显著性水平下，E 和 A 无显著性差异；D 和 C、B 无显著性差异；A 和 D 无显著性差异；但 A 和 C、B 有显著性差异；E 和 D、C、B 有显著性差异。

（2）基于 Page 检验　在 0.05 的显著性水平下，评价员辨别出了样品之间存在差异，并且给出的排序与预先设定的顺序一致。

（二）平衡不完全区组设计

平衡不完全区组设计中，10 个评价员每人检验 5 个样品中的 3 个，结果见表 5-12。

表 5-12　10 个评价员每人检验 5 个样品的评价结果

评价员	样品				
	A	B	C	D	E
1	1	2	3		
2	1	2		3	
3	2	3			1
4	1		2	3	
5	2		3		1
6	1			3	2
7		1	3	2	
8		2	3		1
9		3		2	1
10			1	3	2
秩和	8	13	15	16	8

1. Friedman 检验

（1）计算统计量 F_{test}

$$j = 10,\ p = 5,\ k = 3,\ n = 6,\ g = 3,\ r = 1,\ R_1 = 8,\ R_2 = 13,\ R_3 = 15,\ R_4 = 16,\ R_5 = 8,$$

$$F_{test} = 12 \times (8^2 + 13^2 + 15^2 + 16^2 + 8^2)/[1 \times 3 \times 5 \times (3 + 1)] - [3 \times 1 \times 6^2 \times (3 + 1)/3] = 11.6$$

（2）做统计结论　因 $F_{test}(11.6)$ 大于表 5-8 中对应 $p = 5$、$\alpha = 0.05$ 的临界值 9.25，故可认为：在显著性水平小于或等于 0.05 时，5 个样品之间存在显著性差异。

2. 利用最小显著差分组

如果两个样品秩和之差的绝对值大于最小显著差数（LSD），可认为二者有显著性差异。

（1）计算最小显著差数 LSD

$$LSD = 1.96 \times \sqrt{\frac{1 \times (3+1) \times (6 \times 3 - 6 + 3)}{6}} = 6.2(\alpha = 0.05)$$

（2）比较与分组　在 0.05 的显著性水平下，A 和 C、A 和 D、C 和 E、D 和 E 之间的差异是显著的，其秩和之差的绝对值分别为：

A - C：$|8-15|=7$，C - E：$|15-8|=7$，A - D：$|8-16|=8$，D - E：$|16-8|=8$

以上比较的结果表示如下：

$$\underline{A\quad E\quad B}\quad C\quad D$$
$$A\quad E\quad \underline{B\quad C\quad D}$$

3. Page 检验

根据秩和顺序，可将样品初步排序为：E≤A≤D≤C≤B，Page 检验可检验该推论。

（1）计算 L

$$L = (1 \times 8) + (2 \times 8) + (3 \times 16) + (4 \times 15) + (5 \times 13) = 197$$

$p=5$，$k=3$，$j=10$ 时，L' 的值为：

$$L' = \frac{12 \times 197 - 3 \times 10 \times 3 \times 4 \times 6}{\sqrt{10 \times 3 \times 4 \times 5 \times 6}} = 2.4$$

（2）做统计结论　因为 $L' > 2.33$，所以当 $\alpha = 0.01$ 时，拒绝原假设，样品之间存在极显著性差异。

4. 结论

（1）基于 Friedman 检验　在 0.05 的显著性水平下，A 和 E 的秩和显著小于 C、D，而 B 与其他 4 种样品均无显著差异。

（2）基于 Page 检验　在 0.01 的显著性水平下，评价员辨别出了样品之间存在差异，并且给出的排序与预先设定的顺序一致。

第三节　分类检验法

在感官评定检验中，评价员品评样品后，将样品归划到预先定义的不同类别的方法称为分类检验法。它是先由专家根据某样品的一个或多个特征，确定出样品的质量或其他特征类别，再将样品归纳入相应类别的方法或等级的办法。此法是使样品按照已有的类别划分，可在任何一种检验方法的基础上进行。

一、方法特点

（1）此法是以过去积累的已知结果为根据，在归纳的基础上，进行产品分类。

（2）当样品打分有困难时，可用分类检验法评价出样品的好坏差异，得出样品的级别、好坏，也可以鉴定出样品的缺陷等。

（3）样品数和类别数，可根据需要设定使用的类别数量，一般设定的类别不能太少，否则会造成多个样品处于一个类别；但使用类别也不能太多，否则会造成混淆通常设定类别数5~9个，9个类别最常用。

（4）标度方式，分类标度是一种介于排序和等距标度之间的一种标度方式。其标度数值越大，表明其某一感官品质强度越高；分类3与分类7之间差异距离并不是7与8之间差异距离的4倍，即此标度不是等距标度，不能进行统计分析。

二、适用范围

在评定样品质量时，有时对样品进行评分会比较困难，这时可选择分类检验法评价出样品的差异，得出样品的级别、好坏，也可鉴定出样品是否存在缺陷。

三、评价员

该法所需要的评价员数目为3个以上专家评价员或者3个以上优选评价员。一般对分类检验评价员的考核，包括分类正确性考核和分类稳定性考核两种形式。

①分类正确性考核：让候选评价员分别评价一组包括感官指标合格与不合格的p个样品。合格用数字0表示，不合格用数字1表示。统计分类正确的数字，进行二项式分布检验，考核候选评价员分类的正确性。

②分类稳定性考核：经过一段时间，对同一样品组让某一候选评价员重复进行分类正确性考核，然后进行麦克尼马尔（Mcnemar）检验，以考核该候选评价员的分类稳定性。

具体做法如下：

（1）对所评价的样品按前后两次检查结果分为（0，0），（1，1），（0，1），（1，0）4类。统计结果为（0，1）的个数记作m，结果为（1，0）的个数记作n。

（2）计算概率

$$P=\sum_{K=0}^{\min(m,\ n)} C_{m+n}^{K}\left(\frac{1}{2}\right)^{m+n}$$

式中　min（m，n）—— m与n中的最小者；

C_{m+n}^{K}—— $m+n$个元素中K个元素的组合。

（3）若所得概率P小于指定的显著性水平，则认为该候选评价员缺乏稳定的判别能力，必须更换或再培训。若所得概率P大于指定的显著性水平，则认为该候选评价员通过了这次检验。

四、问答表设计与做法

把样品以随机的顺序出示给评价员，要求评价员按顺序评定样品后，根据问答表5-13和表5-14中所规定的分类方法对样品进行分类。

表5-13　　分类检验法问答表示例1

姓名：______________　日期：______________　样品类型：______________

试验指令：

（1）从左到右依次品尝样品。

（2）品尝后把样品划入你认为应属的预先定义的类别。

续表

试验结果:				
样品	一级	二级	三级	合计
A				
B				
C				
D				
合计				

表 5-14　　分类检验法问答表示例 2

姓名: ______________　日期: ______________　样品类型: ______________
评定您面前的 4 个样品后，请按规定的级别定义，把它们分为 3 个级别，并在适当的级别下填上适当的样品编码。 级别 1: …… 级别 2: …… 级别 3: ……
______________样品应为 1 级 ______________样品应为 2 级 ______________样品应为 3 级

五、结果分析

统计每一种产品分属每一类别的频数，然后用χ^2 检验比较两种或多种产品落入不同类别的分布，从而得出每一种产品应属的级别。

下面就举例具体分析。

例如，现有 4 种食醋样品（A、B、C、D），因原料和酿制方法的不同，食醋所具有的感官特征也存在一定的差异，通过检验将其分成三级。为了解不同加工工艺对食醋感官评定所造成的影响，由 30 位评价员对该 4 种食醋样品进行评定分级，统计各样品被划入各等级的次数，列入表 5-15 中。

表 5-15　　4 种产品的分类检验结果

样品	一级	二级	三级	合计
A	5	22	3	30
B	16	8	6	30
C	10	19	1	30
D	4	8	18	30
合计	35	57	28	120

假设 4 种食醋样品的级别不相同，按下式计算各级别的期待值为：

$$E = \frac{该等级次数}{120} \times 30 = \frac{该等级次数}{4}，即 E_1 = \frac{35}{4} = 8.75，E_2 = \frac{57}{4} = 14.25，E_3 = \frac{28}{4} = 7，$$

统计各食醋样品在每一个等级的实际测定值（Q）与期待值之差（$Q_{ij} - E_{ij}$），列入表 5-16。

表 5-16　各级别实际测定值与期待值之差

样品	差值			
	一级	二级	三级	合计
A	-3.75	7.75	-4	0
B	7.25	-6.25	-1	0
C	1.25	4.75	-6	0
D	-4.75	-6.25	11	0
合计	0	0	0	0

由表 5-16 可知，B 样品作为一级的实际测定值高于期待值，故 B 样品应为一级。A，C 样品作为二级的实际测定值高于期待值，故 A，C 样品应为二级品。D 样品作为三级的实际测定值高于期待值，故 D 样品应为三级。

将表 5-16 中数据进行χ^2 检验分析：

$$\chi^2 = \sum_{i=1}^{t}\sum_{j=1}^{m}\frac{(Q_{ij} - E_{ij})^2}{E_{ij}} = \frac{(-3.75)^2}{8.75} + \frac{7.25^2}{8.75} + \frac{1.25^2}{8.75} + \cdots + \frac{11^2}{7} = 46.51$$

误差自由度 f = 样品自由度×级别自由度 = $(m-1) \times (t-1) = (4-1) \times (3-1) = 6$

查χ^2 分布表：

$$\chi^2(6, 0.05) = 12.59；\chi^2(6, 0.01) = 16.81$$

由于$\chi^2 = 46.51 > 16.81$，所以，这三个级别之间在 0.01 显著性水平是有显著性差异，即这 4 个食醋样品可以分成 3 个等级，即 B 样品为一级，A 和 C 样品为二级，D 样品为三级，食醋感官评定级别从高到低为：B>A，C>D。

六、实例

1. 试验目的及步骤

评价 6 种市售乳制品不同热处理方法对产品感官品质的影响，采用分类检验法进行。它是先由专家根据某样品的一个或多个特征，确定出样品的质量或其他特征类型，再将样品归纳入相应类别或等级的方法。分类检验法是使样品按照已有的类别划分，可以在任何一个检验方法的基础上进行。参加本次试验的评定人员，由 2 位专家评价员和 16 位优选评价员、12 位普通评价员组成，分类检验法问答表的设计见表 5-17。

具体试验设计和试验步骤如下：

样品随机编号表和准备工作表，分别见表 5-18 和表 5-19。

每位评价员得到一组 6 个样品，依次品尝、评定并填写问答表。

结果处理，统计每一种样品分属哪一类别的频数，然后用χ^2 检验比较这 6 种样品落入不同类别的分布，从而得出每一种样品应属的类别。

表 5-17　　　　分类检验法问答表

姓名：＿＿＿＿＿＿　日期：＿＿＿＿＿＿　产品：＿＿＿＿＿＿

样品类型：根据加工过程中热处理方式的不同，通常可将液态纯乳制品划分为三类，巴氏杀菌乳、超高温杀菌乳（UHT）和二次杀菌乳。巴氏杀菌乳产品呈乳白色、奶味纯正、奶香浓郁；超高温杀菌乳产品颜色乳白（或轻微褐变）、奶香较浓、有轻微焦煳味；二次杀菌乳产品颜色发褐、奶香浓厚、有焦煳味。

试验指令：请仔细品尝你面前的 6 个液态乳产品，编号分别为 A、 B、 C、 D、 E、 F，然后把它们的编号填入您认为应属于的预先定义的类别。

巴氏杀菌乳：＿＿＿＿　超高温杀菌乳：＿＿＿＿　二次杀菌乳：＿＿＿＿

表 5-18　　　　样品随机编号表

样品名称	A	B	C	D	E	F
随机标号	533	298	219	304	377	654
	681	885	462	547	265	225
	576	372	743	615	439	748

表 5-19　　　　样品准备工作表

评价员	供样顺序	样品检验时的号码顺序					
1	BAEDCF	298	533	377	304	219	654
2	ECABFD	377	219	533	298	654	304
3	DBEFCA	304	298	377	377	219	533
4	AFCEBD	681	225	462	462	885	547
5	CADBFE	462	681	547	547	225	265

续表

评价员	供样顺序	样品检验时的号码顺序					
6	FDCABE	2	5	4	4	8	2
		5	4	6	6	8	6
		5	7	2	2	5	5
…	…	…	…	…	…	…	…
30	BAFCED	3	5	7	7	4	6
		7	7	3	3	3	1
		2	6	8	8	9	5

2. 分类检验结果分析

分类检验由30位评价员（其中包括2位专家评价员和16位优选评价员）参评，各样品被划入各类别的次数统计见表5-20。

表5-20　　6种样品的分类检验结果

样品	巴氏杀菌乳	超高温杀菌乳	二次杀菌乳	合计
A	10	19	1	30
B	20	10	0	30
C	19	10	1	30
D	9	20	1	30
E	11	18	1	30
F	0	1	29	30
合计	69	78	33	30

假设各样品的类别不相同，则各类别的期待值为：E = 该类别次数/6，即 $E_1 = 69/6 = 11.5$，即 $E_2 = 78/6 = 13$，即 $E_3 = 33/6 = 5.5$。6种样品的各类别实际测定值（Q）与期望值之差如表5-21所示。

表5-21　　6种样品的各类别实际测定值与期望值之差

样品	巴氏杀菌乳	超高温杀菌乳	二次杀菌乳	合计
A	-1.5	6	-4.5	0
B	8.5	-3	-5.5	0
C	7.5	-3	-4.5	0
D	-2.5	7	-4.5	0
E	-0.5	5	-4.5	0
F	-11.5	-12	23.5	0
合计	0	0	0	0

经计算：$\chi^2 = 161.3$，查 χ^2 分布表：χ^2（10，0.05）= 18.31；χ^2（10，0.01）= 23.21。由于 $\chi^2 = 161.3 > 23.21$，所以这三个类别之间在0.01水平有显著差异，即这6个样品可以分成三

类，其中 B、C 之间相近，D、A、E 之间相近，可表示为 B 和 C 为一类，D、A、E 为一类，F 单独为一类，即 B、C 为巴氏杀菌乳，D、A、E 为超高温杀菌乳，F 为二次杀菌乳。

本章小结

该章节介绍了食品感官评定的排列检验法，内容包括标度的分类及常用标度方法，排序检验法的特点、组织设计和结果分析步骤，分类检验法的特点、问答表设计与做法和结果分析步骤，以及不同方法的例题和解答方法等。通过这些案例的分析，学生可以进一步地理解食品感官评定是一个非常复杂的生理学和心理学过程，其结果会受到很多内、外在因素的影响。在生活中，通过对这些基础知识的理解，学生在生活中进一步思考自己真正想要选择的食品以及选择的时候是否受到营销策略或者其他外界因素的影响，学会正确选择日常的食品。

思考题

1. 举例说明标度的分类及常用的标度方法。
2. 简述排序检验法的定义和适用范围。
3. 举例说明排序检验法结果的判定步骤。
4. 简述分类检验法的定义和适用范围。
5. 举例说明分类检验法结果的判定步骤。

第六章

06

分级试验

内容提要

本章主要介绍分级试验的概念，评分法、成对比较法、加权评分法、模糊数学法及阈值试验的特点、方法的设计和操作，以及试验结果的分析、判断。

教学目标

1. 掌握分级试验、刺激阈、分辨阈、主观等价值的概念。
2. 掌握评分法、成对比较法、加权评分法及模糊数学法的特点及评价方法。
3. 掌握评分法、成对比较法、加权评分法及模糊数学法的评价结果分析与判断。
4. 掌握阈值测定方法。

重要概念及名词

分级试验、评分法、成对比较法、加权评分法、模糊数学法、阈值试验、刺激阈、分辨阈、主观等价值。

第一节 概述

分级试验是将样品按照质量的顺序标度进行分组的一种方法。分级试验适用于欲将样品划归到能反映质量特性的最适合的类别中。如果用数字代表等级类别，那么测量数据即与顺序标度相对应。在排列试验中，两个样品之间必须存在先后顺序，而在分级试验中，两个样品可能属于同一级数，也可能属于不同级数，而且它们之间的级数差别可大可小，这些数字仅表示等级差异的次序。排列试验和分级试验各有特点和针对性。

级数定义的灵活性很大，没有严格规定。例如，对食品甜度，其级数值可按表 6-1 定义。

表 6-1 食品甜度级数值

<table>
<tr><th rowspan="2">甜度级别</th><th colspan="5">分级方法</th></tr>
<tr><th>1</th><th>2</th><th>3</th><th>4</th><th>5</th></tr>
<tr><td>极甜</td><td>9</td><td>4</td><td>8</td><td rowspan="2">7</td><td rowspan="2">4</td></tr>
<tr><td>很甜</td><td>8</td><td>3</td><td>7</td></tr>
<tr><td>较甜</td><td>7</td><td>2</td><td>6</td><td>6</td><td rowspan="2">3</td></tr>
<tr><td>略甜</td><td>6</td><td>1</td><td>5</td><td>5</td></tr>
<tr><td>适中</td><td>5</td><td>0</td><td>4</td><td>4</td><td rowspan="2">2</td></tr>
<tr><td>不太甜</td><td>4</td><td>-1</td><td>3</td><td>3</td></tr>
<tr><td>不甜</td><td>3</td><td>-2</td><td>2</td><td>2</td><td rowspan="3">1</td></tr>
<tr><td>很不甜</td><td>2</td><td>-3</td><td>1</td><td rowspan="2">1</td></tr>
<tr><td>极不甜</td><td>1</td><td>-4</td><td>0</td></tr>
</table>

对于食品的咸度、酸度、硬度、脆性、黏性、喜欢程度或者其他指标的级数值也可以类推。当然也可以用分数、数值范围或图解来对食品进行级数描述。例如，对于茶叶进行综合评判的分数范围为：外形（20 分），香气与滋味（60 分），水色（10 分），叶底（10 分），总分 100 分。当总分>90 分为一级茶，81～90 分为二级茶，71～80 分为三级茶，61～70 分为四级茶。

在分级试验中，由于每组试验人员的习惯、爱好及分辨能力各不相同，使得各人的试验数据可能不一样。因此可以规定标准样的级数，使其基线相同，这样有利于统一所有试验人员的试验结果。

第二节 评分法

一、特点

评分法是指按预先设定的评价标准，对试样的特性和嗜好程度以数字标度进行评定的一种方法。在评分法中，所有的数字标度为等距或比率标度，如 1～10（10 级），-3～3（7 级）等数值尺度。该方法不同于其他方法的是所谓的绝对性判断，即根据评价标准，评价员对各样品分别进行判断。而不以评定样品之间的差异为目的，它出现的粗糙评分现象也可由增加评价员人数的方法来克服。

由于此方法可同时评价一种或多种产品的一个或多个指标的强度及其差异，应用较为广泛，尤其适用于新产品的评价。

二、问答表的设计与步骤

设计问答表（票）前，首先要确定所使用的标度类型。在检验前，要使评价员对每一个评分点所代表的意义有共同的认识，样品的出示顺序可利用拉丁法随机排列。

问答表（票）的设计应和产品的特性及检验的目的相结合，尽量简洁明了，可参考表6-2的形式。

表6-2　　评分法问答表（票）参考形式

姓名	性别	试样号	年　月　日			
请你品尝面前的试样后，以自身的尺度为基准，在下面的尺度中的相应位置上画“○”						
极好	非常好	好	一般	不好	非常不好	极不好
1	2	3	4	5	6	7

三、结果分析与判断

在进行结果分析与判断前，首先要将问答表（票）的评价结果按选定的标度类型转换成相应的数值。以上述问答表（票）的评价结果为例，可按-3~3（7级）等值尺度转换成相应的数值。极好=3；非常好=2；好=1；一般=0；不好=-1；非常不好=-2；极不好=-3。当然，也可以用10分制或百分制等其他尺度。然后通过相应的统计分析和检验方法来判断样品间的差异性，当样品只有两个时，可以采用简单的 t 检验；当样品超过两个时，要进行方差分析根据 F 检验结果来判别样品间的差异性。下面通过例子来介绍这种方法的应用。

【例6-1】为了比较X、Y、Z 3个公司生产的快餐面质量，8名评价员分别对3个公司的产品按表6-2问答表（票）中的1~7分尺度进行评分，评分结果如表6-3所示，问产品之间有无显著性差异？

表6-3　　评分结果

评审员 n	1	2	3	4	5	6	7	8	合计
试样X	3	4	3	1	2	1	2	2	18
试样Y	2	6	2	4	4	3	6	6	33
试样Z	3	4	3	2	2	3	4	2	23
合计	8	14	8	7	8	7	12	10	74

解：（1）求离差平方和 Q

修正项
$$CF = \frac{x_{..}^2}{n \times m} = \frac{74^2}{8 \times 3} = 228.17$$

试样
$$\begin{aligned} Q_A &= (x_1^2 + x_2^2 + \cdots + x_i^2 + \cdots + x_m^2)/n - CF \\ &= (18^2 + 33^2 + 23^2)/8 - 228.17 \\ &= 242.75 - 228.17 \\ &= 14.58 \end{aligned}$$

评价员

$$Q_B = (x_{\cdot 1}^2 + x_{\cdot 2}^2 + \cdots + x_{\cdot j}^2 + \cdots + x_{\cdot n}^2)/m - CF$$
$$= (8^2 + 14^2 + \cdots + 10^2)/3 - 228.17$$
$$= 243.33 - 228.17$$
$$= 15.16$$

总平方和
$$Q_T = (x_{11}^2 + x_{12}^2 + \cdots + x_{ij}^2 + \cdots + x_{mn}^2) - CF$$
$$= (3^2 + 4^2 + \cdots + 2^2) - 228.17$$
$$= 47.83$$

误差 $Q_E = Q_T - Q_A - Q_B = 47.83 - 14.58 - 15.16 = 18.09$

（2）求自由度 f

试样 $f_A = m - 1 = 3 - 1 = 2$

评价员 $f_B = n - 1 = 8 - 1 = 7$

总自由度 $f_T = m \times n - 1 = 24 - 1 = 23$

误差 $f_E = f_T - f_A - f_B = 23 - 2 - 7 = 14$

（3）方差分析

求平均离差平方和
$$V_A = Q_A/f_A = 14.58/2 = 7.29$$
$$V_B = Q_B/f_B = 15.16/7 = 2.17$$
$$V_E = Q_E/f_E = 18.09/14 = 1.29$$

求 F_0
$$F_A = V_A/V_E = 7.29/1.29 = 5.65$$
$$F_B = V_B/V_E = 2.17/1.29 = 1.68$$

查 F 分布表（附表3），求 F（f，f_E，α）。若 $F_0>F$（f，f_E，α），则在显著性水平 α，有显著性差异。

本例中，
$$F_A = 5.65 > F(2, 14, 0.05) = 3.74$$
$$F_B = 1.68 < F(7, 14, 0.05) = 2.76$$

故显著性水平 $\alpha=0.05$，产品之间有显著性差异，而评价员之间无显著性差异。

将上述计算结果列入下列方差分析表6-4。

表6-4　方差分析表

方差来源	平方和 Q	自由度 f	均方和 V	F_0	F
产品 A	14.58	2	7.29	5.65	$F(2, 14, 0.05)=3.74$
评价员 B	15.16	7	2.17	1.68	$F(7, 14, 0.05)=2.76$
误差 E	18.09	14	1.29		
合计	47.83	23			

（4）检验试样间显著性差异　方差分析结果表明试样之间有显著性差异时，为了检验哪几个试样间有显著性差异，采用 SNK（student-newman-keuls）法进行多重比较。

求试样平均分：	X	Y	Z
	18/8=2.25	33/8=4.13	23/8=2.88

按大小顺序排列：	1 位	2 位	3 位
	Y	Z	X
	4.13	2.88	2.25

求试样平均分的标准误差：$dE = \sqrt{V_E/n} = \sqrt{1.29/8} = 0.4$

查斯图登斯化范围表（附表 8），求斯图登斯化范围 qp，计算显著性差异最小范围 $R_p = qp \times dE$。

$$1\text{位} - 3\text{位} = 4.13 - 2.25 = 1.88 > 1.48(R_3)$$

$$1\text{位} - 2\text{位} = 4.13 - 2.88 = 1.25 > 1.21(R_2)$$

即 1 位（Y）和 2、3 位（Z，X）之间有显著性差异。

$$2\text{位} - 3\text{位} = 2.88 - 2.25 = 0.63 < 1.21(R_2)$$

即 2 位（Z）和 3 位（X）之间无显著性差异。

故显著性水平 $\alpha=0.05$，产品 Y 和产品 X、Z 比较有显著性差异，产品 Y 明显不好。

第三节　成对比较法

一、特点

当试样数 n 很大时，一次把所有的试样进行比较是困难的。此时，一般采用将 n 个试样以 2 个一组加以比较，然后对某一指定感官属性或整体进行综合性的相对评价，判断全体试样的优劣，从而得出数个样品相对结果的评价方法称为成对比较法。本方法可以解决在顺序法中出现样品的制备及试验实施难度大等问题，并且在试验时间上，长达数日进行也无妨。因此，本法是应用最广泛的方法之一。如舍菲（Scheffe）成对比较法，其特点是不仅回答了两个试样中“喜欢哪个”，即排列两个试样的顺序，而且还要按设定的评价基准回答“喜欢到何种程度”，即评价试样之间的差别程度（相对差）。

成对比较法可分为定向成对比较法（2-选项必选法）和差别成对比较法（简单差别检验或异同检验）。二者在适用条件及样品呈送顺序等方面都存在一定差异。

二、问答票的设计与步骤

设计问答票时，首先应根据检验目的和样品特性确定是采用定向成对比较法还是差别成对比较法。由于该方法主要是在样品两两比较时用于评定两个样品是否存在差异，故问答票应便于评价员表述样品间的差异，最好能将差异的程度尽可能准确地表达出来，同时还要尽量简洁明了。成对比较法问答票参考形式见表 6-5。

表 6-5　　成对比较法问答票参考形式

姓名	性别	试样号	年　月　日
请评价你面前两种试样的质构并回答下列问题。			
①两种试样的质构有无差别？（在相应的位置画“√”）			

续表

有　　　　　　　　无

②按下面的要求选择两种试样质构差异的程度，请在相应的位置上画“√”。

先品尝的比

后品尝的

非常不好	很不好	不好	无差异	好	很好	非常好

③请评价试样的质构（相应的位置上画“√”）

No. 21	好	一般	不好
No. 13	好	一般	不好

意见：

定向成对比较法用于在试验前可以预测两个样品在评定的感官属性上哪一个更强，如甜度、色彩等。对试验实施人（感官专业人员）要求如下：

（1）将 2 个样品同时呈送给评价员，要求评价员识别出在这一指定感官属性上程度较高的样品。

（2）样品有 2 种可能的呈送顺序（AB，BA），这些顺序应在评价员间随机出现，但评价员先收到样品 A 或样品 B 的概率应相等。

（3）感官专业人员必须保证 2 个样品只在单一的所指定的感官方面有所不同。此点应特别注意，一个参数的改变会影响产品的许多其他感官特性。例如，在蛋糕生产中将糖的含量改变后，不只影响甜度，也会影响蛋糕的质地和颜色。

对评价员的要求：必须准确理解感官专业人员所指的特定属性的含义，应在识别指定的感官属性方面受过训练。

差别成对比较法用于试验前没有预测两个样品在评定的感官属性上差异方向，或理论上无法预测哪个感官属性更强。该方法类似于三点检验或二-三点检验，但不经常采用。当产品有一个延迟效应或是供应不足或者 3 个样品同时呈送不可行时，最好采用该方法来代替三点检验或二-三点检验。

对感官专业人员的要求：同时呈送 2 个样品，要求评价员回答样品是相同还是不同。差别成对比较法有 4 种可能的样品呈送顺序（AA，AB，BA，BB）。这些顺序应在评价员中交叉进行随机出现，但每种顺序出现的次数相同。对评价员的要求：只需比较 2 个样品，判断它们是相似还是不同。

三、结果分析与判断

和评分法相似，成对比较法在进行结果分析与判断前，首先要将问答票的评价结果按选定的标度类型转换成相应的数值。以上述问答票的评价结果为例，可按-3~3（7 级）等值尺度转换成相应的数值。非常好=3，很好=2，好=1，无差别=0，不好=-1，很不好=-2，非常不好=-3。当然，也可以用十分制或百分制等其他尺度。然后通过相应的统计分析和检验方法来判断样品间的差异性。下面结合例子来介绍这种方法的结果分析与判断。

【例 6-2】 为了比较用不同工艺生产的 3 种（n）试样的好坏，由 22 名（m）评价员按问答票的要求，用-3~3 的 7 个等级对试样的各种组合进行评分。其中 11 名评价员是按 A→B、A→C、B→C 的顺序进行评判，其余 11 名是按 B→A、C→A、C→B 的顺序进行评判（各对的顺序是随机性的），请对它们进行分析。

解：（1）整理试验数据　求总分、嗜好度 $\hat{\mu}_{ij}$ 、平均嗜好度（除去顺序效果的部分）$\hat{\pi}_{ij}$ 和顺序效果 δ_{ij} 。

其中　　总分 = (－2) × 1 + (－1) × 2 + 0 × 1 + 1 × 5 + 2 × 1 + 3 × 1 = 6

$$\hat{\mu}_{ij} = \text{总分} / \text{得分个数} = 6/11 = 0.545$$

$$\hat{\pi}_{ij} = \frac{1}{2}(\hat{\mu}_{ij} - \hat{\mu}_{ji}) = \frac{1}{2} \times (0.545 - 0.455) = 0.045$$

按照同样的方法计算其他各行的相应数据。

（2）求各试样的主效果 a_i

$$a_A = \frac{1}{3}(\hat{\pi}_{AA} + \hat{\pi}_{AB} + \hat{\pi}_{AC}) = \frac{1}{3} \times (0 + 0.045 - 0.955) = -0.303$$

$$a_B = \frac{1}{3}(\hat{\pi}_{BA} + \hat{\pi}_{BB} + \hat{\pi}_{BC}) = \frac{1}{3} \times (-0.045 + 0 - 0.636) = -0.227$$

$$a_C = \frac{1}{3}(\hat{\pi}_{CA} + \hat{\pi}_{CB} + \hat{\pi}_{CC}) = \frac{1}{3} \times (0.955 + 0.636 + 0) = 0.530$$

（3）求平方和

总平方和　$Q_T = 3^2 \times (1 + 6) + 2^2 \times (7 + 11) + 1^2 \times (18 + 15) = 159$

主效果产生的平方和　Q_a = 主效果平方和 × 试样数 × 评价员数

$$Q_a = (0.303^2 + 0.227^2 + 0.530^2) \times 3 \times 22 = 28.0$$

平均嗜好度产生的平方和　　$Q_\pi = \sum \hat{\pi}_i^2 \times$ 评价员数

$$Q_\pi = 22 \times (0.045^2 + 0.955^2 + 0.636^2) \times 22 = 29.0$$

离差平方和　　　　$Q_T = Q_\pi - Q_a = 19.0 - 18.0 = 1.0$

平均效果　　　　Q_u = 平均平方和 × 评价员数的一半

$$Q_u = 11 \times [\,0.545^2 + 0.455^2 + (-0.455\,)^2 + 1.455^2 + (-0.727\,)^2 + 0.545^2] \times 11 = 40.2$$

顺序效果　　　　$Q_\delta = Q_u - Q_\pi = 40.2 - 29.0 = 11.2$

误差平方和　　　$Q_E = Q_T - Q_u = 168 - 40.2 = 127.8$

（4）求自由度 f

$$f_a = n - 1 = 3 - 1 = 2$$

$$f_r = \frac{1}{2}(n - 1)(n - 2) = \frac{1}{2} \times (3 - 1) \times (3 - 2) = 1$$

$$f_\pi = \frac{1}{2}n(n - 1) = 3$$

$$f_\delta = \frac{1}{2}n(n - 1) = \frac{1}{2} \times 3 \times (3 - 1) = 3$$

$$f_\mu = n(n - 1) = 3 \times (3 - 1) = 6$$

$$f_E = n(n-1)(\frac{m}{2}-1) = 3 \times (3-1) \times (11-1) = 60$$

$$f_T = n(n-1)\frac{m}{2} = 3 \times (3-1) \times 11 = 66$$

（5）作方差分析表　F_0 的结果表明，对显著性水平 $\alpha=0.01$，主效果有显著性差异，离差和顺序效果无显著性差异。即 A、B、C 之间的好坏很明确，只用主效果表示也足够（图 6-1）：

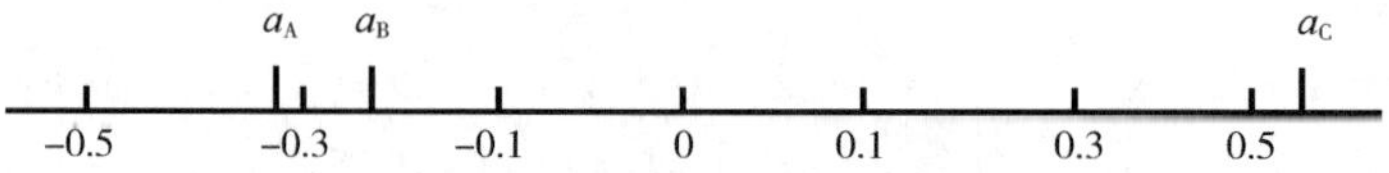

图 6-1　三个样品的主效果

（6）主效果差（a_i-a_j）　先求 $Y_{0.05} = q_{0.05}\sqrt{\text{误差均方和}/(\text{评价员数}\times\text{试样数})}$，查斯图登斯化范围表（附表 8），$q_{(3,60,0.05)} = 3.4$，所以：

$$Y_{0.05} = 3.4 \times \sqrt{\frac{2.13}{22 \times 3}} = 0.612$$

$|a_A - a_B| = |-0.303 + 0.227| = 0.076 < Y_{0.05}$，故 A、B 之间无显著性差异。

$|a_A - a_C| = |-0.303 - 0.530| = 0.833 > Y_{0.05}$，故 A、C 之间有显著性差异。

$|a_B - a_C| = |-0.227 - 0.530| = 0.757 > Y_{0.05}$，故 B、C 之间有显著性差异。

结论：对显著性水平 $\alpha=0.05$，A 和 B 之间无差异，A 和 C，B 和 C 之间有差异。

第四节　加权评分法

一、特点

本章第二节中所介绍的评分法，没有考虑到食品感官属性各项指标的重要程度，从而会对产品总的评价结果造成一定程度的偏差。事实上，对同一种食品，由于各项指标对其质量的影响程度不同，它们之间不完全是平权的，因此，需要考虑它们的权重。所谓加权评分法是考虑各项指标对质量的权重后求平均分数或总分的方法，一般以 10 分或 100 分为满分进行评价。加权评分法可以对产品的质量做出更加准确的评价结果，比评分法更加客观、公正。

二、权重的确定

所谓权重是指一个因素在被评价因素中的影响和所处的地位。权重的确定是关系到加权评分法能否顺利实施以及能否得到客观准确的评价结果的关键。权重的确定一般是邀请业内人士根据被评价因素对总体评价结果影响的重要程度，采用德尔菲法进行赋权打分，经统计获得由各评价因素权重构成的权重集。

通常，要求权重集所有因素 a_i 的总和为 1，这称为归一化原则。

设权重集 $A = \{a_1, a_2, \cdots, a_n\} = \{a_i\}$ $(i=1, 2, \cdots, n)$，

则

$$\sum_{i=1}^{n} a_i = 1 \tag{6-1}$$

工程技术行业常采用“0~4 评判法”确定每个因素的权重。一般步骤如下：首先请若干名（一般 8~10 人）业内人士对每个因素两两进行重要性比较，根据相对重要性打分；很重要~很不重要，打分 4~0；较重要~不很重要，打分 3~1；同样重要，打分 2。据此得到每个评委对各个因素所打分数表。然后统计所有人的打分，得到每个因素得分，再除以所有指标总分之和，便得到各因素的权重因子。

例如，为获得番茄的颜色、风味、口感、质地这 4 项因素对贮藏后番茄感官质量影响的权重，邀请 10 位业内人士对上述 4 个因素按“0~4 评判法”进行权重打分。统计 10 张表格各项因素的得分列于表 6-6。

表 6-6 权重打分统计

因素	评委										总分
	A	B	C	D	E	F	G	H	I	J	
颜色	10	9	3	9	2	6	12	9	2	9	71
风味	5	4	10	5	10	6	5	6	9	8	68
口感	7	6	9	7	10	6	5	6	8	4	68
质地	2	5	2	3	2	6	2	3	5	3	33
合计	24	24	24	24	24	24	24	24	24	24	240

将各项因素所得总分除以全部因素总分之和便得权重系数：

$$A = [0.296, 0.283, 0.283, 0.138]$$

三、结果分析与判断

该方法的分析及判断方法比较简单，就是对各评价指标的评分进行加权处理后，求平均得分或求总分的办法，最后根据得分情况来判断产品质量的优劣。加权处理及得分计算可按式（6-2）进行。

$$P = \frac{\sum_{i=1}^{n} a_i x_i}{f} \tag{6-2}$$

式中 P——总得分；

n——评价指标数目；

a——各指标的权重；

x——评价指标得分；

f——评价指标的满分值。

如采用百分制，则 $f=100$；如采用十分制，则 $f=10$；如采用五分制，则 $f=5$。

【例 6-3】 评定茶叶的质量时，以外形权重（20 分）、香气与滋味权重（60 分）、水色权重（10 分）、叶底权重（10 分）作为评定的指标。评定标准为一级（91~100 分）、二级（81~90 分）、三级（71~80 分）、四级（61~70 分）、五级（51~60 分）。现有一批花茶，经评价员评定后各项指标的得分数分别为：外形 83 分，香气与滋味 81 分，水色 82 分，叶底

80 分。问，该批花茶是几级茶？

解：该批花茶的总分为：

$$\frac{(83\times 20)+(81\times 60)+(82\times 10)+(80\times 10)}{100}=81.4\text{（分）}$$

依据花茶等级评价标准，该批花茶为二级茶。

第五节 模糊数学法

在加权评分法中，仅用一个平均数很难确切地表示某一指标应得的分数，可能使结果存在误差。如果评定的样品是 2 个或 2 个以上，最后的加权平均数出现相同而又需要排列出它们的各项时，现行的加权评分法就很难解决。如果采用模糊数学法来处理评定的结果，以上的问题不仅可以得到解决，而且它综合考虑到所有的因素，获得的是综合且较客观的结果。

一、概念

模糊数学法是在加权评分法的基础上，应用模糊数学中的模糊关系对食品感官评定的结果进行综合评判的方法。

二、评价方法

模糊综合评判的数学模型是建立在模糊数学基础上的一种定量评价模式。它是应用模糊数学的有关理论（如隶属度与隶属函数理论），对食品感官质量中多因素的制约关系进行数学化的抽象，建立一个反映其本质特征和动态过程的理想化评价模式。由于我们的评判对象相对简单，评价指标也比较少，食品感官质量的模糊评判常采用一级模型。根据模糊数学的基本理论，模糊评判实施主要由因素集、评语集、权重集、模糊矩阵、模糊变换、模糊评价等部分组成。

（1）建立评判对象的因素集 U

因素就是评判对象的各种属性或性能。由这些属性和性能组成的集合称为该评判对象的因素集，计为：$U=\{u_1, u_2, \cdots, u_n\}$。在食品感官评定中，常选择若干个最能反映评判对象质量的属性组成因素集 U。例如，评价蔬菜的感官质量，就可以选择蔬菜的颜色、风味、口感、质地作为考虑的因素。因此，评判因素可设 u_1 = 颜色，u_2 = 风味，u_3 = 口感，u_4 = 质地；组成评判因素集合：

$$U=\{u_1, u_2, u_3, u_4\}$$

（2）确定评语集 V

$$V=\{v_1, v_2, \cdots, v_n\}$$

评语集由若干个最能反映评判食品质量的指标组成，即需要评定的等级。评语可以用文字表示，也可用数值或等级表示。计为：$V=\{V_1, V_2, \cdots, V_m\}$。如贮藏后蔬菜样品的感官质量划分为 4 个等级：$V_1$ = 优，V_2 = 良，V_3 = 中，V_4 = 差，

则
$$V=\{v_1, v_2, v_3, v_4\}$$

（3）建立权重集　确定各评判因素的权重集 X，所谓权重是指一个因素在被评价因素中

的影响和所处的地位。其确定方法与前面加权评分法中介绍的方法相同。

（4）建立单因素评判 对每一个被评价的因素建立一个从 U 到 V 的模糊关系 R，从而得出单因素的评价集；矩阵 R 可以通过对单因素的评判获得，即从 U_i 着眼而得到单因素评判，构成 R 中的第 i 行。

$$R = \begin{bmatrix} r_{11} & r_{12} & \cdots & r_{1n} \\ r_{21} & r_{22} & \cdots & r_{2n} \\ \vdots & \vdots & \vdots & \vdots \\ r_{m1} & r_{m2} & \cdots & r_{mn} \end{bmatrix}$$

即：$R=(r_{ij})\ m \times n$，$i=1, 2, \cdots, n$；$j=1, 2, \cdots, m$。这里的元素 r_{ij} 表示从因素 u_i 到该因素的评判结果 v_j 的隶属程度。

（5）综合评判 求出 R 与 X 后，进行模糊变换得式（6-3）：

$$B = X \cdot R = \{b_1, b_2, \cdots, b_m\} \qquad (6\text{-}3)$$

$X \cdot R$ 为矩阵合成，矩阵合成运算按照最大隶属度原则。再对 B 进行归一化处理得到 B'：

$$B' = \{b'_1, b'_2, \cdots, b'_m\}$$

B'便是该组人员对该食品感官质量的评语集。最后，再由最大隶属原则确定该种食品感官质量的所属评语。

根据模糊数学的基本理论，模糊评判实施主要由因素集、评语集、权重集、模糊矩阵、模糊变换、模糊评价等部分组成。下面结合实例来介绍模糊数学评价方法的具体实施过程。

【例 6-4】 设花茶的因素集为 U。

$$U = \{外形\ u_1，香气与滋味\ u_2，水色\ u_3，叶底\ u_4\}$$

评语集为 V

$$V = \{一级，二级，三级，四级，五级\}$$

其中一级（91~100 分），二级（81~90 分），三级（71~80 分），四级（61~70 分），五级（51~60 分）。

设权重集为 X

$$X = \{0.2, 0.6, 0.1, 0.1\}$$

即外形 20 分，香气与滋味 60 分，水色 10 分，叶底 10 分，共计 100 分。

10 名评价员（$k=10$），对花茶各项指标的评分如表 6-7 所示。

问：该花茶为几级茶？

表 6-7 花茶各项指标的评分

指标	分数			
	71~75 分	76~80 分	81~85 分	86~90 分
外形	2（人）	3（人）	4（人）	1（人）
香气与滋味	0（人）	4（人）	5（人）	1（人）
水色	2（人）	4（人）	4（人）	0（人）
水底	1（人）	4（人）	5（人）	0（人）

解：

（1）分析　本例中，因素集为 U：$U=$｛外形 u_1，香气与滋味 u_2，水色 u_3，叶底 u_4｝。评语集为 V：$V=$｛一级，二级，三级，四级，五级｝；权重集：$X=$｛0.2，0.6，0.1，0.1｝，均已经给出，即前面 3 个步骤都已经完成。下面只需要根据模糊矩阵的计算方法，求出模糊矩阵，然后再进行模糊评判就可以了。

模糊矩阵
$$R=\begin{bmatrix}2/k & 3/k & 4/k & 1/k\\ 0 & 4/k & 5/k & 1/k\\ 2/k & 4/k & 4/k & 0\\ 1/k & 4/k & 5/k & 0\end{bmatrix}$$
$$=\begin{bmatrix}0.2 & 0.3 & 0.4 & 0.1\\ 0 & 0.4 & 0.5 & 0.1\\ 0.2 & 0.4 & 0.4 & 0\\ 0.1 & 0.4 & 0.5 & 0\end{bmatrix}$$

（2）进行模糊变换
$$B=X\cdot R=(0.2,\ 0.6,\ 0.1,\ 0.1)\cdot\begin{bmatrix}0.2 & 0.3 & 0.4 & 0.1\\ 0 & 0.4 & 0.5 & 0.1\\ 0.2 & 0.4 & 0.4 & 0\\ 0.1 & 0.4 & 0.5 & 0\end{bmatrix}$$

其中
$$\begin{aligned}b_1&=(0.2\wedge 0.2)\vee(0.6\wedge 0)\vee(0.1\wedge 0.2)\vee(0.1\wedge 0.1)\\&=0.2\vee 0\vee 0.1\vee 0.1\\&=0.2\end{aligned}$$

同理得 b_2、b_3、b_4 分别为 0.4、0.5、0.1，即 $B=$｛0.2，0.4，0.5，0.1｝。

归一化后得 $B'=$｛0.17，0.33，0.42，0.08｝。

得到此模糊关系综合评判的峰值为 0.42，与原假设相比，并根据最大隶属度原则，得出结论：该批花茶的综合评分结果为 81~85 分，因此，应该是二级花茶。

如果按加权评分法得到的总分相同，无法排列它们的名次时，可用绘制模糊关系曲线的方法来处理。下面结合例子来介绍该方法。

【例 6-5】假如两种花茶评定的结果如下。

（1）两种花茶的模糊矩阵分别为：
$$R_1=\begin{bmatrix}0.1 & 0.5 & 0.3 & 0.1 & 0\\ 0 & 0.3 & 0.4 & 0.2 & 0.1\\ 0.2 & 0.4 & 0.3 & 0.1 & 0\\ 0.3 & 0.4 & 0.2 & 0.1 & 0\end{bmatrix}\quad R_2=\begin{bmatrix}0.2 & 0.3 & 0.3 & 0.2 & 0\\ 0.1 & 0.2 & 0.4 & 0.2 & 0.1\\ 0.2 & 0.4 & 0.2 & 0.1 & 0.1\\ 0.1 & 0.6 & 0.3 & 0 & 0\end{bmatrix}$$

权重都采用 $X=$｛0.2，0.6，0.1，0.1｝处理得到：

$$B_1=\{0.1,\ 0.3,\ 0.4,\ 0.2,\ 0.1\}$$
$$B_2=\{0.2,\ 0.2,\ 0.4,\ 0.2,\ 0.1\}$$

归一化处理后：

$$B'_1=\{0.09,\ 0.27,\ 0.37,\ 0.18,\ 0.09\}$$
$$B'_2=\{0.18,\ 0.18,\ 0.37,\ 0.18,\ 0.09\}$$

（2）两种茶叶的评价结果峰值均为 0.37，表明这两种花茶也均为一级品。这样无法评价出哪一种茶叶更好一些，这时可以采用模糊关系曲线来进一步评判这两种茶叶的优劣。

B'_1 和 B'_2 可用下面的模糊关系曲线表示，如图 6-2 所示。

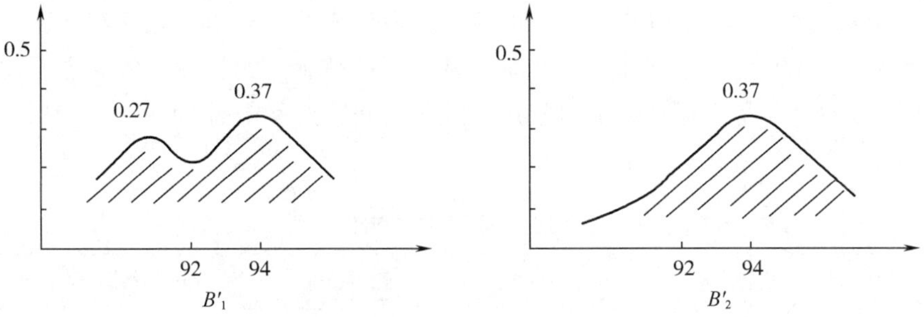

图 6-2 B'_1 和 B'_2 的模糊关系曲线

由图 6-2 可知，虽然它们的峰值都出现在同一范围内，均为 0.37，但 B'_1 和 B'_2 中各数的分布不一样，B'_1 中峰值左边出现一个次峰 0.27，这表明分数向低位移动，产生“重心偏移”。而 B'_2 中各数平均分布，表明评价员的综合意见比较一致，分歧小。因此，虽然这两种花茶都属于一级茶，但 2 号花茶的名次应排在 1 号花茶之前。

第六节 阈值试验

一、概念

1. 刺激阈（RL）

能够分辨出感觉的最小刺激量称为刺激阈。刺激阈分为：敏感阈、识别阈和极限阈。例如，大量的统计试验表明，食盐水浓度为 0.037%时人们才能识别出它与纯水之间有区别，当食盐水浓度为 0.1%时，人们才能感觉出有咸味。我们把前者称为敏感阈（察觉阈），把后者称为识别阈。敏感阈是指刚刚引起感觉的最低浓度。识别阈是可以对感觉加以识别的感官刺激的最小值。极限阈是一种强烈感官刺激的最小值，超过阈值后不能感知刺激强度的变化。阈值大小取决于刺激的性质和评价员的敏感度，阈值大小也因测定方法的不同而发生变化。

2. 分辨阈（DL）

感觉上能够分辨出刺激量的最小变化量称分辨阈。若刺激量是由 S 增大到 $S+\Delta S$ 时，能分辨出其变化，则称 ΔS 为上分辨阈，用 ΔS 来表示；若刺激量由 S 减少到 $S-\Delta S$ 时，能分辨出其变化，则称 ΔS 为下分辨阈，用 $-\Delta S$ 来表示，上下分辨阈的绝对值的平均值称平均分辨阈。

3. 主观等价值（DSE）

对某些感官特性而言，有时两个刺激产生相同的感觉效果，我们称之为等价刺激。主观上感觉到与标准相同感觉的刺激强度称为主观等价值（DSE）。例如，当浓度为 10%的葡萄糖为标准刺激时，蔗糖的主观等价值浓度为 6.3%，主观等价值与评价员的敏感度关系不大。

二、阈值的影响因素

1. 年龄和性别

随着年龄的增长，人们的感觉器官逐渐衰退，对味觉的敏感度降低，但相对而言，对酸度的敏感度的降低率最小。在青年时期，生理器官发育成熟并且也积累了相当的经验，处于感觉敏感期。另外，女性在甜味和咸味方面比男性更加敏感，而男性在酸味方面比女性较为敏感，在苦味方面基本上不存在性别的差异。男女在食感要素的各特性构成上均存在一定的差异（表 6-8）。

表 6-8　　构成食感要素的各特性

特性	男性	女性	特性	男性	女性
质构	27.2%	38.2%	外形	21.4%	16.6%
口感香味	28.8%	26.5%	嗅感香味	2.1%	1.8%
色泽	17.5%	13.1%	其他	3.0%	3.8%

2. 吸烟

有人认为吸烟对甜、酸、咸的味觉影响不大，其味阈值与不吸烟者比较无明显差别，但对苦味的味阈值却很明显。这种现象可能是由于吸烟者长期接触有苦味的尼古丁而形成了耐受性，从而使得对苦味敏感度下降。

3. 饮食时间和睡眠

饮食时间的不同会对味阈值产生影响。饭后 1h 所进行的品尝试验结果表明，试验人员对甜、酸、苦、咸的敏感度明显下降，其降低程度与膳食的热量摄入量有关，这是由于味觉细胞经过了紧张的工作后处于一种“休眠”状态，使敏感度下降。而饭前的品尝试验结果表明试验人员对 4 种基本味觉的敏感度都会提高。为了使试验结果稳定可靠，一般品尝试验安排在饭后 2~3h 内进行。睡眠状态对咸味和甜味的感觉影响不大，但是睡眠不足会使酸味的味阈值明显提高。

4. 疾病

疾病是影响味觉的一个重要因素。很多病人的味觉敏感度会发生明显变化，降低、提高、失去甚至改变感觉。例如，糖尿病人，即使食品中无糖的成分也会被说成是甜味感觉；肾上腺功能不全的病人会增强对甜味、酸味、苦味、咸味的敏感度；对于黄疸病人，清水也会被说成有苦味。因此在试验之前，应该了解评价员的健康状态，避免试验产生严重失误。

5. 温度

温度对味觉的影响较为显著，甘油的甜味味阈值由 17℃ 的 2.5×10^{-1}mol/L（2.3%）降至 37℃ 的 2.8×10^{-2}mol/L（0.25%），有近 10 倍之差。在食品感官评定中，除了按需要对某些食品进行热处理外，应尽可能保持同类型的试验在相同温度下进行。

三、阈值的测定

阈值的测定方法很多，下面举例介绍食品感官评定中常用的极限法。

最小变化法（极限法）：将刺激强度按大小顺序一点点增加直到被试者有感觉为止。这时刺激物刺激量的大小就是“出现阈限”。反之从较大的刺激量开始按顺序逐渐减小刺激物的刺激强度直到被试者感觉消失为止。此时的刺激量为“消失阈限”。

感觉的绝对阈值=（出现阈限+消失阈限）/2

【例 6-6】 果汁饮料生产中，用葡萄糖代替砂糖时，用极限法求 10%的砂糖具有相同甜味的葡萄糖浓度。

解：此题是求与浓度为 10%的砂糖相对应的葡萄糖的主观等价值。

（1）试验步骤

①根据预备试验，先求出 10%的砂糖相对应的葡萄糖的大体浓度，然后以此浓度为中心，往浓度两侧作一系列不同浓度的葡萄糖样品 C_0、C_1、C_2、…、C_n。此时要注意，如果葡萄糖的浓度变化幅度太小，虽然可以提高试验精度，但会增大样品个数，引起疲劳效应。样品数 n 一般取 10~20 为宜。

②根据浓度上升、下降系列和品尝顺序，作试验计划表。

③制作如表 6-9 所示的记录表。

表 6-9 试验计划表及记录表

试验次数		1	2	3	4	5	6	7	8	9	10	11	12	…	61	62	63	64
评价员			1				2				3			…		16		
系列		↓	↑	↑	↓	↑	↓	↓	↑	↓	↑	↑	↓	…	↑	↓	↓	↑
品尝顺序		Ⅰ	Ⅰ	Ⅱ	Ⅱ	Ⅰ	Ⅰ	Ⅱ	Ⅱ	Ⅰ	Ⅰ	Ⅱ	Ⅱ	…	Ⅰ	Ⅰ	Ⅱ	Ⅱ
	C_{12}																	
	C_{11}	+					+											
	C_{10}	+			+		+											
	C_9	+	+		+		+	+										
	C_8	?	?	+	+		+	+	+					……				
葡萄糖浓度	C_7	?	?	?	?	+	+	+	?									
	C_6	-	?	?		?	-	+	?									
	C_5		-	?		-		?	-					……				
	C_4		-	-		-		-	-									
	C_3		-	-		-			-									
	C_2			-														
	C_1																	

注：↑表示浓度上升系列，↓表示浓度下降系列；+表示 C_i 比 S_i 甜，-表示 C_i 比 S_i 不甜，？表示 C_i 与 S_i 无差异；Ⅰ表示砂糖→葡萄糖顺序，Ⅱ表示葡萄糖→砂糖顺序。

④确定浓度上升或者是下降系列的试验开始浓度。试验中，由于评价员具有盼望甜度关系早点变化的心理，故评价员实际指出的甜度关系（砂糖与葡萄糖的甜度比）变化区域可能超前（称为盼望效应），因此试验时应制作不同长度的试验系列。例如，试验次数为 64 次时，先准备 20 张卡片，其中 6 张卡写“长”字，表示样品从 C_1 至 C_{12}，7 张卡写“中”字，

表示样品从 C_2 至 C_{11}，7 张卡写“短”字，表示样品从 C_3 至 C_{10}。然后把 20 张卡片随机混合后，从上边开始按卡片顺序作试验，反复循环即可。

⑤按葡萄糖浓度上升或下降系列。桌上从右至左排好样品 C_i，同时准备好足够的标准样 S_i（即浓度为 10%的砂糖溶液），评价员根据试验要求按顺序比较 S_i 和 C_i，每次判断结果记入记录表中（表 6-9）。

⑥浓度下降系列中，从“?”变为“-”时或者从“+”变为“-”时；浓度上升系列中，从“?”变为“+”或者从“-”变为“+”时，结束试验。

（2）解题步骤

①设浓度下降系列中，从“+”变为“?”时的 C_i 为 x_u，从“?”变为“-”时的 C_i 为 x_L，浓度上升系列中，从“-”变为“?”时的 C_i 为 x_L，从“?”变为“+”时的 C_i 为 x_u，从“+”变为“-”或者从“-”变为“+”时 x_L 与 x_u 相同。

例如，表 6-9 中第一次试验（下降系列）中：

$$x_u = \frac{C_9 + C_8}{2}, x_L = \frac{C_7 + C_8}{2}$$

第二次试验：
$$x_L = \frac{C_5 + C_6}{2}, x_u = \frac{C_8 + C_9}{2}$$

依此类推 ……

第六次试验：
$$x_u = x_L = \frac{C_7 + C_6}{2}$$

②用下式计算阈值和主观等价值。

上阈：
$$L_u = \frac{1}{n}\sum x_u$$

下阈：
$$L_L = \frac{1}{n}\sum x_L$$

主观等价值：
$$\mathrm{DSE} = \frac{L_u + L_L}{2}$$

③求葡萄糖的分辨阈 DL 时，可以把葡萄糖作为标准液。

例如，求浓度为 10%的葡萄糖的分辨阈 DL 时，用 10%浓度的葡萄糖 C_0 代替上述试验中的 10%浓度的砂糖 S_i 做试验，此时

上分辨阈 $\mathrm{DL}_u = L_u - C_0$

下分辨阈 $\mathrm{DL}_L = C_0 - L_L$

④求葡萄糖的刺激阈 RL 时，在浓度下降系列中，从明显感到甜味的浓度（+）出发逐渐减小浓度。开始感觉不出甜味（-）时的浓度与它前面浓度的平均值即为未知刺激阈，用 r_d 表示。在浓度上升系列中，从明显感到无甜味的浓度（-）出发逐渐增加浓度，最初感到甜味（+）时的浓度与它前面浓度的平均值即为可知刺激阈，用 r_a 表示，则：

$$\mathrm{RL} = \frac{r_d + r_a}{2}$$

⑤极限法中，为了避免盼望误差的影响，一般取上升系列和下降系列个数相同，但对于苦味试验来讲，由于存在着先品尝的样品的残留效应，一般只用上升系列而不用下降系列。

本章小结

该章节内容主要与数理统计分析相结合，介绍了评分法、成对比较法、加权评分法、模糊数学法及阈值试验的特点、方法的设计和操作，以及试验结果的分析、判断。通过学习本章，学生能够运用数理统计及模型的方法将感官评定的结果呈现出来，从而更好地掌握分级试验、刺激阈、分辨阈、主观等价值等概念。通过试验环境的搭建和评价体系的建立，学生能够提高责任意识、创新能力和团队合作精神。

思考题

1. 分级试验的概念是什么？
2. 评分法的概念及特点是什么？
3. 成对比较法的概念及特点是什么？
4. 定向成对比较法与差别成对比较法的使用条件分别是什么？
5. 加权评分法如何确定权重？
6. 模糊数学法评价方法的概念是什么？
7. 简述模糊综合评判步骤。
8. 刺激阈、分辨阈、主观等价值是什么？
9. 影响阈值的因素有哪些？
10. 简述阈值试验的测定方法和原理。

延伸阅读

大米饭食用品质感官评定

国家标准：GB/T 15682—2008《粮油检验　稻谷、大米蒸煮食用品质感官评价方法》。

大米在规定条件下蒸煮成米饭后，品评人员通过眼观、鼻闻、口尝等方法对所测米饭的色泽、气味、米饭黏性及软硬适口程度进行综合品尝评价。

1. 原理

稻谷经袭谷、碾白，制备成国家标准三等精度的大米作为试样。商品大米直接作为试样。取一定量的试样，在规定条件下蒸煮成米饭，品评人员感官鉴定米饭的气味、外观结构、适口性、滋味及冷饭质地等，评价结果以参加品评人员的综合评分的平均值表示。

2. 品评要求

试样及米饭制备略（参看 GB/T 15682—2008《粮油检验　稻谷、大米蒸煮食用品质感官评价方法》）。

（1）环境　应符合 GB/T 10220—2012《感官分析　方法学　总论》的规定。

（2）品尝实验室　应符合 GB/T 13868—2009《感官分析　建立感官分析实验室的一般导则》的规定。

（3）品评人员　依据资料 1 挑选出 5~10 名优选评价员或 18~24 名初级评价员。将评价员随机分组，每个评价员编上号码。评价员在品评前1 h内不吸烟、不吃东西，但可以喝水；品评期间具有正常的生理状态，不使用化妆品或其他有明显气味的用品。

（4）米饭品评份数和品评时间　每次试验品评4份试样（包含1份参照样品和3份被检样品）。当试样为5份以上时，应分两次以上进行试验；当试样不足4份时，可以将同一试样重复品评，但不得告知评价员。同一评价员每天品评次数不得超过2次，品评时间安排在饭前1h或饭后2h进行。

（5）品评样品编号与排列顺序　将全部试样分别编成号码No.1、No.2、No.3、No.4，且参照样品编号为No.1，其他试样采用随机编号。同一小组的评价员采用相同的排列顺序，不同小组之间尽量做到品评试样数量均等，排列顺序一致。

3. 样品品评

（1）品评内容　品评米饭的气味、外观结构、适口性（包括黏性、弹性、软硬度）滋味和冷饭质地。

（2）品评顺序及要求

①品评前的准备：评价员在每次品评前用温开水漱口，漱去口中的残留物。

②辨别米饭气味：趁热将米饭置于鼻腔下方，适当用力地吸气，仔细辨别米饭的气味。

③观察米饭外观：观察米饭表面的颜色、光泽和饭粒完整性。

④辨别米饭的适口性：用筷子取米饭少许放入口中，细嚼3~5s，边嚼边用牙齿、舌头等各感觉器官仔细品尝米饭的黏性、软硬度、弹性、滋味等项。

⑤冷饭质地：米饭在室温下放置1h后，品尝判断冷饭的黏弹性、黏结成团性和硬度。

（3）评分　评分方法一如下。

①根据米饭的气味、外观结构、适口性、滋味和冷饭质地，对比参照样品进行评分，综合评分为各项得分之和。评分规则和记录表格式见资料2。

②根据每个评价员的综合评分结果计算平均值，个别评价员品评误差大者（超过平均值10分以上）可舍弃，舍弃后重新计算平均值。最后以综合评分的平均值作为稻米食用品质感官评定的结果，计算结果取整数。按资料4的格式总结出“结果统计表”。

③综合评分以50分以下为很差，51~60分为差，61~70分为一般，71~80分为较好，81~90分为好，90分以上为优。

评分方法二如下。

①分别将试验样品米饭的气味、外观结构、适口性、滋味、冷饭质地和综合评分与参照样品一一比较评定。根据好坏程度，以“稍”“较”“最”“与参照相同”的7个等级进行评分。评分记录表格式见资料3。

②整理评分记录表，读取表中画○的数值，如有漏画的则作“与参照相同”处理。

③根据每个评价员的综合评分结果计算平均值，个别评价员品评误差大者（综合评分与平均值出现正负不一致或相差2个等级以上时）可舍弃，舍弃后重新计算平均值。最后以综合评分的平均值作为稻米食用品质感官评定的结果，计算结果保留小数点后两位。按资料4的格式总结出“结果统计表”。

资料 1

评价员挑选办法

1. 总体要求

评价员应由不同性别、不同年龄档次的人员组成，通过鉴别试验来挑选，感官灵敏度高的人员可作为评价员。

2. 挑选办法

按标准规定蒸制四份米饭，其中有两份米饭是同一试样蒸制的，同时按标准规定进行品评，要求品评人员鉴别找出相同的两份米饭（在两份相同的米饭编号后打√），鉴别试验表及示例见表 6-10。

表 6-10　鉴别试验表及示例

品评人:	日期:
试样号	鉴别结果
1	√
2	
3	
4	√

鉴别试验应重复两次，品评人员成绩汇总表及示例见表 6-11。答对者打“√”，答错者打“×”，如果两次都答错的人员，则表明其品评鉴别灵敏度太低，应予淘汰。

表 6-11　品评人员成绩汇总表及示例

品评人员编号	鉴别试验结果		成绩
	1	2	
P1	×	√	良
P2	√	√	优
P3	√	×	良
P4	×	×	差
P5	√	√	优
P6	√	√	优

挑选出的评价员，按 GB/T 10220—2012《感官分析　方法学　总论》的有关规定进行培训并选定评价员。

资料 2

米饭感官评价评分规则和记录表（评分方法一）

品评组编号： 姓名： 性别： 年龄： 出生地： 品评时间： 年 月 日 午 时 分

一级指标 分值	二级指标 分值	具体特性描述：分值	样品得分		
			No. 2	No. 3	No. 4
气味 20 分	纯正性、 浓郁性 20 分	具有米饭特有的香气，香气浓郁：18～20 分			
		具有米饭特有的香气，米饭清香：15～17 分			
		具有米饭特有的香气，香气不明显：12～14 分			
		米饭无香味，但无异味：7～12 分			
		米饭有异味：0～6 分			
外观结构 20 分	颜色 7 分	米饭颜色洁白：6～7 分			
		颜色正常：4～5 分			
		米饭发黄或发灰：0～3 分			
	光泽 8 分	有明显光泽：7～8 分			
		稍有光泽：5～6 分			
		无光泽：0～4 分			
	饭粒完整性 5 分	米饭结构紧密，饭粒完整性好：4～5 分			
		米饭大部分结构紧密完整：3 分			
		米饭粒出现爆花：0～2 分			
适口性 30 分	黏性 10 分	滑爽，有黏性，不粘牙：8～10 分			
		有黏性，基本不粘牙：6～7 分			
		有黏性，粘牙；或无黏性：0～5 分			
	弹性 10 分	米饭有嚼劲：8～10 分			
		米饭稍有嚼劲：6～7 分			
		米饭疏松、发硬，感觉有渣：0～5 分			
	软硬度 10 分	软硬适中：8～10 分			
		感觉略硬或略软：6～7 分			
		感觉很硬或很软：0～5 分			
滋味 25 分	纯正性、 持久性 25 分	咀嚼时，有较浓郁的清香和甜味：22～25 分			
		咀嚼时，有淡淡的清香和甜味：18～21 分			
		咀嚼时，无清香滋味和甜味，但无异味：16～17 分			
		咀嚼时，无清香滋味和甜味，但有异味：0～15 分			

续表

一级指标分值	二级指标分值	具体特性描述：分值	样品得分		
			No. 2	No. 3	No. 4
冷饭质地 5 分	成团性、黏弹性、硬度 5 分	较松散，黏弹性较好，硬度适中：4 ~ 5 分			
		结团，黏弹性稍差，稍变硬：2 ~ 3 分			
		板结，黏弹性差，偏硬：0 ~ 1 分			
综合评分					
备注					

资料 3
米饭感官评价评分记录表（评分方法二）

品评组编号：　姓名：　　　　性别：　年龄：　出生地：　　品评时间：　年　月　日　午　时　分

项目	与参照样品比较						
	不好			参照样	好		
	最	较	稍		稍	较	最
评分	−3	−2	−1	0	+1	+2	+3
气味							
外观结构							
适口性							
滋味							
冷饭质地							
综合评分							
备注							

注：（1）与参照样品比较根据好坏程度在相应栏内画○。

（2）综合评分是按照评价员的感觉、嗜好和参照样品比较后进行综合评价。

（3）“备注”栏填写对米饭的特殊评价（可以不填写）。

资料 4
米饭感官评价结果统计表

评价员编号	所属组别	姓名	年龄	性别	综合评分		
					No. 2（黄）	No. 3（蓝）	No. 4（绿）
1							
2							
3							

续表

评价员编号	所属组别	姓名	年龄	性别	综合评分		
					No. 2（黄）	No. 3（蓝）	No. 4（绿）
4							
5							
6							
7							
8							
……							
n							
平均值							

第七章

07

描述分析检验

内容提要

本章主要介绍风味剖面法、质地剖面法、定量描述分析等常用描述分析方法的检测原理及其在食品感官评定中的应用。

教学目标

1. 掌握感官描述分析法的含义以及主要的定性和定量描述分析方法。
2. 掌握风味剖面法、质地剖面法和定量描述分析的基本原理和试验方法。
3. 了解自由选择剖面法和系列描述分析法的基本原理。
4. 理解各种描述分析方法的优缺点和异同。

重要概念及名词

风味剖面法、质地剖面法、定量描述分析。

描述（性）分析（descriptive analysis），是由经过培训的评价员组成的评价小组对刺激的感官特性进行描述或定量评价的方法总称。描述分析法是感官评定中最复杂的一种方法，也是最全面、信息量最大的感官评定方法，是感官科学家常用的分析检验工具。描述分析采用的感官评定原则和方法与差别检验完全不同。

描述分析可获得关于产品的完整感官特征描述，能帮助评价员判断产品基本成分和生产过程的变化，决定哪个感官特征比较重要或可以接受。大多数描述分析法可以用来定义感官-仪器之间的相互关系。描述分析的评价员应经过培训，达到描述分析的一致性和重复性。

描述分析要求评定产品的所有感官特性，包括：①外观色泽，嗅闻的气味特征；②品尝后口中的风味特征（味觉、嗅觉及口腔的冷、热、收敛等知觉和余味）；③产品的组织特性及质地特性（包括机械特性——硬度、凝结度、黏度、附着度和弹性 5 个基本特征及碎裂度、固体食物咀嚼度、半固体食物胶黏度 3 个从属特性）；④产品的几何特性（包括产品颗粒、形态及方向特性，是否有平滑感、层状感、丝状感、粗粒感等，以及反映油、水含量的油感、湿润感等特性）。

通常，描述分析的评价小组由5～100名经过训练的评价员组成，评价小组必须能够感知并描述所识别样品的定性感官属性，将这些定性的描述结合起来定义产品，并能反映产品和其他样品在外观、气味、风味、质地和声音等属性上的差异。此外，评价小组还必须能够区分出样品间属性强度或数量上的差异，并定义出每种属性数量上的大小程度。

描述分析适用于一个或多个样品，可以同时评价一个或多个感官指标。通常描述分析可以获得对食品的气味、风味、口感、质地、外观特征等属性的详细描述，广泛应用于产品研发、生产以及销售中。应用范围包括：①新产品开发中用于定义目标产品的感官属性；②质量管理/控制（QA/QC）或研发部门用于定义质量控制标准或规范；③消费者评价前用以评定产品属性，有助于消费者问卷调查中属性选择和调查结果的解释；④追踪产品感官属性随时间的变化（如货架期、包装等）；⑤与仪器、化学、物理属性联系起来描述产品的感官属性。

描述分析要求用语言准确地描述样品感官性状，要求评价员具有较高的文学素养，对语言的含义有准确理解和恰当使用的能力。

第一节　描述分析法的组成

描述分析法可以对产品提供完整的定性和定量感官特征描述。定性方面的性质就是该样品的所有特性特征，包括外观、气味、风味、质地和其他有别于其他产品的性质；定量方面的性质表达了每个感官特性的程度或强度，这种程度通过一些测量尺度的数值来表示；此外，评价员还能够将产品之间的差别按照一定的顺序识别出来；最后，还要对产品的性质做出总体评价。描述分析主要包括以下4个方面。

一、感官特性特征

对产品特性特征进行定性描述的“感官参数”的表述方式有很多，包括用于描述产品感官性质的一切词汇，主要包括外观、气味、风味、口感和质地四个方面，常用的描述词汇介绍如下。

1. 外观

（1）颜色　不同波长的光刺激人眼视网膜产生的样品的特性，包括色彩、亮度、纯度和均匀性。

（2）表面质地　产品的表面特性，包括光泽度、平滑度/粗糙度、干燥/湿润、软/硬度等。

（3）大小和形状　产品的尺寸和几何形状，如大的、小的、方的、圆的等。

（4）透明度　透明液体或固体的混浊程度以及肉眼可见的颗粒存在情况，如混浊的、澄清的、透明的、有颗粒的等。

（5）颗粒间的相互作用　如黏性、结块、松散等。

2. 气味

挥发性成分刺激鼻腔嗅细胞而产生的感觉，如香草味、水果味、花香、臭鼬味等。

3. 风味

(1) 香气 口腔中的产品逸出的挥发性成分引起的鼻腔嗅觉感受，如香草味、水果味、花香、臭鼬味、巧克力味、酸败味等。

(2) 味道 可溶性呈味物质溶解在口腔中刺激味蕾引起的感觉，基本味觉感受包括酸、甜、苦、咸、鲜。

(3) 化学感觉 刺激性物质作用于口腔和鼻腔黏膜内的神经末梢产生的感受，如热、凉、辣、涩、金属味等。

4. 口感和质地

(1) 力学特性 产品对作用力的反应，如黏的、胶黏的、易碎的、易裂的、弹性的、塑性的、软的、硬的、稀的、稠的等。

(2) 几何特性 颗粒大小、形状及其在产品中的排列，如粗粒的、颗粒的、细粒的、蜂窝状的、结晶状的、纤维状的等。

(3) 脂肪/水分特性 产品中脂肪、水分的含量及其存在状态，如油的、腻的、干燥的、潮湿的、多汁的等。

需要明确的是，没有经过培训的评价员对同一个词汇可能有完全不同的理解。因此，描述分析试验的有效性和可靠性主要取决于3点：

一是在全面理解产品风味、质地、外观等感官特性产生原理的基础上，正确选择描述词汇；

二是采用大量的产品参照样品及单一成分参照样品，对评价员进行全面的培训，使评价员对所用描述词汇的理解和应用一致；

三是合理使用参照词汇表，保证试验结果的一致性。此外，感官特性的选择和对这些特性给出的定义一定要和产品的理化性质相联系，对产品理化性质的了解有助于评价员对描述词汇的理解、对描述性数据的分析和解释，由此形成对产品感官特性的客观描述。

二、感官特性强度

1. 类别标度

用于导出数字的响应标度和与记录值相应的测量标度之间没有直接的关系。因此，用获得响应标度数值的相同方法能够得到顺序测量标度（非等距间隔）的数值或位于等距测量标度（等距间隔）上的数值。对于顺序测量标度，不能认为两个记录值之间的差异大小就是反映可感知强度间的差异，也不能认为两个记录值的比率就是反映可感知强度间的比率。对于等距测量标度，较大的记录值与较大的可感知强度（或喜悦程度）存在对应关系，并且两个记录值间差异的大小反映了被测量性质可感知强度差异的大小。然而，零记录值并不表明性质的完全缺失，两个记录值的比率也不能反映可感知强度间的比率。

类别标度与线性标度的差别在于人们的选择受到很大的限制。图表标度技术至少给人印象的反应是连续分级的。但是在类别标度中可选择的反应数目通常要少得多，典型的为7~15个类项。类项的多少取决于实际需要以及评价员对产品能够区别出来的级别数。随着评价员训练的进行，对强度水平可感知差别的分辨能力会得到提高。

类别标度有时也被称为“评估标度”。最简单的，也是历史上最常见的形式是利用整数来反映逐渐增强的感官强度。作为一种心理物理学方法，在早期文献中以“单刺激方法”出现，但较少被用于测量绝对阈和辨别阈。

简单类别标度如图 7-1 至图 7-7 所示。这类标度方法应用广泛。常用 9 点整数反映所感知到的感觉。分级也可以更多，如采用 1~99 的选项来评估织物的手感特征。在快感或情感检验中，常用两级标度，有一个 0 点或中性点位于中间位置。例如，对儿童使用的“笑脸”标度中，对较年长的儿童可以使用 9 点法，但对很年幼的受试对象可以只采用 3 个选择。由于人们常对特定的数字产生特定的含义，为避免受试对象的偏见，可采用未标注的方格标度法。

在类别标度的最初应用中，受试者把类别当作等间距，这些受试者根据所提供的标度范围来确定他们的判断，其中最强的刺激被评为最高的类别，而最弱的刺激则被评为最低类别。大部分人都倾向于在标度范围内给出判断。

常见的类别标度形式有数值标度、语言类别标度、端点标示的 15 点方格标度、相对于参照的类别标度、整体差异类别标度、适用于年幼儿童的快感图示标度、5 点快感标度等。

强度　1　2　3　4　5　6　7　8　9

　　　弱　　　　→　　　　强

图 7-1　数值（整数）标度

氧化

无感觉

不确定

痕量

极微量

微量

少量

中等

一定量

强

很强

图 7-2　语言类别标度

甜度　□　□　□　□　□　□　□　□　□　□　□　□　□　□　□

　　　不甜　　　→　　　很甜

图 7-3　端点标示的 15 点方格标度

甜度　□　□　□　□　□　□　□　□　□　□　□　□　□　□　□

　　　不甜　　　参照　　　很甜

图 7-4　相对于参照的类别标度

如果应用合理，类别标度可以很接近等距测量。但主要问题是要提供足够的选择，以表示评价员能够分辨的差别。如果评价小组受过高度训练能够辨别很多刺激水平，一个简单的 3 点标度是不够的。在风味剖面标度中，可能逐渐使用很多标度点。但使用太多标度点可能会降低回收率。感官评定过程中，存在个人倾向的问题，尤其消费者工作中，会以去除选

与参照的差别

无差别
差别极小
差别很小
差别中等
差别较大
超别极大

图 7-5　整体差异类别标度

图 7-6　适用于年幼儿童的快感图示标度

□	□	□	□	□
很不愉快	不愉快	既愉快也不愉快	愉快	非常愉快

图 7-7　5 点快感标度

项或截去端点的方法来简化标度。回避端点会引起不良结果，一些受试者往往不愿使用端点类项，以防后面的试验中出现更强或更弱的情况，因此，人们自然倾向于避免端点类项，而将 9 点标度截为 7 点标度，可能使评价员实际上只得到 5 点标度的作用。所以最好避免在试验计划中截去标度点的做法。

试验设计者在实施感官评定试验中，要考虑是否对中间标度点基于物理学示例。给出示例在端点类项中常见，而在中间点类项中的使用要少一些，这种做法的优点是可以获得一定的标准水平，特别对于受过训练的有描述能力的评价员而言。因此，实际感官评定试验过程中，质地剖面方法中用 9 点标度评定硬度时，所有类项点都有相应的物理学示例，从非常软的像白色的煮鸡蛋那样到非常硬的像硬糖块那样，两个相邻的样品间保持的间距大致相等。但也存在潜在的缺点，比如说标度点在试验者看来是等距的，在参与者看来却也未必如此。这种情况下，最好的做法是让受试者在可选择标度范围内确定判断，同时不假设中间点的示例是真正等距的。这一选择取决于试验者，其决定反映了他是更关心希望得到标准还是更关心反映限制或潜在偏差。训练有素的评价小组进行感官评定时更喜欢按照一定的标准，而消费者则更希望在评定过程中减少外加的限制。

与线性标度和量值估计标度相比，简单的类别标度操作简易，所以特别适合于针对消费者的工作。另外，类别标度在快速准确的数据编码和列表方面也有一些优势，因为类别标度的工作量要小于线性标度或量值估计法。

2. 线性标度

线性标度也称图表评估或视觉相似标度。其基本方法是让评价员在一条线段上做标记以表示感官特性的强度或数量。大部分情况下，只有端点做了标示。标示点也可以从线段两端缩进一点儿以避免末端效应，其他中间点也可以标出来。一种常见的变化形式是标出一个中间的参考点，代表标准品或基线产品的标度值。所需检验的产品根据此参考点进行标度，如

图 7-8 至图 7-10 所示，经过训练的评价员对多特性进行描述分析时，这些技术是很常用的。而在消费者研究中则较少应用。

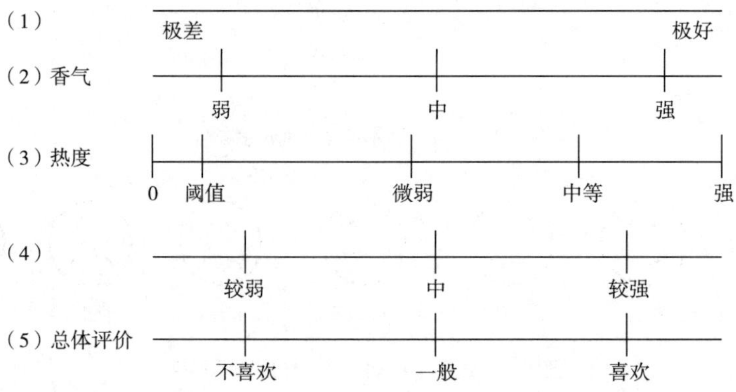

图 7-8　线性标度展示

（1）端点标示　（2）端点缩进　（3）ASTM 法 1083 中附加点标示

（4）利用直线的相对参考点标度　（5）利用直线的快感标度

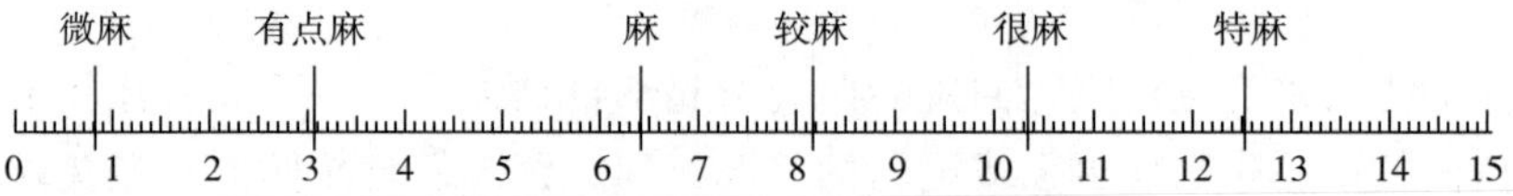

图 7-9　麻感强度量化评价自校准标记线性标度

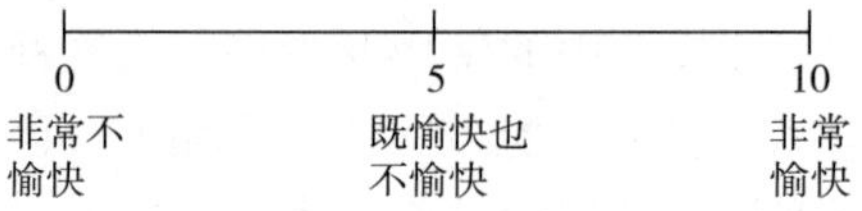

图 7-10　用于愉快分级的线性标度

与类别标度相比，线性标度提供了选项的连续等级选择。斯通（Stone）等人（1974）推荐将线性标度用于定量描述分析（quantitative descriptive analysis，QDA），继而形成一种标示各种重要感官特性的新方法。因为方差分析已成为比较产品的标准统计技术，定量描述分析中，使用一种近似于等距标度的标度方法非常重要。自定量描述分析出现以来，线性标度技术已被用于需要感官反映的各种不同场合。例如，使用线性标度让消费者评定啤酒的风味强度、丰满度、苦味和后味特征。线性标度的应用并不局限于食品和其他消费产品，在临床上对痛觉和祛痛的度量也可利用水平线或垂直线进行线性标度。

3. 量值估计标度

量值估计法是一种心理物理学标度方法，是通过评价员对某一感官特性进行评分的一种评定方法。该方法要求评价员做出的评分要符合比例原则，即如果样品 B 某个特性的强度是样品 A 的 2 倍，则样品 B 的评分值应是样品 A 评分值的 2 倍。例如，强度、愉悦度和可接受性等特性均可用量值估计法进行评定。量值估计法有两种基本变化形式。第一种形式，给受试者一个标准刺激作为参照或基准，此标准刺激一般给一个固定数值。所有其他刺激与此标准刺激相比较而得到标示，这种标准刺激有时称为“模数”。另一种主要的变化形式则不给出标准刺激，参与者可选择任意数字赋予第一个样品，然后所有样品与第一个样品的强度比较而得到标示，实践中受试者可能“一环套一环”地根据系列中最靠近的一个样品给出评估。在心理物理学试验室，量值估计法得到了初步应用，一般每次只标度一种属性。但是，评估多个特征或剖面分析也被用于味觉研究，这种方法也自然地被沿用到具有多重味道和芳香特征的食品研究中。

当评价员的人数和培训评价员的时间有限时，量值估计法与其他标度方法相比有明显优点。量值估计法为评价小组组长和评价员提供较高的灵活性。量值估计法中评价员经过培训后，再加上少量其他方面的培训，就能在更多的样品和特性上应用他们的技能进行评定。

应用量值估计法对“边界效应”的敏感性比用连续标度或间断标度要小。当评价员对所要评定的感官指标不熟悉时，就会产生“边界效应”。于是评价员可能将某一初始样品的评分归到标度的边界。由于没有足够的等级划分，只能将那些本该归到不同类别的样品归到了同一类别。使用量值估计法就不会产生这种情况，因为在理论上，各个类别都对应有不同的明确数字。

允许评价员从任何数字（也就是用自己的标度）开始进行评分会产生一种重要的“评价员效应”，但有不同的方法来解决这个问题：①方差分析（ANOVA）允许将“评价员效应”和他们的交互作用计算在内；②通过使用一个已赋值的参比样使评价员达到一个共同的标度范围；③通过应用多种重新标度方法中的一种可以使每个评价员提供的数据纳入一个共同范围的标度。

在区别差异微小的刺激或者在刺激阈附近进行评估时，量值估计法并不是最有效的方法。在实践中，量值估计法可应用于训练有素的评价小组、消费者甚至是儿童。但是，比起受到限制的标度方法，量值估计法的数据变化更大，特别是未经训练的消费者。量值估计法的无界限特性，使得它特别适合于那些上限会限制评价员在评估感官特征中区分感官体验能力的情况。例如，像辣椒的辣度这样的刺激或痛觉，类别标度法中可能被评估为接近上限的强度；但端点开放的量值估计法中，允许评价员有更大的自由度，运用数字反映极强烈的感觉变化。

由于标度方法很多，而人的感觉又是一个十分复杂的心理、生理过程，要将人的感觉准确地用数据表示出来，需要选择合适的标度方法。在选择标度方法时应考虑以下问题：①标度方法是否有足够的空间来区分样品；②考虑端点效应；③考虑给予评价员参照标准、描述语言和物理强度标准；④感官特征的定义要适当、明确；⑤在分析之前应考虑数据的转换是否符合统计的原理。

三、感觉顺序

人对食品外观、气味、风味及质地的感觉都是动态的，人们所感受到的感官强度的变化是随时间而变化的。因此，在感官评定时，除了考虑样品的感官特性和特性的强度之外，评价员还要将产品之间的差别按照一定的呈现次序识别出来。食品的这种动态特征是由于品评过程中咀嚼、呼吸、唾液分泌、舌头的运动及吞咽过程而引起的，也就是和评价员给予样品的力有关。通过控制施力的方式，比如咀嚼或用手挤碎，评价员一次只能使有限的几个感官特性表现出来（硬度、稠密性、变形性）。例如，在质地剖面分析中，人们早就认识到了食品分解的不同阶段，将其分为咀嚼前、咬第一口、咀嚼和剩余阶段等几个部分。当然，由于化学因素（气味和风味）的存在，样品的化学组成和它的一些物理性质（温度、体积、浓度）可能会改变某些性质被识别的顺序。在某些产品中，感官特性出现的顺序就能够说明该产品中含有的气味和风味及其强度情况。例如，葡萄酒评价员常常讨论葡萄酒怎样“在杯中打开”，他们认识到酒的风味是随酒瓶打开后葡萄酒暴露在空气中的时间而变化的，由此制定的“时间-强度感官剖面”可以反映出产品感官吸引力的重要方面。通常，能维持长时间良好风味的葡萄酒是人们所希望的，而在口腔中持续时间过长的强烈甜味可能不太受消费者欢迎。

按顺序出现的感官特性也包括后/余味和后/余感，就是产品被品尝或触摸之后仍然留有的感觉，也是产品重要的感官性质，在产品的感官评定中具有重要的意义。例如，漱口液或口香糖的残留凉爽感就是人们想要的品质，相反，如果可乐饮料有金属残余味则表明可能存在包装污染或某种特殊甜味剂有问题。

四、总体感觉

评价员除了能对产品的性质进行定性、定量的区别和描述之外，还要能够对产品的性质做出总体评价。对产品进行综合评价通常包括 4 个方面。

1. 气味和风味的总强度

总强度即对所有气味或风味总体强度的评价，包括与气味和风味有关的感觉因素，适用于确定产品的气味或风味强度的消费者试验。这种评价对于确定和评估产品中共香和风味有传递给消费者是非常重要的。因为消费者可能并不理解接受过培训的评价员使用的那些用来描述气味和风味的词汇，他们只能给出他们认为的产品总体气味或风味的强度。而评价质地时，通常不使用“总体质地”，而是对质地进行细化。

2. 综合效果

一种产品中几种不同的风味物质互相作用和平衡会产生独特的风味，即综合效果。例如，咖啡香气由几百种物质构成，其中许多物质单独存在时是没有任何咖啡味的。对产品的综合效果评价通常只有级别较高的评价员才能完成，因为进行这种评价要有对各种风味物质在体系中的存在、在混合体系当中的相对强度以及它们在体系当中的协调情况有着全面、综合的理解，而这种理解能力的获得一半靠天分，一半靠后天学习，因此这种评价是很困难的。但在应用时也要注意，因为对于有的产品来说，一个混合的口味并不可取，而是突出某种口味更好一些。一个训练有素的评价员常常需要评估产品中各种不同风味特征以怎样的比例或程度配比更适合产品需要。这种评估一般需要经验或直觉来做。

3. 总体差别

评价员在评价过程中综合考虑各种感官特征，得出样品间的总体差异。描述分析经常用来测定一个新产品与参照样或目标产品之间是否存在差别，或者用来评价新产品的适用性。在某些产品的感官评定中，评定关键是确定样品与目标产品或参照样之间是否存在差别。当然，描述分析可以为产品之间的差异提供更详细的信息，比如哪些感官特性之间存在差异，差异大小如何等，在产品研发和市场开拓中具有重要意义。

4. 喜好程度分级

在所有的描述工作结束之后，要求评价员回答对产品的喜好情况。但在一般情况下不建议进行喜好程度的分级试验，因为经过培训的评价员已经不再是普通的消费者，他们的喜好情况已经不再能够代表任何一种人群，没有太大的实际意义。

第二节　描述分析方法

描述分析的方法很多，通常根据是定性描述还是定量描述来进行分类，描述分析方法的分类见表 7-1。下面主要介绍几种常用描述分析方法的检测原理及其在食品感官评定中的应用。

表 7-1　描述分析方法的分类

定性法	定量法
风味剖面法	质地剖面法
	QDA 法（定量描述分析法）
	自由选择剖析法
	系列描述分析法等

一、风味剖面法

风味剖面法（flavor profile）是 20 世纪 40 年代末至 50 年代初，由洛伦·斯特罗姆（Loren Sjostrom）、斯坦利·凯恩罗斯（Stanley Cairncross）和让·考尔（Jean Caul）等人建立和发展起来的。多年来经过不断的改进，目前，风味剖面法是唯一正式的定性描述分析方法。最新的风味剖面法被称为剖面特征分析。

风味剖面法是由 4~6 名经过筛选和培训的评价员组成评价小组，对一个产品能够被感知到的所有气味和风味感官特性，它们的强度、出现的顺序、余味和（或）滞留度以及综合印象进行描述、讨论，达成一致意见之后，由评价小组组长进行总结，并形成书面报告。

（一）风味剖面法选用目的

风味剖面法是一种一致性技术，用于描述产品词汇和产品评定本身，可以通过评价小组成员达成一致意见后获得。风味剖面法考虑了一个食品系统中所有的风味，以及其中个人可检测到的风味成分。这个剖面描述了所有的风味和风味特征，并评估了这些描述符的强度和振幅（全部印象）。该项技术提供一张表格，表格中有感知到的风味、强度，感知到的顺序、余味及整体印象（振幅）。如果评价小组成员的训练令人非常满意，这张表格就有重现性。

（二）风味剖面法的一般条件

可参照 GB/T 22366—2022《感官分析方法学　采用三点强迫选择法（3-AFC）测定嗅

觉、味觉和风味觉察阈值的一般导则》。

1. 环境

感官评定应在专用检验室中进行（详见 ISO 8989：1995 Plastics-Liquid phenolic resins-Determination of water miscibility）。其目的是为每位评价员创建一个最小干扰的隔离环境，以便每位评价员可以快速适应新的检验任务。检验过程中，不应进行与检验无关的活动，包括样品准备，因为这些活动可导致结果偏离。

检验室应温度舒适，通风良好；空气流动应有限定，以防止室内温度过度波动。不允许持久性的气味（如烟草味或化妆品味）污染检验室环境。

检验室中应限制声音。相对于波动的噪声，检验室中的低背景噪声对感官评定的影响更小；交谈比背景噪声更易使评价员分心；中断的影响最大。

尽管有色光线几乎不能完全掩蔽样品外观的差异，但控制光线的颜色和强度，通常有利于检验。

检验室表面应无吸附性，设计上应方便卫生保洁。

检验室的空间尺寸很重要，过低的天花板或者狭窄的空间会产生压抑感或者引起幽闭恐惧感。

应保证座位的舒适性。

如果利用计算机采集数据，在操作过程中应注意安全卫生，并避免影响感官判断。

2. 评价员

（1）条件　若执行挑选步骤，挑选评价员的一些重要标准如下：具有从事感官评定任务的一般能力，包括对被检刺激的特殊敏感性；时间上许可；有主观能动性（意愿和兴趣）；身体健康（无特殊过敏或药物治疗史），牙齿和卫生状况良好。

（2）评价员培训　应对被选定的评价员进行培训，其目的是增强他们对产品风味特性强度的识别和鉴定能力，提高他们对术语的熟悉程度，从而保证结果的重复性。培训的范围和时间可根据评价小组的目的而不同，如果评价小组不是由专家组成的（具有任一类型食品风味的描述能力），培训时间可长到一年或更长些。对于特定类型食品，培训时间可短些。新的优选评价员在参加评价小组之前要接受培训。

（3）评价员人数　需要 5~8 位培训过的优选评价员或专家评价员。

（三）风味剖面法检验方法

完成风味描述分析的方法分成两大类型，描述产品风味达到一致的称为一致方法，不需要一致的称为独立方法。

一致方法中的必要条件是评价小组负责人也参加评价，所有评价员都是作为一个集体成员而工作，目的是对产品风味描述达到一致。评价小组负责人组织讨论，直至对每个结论都达到一致意见，从而可以对产品风味特性进行一致的描述。如果不能达到一致，可以引用参比样来帮助达到一致。为此有时必须经过一次或多次讨论，最后由评价小组负责人报告和说明结果。

独立方法中，小组负责人一般不参加评价，评价小组意见不需要一致。评价员在小组内讨论产品风味，然后单独记录他们的感觉。由评价小组负责人汇总和分析这些单一结果。

（四）风味剖面法检验步骤

不管是用一致方法还是独立方法建立产品风味剖面，在正式小组成立之前，需有一个熟悉情况的阶段。此间召开一次或多次信息会议，以检验被研究的样品，介绍类似产品以便建立比较的办法。评价员和一致方法的评价小组负责人应该做以下几项工作：制定记录样品的特性目录；确定参比样（纯化合物或具有独特性质的天然产品）；规定描述特性的词汇；建立描述和检验样品的最好方法。

1. 方法的组成部分

进行产品风味分析，必须完成下面几项工作。

（1）特性特征的鉴定　用叙词或相关的术语规定感觉到的特性特征。

（2）感觉顺序的确定　记录显现和察觉到各风味特性所出现的顺序。

（3）强度评价　每种特性特征的强度（质量和持续时间）由评价小组或独立工作的评价员测定。特性特征强度可用以下几种标度来评估。

① 标度 A：用数字评估。

0=不存在　　1=刚好可识别　　2=弱　　3=中等　　4=强　　5=很强

② 标度 B：用标度点“○”评估。在每个标度的两端写上相应的叙词，其中间级数或点数根据特性特征改变，在标度点“○”上写出的 1~7 数值，符合该点的强度。

弱 ○ ○ ○ ○ ○ ○ ○ 强

③ 标度 C：用直线评估。例如，在 100 mm 长的直线上，距每个末端大约 10 mm 处，写上叙词。评价员在线上作一个记号表明强度，然后测量评价员作的记号与线左端之间的距离（mm），表示强度数值。

弱　　　　　　　强

（4）余味审查和滞留度测定　样品被吞下之后（或吐出后），出现的与原来不同的特性特征称为余味。样品已经被吞下（或吐出后），继续感觉到的同一风味称为滞留度（参见 GB/T 10221—2021《感官分析 术语》）。某些情况下，可能要求评价员鉴别余味，并测定其强度，或者测定滞留度的强度和持续时间。

（5）综合印象的评估　综合印象是对产品的总体评估，它考虑到特性特征的适应性、强度、相一致的背景风味和风味的混合等。综合印象通常在一个三点标度上评估。一致方法中。评价小组赞同一个综合印象。独立方法中，每个评价员分别评估综合印象，然后计算平均值。

3 高

2 中

1 低

2. 一致方法

（1）检验步骤　开始评价员单独工作，按感性认识记录特性特征、感觉顺序、强度、余味和（或）滞留度，然后进行综合印象评估。当评价员测完剖面时，就开始讨论，由评价小组负责人收集各自的结果，讨论到小组意见达到一致为止。为了达到意见一致可推荐参比样或者评价小组要多次开会。

（2）报告结果　包括所有成员的意见，他们可以交一份表格，见表 7-2，或者交一张图，见图 7-11。

表 7-2　　　调味番茄酱风味剖面检验报告（一致方法）

特性特征	感觉顺序	强度
风味	番茄	4
	肉桂	1
	丁香	3
	甜度	2
	胡椒	1
余味		无
滞留度		相当长
综合印象		2

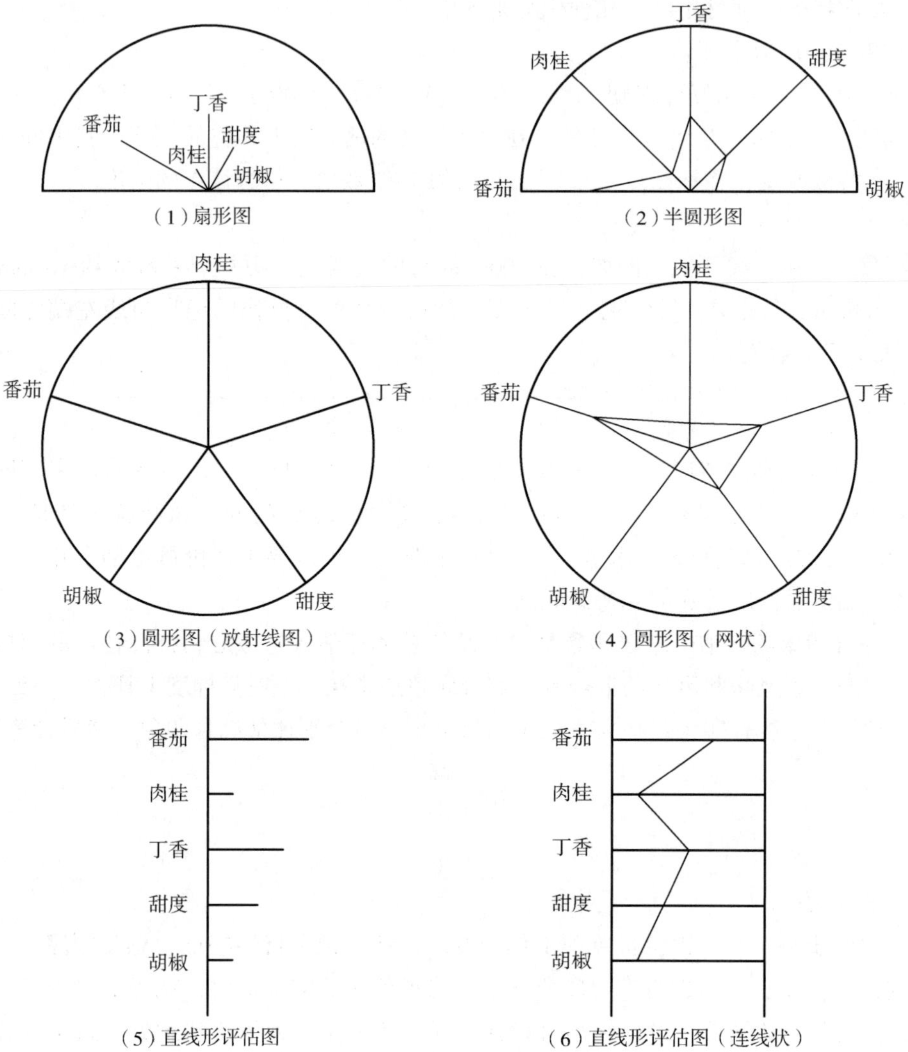

图 7-11　调味番茄酱风味剖面图

注：线的长度表示每种特征的强度，按顺时针方向或上线方向表示特性感觉的顺序。

3. 独立方法

（1）检验步骤 当评价小组对规定特性特征的认识达到一致后，评价员就可单独工作并记录感觉顺序，用同一标度去测定每种特性强度、余味或滞留度及综合印象。

（2）报告结果 评价小组负责人收集并报告评价员提供的结果和评价小组的平均分值。用表或图表示。接着进行样品比较，用一个适宜的分析方法分析结果。

4. 最终数据的获得

评价小组负责人可以根据评价小组的反应，获得一致性的剖面。在一个真实的风味剖面法中，这不是一个平均分的过程，而是通过评价小组成员和评价小组负责人对产品进行讨论和重新评定之后获得的。产品的最终描述由一系列符号表示，是数字与其他符号的组合，评价小组成员将它们组合成具有潜在的有意义的模式，风味剖面法是作为一项定性的描述技术来分类的。

风味剖面法是一种一致性的技术，所使用的标度主要是数字和符号，不能进行统计分析，属于定性描述分析方法，因此评价过程中评价小组负责人的作用非常关键，应该具有对各评价员的反应进行综合和总结的能力，必须能协调评价员之间的关系，领导整个评价小组朝着完全一致的观点发展。但是评价小组的意见很可能被小组中地位较高的人或具有“说了算”性格的成员或组长所左右，而其他评价员的意见得不到体现，这是风味剖面法最大的不足。为了减少个人因素的影响，有人认为评价小组的组长应该由评价员轮流担任，或者将风味剖面法和系列描述分析法（spectrum descriptive analysis）结合使用。另外，风味剖面法对评价员的筛选并没有包括特殊气味或风味识别能力的测试，而这种能力对某些产品是非常重要的，因此也可能会对试验有所影响。

随着数值标度的引入，风味剖面被重新命名为剖面特征分析（PAA）。数值标度的使用，便于用统计技术进行数据的解释。由剖面特征分析得到的数据可用来进行统计分析，但是也有可能获得风味剖面法类型的一致性描述。剖面特征分析比风味剖面法定量的程度更高。Syarief 和他的合作者（1985）对来自一致意见的风味剖面结果与通过计算平均数而得到的风味剖面结果进行了比较。平均数的结果比一致性结论有更小的变异系数，而且平均得分数据中的主要主成分分析（PCA）占变化中的比例，要比一致性结果中的主成分分析更高。使用平均得分比一致性分数具有更好的结果。

风味剖面法最大的优点是方便快捷，在测试人员聚集之后，品评的时间大约为 1h，由参评人员对产品的各项性质进行评价，然后得出综合结论。为了避免试验结果不一致或重复性差等问题，可以加强对评价员的培训，并要求每个评价员都使用相同的评价方法。

【例 7-1】添加磷酸三钠会提高肉制品的口感，抑制氧化的发生，从而减少氧化味道，但可能产生其他不良口味，为了确定某火鸡肉馅饼添加了 0.4%的磷酸三钠后的口味，现对该制品进行风味剖面分析。

样品：添加 0.4%的磷酸三钠后的火鸡肉馅饼。

评价员：评价小组由 8 名受过培训并有过相关试验经验的人员组成，由于他们已经受过类似培训，所以只在试验前进行 2h 左右的简单培训，主要就可能出现的风味进行熟悉。

试验步骤：特性特征的评估采用四点标度。)(=阈值，1=轻微，2=中等，3=强烈。以上标识后面跟“+”和“-”表示高于或低于，比如“2+”表示高于中等强度，但还达不到强烈的程度。所有评价员围坐在圆桌旁，先由每个人对所有样品就存在风味、出现顺序及风味强度进行评价，然后大家一起讨论。连续几天重复以上过程，直到所有的评价员对样品风味、风味出现顺序和强度达成一致意见，最后，再对样品进行一次正式试验，以确保大家的意见一致。

试验结果：讨论形成的添加了0.4%磷酸三钠的火鸡馅饼的风味描述词汇、定义及参照物见表7-3，添加了0.4%磷酸三钠的火鸡馅饼的风味剖面结果见表7-4。

表7-3　添加了0.4%磷酸三钠的火鸡馅饼的风味描述词汇、定义及参照物

风味特性	定义	参照物
蛋白质味	明确的蛋白质的味道（如乳制品、肉类、大豆等），而不是碳水化合物或脂类的味道	
肉类味	明确的瘦肉组织的味道（如牛肉、猪肉、家禽），而不是其他种类蛋白质的味道	
血清味	与肉制品中的血有关的味道，通常和金属味一同存在	用微波炉将新鲜的鸡大腿加热，使其内部温度达到50℃的味道=2
金属气味	将氧化的金属器具（如镀银勺）放入口中的气味	
金属感觉	将氧化的金属器具（如镀银勺）放入口中的感觉	0.15%硫酸亚铁溶液=2
家禽味	明确的家禽肉类的味道，而不是其他种类的肉	用微波炉将新鲜的鸡大腿加热，使其内部温度达到80℃的味道=2
肉汤味	煮制得非常好的肉类汁液的味道，如果能够分辨出是哪一种肉，可以标明××肉汤	斯旺森（Swanson）牌的鸡肉汤的味道=1
火鸡味	明确的火鸡肉，而不是其他种类的家禽肉的味道	用微波炉将新鲜的鸡大腿加热，使其内部温度达到80℃的味道=2
脏器肉味	器官组织而不是鸡肉组织的肉的味道，比如心脏或胃，但不包括肝	用清水在小火下将鸡心完全煮熟然后切碎的味道=2
苦味	基本味之一	0.03%咖啡因溶液=1

表7-4　添加了0.4%磷酸三钠的火鸡馅饼的风味剖面结果

风味特性	强度①	风味特性	强度①
蛋白质味	2-	金属的（气味和感觉）	1
肉类味	1	苦味	)(
血清味	1	余味	
金属的（气味和感觉）	1-	金属感觉	2-
（持续味）		家禽味	1-
家禽味	1+	其他②	
肉汤味	1-	火鸡味	)(+
火鸡味	1	脏器肉味	)(+
脏器肉味	1-		

注：①标度：)(=阈值，1=轻微，2=中等，3=强烈。

②所有评价小组成员均未感知到的余味中的其他特性特征。

【例 7-2】 对硬红冬麦和硬白冬麦制备的全麦面包进行风味评价。

样品：硬红冬麦（HRW）和硬白冬麦（HWW）面粉通过直接发酵法制备两种全麦面包，具体制备过程略。原例中有更多产品，此处只选择两种。

评价员：评价小组由 6 名受过培训并且有面包品评经验的评价员组成，在正式试验前进行 120h 的培训，以进一步熟悉感官评定的技术和分析方法。

试验步骤：特性特征的评估采用四点标度。)(=阈值，1=轻微，2=中等，3=强烈，后面加“+”和“-”分别表示“高于”或“低于”。综合印象的评估采用三点标度：1=低，2=中，3=高。面包皮和面包心分别进行评价，试验前，首先将两者分开制备成试验样品，具体准备过程略。评价员首先单独品尝样品，就香气、风味及其出现顺序和强度进行记录，样品吞咽 15s 和 60s 后分别进行余味的评价。单独品尝结束之后，评价员围坐在圆桌前进行 5 次为期 2h 的讨论。讨论共分 3 次进行，第一阶段是进行培训，让评价员熟悉面包的风味，形成相应的描述词汇及其定义；第二阶段是对描述词汇的改进和修订，即与参考标准比较确定每种风味特征的参考框架，对面包样品进行评价；最后，综合大家的意见，直至对每个描述符、强度及其出现顺序都达成一致，从而形成最终风味剖面结果。

试验结果：最终形成的面包剖面分析的风味描述词汇、定义及参照物见表 7-5，两种全麦面包的面包皮和面包心的风味剖面分析结果见表 7-6。

表 7-5　面包剖面分析的风味描述词汇、定义及参照物

术语	定义	参照物
香气	一种物质经口进入鼻腔后感受到的挥发性或气味	
涩味	化学感觉的一种，表现为口感收敛、干燥，常与单宁和明矾的存在有关	韦尔奇（Welch's）葡萄汁=2-①
苦味	基本味之一	0.06%的咖啡因溶液=2
红麸皮味	与红小麦麸皮有关的气味，表现为颗粒状、干燥飞尘、呈褐色，略带香甜风味，是谷物综合味的一部分	红小麦麸皮=2+
白麸皮味	与白小麦麸皮有关的气味，表现为颗粒状、潮湿有霉味、呈淡褐色，略带香甜风味，是谷物综合味的一部分	白小麦麸皮=2+
焦糖味	一种浅褐色，近似烧焦的刺激性气味，是谷物综合味的一部分	威廉逊色素（D. D. Williamson）公司生产的双倍型焦糖色素=3
焦煳味	一种黑褐色，过度焙烤产生的刺鼻气味	125g 金牌通用面粉置于 23cm × 33cm 的玻璃嵌板中，176.7℃下焙烤 20min=3-
甜乳制品味	与乳制品有关的味道，具有甜味的特质	
谷物综合味	对谷物的总体印象，既可能与能被单独识别的红麸皮味、白麸皮味、焦糖味和甜味特征同时存在，也可能不同时存在	

续表

术语	定义	参照物
谷物味	描述与谷物（如玉米、燕麦和小麦）有关的干燥飞尘或潮湿发霉气味的常用术语	阿诺兹斯通伯尔磨坊（Stonebuhr Milling，Arnolds）食品分公司生产的七谷杂粮=3
麻木	舌头感觉缺失的一种	
注释	在描述性术语中记录的一种感觉因素，也按其被感知的顺序列出，同时记录其强度	
石油味	与石油产品相关的气味	凡士林牌凡士林=3
酚类味	类似动物房的潮湿、发霉的味道	0.08%的对羟基苯乙酸=2+
咸味	基本味道之一	0.4%的 NaCl 水溶液=1+
酸味	与强烈感觉有关的基本味觉因素和香气的总体印象	0.03%的柠檬酸水溶液=1
香甜味	花、水果等甜味物质受挤压产生的气味	
甜味	与谷物相关的基本甜味和香气的总体印象，是谷物综合味的一部分	0.5%的蔗糖水溶液=1
焙烤味	适度焙烤产品的总体风味	125g 金牌通用面粉置于 23cm × 33cm 的玻璃嵌板中，176.7℃焙烤 10min=2+
小麦味	一种焙烤小麦面粉的清香味	125g 金牌通用面粉置于 23cm × 33cm 的玻璃嵌板中，176.7℃焙烤 5min=1+
发酵味	类似酵母发酵后的清香味	292g 水、300g 金牌通用面粉、8.2g 红星牌高活性干酵母，190.6℃焙烤 40min=3-

注：①强度： 1=轻微， 2=中等， 3=强烈，后面加“+”和“-”分别表示“高于”或“低于”。

表 7-6　两种全麦面包的面包皮和面包心的风味剖面①分析结果

特性特征	面包皮				面包心			
	HRW		HWW90②		HRW		HWW90②	
香气	综合印象	2-	综合印象	2	综合印象	2	综合印象	2
	焦煳味	2	焦煳味	1+	谷物综合味	2	谷物综合味	2
	焙烤味	1	焦糖味	2-	红麸皮味	2	香甜味	1-
	焦糖味	2-	焙烤味	2	焦糖味	2-	白麸皮味	1+
	谷物味	1+	谷物味	1+	甜香味	1	焙烤味	1
					{发酵味③	1	{发酵味③	1+
					酸味	1	酸味	1

续表

特性特征	面包皮				面包心			
	HRW		HWW90②		HRW		HWW90②	
风味	综合印象	2-	综合印象	2	综合印象	2	综合印象	2
	焦煳味	2	焦煳味	1+	谷物综合味	2+	谷物综合味	2
	焙烤味	1	焦糖味	2-	红麸皮味	2	甜味	1-
	焦糖味	2-	焙烤味	1	焦糖味	1+	焙烤味	1
	谷物味	1+	苦味	1	甜味	1	白麸皮味	2-
	酸味	1	谷物味	1	发酵味③	1	发酵味	1+
	咸味	1-	酸味	1-	持续的酸味	1+	酸味	1
	苦味	1	咸味	1	咸味	1	咸味	1-
					苦味	1		
余味（15s）	焦煳味③	1+	焦糖味	1	谷物味	1+	谷物味	1
	谷物味	1-	焦煳味/苦味④	1-	酸味	1	甜味	)(+
	酸味	1-	谷物味	1-	苦味	1-	发酵味	)(+
	苦味	)(+	咸味	)(+			酸味	1-
			麻木	1-			咸味	)(
余味（60s）	焦煳味	1	焦糖味③	)(+	谷物味	1	谷物味	1-
	苦味	)(+	焦煳味	)(+	酸味	1-	甜味	)(
			苦味	)(+	苦味	)(	酸味/发酵味④	)(+
			谷物味	)(+				
			其他⑤					
			麻木	)(+				

注：①特性特征的评估采用四点标度。)(=阈值，1=轻微，2=中等，3=强烈，后面加“+”和“-”分别表示“高于”或“低于”；综合印象的评估采用三点标度：1=低，2=中，3=高。

②收割于 1990 年的硬白冬麦。

③括号内是感觉顺序非常接近，形成一个紧密复合体的特性特征。

④所有评价小组成员均未感知到的特性特征。

⑤同时出现在相同的位置而不能单独被感知的特性特征。

二、质地剖面法

质地剖面法（texture profiling）是在风味剖面法之后另一个具有重要意义的描述分析方法。质地剖面法，是通过系统分类、描述产品所有的质地特性（机械的、几何的和表面的）以建立产品的质地剖面。在风味剖面法的基础上，质地剖面法由通用食品公司的“产品评价和质地技术组”于 20 世纪 60 年代创立。1963 年，什琴斯尼亚克（Szczesniak）创立了一种质地分类系统，将消费者常用的质地描述词汇和产品流变学特性联系起来，将产品能被感知到的质地特性分为3类，即力学特性、几何特性和其他特性（主要是指食品的脂肪和水分含量）（表7-7），形成了质地剖面法的基础。随后，勃兰特（Brandt）及其同事（1963）将质地剖面法定义为：对食品的质地从其力学、几何、脂肪和水分特性方面进行感官分析，描述从咬第一口到咀嚼完成的全过程中所感受到的以上特性存在的程度及其呈现的顺序。

表7-7 质地分类以及产品流变学特性和消费者质地描述词汇之间的联系

质地特性	一级术语	二级术语	消费者术语
力学特性	黏附性		黏的、胶性的、胶黏的
	黏聚性	脆性	易碎的、易裂的、脆性的
		咀嚼性	嫩的、耐嚼的、老的
		胶黏性	松脆的、粉状的、糊状的、胶状的
	弹性		塑性的、弹性的
	硬度		软的、硬的、坚硬的
	黏度		稀的、稠的
几何特性	粒子形状和排列		蜂窝状的、结晶状的、纤维状的等
	颗粒大小和形状		粗粒的、颗粒的、细粒的等
其他特性	脂肪含量	脂性	油腻的
		油性	油性的
	水分含量		干燥的、潮湿的、湿的、多汁的

质地剖面法在不断的发展过程中，为了降低评价员之间的差异，使产品可以和已知物质进行直接的比较，使用了标准等级标度对每种质构特性进行评价，采用特定的参比物质来固定每个标度值，还固定了每个术语的概念和范围。例如，硬度标度中，硬度测定的是样品达到某种变形所需的力。在具体的评价中，对于固体样品，将其放在臼齿之间，然后用力均匀地咬，评价用来压迫食品所需的力；对于半固体样品，评价用舌头将样品往上腭挤压所需的力。作为参比的不同食品，从乳酪到糖果的硬度强度是不断增加的（表7-8）。标准评估标度的数量也在不断增加，质地剖面法有各种长度的标度，如咀嚼标度的7点法、胶质标度的5点法、硬度标度的9点法，还有13点法、14点法和15点法等。除此之外，还有线性标度和量值估计标度，具体方法根据试验的具体情况而定。因此，特定的标度、参比物质和对术语的定义是质地剖面分析的3个重要工具。

表7-8 质地剖面中硬度* 标度举例

标度值	参照样品	样品大小	温度	样品组成
1.0	奶油乳酪	1.27cm^3	4~7℃	费城奶油乳酪（Kraft）
2.5	鸡蛋蛋白	0.635cm^3	室温	带壳煮5min的鸡蛋蛋白
4.5	美国乳酪	1.27cm^3	4~7℃	巴氏杀菌的黄色乳酪（Land O’Lakes）

续表

标度值	参照样品	样品大小	温度	样品组成
6.0	橄榄	1个	室温	去除了甘椒的实心西班牙橄榄（Goya）
7.0	法兰克福香肠	1.27cm的片	室温	法兰克福牛肉，沸水加热5min（Hebrew National Kosher Foods）
9.5	花生	1粒	室温	真空罐装的鸡尾酒花生（Planters，Nabisco）
11.0	杏仁	1粒	室温	去皮杏仁（Nabisco）
14.5	硬糖果	1块	室温	救生员糖果（Nabisco）

注：＊硬度的定义：将样品放置在臼齿之间完全咬碎所需的力。

（一）质地剖面组成

根据产品（食品或非食品）的类型，质地剖面一般包含以下方面：

（1）可感知的质地特性　如力学的、几何的或其他特性。

（2）强度　如可感知产品特性的程度。

（3）特性显示顺序　特性显示顺序可列为以下几个方面：

①咀嚼前或没有咀嚼时，通过视觉或触觉（皮肤/手、嘴唇）来感知所有几何特性、水分和脂肪特性；

②“咬第一口”或初始阶段，在口腔中感知力学和几何特性，以及水分和脂肪特性；

③“咀嚼”或第二阶段，即在咀嚼和/或吸收期间，由口腔中的触觉感受器来感知特性，如胶黏性、易嚼性等；

④“剩余的”或第三阶段，即在咀嚼和/或吸收期间产生的变化，如破碎的速率和类型等；

⑤吞咽阶段，对吞咽的难易程度及口腔中残留物进行描述。

质地评价过程中，通常不使用“总体质地”，而是对质地细化，使用标准术语，对产品的质地特征进行描述。

（二）质地剖面特点

质地剖面的特点是采用特定的参比物质来固定标准等级标度上的每个标度值，对标度的定义也进行了修饰和具体化，降低了评价员之间的差异，同时也为仪器测量提供了条件。但事实上，使用产品对标度进行固定也存在一些问题，变异性无法完全消除。

选定的参比物质并不是非变量，基于市场和其他方面的考虑，它们会随着时间发生变化。并且，测试人员对参比样品的喜好程度也会对响应行为产生很大的影响。另外，在测试过程中广泛使用参比样品也会引发感官疲劳。

如何把质地特征从产品的其他感官特征（如色泽、风味等）中分离出来也存在一定的困难。通常，各种感觉之间会产生相互影响，不记录某些感官特征并不表示不会被感知。在感官评定过程中，评价员可能通过其他感官特性来了解质地特征感觉，这样就会导致变异性的增加和灵敏度的降低。此外，其他感官特性所引起的感觉也会影响对质构特征所产生的感觉，反之亦然。各种感官特征不管如何分类记录，但在评价过程中他们都存在着相当大的重叠。

因此，评价员若能认识到方法的局限性，再联系其他感官信息一起对测试结果进行评价可能更合适。

在质地剖面分析中，预先给评价员指定所用质构项（如咀嚼性、硬度、弹性等）的方法本身存在风险，即很可能忽略某种感觉或用几个所列词汇来代表某种特定感觉。使用一组特定的属性对测试人员进行培训，把所得的感官响应与仪器分析结果进行比较，可以得出高度一致性或者重现测量的可信度。

（三）质地特性的分类

质地是由不同特性组成，质地感官评定是一个动力学过程。根据每一特性的显示强度及显示顺序，可将质地特性分为3组：力学特性、几何特性及其他特性。

质地特性是通过对食品所受压力的反应表现出来的，可用以下任一方法测量：①通过动觉，即通过测量神经、肌肉、腱及关节对位置、移动、部分物体的张力的感觉；②通过体感觉，即通过测量位于皮肤和嘴唇上的接受器，包括黏膜、舌头和牙周膜对压力（接触）和疼痛的感觉。

1. 力学特性

半固体和固体食品的力学特性，可以划分为5个基本参数和3个第二参数，见表7-9。

表7-9　力学特性的定义和评价方法

特性	定义	评价方法
基本参数		
硬性	与使产品变形或穿透产品所需的力有关的力学特性；在口腔中，通过牙齿间（固体）或舌头与上腭间（半固体）对于产品的压迫而感知	将样品放在臼齿间或舌头与上腭间并均匀咀嚼，评价压迫食品所需的力量
黏聚性	与物质断裂前的变形程度有关的力学特性	将样品放在臼齿间压迫它并评价在样品断裂前的变形量
黏度	与抗流动性有关的力学特性，黏度与下面所需力量有关：用舌头将勺中液体吸进口腔中或将液体铺开的力	将一装有样品的勺放在嘴前，用舌头将液体吸进口腔里，评价用平稳速度吸液体所需的力量
弹性	与快速恢复变形和恢复程度有关的力学特性	将样品放在臼齿间（固体）或舌头与上腭间（半固体）并进行局部压迫，取消压迫并评价样品恢复变形的速度和程度
黏附性	与移动黏在物质上材料所需力量有关的力学特性	将样品放在舌头上，贴上腭，移动舌头，评价用舌头移动样品所需力量
第二参数		
易碎性	与黏聚性和粉碎产品所需力量有关的力学特性	将样品放在臼齿间并均匀地咬直至将样品咬碎。评价粉碎食品并使之离开牙齿所需力量

续表

特性	定义	评价方法
易嚼性	与黏聚性和咀嚼固体产品至可被吞咽所需时间有关的力学特性	将样品放在口腔中每秒钟咀嚼一次，所用力量与用 0.5s 内咬穿一块口香糖所需力量相同，评价当可将样品吞咽时所咀嚼次数或能量
胶黏性	与柔软产品的黏聚性有关的力学特性，在口腔中与将产品分散至可吞咽状态所需力量有关	将样品放在口腔中并在舌头与上腭间摆弄，评价分散食品所需要力量

与基本参数和第二参数有关的一些形容词：

硬性——常使用软、硬、坚硬等形容词。

黏聚性——常使用绵密的、紧实的、成团的、粘连的等形容词。

黏度——常使用流动的、稀的、黏的等形容词。

弹性——常使用有弹性的、可塑的、可延展的、弹性的、有韧性的等形容词。

黏附性——常使用黏的、胶性的、胶黏的等形容词。

易碎性——常使用已碎的、易碎的、破碎的、易裂的、脆的、有硬壳等形容词。

易嚼性——常使用嫩的、老的、可嚼的等形容词。

胶黏性——常使用松脆的、粉状的、糊状的、胶状等形容词。

第二参数与基本参数的关系：

易碎性——与硬性和黏聚性有关，在脆的产品中黏聚性较低而硬性可高低不等。

易嚼性——与硬性、黏聚性和弹性有关。

胶黏性——与半固体的（硬度较低）硬性、黏聚性有关。

2. 几何特性

产品的几何特性是由位于皮肤（主要在舌头上）、嘴和咽喉上的触觉接受器来感知的。这些特性也可通过产品的外观看出。

（1）粒度　是与感知到的与产品微粒的尺寸和形状有关的几何特性。类似于说明力学特性的方法，可利用参照样来说明与产品微粒的尺寸和形状有关的特性。如光滑的、白垩质的、粒状的、砂粒状的、粗粒的等术语构成了一个尺寸递增的微粒标度。

（2）构型　构型是与感知到的与产品微粒形状和排列有关的几何特性。与产品微粒的排列有关的特性体现产品紧密的组织结构。

不同的术语与一定的构型相符合。例如，“纤维状的”指长的微粒在同一方向排列，如芹菜茎；“蜂窝状的”指由球卵型微粒构成的紧密组织结构，或由充满气体的气室群构成的结构，如蛋清糊；“晶状的”指棱形微粒，如晶体糖；“膨胀的”指外壳较硬的充满大量不均匀气室的产品，如爆米花、奶油面包；“充气的”指一些相对较小的、均匀的小气孔，并通常有柔软的气室外壳，如聚氨酯泡沫、蛋糖霜、果汁糖等。

表 7-10 给出了适用于产品几何特性的参照样品。可以使用具有不同几何特性的样品并对每一特性进行描述，若需进一步辨别，可建立一特定特性的标度。

表 7-10 适用于产品几何特性的参照样品

与微粒尺寸及形状有关特性	参照样品	与方向有关特性	参照样品
粉末状	特级细砂糖	薄层状	烹调好的黑线鳕鱼
白垩质	牙膏	纤维状	芹菜茎、芦笋、鸡胸肉
粗粉状	粗面粉	浆状	桃肉
砂粒状	梨肉、细砂	蜂窝状	橘子
粒状	烹调好的麦片	充气	三明治面包
粗粒状	干酪	膨化	爆米花、奶油面包
颗粒状	鱼子酱、木薯淀粉	晶状	砂糖

3. 其他特性

这些与口感好坏有关的特性是与口腔内或皮肤上触觉接受器感知的产品含水量和脂肪含量有关，也与产品的润滑特性有关。应当注意产品受热（接触皮肤或放入口腔中）融化时的动力学特性。

（1）含水量　含水量属于表面特性，是对产品吸收或释放水分的感觉。用于描述含水量的常用术语不但要反映所感知产品水分的总量，而且要反映释放或吸收的类型、速率以及方式。这些常用术语包括：干燥（如干燥的饼干）、潮湿（如苹果）、湿的（如荸荠、贻贝）、多汁的（如橘子）。

（2）脂肪含量　脂肪含量属于表面特性，它与所感知的产品中脂肪的数量和质量有关。与黏口性和几何特性有关的脂肪总量及其熔点与脂肪含量一样重要。

建立起第二参数象“油性的”“脂性的”和“多脂的”等以区别这些特性。“油性的”，反映脂肪浸泡和流动的感觉，如法式调味色拉。“脂性的”，反映脂肪渗出的感觉，如腊肉、炸土豆片。“多脂的”，反映产品中脂肪含量高但没有脂肪渗出的感觉，如猪油、牛羊脂。

（四）建立术语

必须建立一些用以描述任何产品质地的术语。传统方法是，由评价小组通过对一系列代表全部质地变化的特殊产品样品的评价得到。培训开始阶段，应提供给评价员一系列范围较广的简明扼要的术语，以确保评价员能尽量使用单一特性。

评价员将适用于样品质地评价的术语列出一个表。评价员在评价小组负责人的指导下，讨论并编制大家可共同接受的术语定义和术语表。并应考虑以下几点：

①术语是否已包含关于产品的基本方法的所有特性。

②一些术语是否意义相同并可被组合或删除。

③评价小组每个成员是否均同意术语的定义和使用。

（五）参照产品

1. 参照产品的标度

基于产品质地特性的分类，建立标准比率标度，以提供评价产品质地的力学特性的定量方法。表7-11列出了标准硬性标度的例子。这些标度是使用熟悉的参照产品来量化每一感官质地特性的强度，反映了想建立剖面的产品中一般力学特性的强度范围，可根据产品特点进行修改或直接使用。

表7-11　标准硬性标度的例子

一般术语	比率值	参照样品①	类型	尺寸	温度
软	1	奶油乳酪		1.25cm^3	7~13℃
↓	2	鸡蛋白	大火烹调5min	1.25cm蛋尖	室温
	3	法兰克福香肠	去皮、大块、未煮过	1.25cm厚片	10~18℃
	4	乳酪	黄色、加工过	1.25cm^3	10~18℃
	5	绿橄榄	大个的、去核	一个	室温
	6	花生	真空包装、开胃品型	一个花生粒	室温
	7	胡萝卜	未烹调	1.25cm厚片	室温
	8	花生糖	糖果部分		室温
硬	9	水果硬糖			室温

注：①在室温下融化。

这些标度也适用于培训评价员。但若不作修改，则不能用于评价所有产品剖面。如评价不同配方的奶油乳酪等非常软的产品，必须扩展硬性标度的低端，并删除高端的一些点。因此，可扩展标度以更精确评估相似产品。在选择参照样品时应尽量选用大家熟知的产品。

2. 参照样品的选择

选择参照样品时，应首先了解：①在某地区适宜的食品，在其他地区可能不适宜；②同一个国家，某些食品的适宜性可能随着时间变化也在变化；③一些食品的质地特性强度可能由于使用原材料的差别或生产上的差别而变化。

充分了解以上条件，并选择适宜的产品用于标度。标度应包含所评价产品所有质地特性的强度范围。所选理想参照样品应为：包括对应于标度上每点的特定样品；具有质地特性的期望强度，并且这种质地特性不被其他质地特性掩盖；易得到；有稳定的质量；是较熟悉的产品或熟知的品牌；要求仅需很少的制备即可评价；质地特性在较小的温度变化下或较短时间贮藏时仅有极小变化。

应尽量避免特别术语及试验室内制备样品，尝试选用一些市场上的知名产品，所选市场产品应具有特定特性强度要求，且各批次具有特性强度的再现性，一般避免选用水果和蔬菜，因为质地变化受各种因素（如成熟度）影响较大。要求对样品烹调的一些术语也要避免。

参照样品应在尺寸、外形、温度和形态等方面标准化。

许多产品的质地特性与其贮存环境的湿度有关，如饼干、马铃薯片，这种情况下，有必要控制检验时空气湿度和检验前限定样品以使检验在相同条件下进行。所用器具应标准化。

3. 参照标度的修正

若评价小组已掌握基本方法和参照标度，则可使用相同产品类型的一些样品建立参照框架，从而建立和发展评价技术、评价术语和评价特性的特殊显示顺序。评价小组评价每一系列参照产品时，应确定其在使用标度上的位置，以表达所感受到的特性变化的感觉。

用于这些质地标度的一些参照材料可能被其他材料替代或改变环境要求，以便得到指定质地特性和/或强度的更精确的说明；在参考标度中扩展强度范围；减少标度中两参照材料的标度间隔；提供更方便的环境条件（尺寸和温度），以更方便评价产品和感知产品质地特性；说明某些样品在标度中的不可用性。

（六）显示顺序

质地特性遵循特性显示顺序中感知的特定模式。评价小组应在同一顺序下评价同一特性。通常每一特性应在其最明显时、最容易觉察时评价。

评价员在建立一种方法和一系列有恰当顺序的描述词后，则可制定相应的回答表格，这个表格用于指导每个评价小组成员的评价和报告数据，这个表格应列出每一评价阶段的过程、评价所用的描述词、描述词的正确顺序以及相应的强度标度。

（七）评价技术

建立标准的评价技术时，要考虑产品正常消费的一般方式，包括：

①食物放入口腔中的方式，例如，用前齿咬，或用嘴唇从勺中舔，或整个放入口腔中。

②弄碎食品的方式，例如，只用牙齿嚼；或在舌头或上腭间摆弄，或用牙咬碎一部分然后用舌头摆弄并弄碎其他部分。

③吞咽前所处状态，例如，食品通常是在液体、半固体中，还是作为唾液中微粒被吞咽。

所使用的技术应尽可能与食物通常的食用条件相符合。图 7-12 给出了质地剖面评价实例。

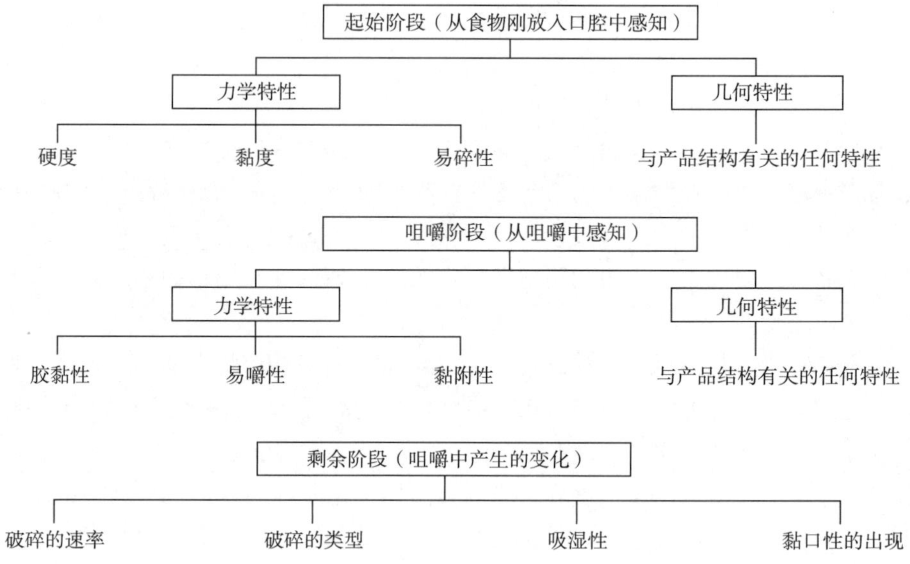

图 7-12 质地剖面评价实例

（八）强度标度的使用

一般使用类别标度、线性标度或比率标度。

（九）用于培训和检验的样品制备和提供

样品的制备过程应标准化，并应特别注意：

①样品的制备应标准化，以使检验结果具有代表性，且不同时间和不同批次的检验应具有再现性。

②样品的尺寸和外形应标准化，以使样品的咀嚼和摆弄具有代表性和一致性。

③确定和控制适宜的样品温度、湿度、制备完后的时间长短等。

感官检验室中，应同时提供合适参照样品作为试验样品，或在先前的简单培训中提供。

（十）评价小组的选拔

1. 候选评价小组成员选择

至少应有 25 人作为候选评价小组成员，且应考察口腔环境和其他因素。

（1）口腔环境　由于牙齿或口腔假体或唾液异常，易限制或改变对许多质地特性的感知，所以当有此类问题时，候选人必须证明能正确完成检验才可被选上。有些有一般性牙病的人，也可能在咀嚼时的区别能力上很差。

（2）其他因素　应考虑候选人的可得性、对感官评定的兴趣及动机、个人素质、对产品的喜好、在团体中发挥良好作用能力和用词水平。这些因素可在面试中获得。

2. 评价小组的选择

一种检查候选人生理能力的快速方法是向每个候选人提供具有试验中要评价的 4 种特性的最小量的样品。候选人应能将术语按恰当顺序放置。依据对身体状况的初步筛选及面试，选 10~15 人参加最后培训。

（十一）评价小组的培训

1. 第一阶段——力学特性

评价小组培训应首先介绍质地特性的分类，并介绍力学特性的定义，评价小组成员通过重复评价经过筛选的参照标度上各代表点的参照样品来研究每一特性。这不仅使评价员理解标度，也使评价员熟悉标度。培训应尽量使用最终评价要使用的标度。

然后评价员再评价参照标度上各代表点除外的一系列产品，并按标度分类。允许评价小组练习知觉和辨别。使用较大间隔的标度可较容易评价“未知”样品，也可建立评价员的自信。

本阶段涉及整个评价过程，能形成成员间差异较小且使用常用术语的评价小组。任何评价小组成员的不同意见均应详细讨论，讨论期间可进行多种产品或特殊产品的评价训练。评价小组负责人可帮助评价员建立相关特性和相应过程，以刻画被检产品的质地特性。

2. 第二阶段——几何特性（脂肪和水分含量）

提供评价小组相关特性和代表特性的样品，由评价小组评价一个或多个包含相关特性的样品。

3. 第三阶段

评价小组建立用于特定产品及其变化的标度，评价员使用这些标度完成培训。

（十二）评价小组进行的评价

评价小组通过使用建立的标度和技术进行产品评价。每个评价员单独地独立评价检验样品，检验应在检验隔挡内进行，评价小组负责人汇总个人评价结果，并组织讨论不同点和误解，达到讨论结束时观点一致或能正确解释所获得的标度数据。

【例 7-3】 对 10 种乳清蛋白乳液凝胶进行感官质地评价。

试验样品：10 种乳清蛋白乳液凝胶，按所用蛋白结构和添加葵花籽油的比例不同分别记为 S/0%、S/1%、S/5%、S/10%、S/20%、P/0%、P/1%、P/5%、P/10%和 P/20%，具体制备过程略。（原例中共 16 种产品，这里只选 10 种）。

评价员：从某大学师生中选取 11 名评价员，其中 3 名男性，8 名女性，年龄在 18~40 岁，对描述分析试验有一定的经验。试验前，评价员要接受 10 次每次 1h 的培训，培训用样品为能代表所有试验样品的系列凝胶。首先由每个评价员对所提供的样品进行品尝，列出一份质地特性描述词汇表，然后大家一起讨论，形成一份完整的质地特性描述词汇表并对每种质地特性进行定义（表 7-12）。

表 7-12 乳清蛋白乳液凝胶质地特性的描述词汇及定义

质地特性描述词汇	定义
表面光滑度	在咀嚼之前舌头感受到的样品的光滑程度
表面滑度	在咀嚼之前舌头感受到的样品的滑溜溜的程度
弹性	样品在舌头和上腭之间受到局部挤压之后恢复到原来形状的程度
可压缩性	样品受到舌头和上腭之间的挤压发生断裂之前变形的程度
硬度	用臼齿将样品咬断所需的力
水分释放	用臼齿咬第一口时，样品中水分释放的程度
易碎性	用臼齿咬第一口时，样品断裂成小碎片的程度
颗粒大小	咀嚼 8~10 次之后，样品颗粒的大小
颗粒大小分布	咀嚼 8~10 次之后，样品颗粒大小分布的均匀程度
颗粒形状	咀嚼 8~10 次之后，不规则形状样品颗粒的存在程度
光滑度	咀嚼 8~10 次之后，样品团的光滑程度
黏聚性	咀嚼过程中，食物团聚集在一起的程度
断裂速度	样品断裂成越来越小颗粒的速度
粗糙感	咀嚼过程中，感觉到样品“发渣”的程度
黏附性	咀嚼过程中，样品粘牙的程度
水分含量	完全咀嚼后，口腔中的水分含量
咀嚼次数	样品能够被吞咽前需要咀嚼的次数
咀嚼时间	样品能够被吞咽前需要咀嚼的时间

试验步骤：试验所用标尺为15cm长的直线，直线的两端分别为“没有”和“非常大”。试验前，样品在20℃条件下回温20min以上，然后被切割成直径19mm、厚10mm的立方块，置于60mL的塑料杯中，并用3位随机数字编号，同答题纸一并随机呈送给评价员，评价员在单独的品评室内品尝，对每种样品就各种感官质地指标在直线上进行强度标记。试验重复3次以上。

结果分析：试验结束后，将标度上的刻度转化成数值输入计算机，各个评价员的评价结果集中进行三维方差分析（3-way analysis of variance）和最小显著性差异（least significant difference，LSD）检验确定各样品各感官指标间差异的显著性及其大小，10种乳清蛋白乳液凝胶的质地剖面分析结果见表7-13。评价员对各凝胶样品评价的平均分，使用SAS软件进行主成分分析（principal component analysis，PCA），阐述各凝胶样品之间的关系，所得结果略。

表7-13 10种乳清蛋白乳液凝胶的质地剖面分析结果

样品	第一阶段——样品断裂前			第一阶段——咬第一口			
	表面光滑度	表面滑度	弹性	可压缩性	硬度	水分释放	易碎性
S/0%	12.1a	12.4a	11.2ab	10.6a	3.4g	1.2de	0.8g
S/1%	12.1a	12.1ab	11.5a	10.9a	4.4ef	1.4de	0.6g
S/5%	11.8a	11.4b	11.2ab	10.2a	6.9d	1.6de	0.9g
S/10%	10.5b	9.8c	10.3bc	7.2b	7.8c	2.1de	2.0f
S/20%	8.9c	8.4d	6.8d	4.3e	11.0a	1.7de	2.9e
P/0%	5.4de	3.6e	2.3e	5.8cd	1.2h	9.5a	10.6a
P/1%	5.9d	3.9e	2.4e	4.9de	2.1h	9.7a	9.4c
P/5%	3.2f	2.2f	2.4e	5.1cd	2.0h	8.9a	10.7a
P/10%	1.9g	1.3gh	2.6e	4.0ef	4.9e	7.2b	9.8bc
P/20%	2.8f	1.8fg	2.9e	2.4g	10.5a	4.7c	8.6d

样品	第二阶段——咀嚼阶段							
	颗粒大小	颗粒大小分布	颗粒形状	光滑度	黏聚性	断裂速度	粗糙感	黏附性
S/0%	11.2a	2.6ef	9.1c	11.5a	1.9c	2.2ef	0.7ef	0.8cd
S/1%	10.9ab	3.2e	9.8c	11.2a	1.9c	2.1ef	0.2f	0.3d
S/5%	10.7ab	2.3ef	10.6ab	10.7a	1.5c	1.8f	0.3f	0.6cd
S/10%	10.9ab	2.4ef	11.0a	9.7b	2.0c	1.8	0.6f	0.8cd
S/20%	10.6ab	2.0f	11.2a	8.1c	1.7c	1.6f	1.5e	1.2c
P/0%	1.2fg	11.3a	1.4f	5.3d	10.5a	11.7a	8.4cd	9.3b
P/1%	1.5ef	11.1ab	1.6ef	4.7de	10.4a	11.1ab	8.6cd	9.4b
P/5%	0.8g	11.4a	1.6ef	4.3de	10.4a	11.5a	9.2abc	10.7a
P/10%	1.9e	10.4bc	2.3e	2.1f	10.4a	10.6b	9.6ab	10.7a
P/20%	4.5c	8.8d	3.8d	2.3f	8.4b	7.4d	9.0bcd	9.5b

续表

样品	第三阶段——样品吞咽前		
	水分含量	咀嚼次数	咀嚼时间
S/0%	9.0ab	18.5fg	11.2fgh
S/1%	9.2a	19.1f	11.5efg
S/5%	8.6abc	20.9de	12.3def
S/10%	8.2bc	22.1cd	12.9bcd
S/20%	7.9c	25.7a	15.1a
P/0%	5.6d	15.2i	9.4j
P/1%	5.4d	17.3gh	10.8hij
P/5%	5.1ed	15.5i	10.3hij
P/10%	4.2ef	19.9ef	12.5cde
P/20%	4.2ef	24.4ab	15.7a

注：就各感官指标而言，同一列中标有相同字母表示样品间差异不显著（$P<0.05$）。

【例 7-4】对市售主要淡水鱼进行质地研究。

样品：将 6 种市售淡水鱼（虹鳟、鳕鱼、草鱼、银鲑、河鲶、大口鲈鱼）切片、烤制。各种鱼的规格和烤制温度、步骤皆相同，具体操作略。

评价员：评价小组由 5 名经过培训并有过类似评价经验的评价员组成，在正式试验前进行大约 5h 的简单培训，熟悉各种参照物和可能出现的各种质地词汇。

试验步骤：使用 1~10 点标度，1 = 刚刚感觉到，10 = 强度非常大。品尝时，首先对样品进行观察，然后咬第一口，评价口感，再咬第二口，评价各项指标出现的顺序，然后再咬第三口来确定各项质地指标的强度。个人评价结束后，进行小组讨论。以上过程重复 3~4 次，得出最终结果。

试验结果：部分淡水鱼质地评价的描述词汇、定义及参比物质见表 7-14，最终质地剖面结果见表 7-15。

表 7-14 部分淡水鱼质地评价的描述词汇、定义及参比物质

质地指标	定义	参照物
咀嚼次数	样品在口腔中破碎速度的指标。按照 1 次/s 的速度咀嚼，只用一侧牙齿。每个评价员找出自己的咀嚼次数同 1~10 点标度的对应关系	
食物团的紧凑性	咀嚼过程中，食物团聚集在一起（成团状）的程度	棉花糖 =3，热狗 =5，鸡胸肉 =8
纤维性	咀嚼过程中，肌肉组织成丝状或条状的感觉	热狗 =2，火鸡 =5，鸡胸肉 =10
坚实性	将样品用臼齿咬断所需的力	热狗 =4，鸡胸肉 =9
自我聚集力（口感）	将样品放在口腔中咀嚼，用舌头将丝状的样品分开所需的力	鸡胸肉 =1，火鸡 =6

续表

质地指标	定义	参照物
自我聚集力（视觉/手感）	用工具，如叉子，将样品分成小块所需的力	火鸡 =2，罐装金枪鱼 =5
胶黏性	黏稠而光滑的液体性质	Knox 牌的明胶水溶液 =7
多汁性起始阶段——水分的释放	咬样品时释放出的水分情况	热狗 =5
多汁性中间阶段——水分的保持	咀嚼 5 次之后食物团上的液体情况	火鸡 =4，热狗 =7
多汁性终了阶段——水分的保持和吸收	在吞咽之前，食物团上的液体情况	Nabisco 无盐苏打饼干 =3，热狗 =7
残余颗粒	咀嚼和吞咽结束之后，口腔中的颗粒情况，可能是颗粒状、片状或纤维状	蘑菇 =3，鸡胸肉 =8

注：参照物样品的准备方法如下。

①鸡胸肉：新鲜鸡胸肉用微波炉加热到 80℃。

②火鸡：无盐、低脂鸡胸肉，切成 1.3cm 见方的小丁。

③明胶：一勺明胶用 3 杯水溶解，冰箱过夜，室温呈送。

④热狗：热水煮 4min，切成 1.3cm 的片，温热时呈送。

⑤蘑菇：生的口蘑，切成 1.3cm 见方的小丁。

表 7-15 部分淡水鱼的质地剖面结果

质地指标	虹鳟	鳕鱼	草鱼	银鲑	河鲶	大口鲈鱼
自我聚集力（视觉/手感）	4	6	8	6	4	5
胶黏性	2	3	1~3	2	7	2
多汁性初始阶段	5	5	8	7	8	6
自我聚集力（口感）	6	7	9	6	8	6
坚实性	8	6	7	6	4	6
纤维性	7	6	8	8	4	8
多汁性中间阶段	5	5	8	6	8	6
食物团的紧凑性	7	6	8	8	7	7
多汁性终了阶段	3	4	6	5	7	5
残余颗粒	6	4	6	7	4	4
咀嚼次数	7	6	7	6	7	8

注：1=刚刚感到，10=强度极大。

三、定量描述分析法

定量描述分析法（quantitative descriptive analysis，QDA）是 20 世纪 70 年代，基于风味剖面法、质地剖面法发展起来的一种描述分析方法，克服了风味剖面法和质地剖面法的一些缺点，如提供的是定性信息，使用的描述词汇都是学术词汇，结果不作统计分析等。定量描述分析法是由 10~12 名经过筛选和培训的评价员组成评价小组，对产品能被感知到的所有感官特征、特征强度、出现顺序、余味和滞留度以及综合印象等使用非线性结构的标度进行描述，通过统计分析得出结论，并形成蜘蛛网图。

（一）特点

与风味剖面法相反，定量描述分析法是一种独立方法，数据不是通过一致性讨论而产生的，即组织者一般不参与评估，评估小组意见也不需要一致。评价员在小组内讨论产品特征，然后单独记录他们的感觉；同时使用非线性结构的标度来描述评估特性的强度，由评价小组负责人汇总和分析这些单一结果。斯通（Stone）等人选择了线性图形标度，这条线可延伸到固定的语言终点之外。这种标度的使用，可以减少评价员只使用标度的中间部分，以避免出现非常高或非常低分数的倾向。

与风味剖面法一样，定量描述分析法也已经广泛地应用于食品感官评定，尤其对质量控制、质量分析、确定产品之间差异的性质、新产品研制、产品品质改良等最为有效，并可以提供与仪器检验数据对比的感官数据，提供产品特征的持久记录。

定量描述分析法可在简单描述分析所确定的词汇中选择适当的词汇，定量描述样品的整个感官印象，可单独或结合地用于评价气味、风味、外观和质地。

（二）操作步骤

（1）了解相关类似产品的情况，建立描述的最佳方法和统一评价识别的目标，同时，确定参比样品（纯化合物或具有独特性质的天然产品）和规定描述特性的词汇。

（2）成立评价小组，对规定的感官特性特征的认识达到一致，并根据检验的目的设计出不同的检验记录形式。要记录的检验内容一般包括以下几点。

①感觉顺序的确定：即记录显现和察觉到各感官特性所出现的先后顺序。

②食品感官特性的评价：即用叙词或相关术语规定感觉到的特性。

③特性强度评价：即对所感觉到的每种感官特性的强度作出评估。

④余味和滞留度的测定：余味是指样品被吞下（或吐出）后，出现的与原来不同的特性特征。滞留度是指样品已经被吞下（或吐出）后，继续感觉到的特性特征。某些情况下，可要求评价员评价余味，并测定其强度，或者测定滞留度的强度和持续时间。

⑤综合印象的评估：指对产品的总体、全面的评估，考虑到特性特征的适应性、强度、相同背景特征的混合等，综合印象通常采用 3 点或 4 点标度评估。例如，0 表示“差”，1 表示“中”，2 表示“良”，3 表示“优”。独立方法中，每个评价员分别评价综合印象，然后计算其平均值。一致方法中，评价小组对一个综合印象取得一致性意见。

（3）根据所设计好的检验表格，评价员即可独立进行评价检验，按照感觉顺序，用同一标度测定每种特性强度、余味、滞留度及综合印象，记录评价结果。

（4）检验结束，由评价小组负责人收集评价员的评价结果，计算出各个特性特征强度（或喜好度）的平均值，并用表格或图形表示。定量描述分析法和风味剖面法一般都附有图形，如扇形图、棒形图、圆形图和蜘蛛网形图等。

当有数个样品进行比较时，可利用综合印象的评价结果得出样品间差别的大小及方向；

也可以利用各特性特征的评价结果，用一个适宜的方法（如成对 t 检验、方差分析、主成分分析、因子分析、聚类分析等）进行分析，以确定样品之间差别的性质和大小。

各评价员的评价结果集中进行方差分析，结果通常以蜘蛛网图来表示，图的中心向外有一些放射状的线，表示每个感官特性，线的长短代表强度的大小。例如，对 A、B 两个品牌的橘子冻样品进行感官评定，定量描述分析的结果通过方差分析（表 7-16），可形成蜘蛛网图（图 7-13）。

表 7-16　两种不同品牌的橘子冻样品定量描述分析结果的方差分析表

指标	样品 A	样品 B	标准差	P 值
橘子色泽	10.2	7.9	0.62	0.011
橘子香气	7.6	6.9	0.50	0.325
硬度	9.6	6.6	0.64	0.001
酸味	8.6	6.9	0.66	0.072
橘子风味	7.6	6.9	0.72	0.494
异味	4.3	4.8	0.48	0.464
甜味	7.1	9.6	0.42	<0.001
破损率	5.1	6.1	0.60	0.242

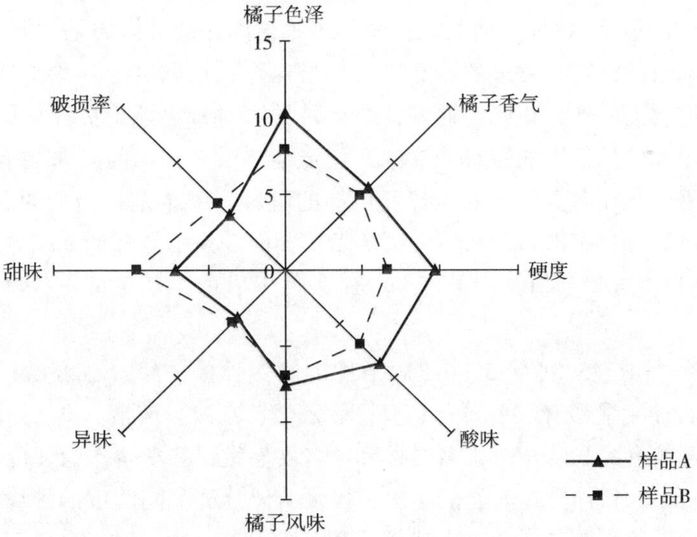

图 7-13　两种不同品牌的橘子冻样品定量描述分析的蜘蛛网图示例

四、自由选择剖析法

自由选择剖析法（free choice profiling，FCP）是由英国科学家威廉姆斯（Williams）和朗龙（Langron）于 1984 年创立的一种新的感官描述分析方法。这种方法和上述的其他描述分析方法有许多相似之处，但它也具有两个明显不同于其他方法的特征。

第一，描述词汇的形成采用全新的方法，不需要对测试人员进行任何筛选和培训。自由选择剖析中，评价员用自己的语言对产品特性进行描述，从而形成一份个人喜好的描述词汇表。每个评价员可以用不同的方法评价样品，可以触摸、品尝或闻，可以评价样品的外形、色泽、表面光滑程度或其他特征，而不需要广泛训练评价员形成一致性的词汇描述表。正式试验时，评价员单独评价样品，自始至终使用自己的词汇表，在一个标度上对样品进行评估。

第二，自由选择剖析法数据的统计分析使用一种称为广义普洛克鲁斯忒斯分析法（generalized procrustes analysis，GPA）的分析过程，通常在一个二维或三维的空间中，为每个独立的评价员提供一个所得数据的一致图形。有可能获得一个三维以上空间的普洛克鲁斯忒斯解答，但这些结果通常很难解释。在某种意义上，普洛克鲁斯忒斯分析也可以从独立的评价员处得到强制适合单一一致空间的数据矩阵。每个评价员的数据转化成单个的空间排列，然后各个评价员的排列数据通过普洛克鲁斯忒斯分析，匹配成一个一致的排列，这个一致性排列可以用单个描述词汇的术语来说明，同时，感官科学家也可以测定不同评价员使用的不同术语如何在内部发生联系。总的来说，自由选择剖析分析中，各评价员使用的描述词汇很不一致，常用的方差分析、主成分分析等统计分析方法都不能使用，而普洛克鲁斯忒斯分析方法的使用不是很普遍，大家对其了解很有限。

自由选择剖析法的设计初衷是使用未接受过培训的评价员，节省人员筛选和培训的时间，加快试验速度，减少花费。但是，自由选择剖析分析中，要为每个评价员创造一份不同的选票，也需要花费大量的时间。另外，每个评价员使用个人喜好的描述词汇对产品进行评价，很可能会导致独特的风味特征来源难以解释或者根本无法解释。比如，一个评价员可能用“野营”来描述产品的风味特征。研究人员就不得不猜测评价员指的是“野营”的哪个方面，是树木的气味、腐败的树叶、营火的烟雾等。如果这个描述和其他评价员所用的腐烂的、泥土的、脏的等描述词汇出现在相同的地方，那么科学家对特定评价员评价的风味特征就有了一条线索。但单个评价员使用的所有词汇中，肯定会有没有任何与其来源有关的线索，可以想象，在这个过程中存在多少不同的设想和可能的解释，困难是相当大的。并且，如果使用受过培训的评价员进行自由选择剖析，则试验费用与时间是不会降低和减少的。

【例 7-5】用自由选择剖析法分析不同 pH 条件下乳酸、苹果酸、柠檬酸和乙酸的风味特征。

试验样品：3 种 pH（3.5、4.5、6.5）条件下的 4 种单一酸（柠檬酸、苹果酸、乳酸和乙酸）和 2 种混合酸（乳酸/乙酸，1∶1，乳酸/乙酸，2∶1）溶液，共 18 个样品。

评价员：从某校食品学院招募 7 名男性和 5 名女性教工和学生作为评价员。

培训：共进行 8 次培训。在开始的 2 次，提供给评价员不同浓度的柠檬酸、NaCl、蔗糖、咖啡因和明矾，让评价员熟悉 4 种基本味道（甜、酸、苦、咸）和涩。练习使用 16 点标度法（0=没有，7=中等，15=非常强烈）对不同强度的溶液进行标度打分，这个标度法将在下面的正式试验中一直使用。要求评价员对样品用自己的语言进行描述，形成一份描述词汇表，并对每个词汇进行定义。

试验步骤：在室温下进行，评价员对样品的品尝方式为：吸入—吐出，即吸入样品，使其在口中停留 5s，对样品进行评价，然后吐出，然后再次对样品进行评价。在品尝 2 个样品之间，用清水漱口。

试验结果：用自由选择剖析法分析各评价员对各种酸的描述词汇见表 7-17。

表 7-17 用自由选择剖析法分析各评价员对各种酸的描述词汇表

序号	评价员 1#	评价员 2#	评价员 3#	评价员 4#	评价员 5#	评价员 6#	评价员 7#	评价员 8#	评价员 9#	评价员 10#	评价员 11#	评价员 12#
1	总体强度	总体强度	总体强度	总体强度	总体强度	总体强度	总体强度	总体强度	总体强度	总体强度	总体强度	总体强度
2	酸	酸	酸	酸	酸	酸	酸	酸	酸	酸	酸	酸
3	涩	涩	涩	涩	涩	涩	涩	涩	涩	涩	涩	涩
4	咸	咸	咸	咸	咸	咸	咸	咸	咸	咸	咸	咸
5	苦	苦	苦	苦	苦	苦	苦	苦	苦	苦	苦	苦
6	甜	甜	甜	甜	甜	甜	甜	甜	甜	甜	甜	甜
7	总体强度	金属味	醋酸	柑橘	金属味	醋酸	肥皂味	醋酸	柑橘	总体强度*	尖酸	醋酸
8	酸*	肥皂味	总体强度*	醋酸	水果味	总体强度*	总体强度*	总体强度*	肥皂味	酸*	酸橙	柠檬
9	涩*	柑橘	酸*	总体强度*	醋酸	酸*	酸*	酸*	醋酸	涩*	肥皂味	酸
10	苦*	醋酸	涩*	酸*	总体强度*	涩*	涩*	涩*	总体强度*	苦*	总体强度*	尖酸
11		总体强度	苦*	涩*	酸*	苦*	苦*	苦*	酸*	肥皂味	酸*	总体强度*
12		酸*		苦*	涩*			醋酸*	涩*		涩*	酸*
13		涩*		咸*	苦*			咸*	苦*		苦*	涩*
14		苦*			咸*			肥皂味*			尖酸*	苦*
15		咸*			肥皂味*			醋酸*			醋酸*	
16		肥皂味*			醋酸*						咸*	
17		醋酸*										

注：带“*”为吐出后的感受。

表 7-18　各种酸的描述词汇的输入因素（loadings）在 3 个主要轴中的分布

评价员	主轴 1	主轴 2	主轴 3
1	总体强度（-0.59），酸（-0.56），总体强度*（-0.38），酸*（-0.30）	总体强度（0.36），咸味（0.63），甜味（0.43），涩*（-0.35）	涩（-0.74），涩*（-0.55）
2	总体强度（-0.55），酸（-0.59）	总体强度（0.34），涩（-0.33），咸（0.55），醋酸（0.34）	涩（-0.55），咸（-0.35），涩*（-0.32）
3	总体强度（-0.61），酸（-0.63）	涩（-0.48），甜味（-0.37），醋酸（0.67），涩*（-0.33）	涩（-0.49），甜（-0.65），涩*（-0.41）
4	总体强度（-0.54），酸（-0.55），涩（-0.33），总体强度*（-0.32）	咸（0.36），醋酸（0.73），柑橘（-0.46）	酸（0.41），涩（-0.43），苦（-0.30），醋酸（0.40），柑橘（0.40），苦*（-0.32）
5	总体强度（-0.56），酸（-0.66）	涩（-0.33），醋酸（0.63），水果味（-0.54）	涩（-0.66），苦（-0.34），甜（0.39）
6	总体强度（-0.43），酸（-0.47），涩（-0.43），总体强度*（-0.30）	咸（0.67），甜（-0.36），醋酸（0.56）	酸（0.38），涩（-0.50），咸（0.45），醋酸（-0.39），苦味*（-0.33）
7	总体强度（-0.51），酸（-0.72），涩（-0.31）	涩（-0.53），苦（-0.33），酸*（0.49），涩*（-0.36）	苦（-0.32），总体强度*（-0.45），酸*（-0.49），涩*（-0.46），苦*（-0.31）
8	总体强度（-0.49），酸（-0.42），涩（-0.40），醋酸（0.49）	咸（0.79）	酸（0.37），涩（-0.53），酸*（-0.67）
9	总体强度（-0.43），酸（-0.55），涩（-0.30），酸*（-0.34），醋酸*（-0.35）	醋酸（0.55），酸*（-0.39），醋酸*（0.58）	酸（0.48），涩（-0.77），醋酸（-0.31）
10	总体强度（-0.43），酸（-0.55），涩（-0.30）	咸（0.35），苦（0.57），酸*（-0.33），涩*（-0.58）	涩（-0.86）
11	酸*（-0.34），醋酸*（-0.35）	咸（0.90）	涩（-0.52），酸*（0.42），涩*（-0.64）
12	总体强度（-0.66），酸（-0.70）	涩（-0.52），醋酸（0.58），涩*（-0.33），醋酸*（0.49）	总体强度（-0.35），醋酸（-0.31），柠檬（-0.38），总体强度*（0.49），酸*（0.49）

注：带“*”为吐出后的感受。

将评价员所打分数收集、整理，通过 Sens Tool 软件（或其他软件）中的普洛克鲁斯忒斯分析，得到 3 个主轴（AXIS），它们对变化的解释分别为 72%、8%和 6%。各种酸的描述词汇的输入因素（loadings）在 3 个主要轴中的分布见表 7-18，输入因素衡量各变量在各轴上的重要性，数值在-1 和+1 之间，接近-1 和+1 的表明该变量在该轴上占有重要位置。对各描述词汇的输入值进行统计，如果在每个主轴上有超过半数的评价员对某个描述词汇的输入值>0.3，或绝对值>0.3（可根据实际情况设定，一般的标准为 0.3 或 0.4），则这个词汇就是这个轴上的主要描述词汇。需要注意的是，正负值要单独统计，不能混淆。比如，在主轴 1 上，有超过半数的评价员给“酸”打分的输入值的绝对值>0.3，因此，主轴 1 的左侧（负数区）的特征之一便是“酸”，与之对应的正数区域的特征则为“不酸”。通过统计，得到主轴 1 的特征是：总体强度、酸、涩，主轴 2 的特征是：醋酸味和咸，主轴 3 的特征是涩。3 个主轴上各样品的平均值如表 7-19 所示。

表 7-19　3 个主轴上各样品的平均值

样品名称	pH	主轴 1	主轴 2	主轴 3
乳酸	6.5	0.377*	-0.019	-0.014
苹果酸	6.5	0.367	0.021	-0.020
乳酸/乙酸（1∶1）	6.5	0.350	0.033	-0.016
乳酸/乙酸（2∶1）	6.5	0.347	0.33	-0.020
柠檬酸	6.5	0.340	0.010	-0.027
乙酸	6.5	0.310	0.053	-0.014
乳酸	4.5	0.260	-0.027	-0.005
柠檬酸	4.5	0.110	-0.033	0.0047
苹果酸	4.5	0.013	-0.013	0.053
乳酸/乙酸（2∶1）	4.5	-0.047	-0.014	0.022
柠檬酸	3.5	-0.127	-0.103	0.040
乳酸/乙酸（1∶1）	4.5	-0.167	0.080	0.057
乳酸	3.5	-0.267	-0.153	-0.060
苹果酸	3.5	-0.260	-0.096	0.050
乙酸	4.5	-0.273	0.127	0.063
乳酸/乙酸（2∶1）	3.5	-0.370	-0.030	-0.046
乳酸/乙酸（1∶1）	3.5	-0.447	0.040	-0.083
乙酸	3.5	-0.563	0.090	-0.019

注：带“*”表示不同的数值之间具有显著性差异。

根据上面得到的数据，分别用主轴 1 对主轴 2 和主轴 3 做散点图，得到不同 pH 条件下各种酸的普洛克鲁斯忒斯图形（图 7-14）。这是自由选择剖析法的特征图形，该图形分 4 个区域，每个区域有不同的特征，如图 7-14（1）的左上方的特征是具有“醋酸味和咸味”，落在这个区域的样品的特征就是具有“醋酸味和咸味”，而左下方的特征则正好相反，即不具有“醋酸味和咸味”。

最后，普洛克鲁斯忒斯分析法还会给出表示评价员对样品的评价情况的图形（图 7-15），阴影部分代表评价员之间意见一致，非阴影部分代表意见不一致。从图 7-15 可以发现，各评价员对 pH 为 3.5 的乙酸和乳酸/乙酸（1∶1）混合液的评价意见一致程度比较高。

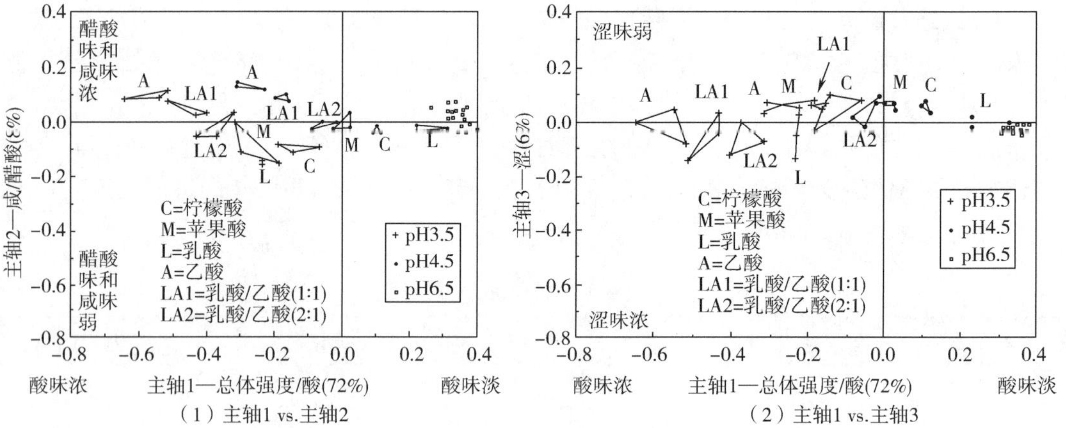

图 7-14　不同 pH 条件下各种酸的 GPA 图形（3 点代表 3 次重复试验的结果）

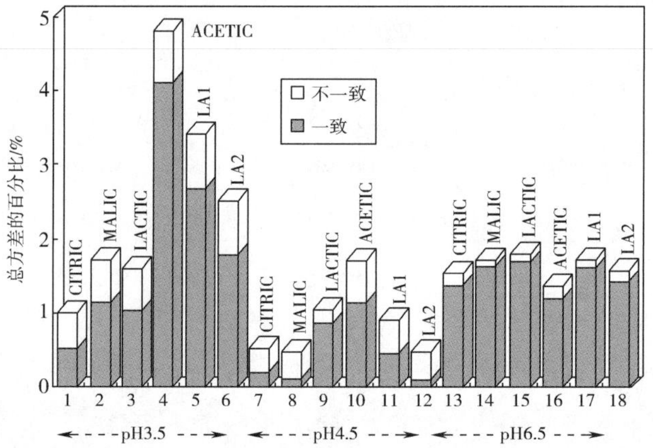

图 7-15　18 个样品的评价员意见分布示意图

CITRIC—柠檬酸　MALIC—苹果酸　LACTIC—乳酸

ACETIC—乙酸　LA1—乳酸/乙酸（1∶1）　LA2—乳酸/乙酸（2∶1）

描述分析是一项重要的感官评定方法，通过此方法可以定性、定量、全面地反映产品的各项感官性质。在使用时，可以只使用其中的一种，更可以将几种方法结合起来使用，因为各种方法之间并没有十分严格的界限。

五、 CATA 与 RATA 法

为了能快速进行感官评定，Check-All-That-Apply（CATA）和 Rate-All-That-Apply（RATA）等快速描述分析法的应用日益广泛。快速描述分析法由消费者替代专业感官评价员，不需要进行专业的培训和维护，因而可以节约大量的成本和时间。

CATA 法是一种消费者从给定的感官描述词列表中选出所有能感知到的感官性质的快速描述分析方法，已应用于乳酪、橙汁、草莓、香肠等多种食品中。CATA 法能简单、有效地区分样品的感官特征，具有较好的重复性。CATA 法实施过程中，向参与者提供一个预定义的感官描述符列表，要求参与者选择所有适用的选项（图 7-16）。这种方法简单且不烦琐，并且在经过培训的评价员和消费者之间能产生类似的产品描述的反应。这种方法已被应用于评价葡萄酒的感官概况，并确定消费者使用的术语来描述红葡萄酒的涩味。

1.你对该样品的总体接受度如何?（从非常讨厌到非常喜欢，在对应的方框中打√）

□ □ □ □ □ □ □ □ □

非常讨厌　　　　　非常喜欢

2.以下描述词中，你认为哪些适合用于描述该样品?（多选，在对应方框中打√，空白处可添加你所感受到的新的性质）

□甜香　□气泡　□焦糖味　□果味　□甜味
□枣味　□中草药味　□白垩质感　□细腻　□谷物味
□焦糖色　□苦味　□光泽　□咖啡味　□黏稠
□酸味　□发酵味　□酸香　□褐色　□顺滑
□乳味　□黏附　□涩　□奶油味

（1）样品评价单

1.评价完以上样品后，你心目中理想的样品应具有哪些性质?（多选，在对应方框中打√，空白处可添加你所感受到的新的性质）

□谷物味　□焦糖味　□枣味　□乳味　□苦味
□涩　□发酵味　□气泡　□焦糖色　□光泽
□中草药味　□甜香　□酸味　□褐色　□果味
□黏稠　□咖啡味　□奶油味　□甜味　□白垩质感
□酸香　□黏附　□细腻　□顺滑

（2）理想样品评价单

图 7-16　CATA 法评价单示例

RATA 是 CATA 感官表征方法的变体，能提供产品感官特征的一种有效方法。CATA 任务中，为被调查者呈现一系列感官描述性术语，并被要求对每个术语对被测样本的适用性给出二元回答（例如，是或否）。当该属性不适用时，响应为“否”，以降低受访者做出决策的复杂性。2014 年，阿瑞斯（Ares）等建议在低、中和高强度等级上使用三点锚，以保持该方法的简单性。与 CATA 相比，三点 RATA 被证明可以产生更稳定的样本和术语配置、更广泛的属性使用和更好的样本辨别力。用于评价加糖红茶、巧克力乳和天然酸乳的 RATA 的属性和定义见表 7-20。

RATA 的另一个优势，因为它产生的是强度而不是计数，所以它比 CATA 需要更少的小组成员，特别是当小组成员是专家或训练有素的时候。

随着 RATA 越来越多地被用于感官科学和消费者科学，相对于其他方法而言，评价员如何处理这项任务的基本知识仍然缺乏。目前有几个问题仍然没有得到回答，包括：消费者是否按照指令完成了 RATA 任务？个体对 RATA 问题的视觉注意差异如何影响样本描述和歧视？

表 7-20　用于评价加糖红茶、巧克力乳和天然酸乳的 RATA 的属性和定义

属性	定义
加糖红茶	
茶味	与立顿茶、英式早餐茶等泡茶产品相关的茶味
苦	与苦味物质有关的苦味，如咖啡因
涩味/收敛	舌头和口腔表面有收缩的感觉
花味	与花有关的味道，如茉莉花

续表

属性	定义
酸	与酸有关的味道，如柠檬
甜	与甜有关的味道，如蔗糖溶液
化学味	与人工香料、药物或化学物质有关的味道
蜂蜜味	与蜂蜜有关的味道
余甜	与食糖溶液有关的甜味的余味
巧克力乳	
巧克力风味	与可可相关的味道
乳制品风味	与牛乳、乳酪等乳制品相关的味道
麦芽味	与美禄（Milo）、阿华田等含麦芽产品有关的味道
苦味	与苦味物质有关的苦味，如咖啡因
粉状	小颗粒的感觉，如面粉
糖果味	与甜有关的味道，如蔗糖溶液
化学味	与人工香料、药物或化学物质有关的味道
蜂蜜味	与蜂蜜有关的味道
余甜	与食糖溶液有关的甜味的余味
天然酸乳	
奶油味	与（搅打过的）奶油有关的口感
甜	与甜有关的味道，如蔗糖溶液
酸	与酸有关的味道，如柠檬
乳制品味	与牛乳、乳酪等乳制品相关的味道
化学味	与人工香料、药物或化学物质有关的味道
苦	与苦味物质有关的苦味，如咖啡因
涩味/收敛	舌头和口腔表面有收缩的感觉
余甜	与食糖溶液有关的甜味的余味

本章小结

描述分析是对调查所得的大量数据资料进行初步的整理和归纳，以找出这些资料的内在规律——集中趋势和分散趋势。该章节内容将其与感官评定相结合，旨在让大家学习风味剖面法、质地剖面法、定量描述分析法、自由选择剖析法、CATA 与 RATA 法等常用描述分析法的基本原理，进而将其运用到食品感官评定中。通过客观的数据将主观的感觉客观反映出来，同时也让大家拓宽知识面，创新思维。

思考题

1. 简述如何才能有效制定感官描述分析的描述词汇表？
2. 比较各种感官描述分析方法的优缺点。
3. 影响定量描述分析法描述食品各种感官特性的因素主要有哪些？
4. 自选样品，设计试验，采用合适的描述分析方法对其进行完整的感官描述分析。
5. 比较分析食品感官评定中描述分析和差别检验的区别和联系。

第八章

08

食品感官评定与仪器分析的关系

内容提要

本章主要介绍质构仪、搅拌型测试仪、电子鼻、电子舌等测定食品物性指标的仪器，感官评定、仪器分析的局限性和相关性，替代感官评定的仪器测定方式选择及感官评定与仪器分析的结合。

教学目标

1. 掌握质构仪的检测方法及全质构测试。
2. 了解粉质仪和淀粉粉力测试仪。
3. 掌握电子鼻、电子舌的原理、组成及应用。
4. 了解感官检验机器人和多仿生传感信息融合智能检测技术。
5. 掌握仪器分析和感官评定的局限性和二者的相关性。
6. 替代感官评定的仪器测定方式选择。
7. 了解感官评定与仪器分析的结合。

重要概念及名词

质构仪、全质构测试、粉质曲线。

第一节　概述

食品感官评定与仪器测试之间通常存在着一定的关系，分析感官评定与仪器测试的相关性，建立二者的联系，以期用仪器测试来部分取代感官评定，从而可以减少由于人为等主观因素对食品评价结果的影响，获得更为客观、准确的评价结果。

仪器测定和感官评定的特点比较如表 8-1 所示。另外，人们能够鉴定用仪器不能测定的微量成分的差异，能瞬间判断食物的各种味道，进行综合评定，而仪器测定则无法完成这些任务。此外，仪器测定的物性参数有时与感官给出的特性不同。例如，对于大米口感的评价，有人做了如下试验：把典型的粳米和较松散的籼米调制成糊状，进行动态黏弹性测定。结果发现，口感比较黏的粳米实际弹性率和黏度都很小，而籼米的黏度和弹性率却较大。说明口感的黏度与力学测定的黏度并非为同一个概念。对面条“筋道”的评价也有类似的问题。因此，用仪器测定代替感官评定时，仪器和测定方式的选择尤为重要。要使仪器测定的结果与感官评定的结果真正达到一致，首先要搞清感官评定各种表现的物理意义，同时了解仪器测试的测试仪器、测试方法和测试指标也同样是非常重要的。

表 8-1 仪器测定和感官评定特点的比较

项目	仪器测定的特点	感官评定的特点
测定过程	物理化学反应 检测 输出 →装置·分析→ 特性 物理·化学 数值	生理·心理分析 刺激 语言 →感官→大脑→知觉→ 感受 生理·心理 表现
结果表现	数值或线图	语言表现与感觉对应的不明确性
误差和校正	较小，可用标准物质校正	有个人之间的误差， 对同一刺激的比较鉴别困难
重现性	较高	较低
精度和敏感度	一般较高，有些情况下不如感官评定	可通过评价员的训练提高准确性
操作性	效率高、省时、省力	实施烦琐
受环境影响	小	大
适用范围	适于测定要素特性，测定综合指标困难， 不能进行嗜好性评价	适于测定综合特性，若无一定训练，测定 要素特性困难，但可进行嗜好性评价

第二节 食品物性指标的仪器测定

一、质构仪

质构仪（texture analyser）是用于客观评价食品品质的主要仪器，可以对食品样品的物性特征做出数据化的表达，能较好地反映食品质量的优劣，在食品工业的应用日益广泛。食品工业中常用的质构仪如图 8-1 所示。

质构仪可以使用统一的测试方法，是精确的感官量化测量仪器，通过探头以稳定速度进行下压、穿透样品时受到的阻力来表示。质构仪具有专门的分析软件包，它可以对仪器进行控制，选择各种检测分析模式，并实时传输数据绘制检测过程曲线。还拥有内部计算功能，可对有效数据进行分析计算，并可将多组试验数据进行比较分析，获得有效的物性分析结果。

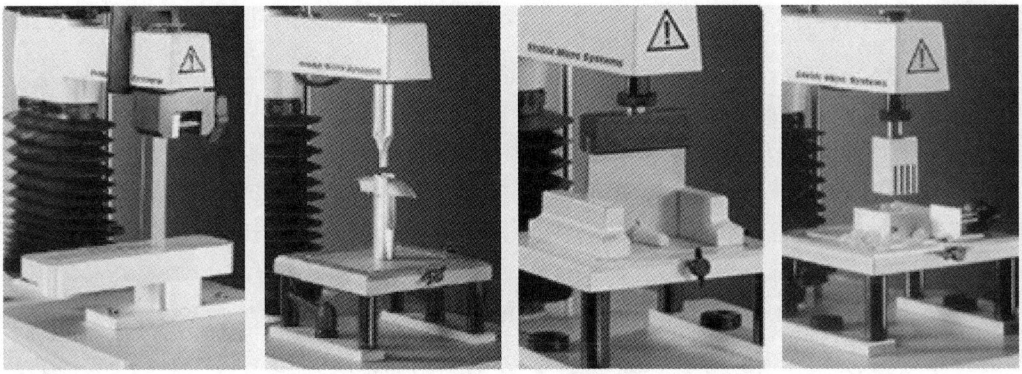

图 8-1　质构仪

（一）质构仪的定义与特点

1. 定义

质构仪又称物性测试仪、组织分析仪，通过模拟人的触觉来检测样品物理特征的一种仪器，是用仪器的手段对食品进行感观评定，把模糊的口感描述量化，分析物质的内部结构。通过装配不同传感器，质构仪可以精确地测定样品的多种感官特性，如硬度、酥脆性、弹性、咀嚼度、坚实度、韧性、纤维强度、黏着性、胶着性、黏聚性、屈服点、延展性、回复性等。

2. 特点

质构仪具有以下特点：

（1）软件功能强大，使用简单；

（2）多种探头可选择，检测模式灵活；

（3）精度高，性能稳定，坚固耐用，具有数据存储功能；

（4）适用于大部分食品的检测，包括面制品、烘焙食品、肉制品、米制品、乳制品、鱼、糖果及果蔬等。

（二）质构仪的发展历史

20 世纪上半叶最早见于美国马里兰大学的阿赫迈德 · 克莱默（Ahmed Kramer）教授。B. A. 特威格（B. A. Twigg）教授和杰纳勒 · 基内蒂克斯（General Kinetics）教授等人开始从事物性学相关研究，并取得相应成果，于 1966 年成立美国 FTC 公司，专门从事研究和开发物性分析仪。FTC 公司不仅掌握了嫩度全球标准，而且拥有多项专利检测探头，例如，著名的国际标准多刀剪切探头“Kramer”。1987 年英国 CNS 公司成立，开始从事物性仪器的研发和销售。1989 年英国 SMS 公司成立，开始从事物性仪器的研发和销售。

（三）质构仪的原理

质构仪主机的机械臂和探头连接处设有力学感应器，能感应样品对探头的反作用力，并将此力学信号传递给计算机，计算机通过软件将力学信号转变为数字和图形显示于显示器上，直接快速地记录标本的受力情况。

质构仪主要包括主机、专用软件、探头以及附件。其基本结构一般是由一个能对样品产生变形作用的机械装置，一个用于盛装样品的容器和一个对力、时间和变形率进行记录的记录系统组成。

质构仪的主机与计算机相连，主机上的机械臂可以随着凹槽上下移动，探头与机械臂远端相接，与探头相对应的是主机的底座，探头和底座有不同型号，分别适用于不同样品。

仪器设计有多种探头可供选择，如圆柱形、圆锥形、球形、针形、盘形、刀具、压榨板、咀嚼性探头等。测定食品时，探头的选取在很大程度上决定了所测定结果的准确性。如圆柱形探头可以用来对凝胶体、果胶、乳酪和人造奶油等做钻孔和穿透力测试以获得关于其坚硬度、坚固度和屈服点的数据；圆锥形探头可以作为圆锥透度计，测试乳酪、人造奶油等具有塑性的样品；压榨板用来测试如面包、水果、乳酪和鱼之类形状稳定的样品；球形探头用于测量薄脆的片状食品的断裂性质；锯齿测试探头可测定水果、乳酪和包装食品的表面坚硬度；咀嚼式探头可模仿门牙咬穿食物的动作进行模拟测试等。

（四）质构仪的检测方法

质构仪的检测方法包括 5 种基本模式：压缩试验、穿刺试验、剪切试验、弯曲试验和拉伸试验，这些模式可以通过不同的运动方式和配置不同形状的探头来实现。

（1）压缩试验　如图 8-2 所示，柱形（或圆盘形）探头接近样品，对样品进行压缩，直至达到设定的目标位置后返回。主要应用在蛋糕、面包等烘焙制品，以及火腿、肉丸等肉制品的硬度、弹性测试。

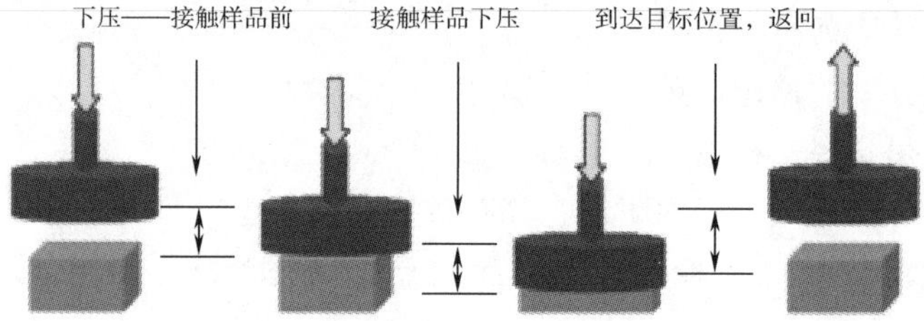

图 8-2　压缩试验示意图

（2）穿刺试验　如图 8-3 所示，柱形探头（底面积小）穿过样品表面，继续穿刺到样品内部，达到设定的目标位置后返回。主要应用在苹果、梨等果蔬类产品的表皮硬度、果肉硬度测定。

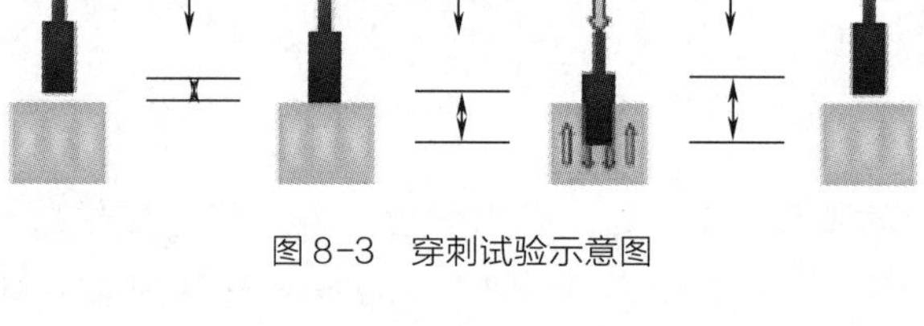

图 8-3　穿刺试验示意图

（3）剪切试验　如图 8-4 所示，刀具探头对样品进行剪切，到目标位置后返回。主要应用于鱼肉、火腿等肉制品的嫩度、韧性和黏附性的测定。

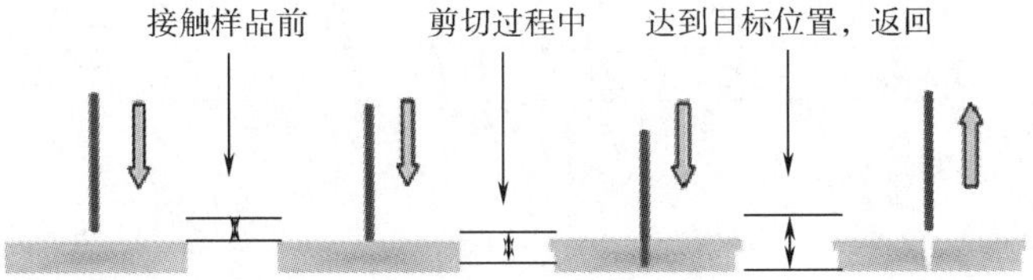

图 8-4　剪切试验示意图

（4）弯曲试验　如图 8-5 所示，探头对样品进行下压弯曲施力，直到样品受挤压弯曲断裂后返回。主要应用于硬质面包、饼干、巧克力棒等烘焙食品的断裂强度、脆度等的测定。

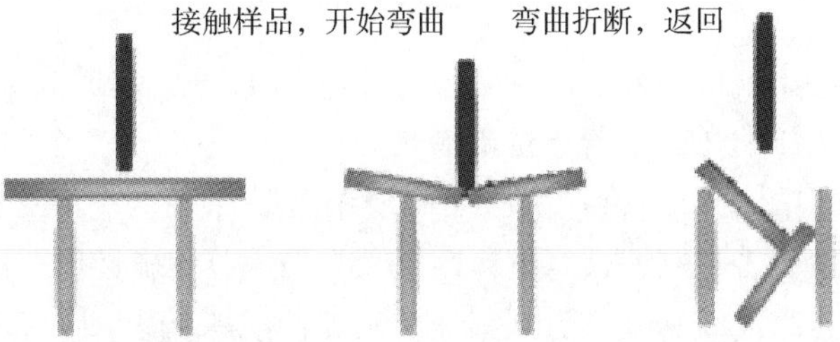

图 8-5　弯曲试验示意图

（5）拉伸试验　如图 8-6 所示，就是将样品固定在拉伸探头上，对样品进行向上拉伸，直到拉伸到设定距离后返回。主要应用于面条的弹性、抗张强度和伸展性测试。

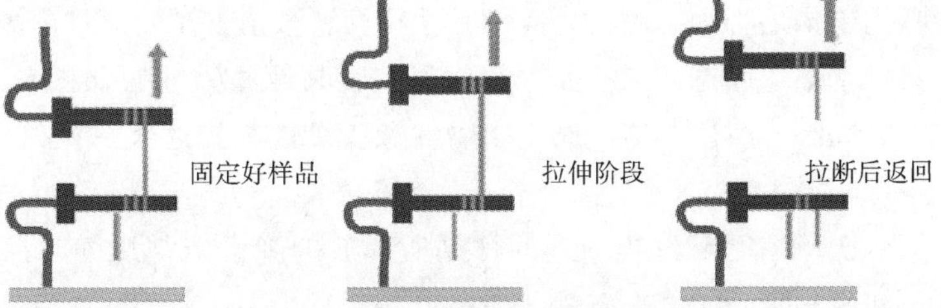

图 8-6　拉伸试验示意图

（五）全质构测试

全质构测试（texture profile analysis，TPA），又称质地剖面分析、两次咀嚼测试。实际上是让仪器模拟人的两次咀嚼动作，记录力与时间的关系，并从中找出与人感官评定对应的参数。TPA 试验的质地特征曲线如图 8-7 所示。测试时探头的运动轨迹是：探头从起始位置开始，先以一速率压向测试样品，接触到样品的表面后再以测试速率对样品进行压缩，到达设定距离后返回到压缩触发点，停留一段时间后继续向下压缩同样的距离，而后以测试后速率返回到探头测前的位置。

TPA 质构特性涉及的主要参数明确如下。

①硬度：第一次压缩时的最大峰值。多数食品的硬度值出现在最大变形处，但有些食品

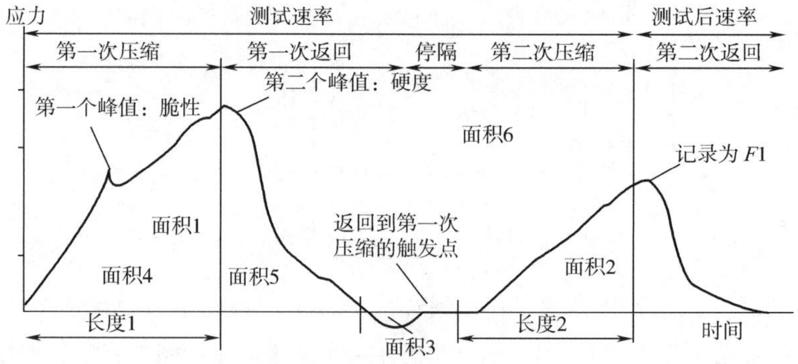

图 8-7　TPA 试验的质地特征曲线

压缩到最大变形处并不出现应力峰。

②脆性：在第一次压缩过程中若产生破裂现象，曲线中出现一个明显的峰，此峰值就定义为脆性。在 TPA 质构图谱中的第一次压缩曲线中若是出现两个峰，则第一个峰定义为脆性，第二个定义为硬度；若只有一个峰值，则定义为硬度，无脆性值。

③黏性：第一次压缩曲线达到零点到第二次压缩曲线开始之间的曲线的负面积（图 8-7 中的面积 3），反映的是探头由于测试样品的黏着作用所消耗的功。

④内聚性：测试样品经过第一次压缩变形后所表现出来的对第二次压缩的相对抵抗能力，在曲线上表现为两次压缩所做正功之比（图 8-7 中面积 2/面积 1）。

⑤弹性：变形样品在去除压力后恢复到变形前的高度比率，用第二次压缩与第一次压缩的高度比值表示，即长度 2/长度 1。

⑥胶黏性：只用于描述半固态测试样品的黏性特性，数值上用硬度和内聚性的乘积表示。

⑦咀嚼性：只用于描述固态测试样品，数值上用胶黏性和弹性的乘积表示。测试样品不可能既是固态又是半固态，所以不能同时用咀嚼性和胶黏性来描述某一测试样品的质构（物性）特性。

⑧恢复性：第一次压缩循环过程中返回样品所释放的弹性能与压缩时探头的耗能之比，在曲线上用面积 5 和面积 4 的比值来表示。

二、搅拌型测试仪

目前一般用布拉本德粉质仪（farinograph）测定面粉中蛋白质的黏性，用粉力测试仪（amylograph）测定面粉中淀粉的特性（特别是发酵型）。这些方法的特点是测定面团在搅拌过程中的阻力，多以 B. U.（brabender unit）为单位。

（一）布拉本德粉质仪

1. 测定原理

小麦粉在粉质仪器中加水揉和，随着面团的形成及衰变，其稠度不断变化，用测力计测量和记录面团揉和时相对于稠度的阻力变化，从加水量及记录揉和性能的粉质曲线计算小麦粉吸水量，评价面团揉和过程中的形成时间、稳定时间、弱化度等特性，用以评价面团强度。

2. 组成

布拉本德粉质仪也称面团阻力仪，其结构如图 8-8 所示。它主要由调粉（揉面）器和测力计组成。

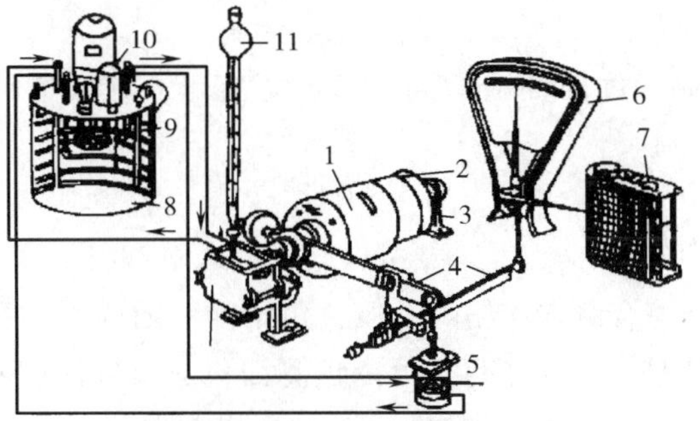

图 8-8　布拉本德粉质仪的结构

1—搅拌槽　2—测力计　3—轴承　4—连杆　5—缓冲器　6—刻度盘
7—记录仪　8—恒温水槽　9—循环管　10—循环电机　11—滴管

3. 测定过程

以布拉本德粉质仪为例，其测定过程是：面团作用于搅拌翼上的力对测力计产生转矩使之倾斜，倾斜度通过刻度盘读出，缓冲设备用于防止杠杆的震动。试验时，当恒温槽达到规定的温度后，将面粉加入搅拌箱内，在旋转搅拌的同时，通过滴定管加水。当转矩小于 500B. U. 时，下次试验要适当减少加水量，反之，则增加用水量。反复试验。最后使转矩的最大值达到 500B. U. 时，继续记录 12min。

4. 粉质曲线

布拉本德粉质仪的记录曲线称为面团的粉质曲线，横坐标为时间，纵坐标为阻力，如图 8-9 所示。曲线各参数定义如下：

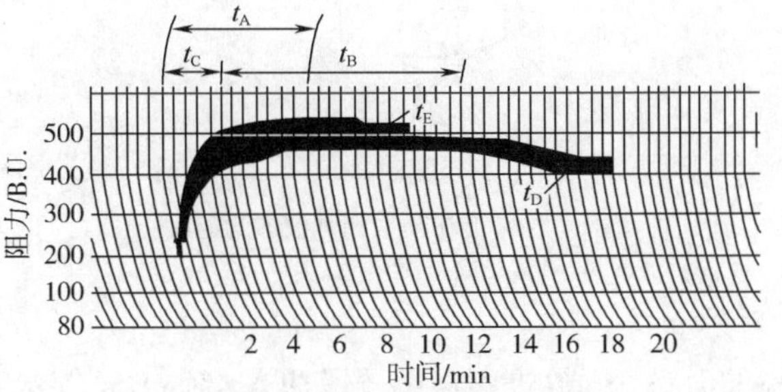

图 8-9　粉质曲线

（1）及线时间（t_E）　搅拌开始到记录曲线和 500B. U. 的纵轴线接触所用的时间。它表示小麦蛋白质水合所需的时间，蛋白质含量越大，时间越长。

（2）面团形成时间（t_A）　搅拌开始到转矩达到最大值所需要的时间。如果存在两个峰值，则取第二个峰值。

（3）稳定时间（t_B）　曲线到达 500B. U. 到脱离 500B. U. 所需要的时间。它表示面团的稳定性，这个时间越长面团耐衰落性越好，即使长时间搅拌，也不会产生弱化现象。

（4）耐力指数（t_C） 曲线的最高点和过 5min 后的最高点之间的距离，表示面团在搅拌过程中的耐衰落性，与稳定性相似。

（5）面团衰落度（t_D） 曲线从最高点开始下降时起，12min 后曲线的下降值。面团衰落度值越小，说明面团筋力越强。

（6）吸水率 指揉制面团时面粉所需水分的适宜量，一般是面团阻力达到最大峰值时（500B. U.）的加水量。

（二）淀粉粉力测试仪

淀粉粉力测试仪用来综合测定淀粉的性质，包括淀粉团的影响和酶的活力。主要测定面粉中的淀粉酶活力（主要是 α-淀粉酶），可以预测面包的质量。它可以一边自动加热（或冷却）面粉悬浮液，一边自动记录由于加热而形成的淀粉糊黏度。

1. 测定原理

把搅拌器放入装有面粉悬浮液的容器，然后加热容器的同时进行旋转（75r/min），由于淀粉的糊化搅拌器也跟着旋转，旋转角转换为弹力被记录。

2. 主要组成

仪器的主要部分是装面粉悬浮液的容器和搅拌器，可用电阻丝加热，其他还有测力系统、加水系统、记录系统、阻尼系统和恒温系统。淀粉粉力测试仪的测定设备如图 8-10 所示。

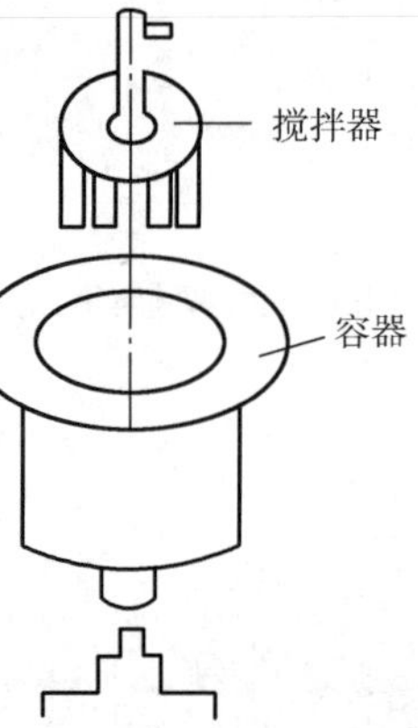

图 8-10 淀粉粉力测试仪的测定设备

3. 记录曲线

把含水量为 13. 5%的面粉 65g 放进容器后缓慢加入 450mL 蒸馏水，调制成测试用面粉悬浮液。记录曲线如图 8-11 所示。曲线各参数定义如下：

（1）糊化开始温度（GT）；

（2）黏度最大时的温度（MVT）；

（3）最大黏度（MV）。

一般来讲，面团的加工特性，特别是酶活力与最大黏度相关性高。最大黏度太高时，酶活力弱，面团发酵性差，制造的面包质量差，但对制造饼干和面条无影响；最大黏度太低时，酶活力太强，面团易变软，影响操作，降低面包、饼干和面条的质量。最大黏度值小于

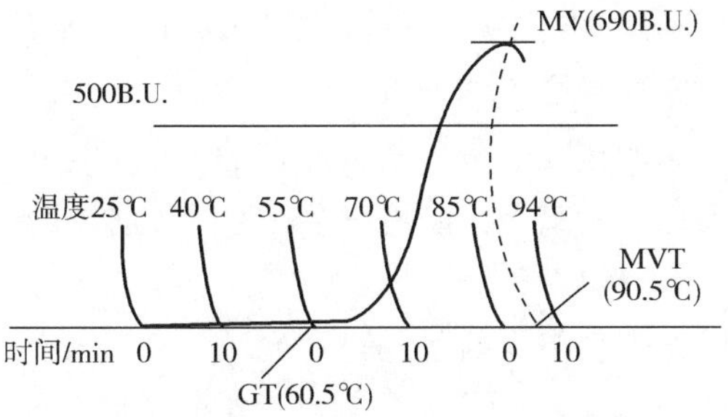

图 8-11　记录曲线

GT—糊化开始温度　MV—最大黏度　MVT—黏度最大时的温度

100B. U. 的面粉不适合制作面包。

三、电子鼻

电子鼻（electronic nose，EN）也称人工嗅觉系统，是 20 世纪 90 年代发展起来的一种利用气体传感器阵列的响应图案来识别气味的电子系统，它可以在几小时、几天甚至数月的时间内连续地、实时地监测特定位置的气味状况。

电子鼻主要用来分析、识别和检测复杂嗅味和大多数挥发性化学成分，与普通成分分析仪器相比，它不需进行样品前处理，很少或者几乎不用有机溶剂，并且得到的不是样品中某种或某几种成分的定性与定量结果，而是样品中挥发成分的整体信息。它不仅可以根据各种不同的气味检测到不同的信号，还可以将这些信号与利用标样建立的数据库中的信号加以比较，进行识别和判断。由于它独特的功能，在饮料、酒类、烟草、化妆品、石油化工、包装材料、环境监测、临床、化学等领域得到了广泛应用。

（一）电子鼻的基本原理

所谓“电子鼻”实质上是一种能够感知和识别气味的电子系统，工作原理就是模拟人的嗅觉器官对气味进行感知、分析和判断。因而其工作原理与人的嗅觉形成相似，包括 3 个部分：

（1）气味分子被人工嗅觉系统中的传感器阵列吸附，产生信号；

（2）生成的信号经各种方法加工处理与传输；

（3）将处理后的信号经模式识别系统做出判断。

（二）电子鼻的组成

电子鼻一般由气体传感器阵列、信号预处理系统和模式识别系统等三大部分组成。工作时，气味分子被气体传感器阵列吸附，产生信号；信号经过预处理系统进行处理和加工；并最终由模式识别系统对信号处理结果做出判断。

1. 气体传感器阵列

在电子鼻系统中，气体传感器是感知气味的基本单元，也是关键因素。但由于气体传感器的专一性很强，使得单个传感器在检测混合气体或有干扰气体存在的情况下，难以得到较高的检测和识别精度。因此，电子鼻的气味感知部分往往采用多个具有不同选择性的气体传感器，并按一定阵列组合，利用其对多种气体的交叉敏感性，将不同的气味分子转化为与时间相关的可测物理信号组，实现混合气体分析。

气体传感器阵列是电子鼻的核心部分，根据原理的不同，可以分为金属氧化物型、电化学型、导电聚合物型、质量型、光离子化型等很多类型。目前应用最广泛的是金属氧化物型。

2. 信号预处理系统

该系统的作用是对传感器阵列传入的信号进行滤波、交换和特征提取，其中最重要的就是特征提取。不同的信号处理系统就是按特征提取方法的不同来区分的。目前，常用的特征提取方法有相对法、差分法、对数法和归一法等，这些方法既可以处理信号，为模式识别过程做好数据准备，也可以利用传感器信号中的瞬态信息检测、校正传感器阵列。大量试验表明，相对法有助于补偿传感器的敏感性；部分差分模型除了可以补偿敏感性外，还能使传感器电阻与浓度参数的关系线性化；对数法可以使高度非线性的浓度依赖关系线性化；归一法则不仅可以减小化学计量分类器的计量误差，还可以为人工神经网络分类器的输入准备适当的数据。由此可见，不同的信号预处理子系统往往与某个模式识别子系统结合在一起进行开发，将其设计成一套软件系统的两个过程，这样可以方便数据转换并保证模式识别过程的准确性。

3. 模式识别系统

模式识别是对输入信号再进行适当的处理，以获得混合气体的组成成分和浓度的信息的过程。模式识别过程分为两个阶段：第一是监督学习阶段，在该阶段需要用被测试的气体来训练电子鼻，让它知道需要感应的气体是什么；第二是应用阶段，经过训练的电子鼻有了一定的测试能力，这时它就会使用模式识别的方法对被测气体进行辨识。目前主要模式识别方法有统计模式识别技术、人工神经网络（ANN）技术、进化神经网络（ENN）技术等。

（三）电子鼻的工作程序

电子鼻识别气味的主要机制是在阵列中的每个传感器对被测气体都有不同的灵敏度，即传感器阵列对不同气体的响应图谱是不同的，正是这种区别，才使系统能根据传感器的响应图谱来识别气味。

电子鼻典型的工作程序是：

（1）传感器的初始化　利用载气（高纯空气）把顶空进样器获取的挥发性物质吸取至装有电子传感器阵列的容器室中。

（2）测定样品与数据分析　取样操作单元把已初始化的传感器阵列暴露到气味中，当挥发性化合物与传感器活性材料表面接触时，产生瞬时响应。这种响应被记录，并传送到信号处理单元进行分析，与数据库中存储的大量挥发性化合物图案进行比较、鉴别，以确定气味类型。

（3）清洗传感器　测定完样品后，要用高纯空气“冲洗”传感器活性材料表面，以去除测过的气味混合物。在进入下一轮新的测量之前，传感器仍要再次实行初始化（即工作之间，每个传感器都需用高纯空气进行清洗，以达到基准状态）。被测气味作用的时间称为传感器阵列的“响应时间”，清除过程和参考气体作用的初始化过程所用的时间称为“恢复时间”。

（四）电子鼻在食品工业中的应用

在食品感官质量评定时，以嗅觉评定最为复杂，也极难把握。目前，这项工作是靠专业技术人员的嗅觉进行评定，评定结果包含了人为因素，可重复性较低。电子鼻技术可得到具有相当精度的多组分信息，其特征图像被用于计算机神经网络的训练，并有可能识别未知试样，对食品感官质量评定的结果可成倍提高。当某种香料香精的香气质量或香型经专业技术人员评定以后，电子鼻系统将其作为学习样本来学习，通过神经网络方法，在学习中不断调整其权值。电子鼻系统在学习并掌握了必要的知识之后，对一种香气就可以通过一次测量，迅速给出其香气质量得分或香型。这样的电子鼻就具有了一定程度的智能，可以部分代替人来评定香气的质量或确定香气的类型。电子鼻的这种通过“学习—测试—再学习—再测试”，多次反复，不断提高分析能力的过程犹如一个评香师的培训过程。

随着电子鼻研究的不断深入，其应用领域不断扩大，如食品工业、医疗卫生、药品工业、环境检测、安全保障和军事等领域。此外，电子鼻的应用深度也在不断扩大，主要体现在其在同一领域不同环节中的应用，如在食品原材料方面，可以检测鱼、肉、蔬菜、水果等的新鲜度，对谷物进行分类以及对禽类进行病菌检疫；在食品生产过程方面，可以实现烹调、发酵、存储等过程的监测；在食品产品评价方面，可以评价水果、葡萄酒和肉制品等的品质，评价和识别不同品牌的白酒、葡萄酒等。

1. 电子鼻在果蔬成熟度检测中的应用

果蔬在不同的成熟阶段，散发的气味也不一样，所以可以通过闻其气味来评定水果的成熟度。电子鼻技术通过将气味检测得到的数据信号与产品各成熟度指标建立模型，从而在线检测水果或蔬菜所散发的气味并进行成熟度判别。

成熟度对芳香物质的产生有很大的影响，贝纳迪（Benady）等利用电子鼻对香瓜的成熟度进行检测，结果发现，在试验室测试时，电子鼻对香瓜成熟和不成熟的识别率达到 90.2%；当将香瓜分为成熟、半熟和不成熟三类时，正确率为 83%。采用电子鼻系统对不同成熟度的番茄进行研究，采用颜色指标进行成熟度区分时，利用主成分分析（PCA）和线性判别式分析（LDA）模式识别的研究结果表明，电子鼻可以较好地区分半熟期、成熟期和完熟期的番茄；采用坚实度指标识别和主成分分析处理数据时，电子鼻可以将半熟期、成熟期和完熟期的番茄完全分开。

2. 电子鼻在食品新鲜度检测中的应用

电子鼻可以用来检测鱼、肉、蔬菜、水果等的新鲜度和贮藏的粮食是否霉烂变质。据联合国粮农组织估计，全世界每年有 5%~7%的粮食、饲料等农作物受霉菌侵染。这些霉菌会产生多种对人、畜、禽有危害的霉菌毒素，如黄曲霉毒素、玉米赤烯酮、单端子孢霉毒素等，目前对于这些物质的检测大多通过较为复杂的化学方法或比较贵重的测试仪器（如色谱仪），操作复杂，成本高。若利用电子鼻来实现这种辨识，可达到辨识快捷、准确、费用低廉的效果。

通过电子鼻可分析肉制品加工过程中微生物种类和数量的变化，从而判断肉制品的新鲜程度。也可利用电子鼻研究鸡肉在贮藏过程中挥发性成分的变化，判断不同贮藏时间和温度对鸡肉腐败变质的作用程度。采用涂锡金属氧化物传感器阵列构成的电子鼻系统来评价和分析阿根廷鳕鱼肉，可以区分不同贮藏天数的鱼肉。采用电子鼻分别对含有活的储粮害虫气体样本、含有死虫的气体样本和标准空气样本进行检测与比较，结合主成分分析法进行模式识别，能快速检测出粮食是否受到害虫的侵蚀。美国公司研发的 Cyranose230 是目前市场上第一种基于高分子聚合物材料传感器基础上的便携式电子鼻，它能快速、准确地确定在食品生产和包装过程中食品的新鲜度、污染情况以及批量产品的一致性。利用仿生电子鼻技术可为人们判断食品及其原料的新鲜度带来巨大的方便。

3. 电子鼻在食品等级判定中的应用

在传统的等级评定中，可根据食品的内在质量、几何形状等参数进行判定，往往需要测定各项物理指标和化学指标来对食品有一个综合的评定，需要大量的人力和物力。而对于同一种原料食品来说，不同等级的食品其气味是不同的。因此，可以应用仿生电子鼻根据食品气味对食品进行质量分级。

使用电子鼻鉴别 5 种使用不同工艺处理的茶叶，结果证明，电子鼻能够成功鉴别出不同加工条件下生产的茶叶。将小牛肉贮藏起来，根据不同的贮藏时间划分为不同的等级，以此为基础用电子鼻对不同贮期小牛肉的挥发性成分构成进行判断，依据自我组织映射网络对样品结果进行分析，分析的等级评定结果与贮藏的时间一致。

4. 电子鼻在食品类别判定中的应用

食品的种类不同，所带有的挥发性气味物质也不同，因此，应用电子鼻可进行食品类别鉴别。

例如，电子鼻可以快速、准确地实现白酒种类和真假的识别，可以准确识别不同香型和同种香型不同品牌的白酒。利用电子鼻对纯水、稀释的酒精样品、2 种西班牙红葡萄酒和 1 种白葡萄酒进行检测和区分，试验结果表明电子鼻可以完全区分 5 种测试样品，测试结果和气相色谱分析的结果一致。

5. 电子鼻在食品微生物检测中的应用

微生物是影响食品质量的主要因素，其大量繁殖不仅使食品失去原有风味，还会产生一些不良风味物质。传统的微生物学检测方法有标准平板计数法和显微镜直接观察法，但都存在检测周期长，操作烦琐，灵敏度不高，前处理时间太长等缺点。电子鼻可依据不同微生物产生的代谢物产物之间的差异，对食品中腐败菌种类及其生长规律进行检测。

例如，内置式的电子鼻装置（SPME-MS-MVA）可以实现牛乳中的假单胞荧光菌、假单胞产金黄色素菌和假单胞腐败菌的区分。电子鼻对牛乳中的不同腐败菌进行监测，同时采用 GC-MS 测定细菌代谢产生的挥发性物质，结果表明，电子鼻所得的“气味图谱”与细菌数和挥发性细菌代谢物质的种类和数量之间存在良好的相关性，可以利用电子鼻监测牛乳中不同类型腐败菌的生长情况。

6. 电子鼻在食品在线检测中的应用

在食品加工过程中，品质控制对于保证产品质量的稳定性起到决定性作用。现在常用的品质在线监控系统比较庞大、操作复杂，价格昂贵。利用电子鼻，可实现烹调、发酵、贮藏等过程的在线品质监控，检测环境中是否出现异常气味。

用电子鼻可识别巴氏杀菌牛乳和经过超高温瞬时杀菌处理过的牛乳。用电子鼻识别牛乳的处理过程以及跟踪牛乳腐败的动力学过程，可以得知其品质优劣和整个腐败过程。并且在乳制品生产工业上应用这种仪器进行质控分析试验，发现传感器有很好的重复性，并且其响应时间很短，为 2~3min。电子鼻应用在乳制品中最大的优势就是可以进行在线控制，这是任何其他方法所不能比拟的。也可利用电子鼻在线分析肉制品加工中挥发性气体成分变化、评价肉制品的质量，同时对环境条件进行监控，最终对产品的质量进行预测和评价。

（五）当前的电子鼻系统

目前比较著名的电子鼻系统有英国的 Neotronics、AromaScan、Bloodhound，法国的 Alpha MOS，日本的 Frgaro 和我国台湾的 Smell 和 KeenWeen 等。当前部分商品化的电子鼻如表 8-2 所示。

表 8-2　　当前部分商品化的电子鼻

电子鼻名称	国家	传感器类型	传感器数目
Airsense	德国	MOS	10
Alpha MOS	法国	MOS/CP/QCM	达到 24
AromaScan	英国	CP	32
Bloodhound Sensor	英国	CP	14
HKR SensorSysteme	德国	QCM	6
Lennartz electronic	德国	MOS/QCM	达到 40
Neotonics	美国、英国	CP	12
Nordic Sensor Technologies	瑞士	MOSFET/MOS/IR/QCM	达到 15
RSTRostock	德国	QCM/MOS/SAW	达到 6

注：表中 MOS（mental oxide semiconductors）为金属氧化物传感器； CP（conducting ploymer）为导电聚合物传感器； QCM（quartz crystal microbalance）为石英晶体谐振传感器； IR（infrared）为红外线光电传感器； SAW（surface acoustic wave）为声表面波传感器； MOSFET（mental oxide semiconductor field effect transistor）为金属氧化物半导体场效应管传感器。

四、电子舌

电子舌（electronic tongue）技术是 20 世纪 80 年代中期发展起来的一种分析、识别液体“味道”的新型检测手段，由具有非专一性、弱选择性、对溶液中不同组分（有机和无机，离子和非离子）具有高度交叉敏感特性的传感器单元组成的传感器阵列，结合适当的模式识别算法和多变量分析方法对阵列数据进行处理，从而获得溶液样本定性与定量信息的分析仪器（图 8-12）。它与普通化学分析方法（如色谱法、光谱法、毛细管电泳法等）不同，得到的不是被测样品中某些成分的定性与定量结果，而是样品的整体信息，也称“指纹”数据。

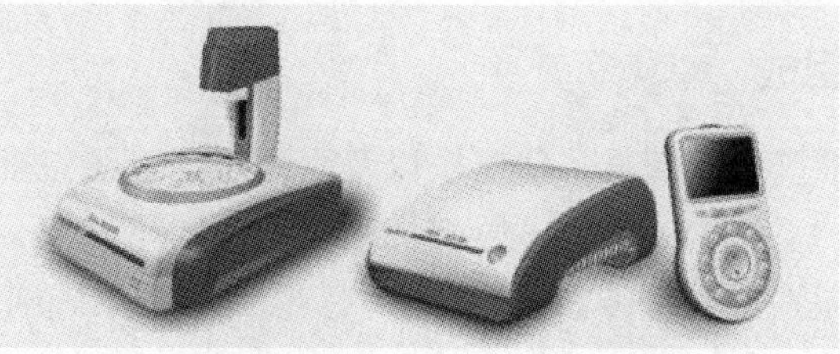

图 8-12　电子舌

（一）电子舌的基本原理

由图 8-13 可知，当一种味觉物质接触舌头时，它首先被味觉细胞的微绒毛吸收，接着被覆盖在味觉细胞表面上的双层类脂膜吸收，膜电位改变，产生不同的输出信号，从而识别出不同的味觉物质。

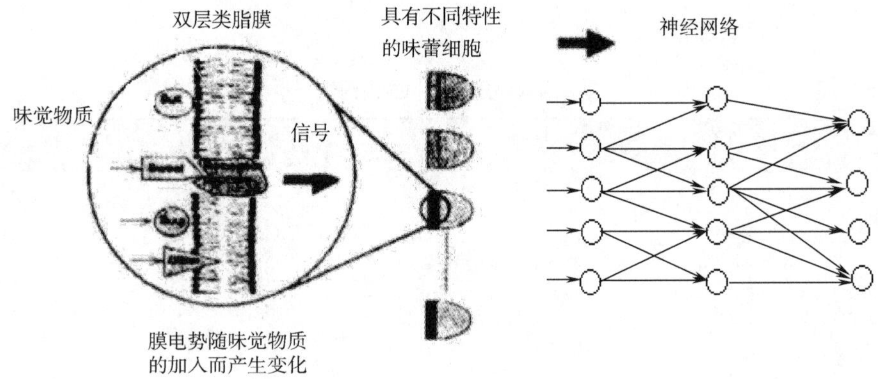

图 8-13　味觉感受模型

电子舌即模拟味觉传感机制，如图 8-14 所示，传感器由类脂膜制成，当味觉物质在薄膜上被吸收，数据便通过类脂膜上电位的变化获得。此时，作为代替不同特性的味觉细胞由不同类脂薄膜材料组成。

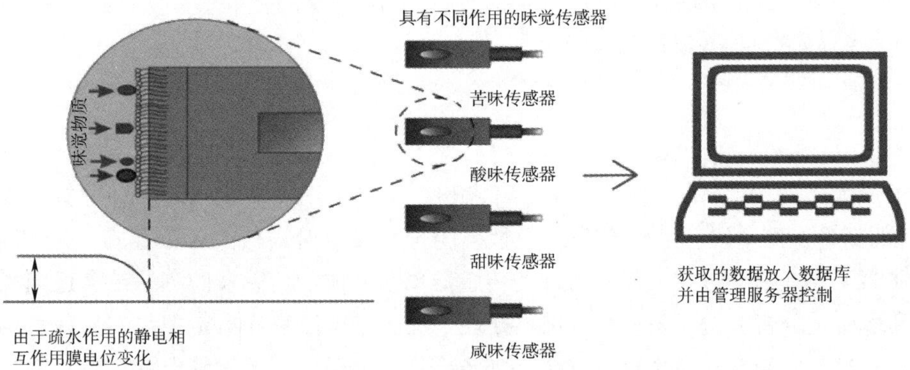

图 8-14　味觉感受系统

（二）电子舌的组成

电子舌由味觉传感器阵列、信号采集模块以及模式识别系统三部分组成。电子舌中的味觉传感器阵列相当于生物系统中的舌头，感受被测溶液中的不同成分；信号采集模块相当于神经感觉系统，采集被激发的信号传输到计算机中；模式识别系统则是利用化学计量学方法，模拟人脑将采集的电信号进行识别、分析、处理，对不同物质进行区分辨识，得出不同物质的感官信息。

1. 味觉传感器阵列

电子舌味觉传感器的类型主要有：膜电位分析味觉传感器、伏安分析味觉传感器、光电法味觉传感器、多通道电极味觉传感器、生物味觉传感器、基于表面等离子共振味觉传感器、凝胶高聚物与单壁纳米碳管复合体薄膜味觉传感器、硅芯片味觉传感器等。

2. 信号采集模块

从味觉传感器采集的电信号经过放大降噪处理，经 A/D 转换转化为计算机能识别的数字信号存储在计算机内，等待进一步处理。

3. 模式识别系统

模式识别系统是电子舌技术的关键部分之一，它是根据研究对象的特征或者属性，利用计算机系统，运用一定的分析算法来认定对象类别的技术。模式识别系统由 3 个部分构成：

（1）数据的获取与前处理　用计算机可以运算的符号来表示研究对象；前处理对获取的模式信息去噪，提取有用信息；

（2）特征提取与选择　对原始数据进行变换，得到最能反映分类本质的信息；

（3）分类决策　用已有的模式及模式类的信息进行训练，获得一定分类准则，对未知模式进行分类。

（三）电子舌在食品领域中的应用

1. 电子舌结合人工感官在食品行业中的应用

虽然电子舌可以通过模仿人类的舌头来实现对呈味物质快速且准确的检测识别，但是它无法代替人对于产品的直观感知过程，无法获知产品所能引起消费者的直接感受或者喜好，将人工感官评定和电子舌评定结合使用，即可弥补人工感官评定带来的不足，又可增加电子感官评定结果的说服力。

用电子舌检测鲜味单味和风味增强剂的鲜味强度，发现电子舌的鲜味响应值和增味剂浓度呈半对数函数关系，PCA 和 LDA 能够成功区分增味剂的种类和浓度，人工感官评定验证结果与电子舌测试结果一致，鲜味得分越高，电子舌对应的响应值越高；人工感官评定进一步证实了电子舌对风味增强剂分析的准确性，也说明了电子舌是快速分析味道的工具。使用人工感官评定和电子舌感官评定对干燥后香菇风味进行了测试，基于感官分析和电子舌响应值的相关性分析显示鲜味、咸味、涩味传感器的响应值与生蘑菇状的气味呈负相关，而与汗味、烘烤味和调料味呈正相关，酸味传感器与汗味和调料味呈负相关；苦味、水果香气与传感器都没有相关性，这说明人工感官评定结果和电子舌测试结果结合可以更清晰地得出不同的干燥工艺对香菇的风味特性有重要影响。二者的结合使用缩小了人工感官评定中评价员主观因素的影响，并且将电子舌的测试值赋予了评价员的喜好度，使测试结果更直观和便于应用。

2. 食品掺假检测

可利用电子舌检测牛乳中是否掺杂羊乳，将采集到的不同样品信号用 LDA 建立模型，可以分别以 97%和 93%的正确率区分羊乳、牛乳与两者的混合样。西班牙人研究的电子舌能够快速检测出掺假的红酒，这种电子舌主要由两组传感器组成。一组是基于酞菁碳粘剂的电极（CPES），一组电极表面覆盖有可导电的聚吡咯，聚吡咯中含有一定量的带相反电荷的离子。这两类电极的电化学反应与溶液中的离子和带电荷的分子有关，对酸和抗氧化剂的反应更是灵敏。在检测过程中添加反应灵敏的材料可以提高系统的分辨能力。该系统能够测定样品的化学参数如醇浓度和酸度等，通过分析样品的特征从而辨别真伪。

3. 食品的分类、分级

用基于固体传感器阵列的电子舌检测脂肪含量不同的牛乳，不同品牌和不同原产地的牛乳，将采集到的信号用支持向量基神经网络进行处理和模式识别，结果显示电子舌对脂肪含量不同的牛乳和不同品牌的牛乳具有很好的区分和分类效果；利用多频脉冲电子舌，对 5 种品牌超高温灭菌（UHT）纯牛乳和 2 种品牌的巴氏杀菌纯鲜牛乳进行评价，采用 PCA 进行数据处理，结果表明，电子舌可以很好地区分不同企业和采用不同热处理工艺生产的牛乳产品；采用 α-ASTREE 电子舌检测装置（法国 Alpha MOS 公司），对 3 个等级 15 种普洱茶分别进行了感官评定与电子舌测定，证明即使是特征十分相近的茶叶，电子舌也能做很好的区分；由多个性能彼此重叠的味觉传感器阵列组成的电子舌，能够定性地识别出苹果、菠萝、橙子和红葡萄等几种不同的果汁。

4. 食品中微生物的检测

微生物在食品中发挥着很大的作用，因此对于微生物的检测非常重要。用电子舌对食品中常见的真核微生物和两种原核微生物分别在微生物生长的对数期、延滞期和稳定期对 pH 和湿度进行检测，试验结果表明电子舌可用于检测细菌滋生情况；利用压电石英晶体传感器组成的微型电子舌监测系统测定原料乳中细菌的数量，通过数据分析得知：当细菌浓度在 70～106CFU/mL 范围时，检测时间和细菌密度的标准曲线呈线性相关，从而能够准确地反映在一定浓度范围内的细菌数量。

5. 食品加工过程的在线检测

在牛乳加工过程中，电子舌可以直接检测不同来源的原料乳，并根据牛乳的不同风味，判断奶牛在饲养过程中所用的饲料（如青贮饲料、苜蓿或干草等）；可以快速检测所输送牛乳的质量或风味变化情况，防止被污染或风味败坏的牛乳污染其他的原料乳；将改进的伏安分析传感器应用于牛乳加工的在线检测过程，可以在线检测牛乳的电导率、浊度和温度等。

6. 食品质量评价

利用多频脉冲电子舌，对鲈鱼、鳙鱼、鲫鱼 3 种淡水鱼和马鲇鱼、小黄鱼、鲳鱼 3 种海水鱼进行了品质和鲜度的评价试验。结果表明：鱼在不同时间点的品质特性可以用电子舌加以有效区分，能较准确地表征鱼类新鲜度的变化；电子舌不仅可以有效区分淡水鱼和海水鱼，而且还可以辨识不同品种淡水鱼或海水鱼之间的差异。

7. 电子舌结合检测仪器在食品行业中的应用

使用液-质联用技术与电子舌相结合，鉴定 5 种典型黑茶的化学成分和口感品质的变化，通过电子舌测试分析可知普洱茶的苦味和苦味回味最强，而福传茶的涩味、涩味回味和咸味最强，普洱茶与清转茶、康传茶与六宝茶味觉特征相似；黑茶的苦味和苦味回味与茶多酚、黄酮类、多糖呈负相关，与茶多酚呈正相关，涩味回味与茶多酚、黄酮类呈正相关。

用电子舌评价生或熟藜麦种子获得的面粉，未煮熟的样品有变苦的趋势，而煮熟的种子更具涩味、鲜味、咸味和后涩味的特征；继而用液相色谱-高分辨率质谱法定量测定皂苷，能够解释发芽时间、皂苷含量、苦味程度三者的关系。

五、感官检验机器人

1. 食品味觉检验机器人

图 8-15 为 NEC 系统科技公司研制的用于食品味道检验的机器人，能够准确地辨别出数十种食物。它可以在不破坏食物的前提下，利用传感器对食品的成分进行分析，并将结果告知用户。“辨味”机器人的左指尖安装有红外线探测装置，向食物发射不同波长的红外线，传感器可接受反射回来的红外线，然后画出食品的“红外指纹”。经过与数据库对比，就可以知道这些食物的味道，并判断出食物的名称。

图 8-15 用于食品味道检验的机器人

“辨味”机器人可通过内置扬声器，告知用户有关保健和饮食的建议。比如脂肪和糖分的摄入是否过量，水果是否到了最佳食用季节等；还可以判断苹果的甜度、乳酪的品牌和面包的种类等，其“味觉”识别水平已经达到较高水平。

2. 葡萄酒品评机器人

辨别葡萄酒品质优劣、判断葡萄酒品牌，历来是品酒师的工作。但是，NEC 系统科技公司和三重大学的研究人员设计了一个能够品尝和识别数十种不同类型葡萄酒的机器人。检测分析时，只需把 5mL 样品倒入放置在机器人前面的托盘中，由发光二极管发出的红外线通过样品，光敏二极管检测反射光线。通过确定被样品所吸收的红外线波长，机器人可快速而准确测试出 30 种常见葡萄酒的有机成分，从而判断出不同类型的葡萄酒。

这种机器人还具有分辨假葡萄酒的功能。由于葡萄酒具有很强的地域特点，某一特定区域生产的葡萄酒其主要成分是确定的，该机器人甚至可以辨明葡萄酒的产地，分辨出产品的批次和编号。由于目前假葡萄酒的辨别主要还是依靠人的感官和通过对葡萄园记录的详细分析完成，机器人如果可以快速检测出葡萄酒的真伪，就可以降低检测成本，意义重大。

然而，这种葡萄酒机器人有待于进一步改进和提高。一方面，它需要能够分辨出更多种的葡萄酒，这是由于世界上的葡萄酒种类有很多种；另一方面，它在测试的准确性方面也有待于进一步提高。

六、多仿生传感信息融合智能检测技术

近些年来，随着计算机技术、信息处理技术以及传感器技术的飞速发展，单一的仿生传感智能感官检测技术在农产品和食品品质检测领域得到了越来越多的应用。如利用机器视觉技术根据形状参数和颜色特征对水果进行分级检测；利用电子鼻检测鱼、肉、水果、蔬菜等的新鲜度，鉴别酒精饮料的真伪；利用电子舌鉴别咖啡、电解质饮料等。

单一的仿生传感技术只能反映农产品某一方面的信息，不能对农产品的品质进行综合评判。多仿生传感信息融合是一种跨感知技术，是充分利用多种仿生传感信息资源，得到描述同一对象不同品质特征的大量信息，并依据某种准则对这些信息进行分析、综合和平衡，以期获得若干个最佳综合变量的技术。与单一仿生传感技术相比，它具有信息量大、容错性好、与人类认知过程相似等优点。利用融合的近红外光谱信息和电子鼻信息来估计米饭的最佳烹饪时间；利用电子鼻和电子舌融合信息判断特纯初榨橄榄油的不同存储条件；利用电子鼻、电子舌以及分光光度融合信息预测对红酒的感官描述；利用电子鼻和电子舌融合信息比较不同苹果汁的风味；利用近红外光谱和机器视觉的多信息融合技术评判茶叶的品质，成功地将绿茶区分为 4 个等级；利用近红外光谱和机器视觉融合技术检测板栗缺陷，取得了很好的效果。

随着机器人技术的不断发展，机器人的应用领域和功能有了极大的拓展和提高。智能化已成为机器人技术的发展趋势。而传感器技术则是实现机器人智能化的基础。智能机器人通常配有数量众多的不同类型的传感器，以满足探测和数据采集的需要。若对各传感器采集的信息进行单独、孤立的处理，不仅会导致信息处理工作量的增加，而且割断了各传感器信息间的内在联系，造成信息资源的浪费。多仿生传感信息融合技术可有效地解决上述问题，它综合运用控制原理、信号处理、仿生学、人工智能和数理统计等方面的理论，将分布在不同位置、处于不同状态的多只传感器所提供的局部的、不完整的观察量加以综合，消除多传感器信息之间可能存在的冗余和矛盾，利用信息互补，降低不确定性，以形成对系统环境相对完整一致的感知描述，从而提高智能系统决策、规划的科学性，反应的快速性和正确性，降低其决策风险。机器人多仿生传感信息融合技术已成为智能机器人研究领域的关键技术之一。

第三节　仪器分析与感官评定之间的关系

仪器分析的特点是把食品的特性用准确的数字表达出来，重现性较好。感官评定则是人对食品的感觉，通过神经传到大脑后，用语言表达出来，重现性一般，但有时人的感觉比仪器灵敏度更高。人们能够鉴定用仪器不能测定的微量成分的差异，能快速判断食物的各种味道，进行综合评定，仪器测定则无法完成这些任务。

在食品工业中，食品的质量最直接的表现就是食品本身的感官性状，食品的色泽、风味和组织状态等成为鉴别食品好坏的重要指标。除了微生物、理化指标外，感官评定的数据也是食品质量的重要体现。食品感官评定在新产品开发、食品质量评价、市场预测、产品标准设定和确定产品保质期等方面应用广泛。鉴于人感觉器官的不可替代性，将仪器分析与感官评定相结合，成为食品质量检验的主流趋势。

一、仪器分析的局限性

虽然仪器分析在许多方面都具有难以比拟的优势，但同时它也不可避免地具有一定的局限性：

（1）难于检测出高含量和极微量成分　仪器分析虽然能测出成千上万种物质，但其相对误差相对较大，因此它并不适用于常量以及高含量组成的分析，同时也很难检测出极微量的成分。

（2）需要强大的数据库　所谓的拟人化仪器还只是一类物质的识别装置，它只是利用了各种传感器的检测结果，结合计算机强大的数据处理能力和信息储存能力，与预先建立好的人们对物质感官评定结果的数据模型对照、反馈，来模拟感官识别的一种分析系统。这需要强大的数据库作为支撑，需要重复性、稳定性、精确性好的专家评价员。

（3）识别能力不能达到人类感觉的再现　仪器分析的识别能力虽已接近人类的感觉，但还未达到人类感觉的再现水平。因此，理论上，即使感觉机制研究清楚后，人工感觉模拟系统，在本能生理方面能够达到人类对物质分析的要求，但在人文心理、享受愉悦方面，却很难满足人们对感觉享乐的要求。

（4）分析前常常要对样品进行预处理　进行仪器分析之前，时常需要对样品进行预处理，如富集、除去干扰物质等。

（5）仪器价格昂贵，对环境要求高　分析仪器的结构复杂，价格比较高昂，后期的维护保养费用也比较高，对工作环境的要求苛刻。

二、感官评定的局限性

感官评定是用感觉器官调查产品的感官属性。它是一种多变量技术，即同时对一个目标样本的多种变量的测量技术。传统的感官评定是一种直接的质量检查方法，由人的鼻、舌等承担，灵敏度高，结果直观。但感官评定又存在一定的局限性：

（1）感官评定难于确定所有物质　虽然感觉灵敏度很高，但长期的人类进化过程中，人们往往本能地选择记忆有危害的物质，对于其他物质的敏感度降低。因此，要是一一确定成千上万的各种物质，存在很大困难。

（2）感官评定的科学性和可靠性需要结合多方面的知识　感官评定不仅是人的感觉器官对食品的感觉刺激的感知，而且是对这些刺激的记忆、对比、综合分析的理解过程，因此，食品质量的感官评定需要生理学、心理学和数理统计学等方面的知识，才能保证该方法的科学性和可靠性。

（3）感官评定易受主观性人为状况的影响　感官评定易受主观性人为状况的影响，如个体差异、好恶、健康、心理、专业程度的影响。

（4）感官评定结果不能定量　感官评定结果不能定量，难以与数字化系统进行比较。

（5）当前我国感官评定不能体现中国文化　国内感官评定起步晚，各种感官评定描述语大多参考国外，缺乏中国特有的元素，不能体现独特的中华文化。

三、仪器分析与感官评定的相关性

食品感官评定与仪器分析之间通常存在一定的关系，研究感官评定与仪器分析的相关性，用仪器分析来部分取代感官评定，可以减少主观因素对食品评定结果的影响，获得更为客观、准确的评定结果。

评价食品品质和消费者接受程度是食品科学的重要课题，而评价最直接和准确的方法是进行感官评定。但无论是组织专业测定小组评定，还是面向大众消费者进行的感官评定都存在程序复杂、耗时多和花费大的缺点，不便于经常、广泛地开展。因此，利用客观、精确、耗时耗力更少的仪器分析对感官性状进行评价一直是食品质量评价领域研究的热点。如何分析并确定二者之间的关系以及二者之间的相关程度，是决定能否由仪器分析来代替感官评定的关键所在。

Friedman 等人最早将仪器分析的质构参数和感官评定的质构特性联系起来，发现感官评定和仪器分析值之间有着较高的相关性。现在有许多针对仪器分析和感官评定的相关性进行的研究，均证明仪器分析和感官评定之间具有较高的相关性。

用质构测试仪对豆沙进行穿孔、剪切、全质构分析（texture profile analysis，TPA）研究豆沙的质地特性，进行豆沙的感官评定和仪器分析方法之间的相关性研究。研究表明：感官评定的硬度、黏性分别与 TPA 测试的硬度和剪切测试的最大剪切力、黏度都达到了极显著正相关，说明 TPA 测试对于代替感官评定来说是一个非常理想的方法，可以全面地反映出豆沙的质地特征。剪切测试可以方便地测试出豆沙的硬度；穿孔测试可以较准确地表征豆沙的黏度。这两种测试方法虽不像 TPA 测试那样可以全面地反映出豆沙的质地参数，仍可以部分代替感官评定，测试豆沙的硬度与黏度。对挂面质地参数的感官评定与仪器分析之间的相关性进行研究，结果表明仪器测定出的弹性模量、断裂应力和拉伸力与感官评定结果有显著的相关性；还有对米饭、面包、猪肉等质构品质与感官评定的相关性分析均得出：质构测定指标与感官评定各指标之间具有显著的相关性。以感官指标为因变量，各质构测定指标为自变量建立回归方程，方程回归系数达到了显著性水平，对回归方程进行验证，预测效果较好，方程拟合度较高，表明仪器分析能很好地反映感官评定指标。因此，仪器测定可以部分代替对食品的感官评定。

四、替代感官评定的仪器分析方式选择

仪器分析与感官评定相比，更容易操作，具可重复性，它可以正确地将人体感官的好恶转化成具体的、可量化的电子数字信号，从而减少误差。为了用仪器分析代替感官评定，人们制造了许多仪器，然而要真正使仪器测试的结果与感官评定的结果比较一致，首先要弄清楚感官评定中各种表现用语的物理意义。例如，对于大米口感的评定，有人做了相关试验：把典型的黏性米（粳米）和较松散的籼米调制成糊状，进行了动态黏弹性测定，结果发现口感认为是比较黏的粳米实际弹性和黏度都很低，而籼米的弹性率和黏度却比较大。对面条“筋道”的评价也有类似的情况。这说明口感的“黏度”与力学测定的黏度并非同一个概念。口腔感觉“发黏”，实际上是米饭在口中容易流动的性质，而物理学定义上的黏度与这种感官黏度是相反的关系。因此，用仪器分析代替感官评定时，仪器和测定方式的选择极为重要。

选择方法首先要求从感官特征，即色泽、滋味、香味、外观、质地中找出最能影响食品的特征，若质地是比较重要的因素，则应参照质地多面剖析的方法确定哪项质地特性是关键，再将这些质地特性，按照分析和嗜好评价，分别进行感官评定。同时按照分析评价的内容，选择或设定响应的仪器和条件，求出各项目的测定数据。最后，将感官评定值与仪器分析值

进行相关统计分析，根据相关性统计分析的结果，即可确定能够替代感官评定的、准确性好的客观测定方法。

以牛肉饼为例，说明替代感官评定时，仪器分析的分析和选择，具体步骤如下：

（1）理解和明确感官评定用语　感官评定前首先使评价员理解和明确各项感官评定用语的定义，如表 8-3 所示。对容易混淆的字词在感官评定前要认真进行必要的说明和示范。

表 8-3　　感官评定用语及其定义

感官评定用语	含义或定义	感官评定用语	含义或定义
坚硬性	咀嚼时使试样达到一定变形所需的力	肉粒感	感到肉粒的大小及量
易咬性	咬断的难易程度	固着性	像香肠那样的肉团的结实程度
柔嫩性	将试样咬断所需的力	多筋性	—
弹性	牙齿咬后松开时感到的变形恢复程度	油腻感	—

（2）制定标准实施评价　感官评定的评分标准如图 8-16 所示。该方法称为对比得分法，即将两种以上的试样与对照食品（标准食品）相比较，把比较后感到的差异程度，以数值的形式打分评价。在选择标准食品时，注意要预先进行感官检查，其质地的各项性质要求比较适中。每次品尝试验时，同时摆出一个标准食品和一个试样，由 5 名评价员按图给出的各项目品评打分，该例对 48 种试样进行了试验。

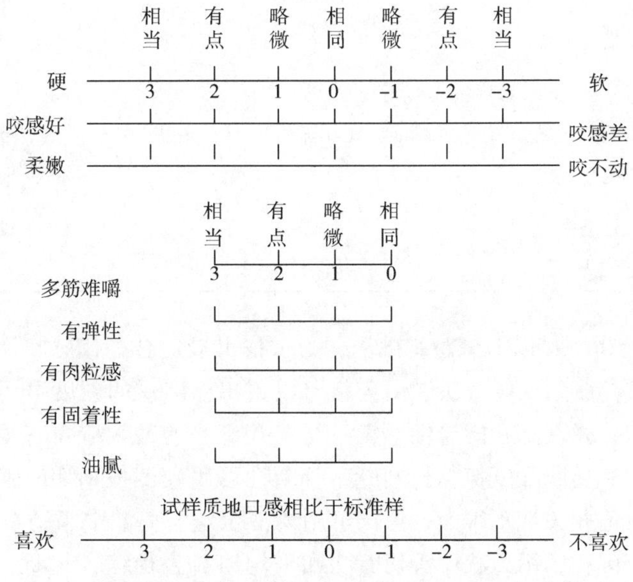

图 8-16　牛肉饼质地感官评定评分标准

（3）仪器分析项目　水分、肉粒平均直径、离液量（挤压流汤量）、应力松弛、切断试验、咬断（剪压）试验（用 U 形或 V 形模头剪压试样）、咀嚼试验（即压缩破坏试验，测硬度、疏松度）、穿孔试验（测最大破坏应力）。

（4）相关性分析　将以上仪器分析值与感官评定值进行相关性分析，即可得到与各项感官评定相关性最大的仪器测定项目（按最大相关性顺序取3位）。由表8-4可知，与感官项目肉粒感、多筋性相关最大的仪器分析方法为刃状压头剪切时的切断功；硬度、固着性和咀嚼口感与穿孔试验的最大应力有很高的相关性；而油腻感仅与离液量有一定相关，与其他测定项目的结果无关。

表8-4　与感官评定值相关性较大的仪器分析值项目

项目	相关性顺序					
	1		2		3	
	仪器分析项目	相关系数	仪器分析项目	相关系数	仪器分析项目	相关系数
坚硬性	硬度（咀嚼）	0.900	最大应力（穿孔）	0.883	切断功（钢丝）	0.837
弹性	最大应力（穿孔）	0.903	V模强度（咬断）	0.898	V模强度（咬断）	0.856
固着性	最大应力（穿孔）	0.902	V模强度（咬断）	0.885	V模强度（咬断）	0.828
柔嫩性	最大应力（穿孔）	-0.877	硬度（咀嚼）	-0.861	切断功（钢丝）	-0.830
易咬性	硬度（咀嚼）	-0.816	切断强度（钢丝）	-0.798	切断强度（刀片）	-0.793
油腻感	离液量	0.651				
肉粒感	切断功（刀片）	0.863	切断功（钢丝）	0.860	V模强度（咬断）	0.831
多筋性	V模强度（咬断）	0.785	切断功（刀片）	0.729	硬度（咀嚼）	0.719

（5）多元回归分析　在以上试验基础上，为了找出最适合替代感官评定的仪器分析值组合，可将所测数据进行多元回归分析。由分析可以得出：肉饼的硬度可用咀嚼仪器测定值和水分测定值综合判定；弹性感和固着性感觉只与穿孔试验的最大应力有很高的相关性。疏松感可用穿孔最大应力和切断强度值综合判断；咬断性可用硬度值和切断强度值综合判断，油腻感虽然与仪器分析值相关性不很大，但仍可用离液全量、离液中脂肪量和U形压头的压切强度三者综合判断。肉粒感用刃状压头切断功和平均肉粒直径综合判断。可见要替代感官评定，往往需要多种测定仪器综合判断。

五、感官评定与仪器分析的结合

品尝是一种检验、一种分析、一种感官体验，没有任何计算机能取代人来完成这些工作，而且经过训练的品尝（评价）员可克服自身的局限性来作为仪器使用，那么将二者结合起来进行分析便成必然的选择。

1. 气相色谱-嗅觉测量法（gas chromatography-olfatome-try，GC-O）

该法是将制备好的挥发性成分样品依次进行两次气相色谱分析，两次色谱分析的条件一致，其中第二次分析的样品不进入色谱检测器，而是用于研究人员的感官嗅闻，并由研究人员记录各种气相流出物的香气特征。通过对比第二次流出物的香气特征图谱和第一次分析的气相色谱图，确定第一次分析的气相色谱图中单个峰对应的香气特征，从而确定对食品香气有重要影响的挥发性成分。由于进行感官评定的评价员在某些场合下是不稳定的，具有敏感性，因此，要得到有价值的感官评定结论必须由评比组进行评定，从而势必增加评比过程的劳动强度。但是该方法快速、直接、有效，所以在评价重要挥发性成分中应用最广泛。

2. 香气萃取稀释分析法（aroma extract dilution analysis，AEDA）

AEDA 法是由德国格罗施（Grosch）教授及其研究小组在 1987 年发明的。该法将香气提取物原液分别在两种不同极性的气相色谱柱（如极性的 DB-Wax 柱以及非极性的 DB-5 柱）上进行 GC-O 分析。一般将香气提取物原液在极性的 DB-Wax（或 DB-FFAP）柱上进行系列稀释吸闻，即 AEDA，找出所嗅出的气味活性化合物（odor-active compounds）对所测食品的香气贡献程度，再将香气提取物原液在非极性的 DB-5 柱上进行 GC-O 分析，然后根据公式，计算出每种嗅出物的保留指数（RI 值）(在极性 DB-Wax 柱以及非极性的 DB-5 柱)，根据有关资料，判断出每种化合物为何物。最后，在气相色谱-质谱联机（GC-MS）上进行验证以及定量分析。选择几种该食品最有代表性的香气化合物组成标准溶液或模型系统（standard solution or model system），看是否符合该食品的香气感觉，并在气相色谱上进行验证（所推断的化合物的 RI 值是否与标准化合物的 RI 值相符）。

本章小结

感官评定的特点在于其灵敏度高、结果直观，能够同时对一个目标样本的多种变量进行测量。然而，它易受主观性人为状况的影响，结果难以定量。本章节将先进的仪器设备与感官评定相结合，能够为感官评定提供客观的数据支持，帮助验证感官评定的结果，提高评价的准确性和可靠性。在实际应用中，感官评定与仪器分析往往结合使用，共同构成食品评价的综合体系。

思考题

1. 食品感官评定和仪器分析的特点有何不同？
2. 质构仪的检测方法有哪些？这些检测方法各自主要应用在哪些方面？
3. 什么是粉质曲线？根据粉质曲线，及线时间、面团形成时间、稳定时间、耐力指数面团衰落度、吸水率如何定义？
4. 简述电子鼻和电子舌的基本原理以及在食品工业中的应用。
5. 试述仪器和感官之间的关系。
6. 如何用仪器分析替代感官评定？
7. 举例说明当今如何结合感官评定与仪器分析对食品进行分析？

延伸阅读

一、智能感官技术

食品是一种复杂的系统，其品质特征主要体现在外观、质构、香气和滋味等多个方面，因此人倾向于使用多种感官组合来识别和评价食品。人是食品感知的主体，需要借助于鼻、舌、眼等感受器官来感知食品的各方面特征，并经由大脑活动完成信息处理。消费者或感官评价员易受环境、文化和自身生理心理等因素的影响，在食品感知过程中得出主观性较强的结论，且因个体不同结论也有差异。近些年，随着传感技术的快速发展，电子鼻、电子舌、电子眼等智能感官技术在模拟嗅觉、味觉和视觉功能方面日益成熟。因其操作简便且无需感官评价员一样的专业训练，智能感官技术成为了食品感知和食品评价中越来越重要的技术手段。本章介绍了包括电子鼻、电子舌等多种智能感官技术的工作原理及其在食品评价中的应用案例。通过智能感官技术获取的数据往往是高维的，例如，电子鼻由10根传感器组成了传感器阵列，按照1次/s的频率记录响应信号，检测时间为100s，则一个检测样品就会获得10×100的电子鼻数据集。高维数据容易在后续模式识别过程中引起“维数灾难”，从而降低识别准确率。人在食品感知过程中往往只会筛选食品的部分有效信息进行后续识别，因此为了降低处理智能感官数据时的计算复杂性，通常需要对原始数据进行预处理。此外，为了能够充分利用多智能感官数据，需要探索更高效的数据融合策略。

智能感官技术在食品感知中产生的数据主要通过以下步骤进行处理：

（1）信号预处理　传感器的信号放大和滤波、基线校准、漂移补偿、信息压缩等。常用的商用电子鼻和电子舌其响应信号多以电导率、电阻、电流等电信号为主，电子眼信号则以RGB照片为主要导出方式。较成熟智能感官系统其信号预处理通常已经集成在系统电路中，电路输出的信号即可直接上传到储存单元或数据分析单元。

（2）特征提取和特征选择　特征提取（feature extraction）是指从存储单元或数据分析单元中按照一定的标准和规律提取出的特征矩阵，该矩阵具有一定的物理意义或统计学意义；特征选择（feature selection）是指从特征矩阵中进一步筛选出对后续模式识别等更有效和代表性的特征矩阵，如传感器最大、最小、平均的响应信号或稳定阶段的响应信号等。

（3）特征矩阵降维处理　降维处理是通过将原始数据矩阵的从高维特征空间映射到低维空间的数据处理方法，原始高维特征矩阵就由新的低维特征矩阵代替了。常用的降维方法主要有主成分分析（principal component analysis，PCA）和线性判别分析（linear discriminant analysis，LDA）等。

（4）数理统计分析　数理统计分析（mathematical statistic analysis）是通过统计学方法探索智能感官数据与影响因素之间的内在联系，常用的数理统计分析方法如单因素方差分析（one-way analysis of variance，ANOVA）等。

（5）建模过程　建模过程主要是通过利用智能感官数据与食品的类别、品质等建立联系的过程。常用的建模方法包括人工神经网络算法（artificial neural networks，ANN）、偏最小二乘回归（partial least squares regression，PLSR）等。

（6）模型验证过程　对所建立模型的有效性进行评估的过程，常用的评估指标包括准确率、决定系数（determination coefficient，R^2）、均方根误差（root mean square error，RMSE）和相对标准偏差（relative standard deviation，RSD）等。

通过以上的步骤能够实现对智能感官数据的完整分析，其中每一个环节的实施都对最终的结果产生显著的影响，并且每一个步骤都有大量的工作可以开展探索。如果数据处理前期的特征提取和特征选择标准不同，即使使用同一种方法进行建模，则所建立模型其性能依然会有较大差异。不同步骤内不同方法和标准的组合会产生各种各样的结果和结论，因此，智能感官数据的处理和多信息的融合是决定智能感官技术是否满足应用要求的重要因素。

多智能感官技术本质是模拟人的感受器官对外界进行感知的，而多智能感官数据的处理则是通过模拟人的思维模式进行模式识别。其中最为重要的模拟人的思维模式的方法是人工神经网络。人工神经网络是人工智能的重要分支，是一种旨在模仿人脑结构及其功能的信息处理系统。多智能感官技术结合人工神经网络是智能机器人最基本的生理基础。下文以反向传播神经网络（back propagation neural network，BPNN）模型作为例子阐述多智能感官技术和人工神经网络在食品评价中的联合应用。

BPNN 模型是 1986 年鲁梅尔哈特（Rumelhart）等科学家提出的概念，是人工神经网络中按照误差逆向传播算法训练的多层前馈神经网络（feedforward neural network，FNN）的一种，也是目前应用最为广泛的算法模型。BPNN 模型模拟人脑神经元对外部激励信号的反应过程，如认知、学习和记忆等，建立多层感知器模型，利用信号正向传播和误差反向调节的学习机制，通过多次迭代学习，搭建出处理非线性信息的智能化网络模型。

BPNN 模型具有一个输入层、一个输出层和一个或多个隐含层，它将学习过程分为两个阶段：信号正向传播和误差逆向传播。首先，在信号正向传播阶段，输入的信息从输入层经隐含层传向输出层，之后在输出层产生输出信号，在信号的向前传递过程中网络的权值固定不变，每一层神经元的状态只会对下一层神经元的状态产生影响。若在输出层没有获得良好的结果，则进入下一阶段：误差逆向传播阶段。在此阶段中，未能满足精度要求的误差信号则由输出端开始逐层逆向传播，在此过程中，将误差分摊给各层各单元，依据误差信号动态调整各单元层的连接权重。以循环往复的正反调节运算，使得神经元间的权值得到不断的修正，直至输出信号的误差满足精度要求。典型的 BPNN 模型结构示意图如图 8-17 所示。

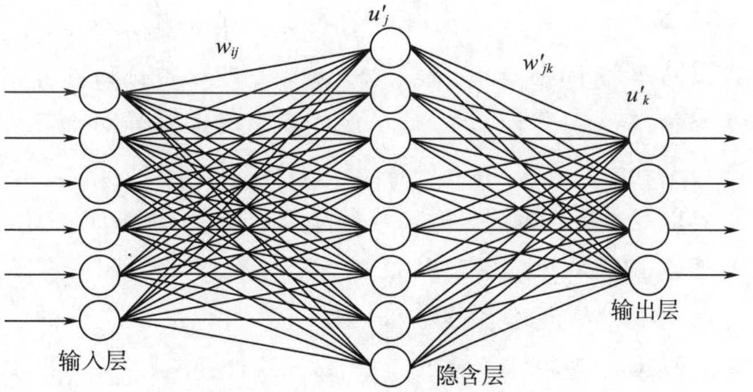

图 8-17 典型的 BPNN 模型结构示意图

由于 BPNN 模型具备强大的自学习、自适应和容错能力，使其在非线性数据处理方面具有强大的优势，已被成功应用于图像和语音识别、生物医药和食品科学等领域。在食品领域，BPNN 模型被广泛应用于智能感官数据的处理，建立判别分类模型。如在建立古井贡酒风味成分分析中，利用定量结构-保留相关性（quantitative structure-retention relationship，QSRR）

模型结合 BPNN 模型，对古井贡酒的成分性质进行进一步的研究。利用 BPNN 模型对电子鼻信号进行处理，成功建立了羊乳不同贮藏时间的判别模型。基于电子鼻数据的 BPNN 模型，成功地实现了 7 种中国品牌白酒的区分。

二、案例分析

（一）案例一

中式干腌火腿是一种由猪的前、后腿作为原料，经过盐腌、整形、后熟等工序加工而成的广受消费者喜爱的肉制品。在诸多加工工序中，后熟过程是形成干腌火腿特色风味的重要途径，同时贮藏年份也是判定干腌火腿品质等级的重要指标，并决定了产品的价格。通常贮藏年份越久干腌火腿产品的价格越贵，利益的驱使使得以次充好、以假乱真的现象时有发生，未达到规定贮藏年份的火腿制品在没有得到较好的管制情况下流入市场，严重影响了市场秩序。对于市场而言，能否快速准确地鉴别出劣质干腌火腿产品成了亟待解决的问题。干腌火腿贮藏年份的传统评价方法多依靠理化指标检测和人工感官评定方法。然而这两种方法均存在一些问题，如理化指标检测需要复杂的样品前处理和昂贵的检测仪器等，且在检测过程中所用有机溶剂对操作人员的健康产生威胁；人工感官评定方法则具有主观性强、重复性差、影响因素复杂、花费时间长等缺点。由于这些缺点，导致干腌火腿贮藏年份传统评价方法在市场上推广困难重重。因此，在食品检测领域，干腌火腿贮藏年份的快速检测新方法成了日益重要的研究内容。

不同贮藏年份的干腌火腿其内部营养成分会有较大差异性，其差异宏观表现在香味、滋味和外观等外部指标的变化。智能感官技术是一种模拟生物感官功能的新型检测方法，包括电子鼻、电子舌和电子眼等。智能感官技术能够将干腌火腿的香味、滋味和外观等信息转化为响应信号，再基于数据融合方法从这些响应信号中提取出有用信息，从而实现对干腌火腿品质的直接表征。不同于人工感官评定方法，智能感官技术能够更加客观地、高效地评价干腌火腿的品质特性。针对干腌火腿贮藏年份的检测问题，提出了一种基于多数据融合的干腌火腿贮藏年份预测方法，结合了多种智能感官数据，能够更加高效地实现贮藏年份的评价。近些年，上海交通大学食品风味感知创新团队在多智能感官技术评价食品品质等方面做了有益探索。团队通过电子舌、电子鼻以及机器视觉采集金华火腿滋味、气味和外观特征信息。提取机器视觉所采集图片中的 RGB 及相应的微分值作为外观特征值，可以同时表征金华火腿表面的颜色特征和纹理特征。采用电子鼻和电子舌信号稳定阶段的信号响应值作为特征值，与机器视觉特征值进行融合，通过皮尔逊（Pearson）相关性分析可知，融合数据各变量之间相关性较小，说明所提取的特征值能够从不同角度表征金华火腿的香味、滋味和外观特征。基于多智能感官数据结合 BPNN 构建了预测模型，能够较好地预测金华火腿等级，并且能够同时预测金华火腿的红度、脂肪颜色、边缘粗糙度、湿润程度、发酵味、乳酪味、油脂哈败味、烟熏味、肉香味、酸味和黄油味等感官属性值。另外，基于多数据融合的干腌火腿贮藏年份预测方法具有较强的可行性，能够实现对贮藏年份进行准确预测，且预测值与真实值之间的相关性非常高。

（二）案例二

随着经济快速发展和人民生活水平的提高，人们追求健康的意识也日益增强。在盲目追求保健品功效热潮褪去后，人民追求健康的脚步转向了天然食品。其中，坚果类农产品以其丰富的营养和美味的口感赢得了越来越高的市场地位。坚果特指果实由坚硬外壳包裹的农产品，常见的坚果主要包括核桃、榛子、板栗、开心果、杏仁和腰果等。坚果富含多种营养成分，如脂肪酸、蛋白质、膳食纤维和丰富的微量元素等，是重要的膳食补充食品。坚果类农产品的消费需求逐年增加，对坚果类农产品的供应和品质提出了较高的要求。但是，坚果树具有特殊的习性，对生长环境有较高的要求，如山核桃树就只适于生长在山麓疏林或腐殖质丰富的山谷中，主要分布在浙江和安徽交界的天目山。同时坚果树的生长周期也较长，如香榧和山核桃树从投入到产出需要50年的时间。虽然通过研发新品种、改进栽培技术等方式能够一定程度上实现坚果类农产品产量的增加，但增量始终有限。因为具有重要的经济价值和产量小的特点，坚果类农产品（尤其是山核桃、香榧等坚果）的价格逐年攀升。利益的驱使使得以次充好和以假乱真的现象时有发生，严重影响了市场秩序。随着经济发展和生活水平的提高，消费者不仅要求坚果类农产品供应量有所保障，同时对坚果产品的质量也提出了新的要求。消费者不仅希望能够购买到货真价实的坚果产品，更希望对其内部的营养成分（如脂肪酸含量）和加工品质（如贮藏时间和加工时间）等指标有所了解。因此，在食品检测领域，坚果产品内部品质的快速检测成了日益重要的研究内容。

在贮藏过程中山核桃内部的油脂发生氧化酸败现象，造成其挥发性成分（如醛类、醇类和芳香族化合物等）发生改变，从而产生异味。变质的山核桃成品其营养价值和经济价值大大降低，同时会对消费者的健康产生不良影响。有研究者采用电子鼻构建了一种预测山核桃贮藏时间的方法。主要通过以下步骤实现：使用电子鼻直接对不同贮藏时间的山核桃样品的顶空气体进行检测；采用稳定值法提取传感器阵列响应曲线上的特征值；建立基于电子鼻信号特征值和贮藏时间的回归模型，选择确定系数大而均方根误差小的回归模型作为最终的贮藏时间预测模型；对贮藏时间未知的检测样品进行电子鼻检测、特征值提取等操作，将提取出的特征值导入所建立的预测模型，从而获得准确的贮藏时间。其中，基于BPNN建立的预测模型为三层神经网络，第一层为输入层，神经元个数为10（输入选取的10个电子鼻数据特征值）；第二层为隐藏层，隐藏层的神经元个数直接影响了所建立模型的性能，经过试验验证，当隐藏层的神经元个数为14时具有较高的预测性能，同时消耗的计算机资源也相对较少，达到最优的性价比；第三层为输出层，输出层输出贮藏时间的预测结果，神经元个数为1。对贮藏时间未知的山核桃样品按照相关发明内容中的方法进行电子鼻检测、特征值提取等操作，然后将提取出的特征值导入所建立的BPNN预测模型，最终获得未知样品的准确贮藏时间。研究表明，在完全不破坏山核桃外壳的情况下实现了对山核桃贮藏时间的准确预测，且预测时间与真实贮藏时间的相关性非常高，具有较好的预测性能。

案例归纳与总结：中式干腌火腿和坚果类农产品领域，皆蕴含深刻启示。干腌火腿后熟成风味，贮藏年份定品质价格，却现以次充好乱象，凸显诚信经营之重。传统检测弊端促使科研创新，智能感官技术带来转机，上海交大团队成果彰显专业与协作，多数据融合方法展现科技力量。坚果因营养受青睐，然而生长条件苛刻、周期长致产量受限、价格攀升，同样出现不良现象。消费者新需求推动检测探索，科研人员用电子鼻技术构建山核桃贮藏时间预测法，优化模型兼顾性能与资源。两领域发展启示，追求经济利益要诚信，面对困难需创新钻研。学生应秉持科学精神，以诚信为基、创新为翼，将专业精神融入工作，为行业发展和社会进步贡献力量。

第九章

09

食品感官评定的应用

内容提要

本章主要介绍食品感官评定在消费者试验、市场调查、产品质量控制及新产品开发中的应用，包括评价员、试验场所、检验方法的选择、检验的内容以及注意事项，并对主要食品与食品原料的感官评定要点及应用进行举例分析。

教学目标

1. 掌握消费者感官评定的类型与常用的评定方法。
2. 掌握市场调查的要求与方法。
3. 掌握产品质量控制中感官评定的应用方面与方法。
4. 掌握新产品开发中感官评定的作用及注意事项。

重要概念及名词

消费者试验、问卷设计、偏爱检验、市场调查、产品感官质量、新产品开发。

第一节　概述

随着生活水平的提高，人们对食品品质的要求越来越高，从而对食品感官评定提出了更高的要求。在对产品进行感官评定时，首先人的感觉器官受到样品刺激，将其转化为神经信号传输到大脑，大脑根据以往的经验将感觉整合为知觉，最终基于主体的知觉形成反应，并以某些特定的术语进行描述，通过一些特定的软件或程序对评定结果进行统计分析，最终得到一个对某物质比较系统完整的评定结论。由于没有任何设备可以完全代替人的大脑与感官，感官评定所提供的有效信息能大大降低食品生产与销售过程中的风险，因此感官评定应用越来越广泛。食品感官评定不仅简便易行、实用性强、灵敏度高、结果可靠，而且解决了一些理化分析所不能解决的复杂问题。

食品工业的迅速发展使得食品感官分析技术有了巨大的进步，目前在产品的消费者试验、市场调查、质量控制、新产品开发、质量安全监督检验等方面起着关键作用，成为现代食品科学技术及产业发展的重要技术支撑。

第二节 消费者试验

一、消费者试验的目的

消费者购买行为由多种因素共同决定，因此在同类商品中会有不同的选择倾向。在首次购买时一般会考虑质量、价格、品牌、口味等特征。在食品质量方面消费者主要考虑产品的卫生、营养成分含量等；在价格方面则关注单位购买价格、质量价格比等。现代食品市场营销往往在产品标识上表现产品的口味特征，比如巧克力的丝滑、薯片的香脆、酸菜方便面的酸爽等，这些口味特征往往借助于消费者的感官体验。

对于商品生产者，消费者行为中的二次购买被赋予更多的关注，在质量、价格与同类产品无显著差别的情况下，口味特征的表现在吸引消费者再次购买时更重要，这体现出食品感官评定工作的重要性，因为消费者感官试验能反映消费者对产品的感受及接受度。通过消费者感官试验，不仅可以得到消费者是否喜欢某种产品，还可以收集消费者对某种产品好恶的隐藏原因和相关信息。消费者试验具有试验周期短、成本低、能提供消费者的直接反馈等特点，测试结果对产品的口碑及销量影响巨大，其应用也越来越广泛。

企业研发人员在研制新产品或改进现产品时需要从消费者处得到一些关于产品食用后的信息，例如，你有多喜欢这个产品？你更喜欢哪个产品？你对这个产品有什么想法？消费者测试是指在客观和科学的方法基础上，对消费者的产品食用情况和口味口感等评价信息进行有效收集、整理和分析的过程。消费者测试是一个系统工程，包括相互联系、相互制约的各个环节，一般包括提出问题、明确所需信息、设计信息收集方法、组织和实施数据收集、整理与分析数据资料、报告和解释调研结果等。

二、参加消费者试验的人员

消费者测试评估的是消费者对产品的主观反应。通过使用定性和定量的方法，研究人员可以深入了解消费者对产品的偏好、态度、意见、行为和认知。参加试验的人员，其入选和排除并无统一的标准，通常应根据试验目的或产品的反馈诉求需要确定。消费者试验中的参与者最好是产品的忠实消费者或潜在的目标消费者，他们一般不需要接受培训。

视具体情况可设置受试者限制要求，如儿童食品，要求参加试验的消费者年龄在 5~12 岁；中老年食品，要求试验者的年龄在 40~60 岁；对于参加访谈的受试者应要求具有较好的表达能力。确定参加试验的消费者人数，需平衡资金、人力与研究结果误差之间的关系。理论上，样本量越小，花费越小，操作也更加简单，但结果可靠性也会变低；反之样本量越大，花费更高，操作复杂，结果可靠性变高。一项研究的样本量应始终足够大，以便为所提出的假设提供可靠证明。消费者的人数需考虑可能的无效量，通常基于试验目的、统计学和方法学专业知识，包括背景数据、以前的研究等进行确定。计算样本量的方法可分为 5 种：教条式方法、约定式方法、成本基础法、统计分析法和置信区间法。

三、进行消费者试验的地点

消费者感官试验通常应用在如下情况：一种新产品进入市场时；再次明确表述产品时，即产品的主要成分、工艺过程或包装情况等发生变化时；参加产品评优时；评价一个产品的可接受性是否高于其他产品时。前面章节讲述的食品感官评定原理与技术都是基于专业食品感官评定试验室控制条件下进行，与消费者消费产品的环境条件并不完全一致。

消费者感官检验根据进行试验的场地一般分为三种类型：试验室检验、集中场所检验和家庭使用检验。

1. 试验室检验

由于时间、资金或保密性等问题，有些消费者试验往往需要在企业的或专业研究机构的食品感官试验室进行，感官试验室检验中的“消费者”模型存在两种类型。

（1）生产员工或固定受雇者　这些成员必须是待测产品的消费者。要招募与目标销售市场相关的，有代表性的样品群众，否则会使检验做出错误的判断。由于产品不是盲标，固定受雇者对所检验的产品可能有潜在的偏爱信息或潜意识，而内部员工熟悉这一品牌的产品，他们可能更倾向于所测试的信息和假设内容，同时技术人员观察产品可能与消费者有很大的差别。

（2）当地固定的消费者评价小组或者通过社会团体来招募和建立评价小组　这些团体可能从属于学校、研究机构，或以就近原则的其他组织。和内部消费者检验类似，这种方法可以在一定时间里反复使用，在针对产品常规测试和收集反馈意见时更便捷。

2. 集中场所检验

集中场所检验一般利用消费者比较集中或者比较容易召集的地点进行，如集市、商场、教堂、学校等。如果检验项目较广泛，则由公司自己的感官评定部门来执行。集中场所检验可以使用移动试验室以达到随时更换场所，易于接触消费者的目的。例如，夏季野餐或户外烧烤类食品的感官检验，可以在野营地、森林公园中等场所进行。面向儿童的产品可以带到学校、游乐园等场所。

集中场所检验具有以下优点：参加试验的评价员数量多，可以提供良好的产品控制条件、容易掌握和控制样品的检验方法和回答的方式、减少外部条件的影响、问卷的回收率高等。

3. 家庭使用检验

家庭使用检验是让消费者在家里，即在产品正常使用情况下进行产品感官检验。这种方法虽然花费较高，但能够提供大量有效的数据，同时对广告宣传也十分重要。消费者在家里食用某产品一段时间后，家庭各成员都可以评价产品的感官属性，然后形成一个总体意见。家庭使用为人们观察产品提供了有利的机会，能充分考虑产品的各项感官性质、价格、包装等，得到的信息量会更大。

例如，对香气的检验，检验场所的不同会影响检验结果。如果在集中场所进行检验，由于放置时间较短，人们有可能对非常甜的或有很高强度的香味做出过高的评价；如果在家庭中长期使用该产品，这种香味就有可能因强度过大而变得使人厌烦；在试验室中进行吸气检验，高分产品也会让人产生疲劳感。

当然家庭使用检验不仅包括评价员自己的家中，还可以在亲戚、朋友家或者餐厅，状态比较自由，但是评价员需要每个月到试验室接受2h左右的再培训。评价员随身携带记录本，随时记录食物的基本味道（酸、甜、苦、咸、鲜）和口感等，然后对味道强度进行标度打分。

因此，家庭使用检验能方便地得到与消费者检验预期相比更严格的产品评价。尽管“消费者”模型感官检验不能代表外部大部分的消费者，但这种方法可以提供有价值的信息。如果食品企业推出一款新产品且在运行和广告上投资巨大，只使用内部消费者检验会提高失败的风险，在多个区域实施家庭使用检验方案比持续进行真实消费者检验更安全有效。

四、消费者试验常用的方法

消费者感官检验又称消费者试验（consumer tests）或情感试验（affective tests），其主要目的是评价当前消费者或潜在消费者对一种产品或一种产品某种特征的感受，广泛应用于食品产品维护、新产品开发、市场潜力评估、产品分类研究和广告定位支持等领域，一般包括定性法（qualitative method）和定量法（quantitative method）。

1. 定性法

定性情感试验是测定消费者对产品感官性质主观反应的方法，由参加品评的消费者以小组讨论或面谈的方式进行。此类方法能揭示潜在的消费者需求、消费者行为和产品使用趋势；评估消费者对某种产品概念和产品模型的最初反应；研究消费者使用的描述词汇想法等。此类方法不涉及产品的属性强度或购买频率等。定性法中统计分析可能是不必要的。消费者试验采用的定性法主要如下：

（1）集中小组讨论　讨论小组由10～12名消费者组成，进行1～2人的会面谈话/讨论，谈话/讨论由小组负责人主持，一般进行2～3次，每个成员有5～8min的发言时间。尽量从参加讨论的人员中发掘更多的信息。讨论的纪要和录音、录像材料都作为试验原始材料保存以备后续研究使用。

（2）集中品评小组　仍利用（1）中使用的讨论小组，只是讨论的次数增加2～3次。步骤是先同小组进行初步接触，就一些话题进行讨论；然后小组成员带回样品并试用，然后再继续讨论试用产品后的感受。还可以就消费行为，如口味选择、购买频率、消费场景等进行讨论。

（3）一对一面谈　当研究人员想从每一个消费者那里得到大量信息，或者要讨论的话题比较敏感而不方便进行全组讨论时，可以采用一对一面谈的方式。组织者可以连续对最多50名消费者进行面谈，谈话的形式基本类似，每次面谈的时间控制在45min以内，要注意每个消费者的反应。面谈提供了与真正回答者接触的机会，可以更方便地正确评价他们的意见。感官专业人员参加面谈要保持几条准则。

①通常要穿着得体，进行自我介绍，因为与回答者建立友好的关系有益于他们自愿提供更多的想法；缩短与面试者的距离可能会得到更加理想的面试结果。

②对面谈需要的时间保持敏感性，尽量不要花费比预期更多的时间。

③如果进行一场个人的面谈，请注意个人的言辞，不要有不专业的印象。

④不要成为问卷的奴隶。当认为回答者需要放松时，可以接受偏离顺序，跳过去再重复

一次。

参与者可能不了解某些标度的含义，可以适当给以合适的比喻以便于面试者理解。面试结束时，应该给参与人表达额外想法的机会。可以用这样的问题引起：“你还有其他想告诉我的事情吗?”这些面谈的准则同样适用于消费者调查中的现场调查方式。

2. 定量法

定量情感试验是研究多数消费者（50人到几百人）对产品偏爱性、接受程度和感官属性态度等问题的反应，包括接受性检验（acceptance test）、偏爱性检验（preference test）、消费行为检验（consumption test），一般应用在确定消费者对某种产品整体感官品质（气味、风味、外观、质地等）的喜好情况，有助于理解影响产品总体喜好程度的因素，测定消费者对产品某一特殊性质的反应。采用不同的标度对产品性质进行定量情感试验，然后与描述分析得到的数据联系起来，能更好地为产品开发或改进提供基础数据。

按照试验任务，定量情感试验可以分成三大类，见表9-1。

表9-1 定量情感试验的分类

任务	试验种类	关注问题	常用方法
选择	偏爱性检验	你喜欢哪一个样品?	成对偏爱检验
		你更喜欢哪一个样品?	排序偏爱检验
		你觉得产品的甜度如何?	标度偏爱检验
分级	接受性检验	你对产品的喜爱程度如何?	快感标度检验
		你对产品的可接受性有多大?	同意程度检验
调查	消费者行为检验	你多久购买一次本产品?	类项标度检验

某项情感试验是用偏爱性检验还是用接受性检验要根据检验的目的来确定，如果检验的目的是设计某种产品的竞争产品，则使用偏爱性检验。偏爱性检验是在两个或多个产品中选择一个较好的或最好的，但不能明确消费者是否所有的产品都喜欢或者都不喜欢。如果检验目的是确定消费者对某产品的情感状态时，即消费者对产品的喜爱程度，则应用接受性检验。接受性检验是将某知名品牌产品或者竞争对手的产品相比较，用不同的喜好标度来确定各种程度（图9-1）。类项标度、线性标度或量值估计标度等都可以在接受性检验中使用。

在消费者试验过程中，定性法和定量法都各有优势和缺点，二者内容侧重的方面有所不同，功能上为相辅相成的互补关系。消费者试验定性法与定量法的异同见表9-2。实际应用中应根据试验目标选择合适的方法。

语言喜好标度

☐ 1. 特别喜欢
☐ 2. 很喜欢
☐ 3. 一般喜欢
☐ 4. 有点喜欢
☐ 5. 既喜欢也不喜欢
☐ 6. 有点不喜欢
☐ 7. 一般不喜欢
☐ 8. 很不喜欢
☐ 9. 特别不喜欢

购买倾向标度

☐ 一定会买
☐ 很可能会买
☐ 可能会买
☐ 很可能不会买
☐ 一定不会买

感官属性判断恰好标度

甜度

☐ ☐ ☐ ☐ ☐ ☐ ☐

不够甜 恰好 太甜

图 9-1 接受性检验中使用的各种标度方法举例

表 9-2 消费者试验定性法与定量法的异同

范畴	定性法		定量法
	小组	个人	
受试者数量	8~12 人一组（2~4 组）	<50	100~1000+
受试者要求	筛选	筛选	筛选
程序	交谈/面谈	交谈/面谈	笔试
反馈效果	依赖小组	个人	个人独立
产生新想法	非常好	一般	不好
调查	好	非常好	不好
大样本测试	不好	不好	好
重复性	一般	不好	非常好
结果分析	不需统计分析	有限的统计分析	全范围的统计分析

五、食品感官评定在消费者试验中的应用举例

【例 9-1】 成对偏爱检验——改良芝麻酱。

问题：经过消费者调查，提高产品的芝麻香气会使产品风味得到改善，研究人员研制出芝麻香味浓度更高的产品，而且在差别试验中得到了证实。市场部门想进一步证实该产品在

市场中是否会比目前已经销售很好的产品更受欢迎。

项目目标：确定新产品是否比原产品更受欢迎。

试验设计：筛选 100 名芝麻酱的消费者，进行集中场所检验。每人得到两份样品，产品都以 3 位数随机数字编号，样品呈送顺序以 A-B 和 B-A 均匀平衡分配。要求参加试验人员必须从 2 个样品中选出比较喜欢的一个，$\alpha=0.05$，芝麻酱成对偏爱检验问卷如表 9-3 所示。

表 9-3 芝麻酱成对偏爱检验问卷

芝麻酱消费者试验	
姓名：	日期：
试验指令： 1. 首先品尝左侧的芝麻酱，然后品尝右侧的芝麻酱。 2. 通过闻气味和尝滋味，哪个样品你更喜欢？请在你喜欢的样品编号上画钩。	
□ 584	□ 317
3. 请简单陈述你选择的原因。 ________________ ________________ ________________	

试验结果：有 63 人选择新样品，根据成对偏爱检验单边检验表，新产品确实比原产品更受欢迎。

结论：新产品可以上市，建议标明“芝麻浓香型”。

【例 9-2】 同竞争产品比较的新产品的接受性检验。

问题：一家大型谷物食品生产厂新开发出两种高膳食纤维谷物早餐饼干。研究人员想知道与市场上颇受欢迎的同类竞争产品相比，他们开发出的这两种新产品的消费者接受性如何。

项目目标：了解与同类竞争产品相比，两种新产品的消费者接受性。

试验设计：受访消费者为 150 人，采用语言喜好标度进行家庭使用检验。受访消费者将可食用 1 周的样品（新样品或竞争产品）带回家食用，采用 9 点语言标度，填写问卷（表 9-4）。1 周后，上交问卷和剩余样品，发放第二种产品，第二周结束后收齐问卷和剩余样品。如此类推，新产品和竞争产品的发放顺序要平衡。

表 9-4 谷物饼干消费者接受性检验问卷

谷物饼干消费者试验	
姓名：	日期：
试验指令： 1. 谷物饼干样品请在 1 周内食用完。 2. 根据您的食用感受，请在准确表述您感受的方格内划√。	

续表

样品编号 584

□1. 特别喜欢

□2. 很喜欢

□3. 一般喜欢

□4. 有点喜欢

□5. 谈不上喜欢与不喜欢

□6. 有点不喜欢

□7. 一般不喜欢

□8. 很不喜欢

□9. 特别不喜欢

3. 请简单陈述您选择的原因。

试验结果：分别将两种产品同竞争产品进行成对 t 检验，各产品的消费者接受性检验结果如表 9-5 所示。

表 9-5　高膳食纤维谷物早餐饼干的消费者接受性检验结果

项目	新产品	竞争产品	差异	P
新产品 1	6.6	7.0	-0.4	<0.05
新产品 2	7.0	6.9	0.1	>0.05

新产品 1 同竞争产品的分数差异是-0.4，$P<0.05$，说明新产品 1 被消费者接受程度显著低于竞争产品。新产品 2 同竞争产品的分数差别是+0.1，$P>0.05$，说明二者之间没有显著性差别。

结论：新产品 2 与竞争产品具有相同的消费者接受度，建议将该产品投入市场。

第三节　市场调查

一、市场调查的目的与要求

市场调查的目的主要有两方面：一是了解市场走向，预测产品形式，即市场动向调查；二是了解试销产品的影响和消费者意见，即市场接受程度调查。两者都是以消费者为对象，不同的是前者主要针对流行于市场的产品，后者主要针对企业研制的新产品。

在产品规划初期，为了制定企业产品整体策略，进行市场调查需要了解以下内容：产品市场定位，目标消费群体，目标区域分布，产品市场容量和需求大小。在整个产品销售周期，都必须重视消费者意向研究，包括购买心理、动机、行为、态度、习惯以及客户满意度调查等。

在产品投放市场前或者投放过程中，市场预测分析将发挥非常重要的作用，它主要包括：

产品市场占有率或份额；产品销量和市场走向的预测分析；市场动态和预警等。当然，并不是每次进行市场调查必须满足以上全部目的，而是在进行调查之前根据具体需要确定相应的目标，拟定具体的调查内容。

感官评定是市场调查的重要组成部分，市场调查不仅需要了解消费者是否喜欢某种产品，更重要的是要了解其喜欢的原因或不喜欢的理由，从而为开发新产品或改进产品品质提供依据。

二、市场调查的对象与场所

市场调查的对象应该包括所有的消费者。但是，每次市场调查都应根据产品的特点，选择特定的人群作为调查对象。如儿童食品应以儿童为主，老年食品应以老年人为主，大众食品应按照收入水平、男女比例、南北方地理位置等均衡设计调查。营销系统人员尤其是一线销售人员的意见至关重要。

市场调查的人数每次不应少于400人，最好在1500~3000人。人员的选定以随机抽样方式为基本方法，也可采用整群抽样法和分层比例抽样法，否则有可能影响调查结果的可信度。

市场调查的场所可以在调查对象的家中进行，人流量大的繁华地带必须设定安静、优雅的会场。复杂的环境条件对调查过程和结果的影响是组织者应该考虑的重要内容之一。如果主要是购买行为信息、消费行为信息等调查可以通过邮件、小程序等网络在线形式进行，具有数据收集快、统计分析便捷等优点。

三、市场调查的方法

市场调查的手段和方法主要有电话调查、现场调查、邮寄调查、网上调查等。电话调查对于不识字的回答者，这种方法非常有效，但复杂的多项问题一定要简短、直接。电话调查持续的时间一般短于面对面的情况，对自由回答的问题可能只有较短的答案。

现场调查又分为面谈、小组座谈会、街头调查、入户调查等。由于可以直面消费者，现场调查是相对重要的调查方式。现场调查时可以让回答者自我表述。这种方式花费较低，但回答者可能无法探明问题，导致回答混乱或者错误，不适于那些需要解释的复杂问题；也可以与调查者面对面谈话，面谈可以对消费者的行为进行观察，更深入地了解消费者的深层需要，为开发新产品或开展新的服务业务提供有效的信息，这种方法虽然费用较高但效果明显。

邮寄调查和网上调查一般是根据调查目标和预计结果收集的信息，制作调查问卷，采用邮寄的形式或电子邮件、网络小程序形式分发给目标消费者。

市场调查的主要步骤是：组织者统一制作调查问卷，把要进行调查的内容写在答题纸上；调查员登门调查时，可以将答题纸交于调查对象，并要求他们根据调查要求直接填写意见或看法；也可以由调查人员根据答题要求与调查对象进行面对面问答或自由问答，并将答案记录在答题纸上。也可以让调查者在电脑端或手机端填写调查问卷。调查中常常采用排序检验法、选择检验法和成对比较检验法等，并对结果进行相应的统计分析，从而分析出可信的结果。

现在网络技术飞速发展，在线调查的形式越来越普遍。手机电子问卷在数字化时代最为常见，具有成本低、信息量适中、实现的样本量大的优点，但更适合年轻人，老年人可能需要进行一定教学或针对手机使用不够熟练者采取书面形式进行数据收集。市场调查过程中，调查问卷的制作非常关键和重要。下面详细介绍调查问卷的设计原则与注意事项。

四、调查问卷设计原则

调查问卷设计的根本目的是设计出符合调研与预测需要及能获取足够、适用和准确信息资料的调查问卷。因此检验的目标、预算资金和时间，以及调查形式决定问卷的设计形式。

1. 设计流程

设计问卷时，首先要设计包括主题的流程图。要求详细，包括所有的模型，或者按顺序完全列出主要的问题。让调查受访者和其他人了解调查的总体计划，有助于受访者和其他人在实际检验前，回顾所采用的检验手段。

在大部分情况下应按照以下的流程询问问题：①能证明回答者的筛选性问题；②总体接受性；③喜欢或不喜欢的可自由回答的理由；④特殊性质的问题；⑤权利、意见和出版物；⑥在多样品检验和（或）再检验可接受性与满意或其他标度之间的偏爱。

2. 设计原则

问卷设计的题目要能够全面反映产品的性质，每个问题和问卷总长度又不宜过长，否则，消费者会失去耐心而影响试验结果。因为消费者都是没有经过培训的，涉及食用方式的说明时，要做到简单明了，容易理解。构建问题并设立问卷时，心中要有几条主要原则。这些简单的原则可以在调查中避免一般性的错误，也有助于确定答案，反映问卷想要说明的问题。

手机电子问卷设计中需注意题目数量适宜，建议 20 个左右；简短精炼、选项不宜过多，6 个以内、一屏一题最佳；不宜设计开放题。设计者不应该假设人们知道你所要说的内容，而是假设他们会理解这个问题或会从所给的参照系中得到结论。一些问卷设计原则列于表 9-6，这里不再进行详细的解释。

表 9-6 问卷设计原则

问卷设计原则	解释
有效性原则	即单份问卷的有效性，问卷设计者应站在受访者的角度考虑，以确保问卷的有效回收
简明性原则	即题目简明，题目设计需语言精简清晰，一个题目只调查一个问题、涉及一个主体
人性化原则	即问卷形式以及问题设计应结合受访者情况而定，如针对不会使用手机的老年人采取纸质形式，隐私问题间接询问等
科学性原则	即保持问题设计中立，不具有引导性，选项全面包含不同维度
创新性原则	纯文字的问卷容易使人在填写过程中失去耐心，产生疲惫，可在形式上加入一定创新，如采取量表形式或选择图片等

3. 问卷中的其他问题及作用

问卷也应该包括一些可能对受访者有用的、额外的问题形式。普通的主题是关于感官性质或产品消费行为的满意程度。这点与全面的认同密切相关，但是相对于预期的行为而言，可能比它的可接受性要涉及的稍微多些。典型的用词是“全面考虑后，你对产品满意或不满意的程度如何?”。可用以下简短的 5 点标度：非常满意、略微满意、既不是满意也不是不满意、略微不满意以及非常不满意。

消费者试验过程中也可以探查消费者对产品的看法。这经常是通过产品陈述评价的同意与不同意程度来进行，例如，非常同意、同意（或稍微同意）、既没有同意也没有不同意、不同意（或稍微不同意）以及非常不同意。消费者对产品感知的信息对于广告设计、商品信息以及与竞品比较时都很重要。

4. 自由回答问题

自由回答问题的优点是：一些有效的反面意见，通过试验可以获得它们的有效性，但要慎重决定其是否值得进一步利用。自由回答的问题很适合于回答者在头脑中有准备好的信息方面，但是面试者不能期望会出现所有可能的答案。

自由回答问题还有一个与定性研究方法相类似的缺点。首先，它们难以编码及制成表格。在特定的感官特性中会出现不确定性，例如品尝描写为酸感、酸的或辛辣的。试验者必须确定作为同一反应的答案编码，否则结论就会变得太长，答案难以汇集和总结。

5. 消费者试验调查问卷举例

根据被调查者的性别、年龄、年收入、职业等信息可以分类分析影响产品喜好或购买行为的影响因素，因此在制作调查问卷时，应注意根据试验目标收集相应的信息。

【例 9-3】茶饮料消费者调查问卷如下。

茶饮料消费者调查问卷

尊敬的先生/女士：您好！感谢您能够百忙之中填写此问卷。本问卷采取匿名填写的方式，并仅供学术研究之用，请您根据自身真实情况填写此次问卷，对于您的任何真实回答，我们都表示衷心的感谢。

1. 您的性别

□男 □女

2. 您的年龄

□18 以下 □18~25 □26~30 □31~40 □41~50 □51~60 □60 以上

3. 您所在城市

□直辖市 □省会城市 □地级市 □县城 □其他

4. 您目前从事的职业

□在校学生 □政府/机关干部/公务员 □企业管理者（包括基层及中高层管理者）□普通职员（办公室/写字楼工作人员）□专业人员（如医生/律师/文体/记者/老师等）□普通工人（如工厂工人/体力劳动者等）□商业服务业职工（如销售人员/商店职员/服务员等）□个体经营者/承包商 □自由职业者 □农林牧渔劳动者 □退休 □暂无职业

5. 您的月收入

□3000 以下 □3000~5000 □5000~10000 □10000~20000 □20000 以上

6. 您购买茶饮料的次数

□平均一周三次以上 □平均一周一次 □平均一月一次 □平均一年一次 □从不购买

7. 您通常购买的茶饮料是否含糖

□含糖 □不含糖 □不知道

8. 您通常购买的茶饮料茶叶类型是（请最多选择三项并排序）

□红茶 □绿茶 □乌龙茶 □花茶 □其他

9. 您通常购买的茶饮料风味类型是（请最多选择三项并排序）

□果汁茶饮料 □果味茶饮料 □奶茶饮料 □奶味饮料 □碳酸茶饮料 □其他

10. 影响您选择茶饮料的最主要因素是（请最多选择两项并排序）

□口味 □价格 □性价比 □口碑 □知名度 □明星代言 □包装

11. 您认为中国茶饮料需要在哪些方面加以改进，请选择您认为需要加以改进的地方并将其排序

□口味 □保质期 □性价比 □宣传 □包装 □种类

【例 9-4】奶糖消费者调查问卷如下。

奶糖消费者调查问卷

姓名：__________ 产品编号：__________

■ 请在试验前漱口。

■ 评价方法：先观察，再闻气味，然后品尝。

■ 请考虑奶糖的外观、风味和质地的感官特性，请在相应的方框中打钩，表示你对该产品下列各性质的喜爱程度。如果有必要的话，你可以再次品尝样品。

1. 总体外观：

□ □ □ □ □ □ □

特别不喜欢 无所谓 特别喜欢

2. 总体风味：

□ □ □ □ □ □ □

特别不喜欢 无所谓 特别喜欢

3. 总体质地：

□ □ □ □ □ □ □

特别不喜欢 无所谓 特别喜欢

评语：请具体写出你对该产品喜欢或不喜欢的特性。

喜欢 不喜欢

__________ __________

五、食品感官评定在市场调查中的应用举例

【例 9-5】不同啤酒瓶对啤酒感官品质影响的市场调查。

问题：有关市场反映，黑瓶啤酒比青瓶啤酒更受消费者欢迎，为确定两者之间的品质差异，进行青瓶、黑瓶啤酒感官品质的市场调查。

项目目标：确定一定贮藏时间内，黑瓶啤酒感官品质比青瓶啤酒更受消费者欢迎。

试验设计：以 10°纯生啤酒为样品，分别采用相同容量的黑瓶与青瓶包装，常温条件下贮藏 1 个月和 4 个月后分别进行感官调查研究。检验方法选用消费者成对偏爱检验、接受性检验，风险水平 $\alpha=0.05$。不同啤酒瓶中啤酒感官品质调查方案见表 9-7。

表 9-7 不同啤酒瓶中啤酒感官品质调查方案

感官评定方法	评价员属性	人数	品评要求
成对偏爱检验	啤酒消费者（70%男性）	200	样品采用 3 位数随机编码，要求写出偏爱的样品及原因
	啤酒评价员	15	
接受性检验	啤酒消费者（70%男性）	200	采用 5 点语言喜欢标度，要求写出对啤酒外包装、香气和口味喜爱的原因
	啤酒评价员	15	

试验结果：如表 9-8 所示，陈述原因略。

表 9-8 不同啤酒瓶中啤酒感官品质调查结果汇总表

啤酒贮藏期	感官评定方法	评价员属性	结果
1 个月	成对偏爱检验	啤酒消费者	105 人偏爱青瓶啤酒，不可区分
		啤酒评价员	9 人偏爱青瓶啤酒，不可区分
4 个月	接受性检验	啤酒消费者	黑瓶平均接受度 4.5，青瓶平均接受度 3.1，$P<0.05$
		啤酒评价员	黑瓶平均接受度 4.7，青瓶平均接受度 3.0，$P<0.05$

综合分析两种检验方法，在贮藏期 1 个月内，啤酒消费者和啤酒评价员检验结果表明，两种啤酒瓶中啤酒不存在显著偏爱差异；但经过 4 个月的自然老化后，黑瓶内啤酒接受度更高，可能是因为黑瓶的抗氧化能力更强。

结论：可以确定贮藏 4 个月后，黑瓶啤酒感官品质比青瓶啤酒更受消费者欢迎。

第四节 产品质量控制

一、产品感官质量

产品质量是消费者关心的最重要的产品特征之一。感官质量是消费者购买食品的第一驱动力，始终影响着消费者的购买意向，产品感官质量不符合要求，即使内在质量符合标准规定，也难以让消费者接受。

食品的感官品质包括色、香、味、外观形态、软硬度等，是食品质量最敏感的部分。将感官评定有效地应用于产品质量控制过程中，可以很快获得现场信息资料，便于及时采取相应措施，将可能出现的危害避免或最小化。

二、感官评定在产品质量控制中的应用

感官评定在产品质量控制中的作用包括以下几个方面：

1. 原材料及成品的质量控制

保证原材料及成品的质量控制以防止不符合质量要求的原材料进入生产和商品流通领域。

2. 工序检验

工序检验即工序加工完毕时的检验，以预防产生不合格品，防止不合格产品流入下道工序。

3. 贮藏检验

贮藏检验研究产品在贮藏过程中的变化规律，以确定产品的保存期和保质期。

4. 市场商品检验

市场商品检验对流通领域的商品按照产品质量标准抽样检验。感官检验准确、快速、及时，有利于遏制假冒伪劣商品流入市场。

一般食品企业从产品的原料、半成品至成品均应设定感官性质的各项标准。只要将品管人员加以训练，感官评定将比任何其他工具都快速，设定后的执行也要靠感官评定。

感官评定与质量控制（quality control，QC）工作一旦结合能显著提高生产水平。例如，在线产品质量检验需要在很短时间内完成，无法进行一个详细的描述评论和统计分析，而训练有素的质控人员通过感官评定能够快速鉴别产品的质量。例如，通过感官评定能很快地知道产品颜色异常或异味，而且不需要任何药品和仪器，其速度之快、灵敏度之高是任何仪器所不能比拟的。此外还可以通过感官评定中的成对比较检验、三角检验等差别检验方法对产品的稳定性进行监控，分析产品的品质是否出现了较大波动。将感官评定技术有效地应用于产品质量控制过程中，可以很快获得第一手信息资料，以便于采取相应措施及时处理，将危害最小化。

例如，应用感官评定检测酸牛乳的质量：通过视觉分析酸牛乳的外观形态、色泽和组织状态，评价酸牛乳的新鲜度；通过嗅觉分析酸牛乳的气味及发生的轻微的质量变化；通过味觉鉴别，可以对一系列产品进行评估。同时，通过进行酸、甜、苦、涩等多滋味的综合感受，还可以对产品的某一指标进行适当调整，从而更大程度地满足消费者的需求，提高产品质量。

食品感官评定除了在企业对产品质量控制起作用外，还可以给其他部门提供信息。例如，工商管理人员在查假冒伪劣食品时，最快速直接的方法是感官鉴别。食品质量的好坏，首先表现在感官性状的变化上，有些食品在轻微劣变时精密仪器也难以检出，但通过人体的感觉器官却可以判断出来。感官指标通常具有否决性，即如果某一产品的感官指标不合格，如腐败变质、油脂酸败、霉变、生虫、污秽不洁、混有异物或者其他感官性状异常的食品，则不必再做理化指标和卫生指标检测，直接判断该产品不合格。

三、产品质量控制中感官评定的要求

感官评定在质量控制中包含的因素主要有：

1. 评价员的培训

质量控制的一个重要任务就是保证产品质量的一致性，对评价员进行培训是必不可少的一步。如果使用没有经验的评价员，所得结果不可靠，而使用专家评价员，不能确保人数而且成本较高，因此为保证检验的经常性，在公司内部训练一批合格的评价员是最理想的模式。

2. 标准的建立

感官标准的确定是质量控制的关键步骤，包括感官属性标准、样品制备标准、评定方法标准、标度强度参照物标准。有了标准，评定分析才有据可依。在感官质量控制中，应该对样品采用盲标，并按照不同的任意顺序提供给评价小组成员；把未知对照样插入到检验序列中；样品的温度、体积或重量，及有关产品制备的其他细节和品评方法都应该标准化。

3. 感官指标规范的建立

感官指标规范的作用是确定产品是否可以接受，感官指标规范对各种指标的强度都有一个规定范围，如果经评价小组评价后，产品指标在这个范围内，表示可以接受，否则表示不可以接受。感官指标规范包括收集典型产品作样品、产品的评估、判断产品的可变感官特征和变化范围，根据消费者（或厂家）对产品变化的反馈意见制定最终、最重要的规范。

4. 感官评定方法的选择

在质量控制过程中，感官评定方法使用多样。方法的选择以能够衡量出样品同参照物之间的差别为原则。但是差别试验和情感试验一般不在例行的质量评价中使用。因为差别试验对比较小的差别太敏感，不能正确反映产品之间的差异程度，同时只在几个评价员之间进行的情感试验也不能反映目标人群的态度。试验方法应根据试验目的和产品的性质而定，如果产品发生变化的指标仅限5~10个，则可以采用描述分析方法，而如果发生变化的指标很难确定，但广泛意义的指标（如外观、风味、质地）可以反映产品质量时，则可以对产品进行质量打分。

四、感官质量控制项目开发与管理

感官评定部门在感官项目建立的早期应考虑感官质量控制项目的费用和实践内容，经过详细的研究与讨论后形成研究方案。在初始阶段把所有的研究内容分解成子项目，有助于完整、详细地完成感官质量控制项目开发。

1. 设定承受限度

这是项目管理中的第一个管理主题。管理部门可以自己进行评价并设置限度。由于没有参与者，这个操作非常简单而迅速，因而需要承受一定风险。管理者与消费者的需求未必一致。而且，由于利益问题，对已经校准的项目，管理者可能不会随消费者的要求改进。

2. 费用相关因素

感官质量控制项目需要一定花费，如果要求雇佣者作为评价小组进行评估，还要包括评价小组进行评价的时间。感官质量控制项目的内容相当复杂，不熟悉感官检验生产的行政部门很容易低估感官检验的复杂性、技术人员准备需要的时间、小组启动与筛选培训的费用，并且忽视对技术人员和小组领导人的培训工作。

3. 完全取样的问题

传统质量控制的项目，会根据产品的所有阶段，在每个批次和每项偏差中，分别取样测定，但这对于感官检验不具有实际意义。质量控制工作的目的是避免不良批次产品流入市场，只有通过标准的感官评定步骤，以及足够数量、受过良好训练的质量控制评价小组的工作，才能保证检验的高敏感度。

4. 全面质量管理

独立的质量管理结构可能有益于质量控制。致力于合作质量项目的高级行政部门可以把质量控制部门从原有体系分离出来，使他们免受其他方面压力，又能控制真正不良产品的出现。感官质量的控制系统应该适合这个结构，感官数据就能成为正常质量控制信息中的一部分。

5. 如何确保项目连续性

管理部门要注意：感官评定所需设备需要专人定期维护、校正，并且放置在一个不移动的固定位置上。对感官质量控制的关注包括对小组成员的评价和再训练、参照标准的校正和更换、由于精力不集中而造成结果发生偏差等情况。

6. 感官质量控制系统特征

项目发展的特定任务包括小组讨论的可行性、专家意见、参照材料的可用性以及时间限制等方面的研究。一定要在客观条件下进行评价小组人员的招募、筛选和培训。感官评定的取样计划一定要和样品处理、贮存条件紧密结合。数据处理、报告的格式、试验档案以及对评价小组的监控都是非常重要的任务。因此，执行这些任务的感官评定协调者应该是在感官检验方面有很强技术背景的人员。系统应该有一定的特征能维持感官质量评定步骤的效果。

五、产品感官质量控制常用的方法

1. 规格内-外方法

感官质量评估，最简单的方法之一就是规格内-外或通过/不通过的系统，通过感官检验把不正常生产或常规生产之外的产品挑出来。该方法是在现场与大量劣质产品进行简单的比较，例如，公开讨论以达成一致意见。采用 25 人以上的评价小组进行感官检验，评价小组成员经过训练后，能够识别定义为“规格之外”和“规格之内”的产品性质，这就增强了该标准的一致性。在任何是或否的步骤中，偏爱和设定标准的作用与实际的感官检验具有一样的影响力。

规格内-外方法的主要优点在于具有很明显的简单性，特别适用于简单产品或有一些变化特性的情况。缺点就是标准设置问题，由于这个方法不是必须提供拒绝或失败的理由，所以在确定问题时会缺乏方向性。而且，检验数据与其他测定结果的联系性差。对于评价小组，虽具有分析能力，但在寻找问题的同时提供产品质量的整体综合判断是相当困难的。

2. 标度方法

标度方法是根据标准或对照产品的情况，进而评估整体产品的差别度。如果维持一个恒定的优质标准进行比较，这种方法是有效可行的，能够很好地评估整体产品的差别度。这种方法也很适合于分析产品的变化，如使用简单标度判断样品与标准的相同程度。为达到快速分析的目的，可以采用简单的 10 点类项标度，有时会利用不同程度差别的描述加以标记标度中的其他点。

简单的整体差别标度可以与只有单一变化性质的简单产品进行很好的配合。对于更复杂的或不同种类产品而言，可能需要添加进一步的描述性标度。当然，这也增加了评价小组成员进行训练、数据分析以及制定行为标准的复杂性。如果只使用单一标度进行评估，就不能提供有关差别的原因信息。

3. 质量等级评估方法

第三个方法类似于相对参照方法的总体差异，就是使用质量等级评估方法。这使评价小组部分成员需要进行更复杂的判断步骤，因为这样做不仅要判断产品的质量差异，而且还要研究如何决定产品的质量。

为了使用质量等级评估系统，要求受过训练的评价员或专家主要有 3 种能力：

（1）一定要坚持标准，即理想的产品是根据感官属性而来的。

（2）一定要学习产品感官缺陷出现的原因，如劣质成分、粗糙的处理或生产、微生物问题、贮存方法不当等导致产品感官属性出现的变化。

（3）要了解每个缺点在不同水平上的影响作用，以及它们降低产品整体质量的程度。

质量等级评估的一般特性如下：标度直接代表了人们对质量的评估，优于简单的感官差别，同时它还能使用像“劣质到优秀”这样的词语。另外，用词本身也是一种激励因素，就像它给予评价小组成员一个印象一样，即它们直接涉及人们所做出的决定。

这一方法有着明显的时间和费用优势，当然，也有缺点和不足。如果为了能够认识到产品所有的缺点，要开发相应的专门技术，并把它们结合到质量分级中去，这可能需要一段长时间的训练过程。存在这样一种倾向，即喜欢或不喜欢的个人主观性会慢慢地进入评估者的评价意见中。如果只产生一个总体分数的话，几乎没有特征可以帮助管理人员确定产生的问题。而且专业的技术词汇对非技术性的管理者来说是晦涩难懂的。最后，对于少量的评价小组成员而言，他们很少把这些数据应用于统计的差别检验中，所以这种方法基本上是一种定性的方法。

4. 描述分析方法

检验目标是由受过训练的评价小组成员提供个人对某种感官属性的强度评估，重点是单一属性的可感知强度，而不是质量上或整体上的差别。感官质量控制中采用的描述分析方法与质量等级评估或整体的差别评估不同。质量等级评估和差别评估需要把全部感官经验都结合到一个单一整体分数中去。而从感官质量控制的目的出发，描述分析可以仅针对一些重要的感官性质。

这种方法的缺点是：评价小组成员要接受广泛的训练，包括关键感官属性的意义、标度方法及强度标准等；一些不包括在分数卡和/或训练安排以外的性质，可能会被忽略。

主要的优点是：描述性说明书中，详细而定量的属性说明有助于建立与其他测定值（如仪器分析）的相关性；不需要把变化的感官属性综合成一个总体分数；容易推断出产品感官的缺陷以及需要改良的理由。

5. 质量等级与接受性评估相结合方法

这个方法的核心是一个整体质量的标度，质量标度和判定标度一起出现，是介于质量等级评估方法和全面的描述分析方法之间的一个合理的折中办法（表 9-9）。

表 9-9 质量等级与接受性评估相结合常用的标度方式

质量评分	1	2	3	4	5	6	7	8	9	10
接受程度	拒绝		不能接受			能接受			符合标准	

在这个标度中，明显不符合要求而需要立即处理的产品只能得 1~2 分。不能接受但可以重新生产或混合的产品，其得分的范围在 3~5 分。如果在生产过程中在线进行评价的话，这些批次不会被放入零售的集装箱或包装中，而是会去进行重新生产或混合。如果样品与标准样品有所区别，但仍在可接受的范围以内，它们的得分在 6~8 分，而与标准样品相一致的产品则分别得 9 或 10 分。

这一方法的优点在于明显的简单性，一方面它使用整体评估；另一方面使用属性标度，能提供拒绝产品的原因。同其他的方法一样，在人员进行培训之前，一定要规定“规格之外”产品的限度以及建立一个优质样品的标准。一定要向进行试验的评价员展示已被定义过的样品，以帮助他们建立标准产品的概念界限。

六、食品感官评定在产品质量控制中的应用举例

为了使评价员的感官具有高度的敏锐性，同时建立一个良好的训练制度，应对评价小组的成员进行筛选。筛选以后，根据产品的复杂情况，可能会进行 6~10 次的讨论与训练。这些程序可以巩固评价小组成员在概念上的认知，便于他们了解质量评估的类项界限，理解对感官品质的期望水平。

在感官质量控制中，为了得到准确有效的结果，应该按照一定的良好操作准则进行。下面列出的是感官质量检验的 10 条准则和评价员参与感官检验的准则。

1. 感官质量检验的 10 条准则

（1）建立产品最优质量的标准以及可接受和不可接受产品的范围标准。

（2）尽可能利用消费者试验来校准这些标准。有经验的个人可以设置一些标准，但是这些标准应该由消费者的意见（产品的使用者）来检验。

（3）一定要对评价员进行培训，如让他们熟悉标准以及可接受的变化限度。

（4）不可接受的产品标准应该包括可能发生在原料、过程或包装中的所有缺陷和偏差。

（5）如果有这些问题的标准记录，应该培训评价员获得判定缺陷样品的信息。可能要使用强度或类项清单的标度。

（6）应该从至少几个评价员中收集数据。理想情况下，收集有统计意义的数据（每个样品 10 个或更多个观察结果）。

（7）检验的程序应该遵循优良感官实践的准则：盲样检验、合适的环境、检验控制、任意的顺序等。

（8）每次检验都应该通过提供带有盲标的标准样品来测定评价员的敏感性和准确性。对于参考目的来说，建立一个（隐性）优质的标准是很重要的。

（9）隐性重复测试可以检验评价员的可靠性。

（10）评价小组必须达成一致。如果发生不可接受的变化或争议，评价员有必要重新接受培训。

2. 评价员参与感官检验的准则

（1）身体和精神状态良好。

（2）了解问答卷。

（3）了解产品缺陷以及可能的强度范围。

（4）对于某些食品和饮料而言，打开样品容器后应立即嗅闻香气。

（5）品评样品时要品尝足够的量（要专业，不要犹豫不定）。

（6）注意风味呈现的顺序。

（7）有时根据情形和产品的类型必须漱口。

（8）集中注意力。仔细考虑感受，不要将注意力分散。

（9）不要过分苛刻。而且，不要总倾向于使用标度的中点。

（10）不要改变想法。第一印象往往是很有用的，特别是对香气而言。

（11）评估之后检验一下分数。得到检验水平的反馈。

（12）对自己诚实。面对其他意见时，坚持自己的想法。

（13）要实践。经验和专业知识积累较慢，要有耐心。

（14）要专业。避免不正式的试验室玩笑和过于自我表现，并坚持合适的试验管理。

（15）在参加感官检验前至少 30min 不要吸烟、喝酒或吃东西。

（16）不要使用香水、须后水等。避免使用有香气的肥皂和洗手液。

在感官质量控制中，应该对样品采用盲标，并按照不同的任意顺序提供给评价小组成员；把未知对照样插入到检验序列中；样品的温度、体积或质量及有关产品制备的其他细节和品评方法都应该标准化；试验室的设备不应该散发气味和分散人的注意力；应该在配备品评小室或小间的干净的感官检验环境中进行检验。

21 世纪以来，感官评定技术在产品质量检验中的重要性正在被逐渐认识，感官评定系统也在不断建立和完善。质量控制中的感官评定技术的发展前景主要包括：

（1）认识到质量控制中感官评定重要意义并增加其投入。

（2）增加公司内质量控制中感官评价员的数量。

（3）建立和完善感官质量控制系统。

（4）建立和完善感官检验标准。

（5）开发新的或改善感官评定方法。

（6）与产品开发部门合作，生产出质量更一致的产品。

（7）加强建立感官评定数据与仪器测定的相关性。

（8）感官质量控制的网络化和全球化。

（9）利用多元的质量控制/数据统计和图表分析方法。

（10）最终目标：感官质量控制成为向消费者提供质量更加优良和一致产品的有效方法。

【例 9-6】 苹果酸-乳酸发酵对干红葡萄酒感官质量的影响。

问题：某葡萄酒生产商欲采用乳酸菌发酵技术增加干红葡萄酒的感官质量，研发人员想通过感官评定确定酒精发酵后，添加乳酸菌进行苹果酸-乳酸发酵如何影响干红葡萄酒的感官质量。

项目目标：评价苹果酸-乳酸发酵对干红葡萄酒感官质量的影响。

试验设计：以赤霞珠葡萄原料为研究对象，一种正常发酵酿造，另一种额外启动苹果酸-乳酸发酵。酿造次年 5 月进行葡萄酒的感官评定。评价小组由 20 名葡萄酒专业优选评价员组成。评价小组 1 次分析 6 款酒样，随机区组设计，共 2 轮。采用葡萄酒标准香气和味感类别特征，描述供试样品的香气和味感特征，并用 5 点标度法进行量化。综合评价小组对某一特征的使用频率和强度率，采用几何平均数 *MF* 表示。

$$MF = \sqrt{FI}$$

式中 F——某一特征分值大于 0 的评价小组成员人数占总体评价小组成员的百分数；

I——某一特征分值平均数占最大分值（5 分）的百分数。

试验结果：经 2 轮评价后，对每个样品进行结果汇总和统计分析，如表 9-10 和表 9-11 所示。

表 9-10 供试葡萄酒样品香气特征的 *MF* 值

香气特征	赤霞珠-传统发酵	赤霞珠-苹果酸-乳酸发酵	香气特征	赤霞珠-传统发酵	赤霞珠-苹果酸-乳酸发酵
香气质量	0.640	0.690	干果	0.276	0.239
香气强度	0.822	0.834	佐料	0.414	0.507
热带水果	0.309	0.239	香脂	0.195	0.276
温带水果	0.458	0.447	化学味	0.169	0.239
小浆果	0.569	0.552	香气持久	0.662	0.737
花香	0.365	0.447	回味香气	0.594	0.577
植物味	0.488	0.498	回味果香	0.569	0.543
乳香	0.258	0.352	回味乳香	0.365	0.365
烘烤味	0.338	0.468			

表 9-11 供试葡萄酒样品口感特征的MF值

口感特征	赤霞珠-传统发酵	赤霞珠-苹果酸-乳酸发酵	口感特征	赤霞珠-传统发酵	赤霞珠-苹果酸-乳酸发酵
口感质量	0.656	0.676	干涩味	0.690	0.632
圆润度	0.717	0.724	绒涩味	0.609	0.640
酸	0.793	0.799	糙涩味	0.561	0.543
深度	0.756	0.762	灼热度	0.710	0.737
酒体	0.737	0.730	回味香气	0.594	0.577
单宁	0.717	0.724	整体质量	0.717	0.762
苦味	0.690	0.617			

分析可见，苹果酸-乳酸发酵酒样小浆果、佐料和植物味香气特征明显，烘烤味和乳香、佐料和花香的特征强度增加；增加了口感整体质量，同时减少了干涩味和苦味，改善了葡萄酒的口感。

结论：正常成熟赤霞珠原料在酒精发酵后经苹果酸-乳酸发酵，所酿干红葡萄酒感官质量显著提高。具体表现在烘烤味特征明显，香气强度增加，口感质量好。建议进一步进行消费者感官检验。

第五节　新产品开发

一、感官评定在新产品开发中的作用

新产品的开发是食品企业发展的核心，一种新产品的产生包含两方面的含义，首先是构想一种新产品，这种产品对企业或者整个食品市场而言是新的，其次是对现有产品的改进，如在原有产品的基础上对其进行成分的改变、增加或替换，抑或是采用新的技术、改变产品生产工艺，其种类可分为以下几种：市场尚未流行的新产品；现有产品的延伸，即现有的产品在食品基本属性及概念上的延伸；对企业自身而言是新产品；新客户，即新的客户群的产生带来新的产品需求；新市场，如产品新的区域和地域分布产生差异化而带来的新的产品需求。企业对新产品开发具有浓厚的兴趣，因为它能提高收益，成为市场中新的增长点，品牌效应会影响市场上其他产品从而产生光环效应。

对于消费者的偏好和需求，是新产品开发中必须关注的焦点，新产品的研制需与感官评定同时进行，将产品的设计和消费者的需求进行准确的匹配，以确定开发中的产品在不同阶段的可接受性，而且最终评价新产品开发的成功与否，就是看其能否被消费者接受并喜爱。通过消费者嗜好性试验，可以理解消费者的消费行为，预测其未来的消费趋势，并且开发出新的市场。研究表明，感官质量是消费者购买食品的第一驱动力并始终影响着消费者的购买意向，其次才是食品的营养保健作用。

在食品产品的设计与开发中，产品相关的专业知识与质量属性和感官评定密切相关。感官评定作为一种认知、测量或检测手段在食品产品开发不同活动中，包括产品的开发、改进、评价和基础研究等，都发挥着重要的作用，能为食品企业及时解决生产问题，并持续改进现有的产品，因此已成为食品企业的决策基础之一（图 9-2）。

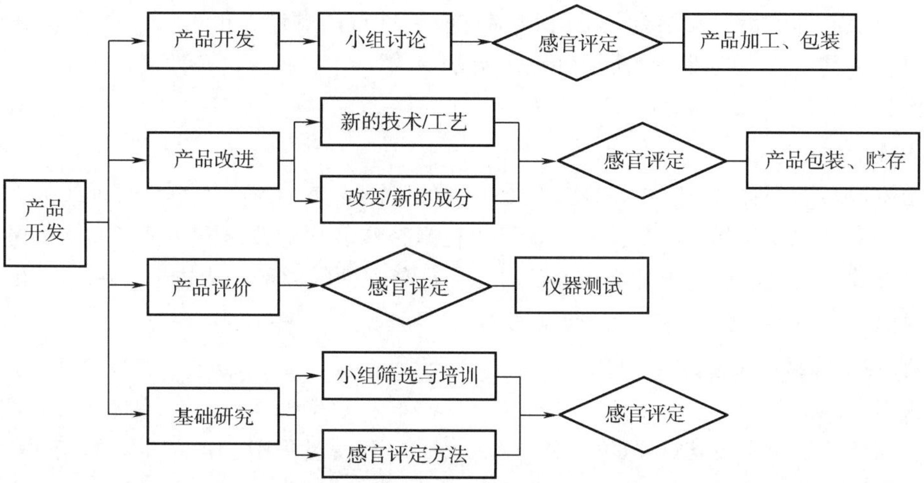

图 9-2 感官评定在食品产品开发中的作用

采用感官检验技术评价产品的性质是感官评定在新产品开发中发挥的主要作用，除此之外还包括对目标消费者的描述，评估测试出产品的时机等。新产品的思路来源丰富，包括食品企业职工、消费者、市场调研人员、技术人员，以及更多的专业机构。这些想法可以通过小组讨论的形式进行分析总结。

二、新产品开发中常用的感官评定方法

在新产品开发过程中，最有用的感官评定方法是定量描述分析（quantitative descriptive analysis，QDA）。首先，它给产品提供了一个描述，勾画出产品的特色；第二，此方法可以分析多种产品，如在试验室水平或是特定使用环境中评估多达 20 种甚至以上的产品；第三，可以通过不同的方法把不同的分析结果进行比较。

新开发的食品产品感官品质通过专家评价小组进行感官剖面分析来确定。在市场开发中，由消费者/消费者小组给出的情感评价结果常作为了解消费者行为的一种指示，预测他们的购买决定和开发新的市场。通过探索产品的感官剖面和消费者的情感评价数据之间的关系，确定开发中的产品在不同阶段的可接受性，这样就可以开发出满足不同层次消费人群特定需要的新产品。

在新产品开发过程中，进行消费者消费及购买行为市场调查也是一个重要的方法。通过调查不仅可以了解消费者是否喜欢该类产品以及喜欢的程度，更重要的是可以了解喜欢或不喜欢的理由，以便于改进产品开发方向。一般调查都以问卷形式展开，采用感官评定中的描述性检验、嗜好性检验和成对比较检验等方法获得有效数据，再对数据进行统计处理分析，从而整理出新产品开发的正确思路。

三、新产品开发的不同阶段

新产品的开发包括若干阶段，对这些阶段进行确切划分是很难的，它与环境条件、研发

方案及产品特性等都有密切关系。但总体来说，一个新产品从设想构思到商品化生产，基本上要经过如下阶段：设想，研制，感官评定，消费者市场调查，货架寿命研究，包装设计，生产，试销，商品化。当然，这些阶段并非一定按顺序进行，也并非必须进行全部阶段。实际工作中应根据具体情况灵活运用。可以调整前后进行的顺序，也可以几个阶段结合进行，甚至可以省略其中部分阶段。但无论如何，目的只有一个，那就是开发出适合消费者、企业和社会的新产品。

1. 设想阶段

设想阶段是第一阶段，它可以包括企业内部的管理人员、技术人员或普通工人的“突发奇想”的想象，以及竭尽全力的猜想，也可以包括特殊客户的要求和一般消费者的建议及市场动向调查等。为了确保设想的合理性，需要动员各方面的力量，从技术、费用和市场角度，经过一段时间可行性评价后才能做出最后决定。

2. 研制和感官评定阶段

现代新食品的开发不仅要求味美、色适、口感好、货架期长，同时还要求营养性和生理调节性，因此这是一个极其重要的阶段。同时，研制开发过程中，食品质量的变化必须由感官评定来进行，只有不断地发现问题，才能不断改正，研制出适宜的食品。因此，新食品的研制必须与感官评定同时进行，以确定开发中的产品在不同阶段的可接受性。新食品开发过程中，通常需要两个评价小组，一个是经过若干训练或有经验的评价小组，对各个开发阶段的产品进行评定（差异识别或描述分析）。另一个评价小组由小部分消费者组成，以帮助开发出受消费者欢迎的产品。

3. 消费者市场调查阶段

此阶段为对新产品的市场调查。首先送一些样品给一些有代表性的家庭，并告知他们调查人员过几天再来询问他们对新产品的看法如何。几天后，调查人员登门拜访收到样品的家庭并进行询问，以获得关于这种新产品的信息，了解他们对该产品的想法、是否购买、价格估计、经常消费的概率。为了降低费用，也可以制作问卷随样品一起邮寄给目标消费者，然后要求他们将问卷寄回，邮件方式可能更方便。一旦发现该产品不太受欢迎，那么继续开发下去将会犯错误，但通过抽样调查往往会得到改进产品的建议，这些将增加产品在市场上成功的概率。

4. 货架寿命研究和包装设计阶段

食品必须具备一定的货架寿命才能成为商品。食品的货架寿命除与本身加工质量有关外，还与包装有着不可分割的关系。包装除了具有吸引性和方便性外，还具有保护食品、维持原味、抗撕裂等作用。所以食品的包装设计，包括形状、材料、封口方式及消费者的接受性等，也是产品开发的一部分。

5. 生产和试销阶段

在产品开发工作进行到一定程度后，就应建立一条生产线。如果新产品已进入销售试验，那么等到试销成功再安排规模化生产并不是明智之举。许多企业往往在小规模的中试期间就生产销售试验产品。试销是大型企业为了打入全国市场之前避免惨重失败而设计的。大多数中小型企业的产品在当地销售，一般并不进行试销。试销方法也与感官评定方法有关联。

6. 商品化阶段

商品化是决定一种新产品是成功还是失败的最后一举。新产品进入什么市场、怎样进入市场有着深奥的学问。这涉及很多市场营销方面的策略，如广告、名人代言、品尝试吃等都是重要的手段。

四、食品感官评定在新产品开发中的应用举例

【例 9-7】“炸鸡排”新产品开发。

问题：某肉制品企业研发人员根据前期基础，新研制了 4 种不同配方的产品“炸鸡排”，欲从产品的色泽、香味、滋味、咀嚼性等方面出发，选择最佳配方，以及开发方向。

试验设计：选择 20 个公司内部员工（非研发人员）作为评价员，在感官试验室进行评定，产品采用三位数随机编码，并随机排序。表 9-12 所示为“炸鸡排”感官评定问答卷。

表 9-12 “炸鸡排”感官评定问答卷

姓名： 日期： 组别：

一、请您仔细品尝面前的 4 个样品，将您对样品的综合评价表示在下面横线的相应位置上：

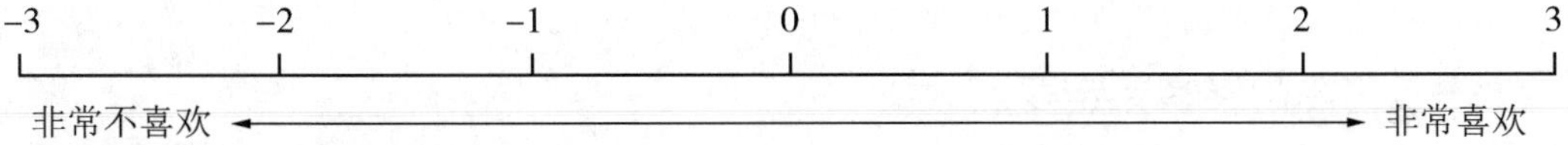

二、试用效果

（1）将您对样品作为商品流通的态度表示在下面横线的相应位置上：

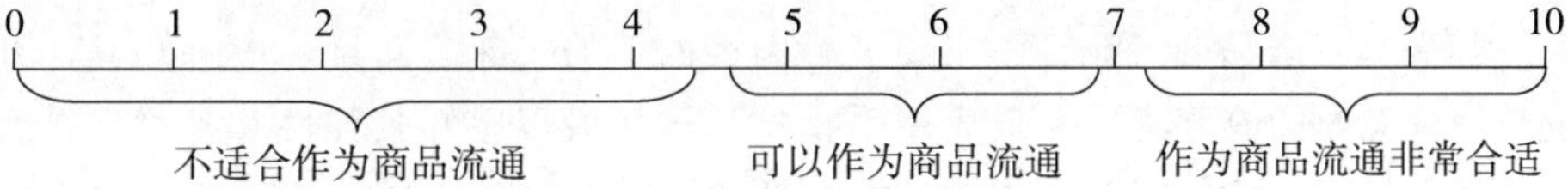

（2）每块价格为多少时，消费者可接受？

A：2 元以下 B：2 元 C：3 元 D：4 元 E：5 元

三、您认为 4 个样品在色泽、香味、滋味及咀嚼性等方面有哪些不足？

A1：

A2：

A3：

A4：

试验结果：经过统计分析，4 个样品的综合评价得分分别为 0.9、0.75、-0.2 和-0.45，即 A1>A2>A3>A4，但经过多重比较分析，0.05 水平下，A1 显著好于 A3 和 A4，但是和 A2 没有显著性差异。评价员对“炸鸡排”产品作为商品流通的看法如图 9-3 所示。

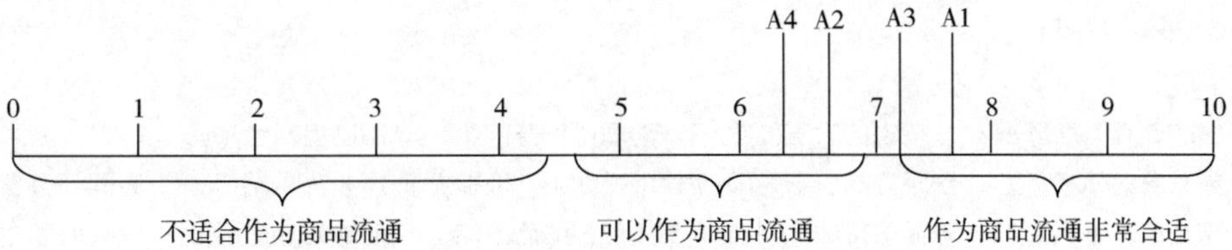

图 9-3 评价员对“炸鸡排”产品作为商品流通的看法

评价员对“炸鸡排”产品的感官属性提出意见如下：A1——稍咸，咖喱味太重；A2——

甜味不明显；A3——外观稍差，肉少；A4——甜度偏高，咀嚼性不强。总之，新产品的口感、色泽、质构性等方面都能被接受，在食用时蘸些酱油、醋、辣酱等调味料，会别有风味。

结论：样品都可以作为商品流通，其中 A1 和 A3 更适合；研发人员应以 A1 的配方为基础，参照评价员的意见再次改良产品。

第六节　主要食品与食品原料的感官评定要点及应用

在日常生活中，应用感官评定手段来评价食品及食品原料的质量优劣是简单易行的有效方法。本节将对日常生活中常见的主要食品与食品原料感官评定的要点及应用进行相应的介绍，并对常见食品及食品原料的感官评定实施方法进行举例说明。

一、畜禽肉制品感官评定要点及应用

（一）畜禽肉感官评定要点

对畜禽肉进行感官评定时，一般是按照如下顺序进行：首先是眼看其外观、色泽，特别应注意肉的表面和切口处的颜色与光泽，有无色泽灰暗、是否存在瘀血、水肿、囊肿和被污染等情况。其次是嗅肉品的气味，不仅要了解肉表面上的气味，而且还应感知其切开时和试煮后的气味，注意是否有腥臭味。最后用手指按压、触摸以感知其弹性和黏度，结合脂肪以及试煮后肉汤的情况，才能对畜禽肉进行综合性的感官评定。

（二）畜禽肉质量感官评定应用

1. 鲜猪肉质量的感官评定

鲜猪肉感官质量要求如表 9-13 所示。

表 9-13　　鲜猪肉感官质量要求

等级	外观	气味	弹性	脂肪	肉汤
优质	表面有一层微干或微湿的外膜，呈鲜红色，有光泽，切断面稍湿、不粘手，肉汁透明	具有鲜猪肉正常的气味	新鲜猪肉质地紧密而富有弹性，用手指按压凹陷后会立即复原	脂肪呈白色，具有光泽，有时呈肌肉红色，柔软而富于弹性	肉汤透明、芳香，汤表面聚集大量油滴，油脂的气味和滋味鲜美
次质	表面有一层风干或潮湿的外膜，呈深红色，无光泽，切断面的色泽比新鲜的肉暗，有黏性，肉汁混浊	在肉的表层能嗅到轻微的氨味、酸味或酸霉味，但在肉的深层没有这些气味	肉质比新鲜肉柔软、弹性小，用指头按压凹陷后不能完全复原	脂肪呈灰色，无光泽，容易粘手，有时略带油脂酸败味和哈喇味	肉汤混浊，汤表面浮油滴较少，没有鲜香的滋味，常略有轻微的油脂酸败的气味

续表

等级	外观	气味	弹性	脂肪	肉汤
劣质	表面外膜极度干燥或粘手，呈灰色或淡绿色、发黏并有霉变现象，切断面也呈暗灰或淡绿色、很黏，肉汁严重混浊	腐败变质的肉，不论在肉的表层还是深层均有腐臭气味	腐败变质肉由于自身被分解严重，组织失去原有的弹性而出现不同程度的腐烂，用指头按压后凹陷，不但不能复原，有时手指还可以把肉刺穿	脂肪表面污秽、有黏液，霉变呈淡绿色，脂肪组织很软，具有油脂酸败气味	肉汤极混浊，汤内漂浮着有如絮状的烂肉片，汤表面几乎无油滴，具有浓厚的油脂酸败或显著的腐败臭味

2. 冻猪肉（解冻后）质量的感官评定

冻猪肉感官质量要求如表 9-14 所示。

表 9-14 冻猪肉感官质量要求

级别	色泽	组织状态	黏度	气味
良质	肌肉色红、均匀，具有光泽，脂肪洁白，无霉点	肉质紧密，有坚实感	外表及切面微湿润，不粘手	猪肉正常的气味，无臭味，无异味
次质	肌肉红色稍暗，缺乏光泽，脂肪微黄，有少量霉点	肉质软化或松弛	外表湿润，微粘手，切面有渗出液，但不粘手	稍有氨味或酸味
变质	肌肉色泽暗红，无光泽，脂肪呈污黄或灰绿色，有霉斑或霉点	肉质松弛	外表湿润，粘手，切面有渗出液也粘手	具有严重的氨味、酸味或臭味

3. 鸡肉质量的感官评定

鸡肉感官质量要求如表 9-15 所示。

表 9-15 鸡肉感官质量要求

级别	色泽	气味	黏度	弹性	煮沸后的肉汤
良质	表皮和肌肉有光泽，浅粉红色，均匀	具有鸡肉的正常气味	外表微干或有风干的膜，不粘手	用手指按压后的凹陷能完全恢复	肉汤透明澄清，脂肪团聚于肉汤表面，具有鸡肉特有的香味和鲜味
次质	肌肉色发白，用刀切开截面尚有光泽	略有氨味或酸味	外表干燥或粘手	用手指按压后的凹陷恢复慢，且不能完全恢复到原状	肉汤稍有混浊，脂肪呈小滴状浮于肉汤表面，香味差或无鲜味

二、蛋及蛋制品感官评定要点及应用

（一）蛋及蛋制品感官评定要点

鲜蛋的感官评定分为蛋壳评定和打开评定。蛋壳评定包括眼看、手摸、耳听、鼻嗅等方法，也可借助于灯光透视进行评定。打开评定是将鲜蛋打开，观察其内容物的颜色、稠度、性状、有无血液、胚胎是否发育，有无异味和臭味等。

蛋制品的感官评定指标主要是色泽、外观形态、气味和滋味等。同时应注意杂质、异味、霉变、生虫和包装等情况，以及是否具有蛋品本身固有的气味或滋味。

（二）鲜蛋质量感官评定应用

1. 鲜蛋蛋壳的感官评定

眼看：即用眼睛观察蛋的外观形状、色泽、清洁程度等；手摸：即用手摸索蛋的表面是否粗糙，掂量蛋的轻重，把蛋放在手掌心上翻转等；耳听：就是把蛋拿在手上，轻轻抖动使蛋与蛋相互碰击，细听其声，或是手握蛋摇动，听其声音；鼻嗅：用嘴向蛋壳上轻轻哈一口热气，然后用鼻子嗅其气味（表 9-16）。

表 9-16 鲜蛋蛋壳感官质量要求

级别	眼看	手摸	耳听	鼻嗅
良质	蛋壳清洁、完整、坚固，壳上有一层白霜	蛋壳粗糙，质量适当	蛋与蛋相互碰击声音清脆，手握蛋摇动无声	有轻微的生石灰味
次质	一类：蛋壳有裂纹、格窝现象，蛋壳无损、蛋清外溢或壳外有粪污等。二类：蛋壳发暗，壳表破碎且破口较大，蛋清大部分流出	一类：蛋壳有裂纹、格窝或破损，手摸有光滑感。二类：蛋壳破碎、蛋清流出。手掂质量轻，蛋拿在手掌上翻转时总是一面向下（贴壳蛋）	蛋与蛋碰击发出哑声（裂纹蛋），手摇动时内容物有流动感	有轻微的生石灰味或轻度霉味
劣质	蛋壳表面的粉霜脱落，壳色油亮，呈乌灰色或暗黑色，有油样浸出，有较多或较大的霉斑	手摸有光滑感，掂量时过轻或过重	蛋与蛋相互碰击发出嘎嘎声（孵化蛋）、空空声（水花蛋），手握蛋摇动时内容物有晃荡声	有霉味、酸味、臭味等不良气体味道

2. 鲜蛋的灯光透视评定

灯光透视是指在暗室中用手握住蛋体紧贴在照蛋器的光线洞口上，前后上下左右来回轻轻转动，靠光线的帮助看蛋壳有无裂纹、气室大小、蛋黄移动的影子、内容物的澄清度、蛋内异物，以及蛋壳内表面的霉斑、胚的发育等情况。在市场上无暗室和照蛋设备时，可用手电筒围上暗色纸筒（照蛋端直径稍小于蛋）进行评定。如有阳光也可以用纸筒对着阳光直接观察（表 9-17）。

表 9-17 鲜蛋感官质量要求

级别	灯光透视
良质	气室高度小于 4mm，整个蛋呈微红色，蛋黄略见阴影或无阴影，且位于中央，不移动
次质	一类：蛋壳有裂纹，蛋黄部呈现鲜红色小血圈。二类：透视时可见蛋黄上呈现血环，环中及边缘呈现少许血丝，蛋黄透光度增强而蛋黄周围有阴影。气室高度大于 8mm，蛋壳某一部位呈绿色或黑色。蛋黄部完整，散如云状，蛋壳膜内壁有霉点，蛋内有活动的阴影

续表

级别	灯光透视
劣质	透视时黄、白混杂不清，呈均匀灰黄色。蛋全部或大部分不透光，呈灰黑色，蛋壳及内部均有黑色或粉红色斑点。蛋壳某一部分呈黑色且占蛋黄面积的 1/2 以上，有圆形黑影（胚胎）

3. 鲜蛋打开评定

将鲜蛋打开，将其内容物置于玻璃平皿或瓷碟上，观察蛋黄与蛋清的颜色、稠度、性状，有无血液，胚胎是否发育，有无异味等（表 9-18）。

表 9-18 鲜蛋内部感官质量要求

等级	颜色	性状	气味
良质	蛋黄、蛋清色泽分明，无异常颜色	蛋黄呈圆形凸起而完整，并带有韧性。蛋清浓厚、稀稠分明，蛋黄系带粗白而有韧性，并紧贴蛋黄的两端	具有鲜蛋的正常气味，无异味
次质	一类：颜色正常，蛋黄有圆形或网状血红色；蛋清颜色发绿，其他部分正常。二类：蛋黄颜色变浅，色泽分布不均匀，有较大的环状或网状血红色，蛋壳内壁有黄中带黑的粘痕或霉点，蛋清与蛋黄混杂	一类：性状正常或蛋黄呈红色的小血圈或网状血丝。二类：蛋黄扩大、扁平，蛋黄膜增厚发白，蛋黄中呈现大血环，环中或周围可见少许血丝。蛋清变得稀薄，蛋壳内壁有蛋黄的粘连痕迹，蛋清与蛋黄相混杂（蛋无异味）	具有鲜蛋的正常气味，有轻微异味
劣质	蛋壳内液态流体呈灰黄色、灰绿色或暗黄色，内杂有黑色霉斑	蛋清和蛋黄全部变得稀薄混浊，蛋膜和蛋液中都有霉斑或蛋清呈胶冻样霉变，胚胎形成长大	有臭味、霉变味或其他不良气味

三、乳及乳制品感官评定要点及应用

（一）乳及乳制品感官评定要点

感官评定乳及乳制品，主要指的是观其色泽和组织状态、嗅其气味和尝其滋味，应做到三者并重，缺一不可。对于乳而言，应注意其色泽是否正常、质地是否均匀细腻、滋味是否纯正以及乳香味如何。同时应留意杂质、沉淀、异味等情况，以便做出综合性的评价。

对于乳制品而言，除注意除上述评定内容而外，有针对性地观察了解如酸乳有无乳清分离、乳粉有无结块、乳酪切面有无水珠和霉斑等情况，对于感官评定也有重要意义。对于粉状乳制品可以冲调后再次进行感官评定。

（二）乳及乳制品质量感官评定应用

1. 鲜牛乳质量的感官评定

鲜牛乳感官质量要求如表 9-19 所示。

2. 炼乳质量的感官评定

炼乳感官质量要求如表 9-20 所示。

表 9-19　　鲜牛乳感官质量要求

等级	色泽	组织状态	气味	滋味
良质	为乳白色或稍带微黄色	呈均匀的流体，无沉淀、凝块和机械杂质，无黏稠和浓厚现象	具有牛乳特有的乳香味，无其他任何异味	具有鲜牛乳独有的纯香味，滋味可口而稍甜，无其他任何异常滋味
次质	色泽较良质鲜乳为差，白色中稍带青色	呈均匀的流体，无凝块，但可见少量微小的颗粒，脂肪黏聚表层呈液化状态	具有牛乳固有的乳香味，但浓度稍淡或有异味	有微酸味（表明乳已开始酸败），或有其他轻微的异味
劣质	表面呈浅粉色或显著的黄绿色，或是色泽灰暗	呈稠而不匀的溶液状，有乳凝结成的致密凝块或絮状物	有明显的异味，如酸臭味、牛粪味、金属味、鱼腥味、汽油味等	有酸味、咸味、苦味等

表 9-20　　炼乳感官质量要求

等级	色泽	组织状态	气味	滋味
良质	呈均匀一致的乳白色或稍带微黄色，有光泽	组织细腻，质地均匀，黏度适中，无脂肪上浮，无乳糖沉淀，无杂质	具有明显的牛乳乳香味，无任何异味	淡炼乳具有明显的牛乳滋味，甜炼乳具有纯正的甜味
次质	色泽有轻度变化，呈米色或淡肉桂色	黏度过高，稍有一些脂肪上浮，有沙粒状沉淀物	乳香味淡或稍有异味	滋味平淡或稍差，有轻度异味
劣质	表面色泽有明显变化，呈肉桂色或淡褐色	凝结成软膏状，冲调后脂肪分离较明显，有结块和机械杂质物	有酸臭味及较浓重的其他异味	有不纯正的滋味和较重的异味

3. 乳粉质量的感官评定

乳粉感官质量要求如表 9-21 所示。

表 9-21　　乳粉感官质量要求

等级	色泽	组织状态	气味	滋味
良质	色泽均匀一致，呈淡黄色，脱脂乳粉为白色，有光泽	粉粒大小均匀，手感疏松，无结块，无杂质	具有消毒牛乳纯正的乳香味，无其他异味	有纯正的乳香滋味，加糖乳粉有适口的甜味，无任何其他异味
次质	色泽呈浅白或灰暗，无光泽	有松散的结块或少量硬颗粒、焦粉粒、小黑点等	乳香味平淡或有轻微异味	滋味平淡或有轻度异味，加糖乳粉甜度过大
劣质	表面色泽灰暗或呈褐色	有焦硬的、不易散开的结块，有肉眼可见的杂质或异物	有陈腐味、发霉味、脂肪哈喇味等	有苦涩或其他较重异味

4. 纯酸牛乳质量的感官评定

纯酸牛乳感官质量要求如表 9-22 所示。

表 9-22　　纯酸牛乳感官质量要求

等级	色泽	组织状态	气味	滋味
良质	色泽均匀一致，呈乳白色或稍带微黄色	组织细腻、均匀、表面光滑、无裂纹、无气泡、无乳清析出	有清香、纯正的酸牛乳味	有纯正的酸牛乳味，酸甜适口
次质	色泽不匀，呈微黄色或浅灰色	凝乳不均匀也不结实，组织粗糙、有裂纹，有少量乳清析出	酸牛乳香气平淡或有轻微异味	酸味过度或有其他不良滋味
劣质	表面色泽灰暗或出现其他异常颜色	凝乳不良，有气泡，乳清析出严重或乳清分离。瓶口或酸乳表面有霉斑	有腐败味、霉变味、酒精发酵及其他不良气味	有苦味、涩味或其他不良滋味

5. 奶油质量的感官评定

奶油感官质量要求如表 9-23 所示。

表 9-23　　奶油感官质量要求

等级	色泽	组织状态	气味	滋味	外包装
良质	呈均匀一致的淡黄色，有光泽	组织均匀紧密，稠度、弹性和延展性适宜，切面无水珠，边缘与中心部位均匀一致	具有奶油固有的纯正香味，无其他异味	具有奶油独具的纯正滋味，无任何其他异味；加盐奶油有咸味	包装完整、清洁、美观
次质	色泽较差且不均匀，呈白色或着色过度，无光泽	组织状态不均匀，有少量乳隙，切面有水珠渗出，水珠呈白浊而略黏。有食盐结晶（加盐奶油）	香气平淡、无味或微有异味	奶油滋味不纯正或平淡，有轻微的异味	外包装可见油斑污迹，内包装纸有油渗出
劣质	表面色泽不匀，表面有霉斑，甚至深部发生霉变，外表面浸水	组织不均匀，黏软、发腻、粘刀或脆硬疏松且无延展性，切面有大水珠，呈白浊色，有较大的孔隙及风干现象	有明显的异味，如鱼腥味、酸败味、霉变味、椰子味等	有明显的不愉快味道，如苦味、肥皂味、金属味等	不整齐、不完整或有破损现象

四、水产品及水产制品感官评定要点及应用

（一）水产品及水产制品感官评定要点

感官评定水产品及水产制品的质量优劣时，主要是通过体表形态、鲜活程度、色泽、气味、肉质的弹性和洁净程度等感官指标来进行综合评价。对于水产品来讲，首先是观察其鲜

活程度如何，是否具备一定的生命活力；其次是看外观形体的完整性，注意有无伤痕、鳞爪脱落、骨肉分离等现象；再次是观察其体表卫生洁净程度，即有无污秽物和杂质等。然后才是看其色泽，嗅其气味，有必要的话还要品尝其滋味。综上所述再进行感官评定。

对于水产制品而言，感官评定也主要是外观、色泽、气味和滋味几项内容。其中是否具有该类制品的特有的正常气味与风味，对于做出正确判断有着重要意义。

（二）水产品及水产制品质量感官评定应用

1. 鲜鱼质量的感官评定

在进行鱼的感官评定时，先观察其眼睛和鳃，然后检查其全身和鳞片，并同时用一块洁净的吸水纸浸吸鳞片上的黏液来观察和嗅闻，鉴别黏液的质量。必要时用竹签刺入鱼肉中，拔出后立即嗅其气味，或者切割小块鱼肉，煮沸后测定鱼汤的气味与滋味（表 9-24）。

表 9-24 鲜鱼感官质量要求

等级	眼球	鱼鳃	体表	肌肉	腹部外观
新鲜鱼	眼球饱满突出，角膜透明清亮，有弹性	鳃丝清晰呈鲜红色，黏液透明，具有海水鱼的咸腥味或淡水鱼的土腥味，无异臭味	有透明的黏液，鳞片有光泽且与鱼体贴附紧密、不易脱落（鲳、大黄鱼、小黄鱼除外）	肌肉稍呈松散，指压后凹陷消失得较慢，稍有腥臭味，肌肉切面有光泽	腹部正常、不膨胀，肛孔白色、凹陷
次鲜鱼	眼球不突出，眼角膜起皱，稍变混浊，有时眼内溢血发红	鳃色变暗呈灰红或灰紫色，黏液轻度腥臭，气味不佳	黏液多不透明，鳞片光泽度差且较易脱落，黏液黏腻而混浊	肌肉松散，易与鱼骨分离，指压时形成的凹陷不能恢复或手指可将鱼肉刺穿	腹部膨胀不明显，肛门稍突出
腐败鱼	表面眼球塌陷或干瘪，角膜皱缩或有破裂	鳃呈褐色或灰白色，有污秽的黏液，带有不愉快的腐臭气味	体表暗淡无光，表面附有污秽黏液，鳞片与鱼皮脱离殆尽，具有腐臭味	有明显的不愉快味道，如苦味、肥皂味、金属味等	腹部膨胀、变软或破裂，表面发暗灰色或有淡绿色斑点，肛门突出或破裂

2. 咸鱼质量的感官评定

咸鱼感官质量要求如表 9-25 所示。

表 9-25 咸鱼感官质量要求

等级	色泽	体表	肌肉	气味
良质	色泽新鲜，具有光泽，无红斑、褐变等	体表完整，无破肚及骨肉分离现象，体形平展、不发黏、无虫蛀、无残鳞、无污物	肉质致密结实，有弹性，肌肉纤维清晰	具有咸鱼所特有的风味，咸度适中
次质	色泽不鲜明或暗淡，有轻微红斑或油烧现象	鱼体基本完整，但可有少部分变成红色或轻度变质，有少量残鳞或污物	肉质稍软，弹性差	可有轻度油脂酸败味

续表

等级	色泽	体表	肌肉	气味
劣质	表面体表发黄或变红	体表不完整，骨肉分离，残鳞及污物较多，有霉变现象	肉质疏松易散	具有明显的腐败臭味

五、谷类感官评定要点及应用

（一）谷类感官评定要点

感官评定谷类质量的优劣时，一般依据色泽、外观、气味、滋味等项目进行综合评价。眼睛观察可感知谷类颗粒的饱满程度，是否完整均匀，质地的紧密与疏松程度，以及其本身固有的正常色泽，并且可以看到有无霉变、虫蛀、杂物、结块等异常现象；鼻嗅、口尝及手握则能够体会到谷物的气味和滋味是否正常，有无异臭异味，含水量是否超标。其中，注重观察其外观与色泽在对谷类作感官评定时有着尤其重要的意义。

（二）谷类质量感官评定应用

1. 稻谷质量的感官评定

评定方法：将样品在黑纸上撒成一薄层，在散射光下仔细观察。然后将样品用小型出臼机或装入小帆布袋揉搓脱去米壳，看有无黄粒米，如有拣出称重；仔细观察颗粒的外观，并观察有无杂质；取少量样品于手掌上，用嘴哈气使之稍热，立即嗅其气味（表 9-26）。

表 9-26 稻谷感官质量要求

等级	色泽	外观	气味
良质	外壳呈黄色、浅黄色或金黄色，色泽鲜艳一致，具有光泽，无黄粒米	颗粒饱满，完整，大小均匀，无虫害及霉变，无杂质	具有纯正的稻香味，无其他任何异味
次质	色泽灰暗无光泽，黄粒米超过 2%	有未成熟颗粒，少量虫蚀粒、生芽粒及病斑粒等，大小不均，有杂质	稻香味微弱，稍有异味
劣质	表面色泽变暗或外壳呈褐色、黑色，肉眼可见霉菌菌丝。有大量黄粒米或褐色米粒	有大量虫蚀粒、生芽粒、霉变粒，有结团、结块现象	有霉味、酸臭味，腐败味等不良气味

2. 大米质量分级及其各级别大米的质量特征

我国稻谷根据加工精度的不同，即按加工后米胚残留以及米粒表面和背沟残留皮层的程度，将大米分为四个等级，一级、二级、三级和四级（表 9-27）。按食用品质分为大米和优质大米两类。

3. 小麦质量的感官评定

评定方法：可取样品在纸上（根据品种，色浅的用黑纸，色深的用白纸）撒一薄层，在散射光下观察。仔细观察其外观，并注意有无杂质；取样用手搓或牙咬，来感知其质地是否紧密；取少许样品进行咀嚼品尝其滋味（表 9-28）。

表 9-27 大米感官质量要求

等级	一级	二级	三级	四级
特征	背沟无皮，或有皮不成线，米胚和粒面皮层去净的占 90%以上	背沟有皮，米胚和粒面皮层去净的占 85%以上	背沟有皮，粒面皮层残留不超过 1/5 的占 80%以上	背沟有皮，粒面皮层残留不超过 1/3 的占 75%以上

表 9-28 小麦感官质量要求

等级	色泽	外观	气味	滋味
良质	去壳后小麦皮色呈白色、黄白色、金黄色、红色、深红色、红褐色，有光泽	颗粒饱满、完整、大小均匀，组织紧密，无害虫和杂质	具有小麦正常的气味，无任何其他异味	味佳微甜，无异味
次质	色泽变暗，无光泽	颗粒饱满度差，有少量破损粒、生芽粒、虫蚀粒，有杂质	微有异味	乏味或微有异味
劣质	表面色泽灰暗或呈灰白色、胚芽发红，带红斑，无光泽	严重虫蚀，生芽，发霉结块，有多量赤霉病粒（被赤霉菌感染，麦粒皱缩，呆白，胚芽发红或带红斑，或有明显的粉红色霉状物，质地疏松），质地疏松	有霉味、酸臭味或其他不良气味	有苦味、酸味或其他不良滋味

4. 面粉质量的感官评定

评定方法：将样品在黑纸上撒一薄层，然后与适当的标准颜色或标准样品做比较，仔细观察其色泽异同；观察有无发霉、结块、生虫及杂质等；然后用手捻捏，以试手感；取少量样品置于手掌中，用嘴哈气使之稍热，嗅其气味；取少量样品细嚼，遇有可疑情况，应将样品加水煮沸后尝试（表 9-29）。

表 9-29 面粉感官质量要求

等级	色泽	组织状态	气味	滋味
良质	色泽呈白色或微黄色，不发暗，无杂质的颜色	呈细粉末状，不含杂质，手指捻捏时无粗粒感，无虫和结块，置于手中紧捏后放开不成团	具有面粉的正常气味，无其他异味	味道可口，淡而微甜，没有发酸、刺喉、发苦、发甜以及外来滋味；咀嚼时没有砂声
次质	色泽暗淡	手捏时有粗粒感，生虫或有杂质	微有异味	淡而乏味，微有异味，咀嚼时有砂声
劣质	表面色泽呈灰白或深黄色，发暗，色泽不均	面粉吸潮后霉变，有结块或手捏成团），质地疏松	有霉臭味、酸味、煤油味或其他异味	有苦味、酸味、发甜或其他异味，有刺喉感

六、食用植物油感官评定要点及应用

（一）食用植物油感官评定要点

1. 气味

每种食用油均有其特有的气味，这是油料作物所固有的，如豆油有豆味，菜籽油有菜籽味等。油的气味正常与否，可以说明油料的质量、油的加工技术及保管条件等的好坏。国家油品质量标准要求食用油不应有焦臭、酸败或其他异味。检验方法是将食用油加热至50℃，用鼻子闻其挥发出来的气味，决定食用油的质量。

2. 色泽

各种食用油由于加工方法、消费习惯和标准要求的不同，其色泽有深有浅。如油料加工中，色素溶入油脂中，则油的色泽加深；如油料经蒸炒或热压生产出的油，常比冷压生产出的油色泽深。检验方法是，取少量油放在50mL比色管中，在白色幕前借反射光观察试样的颜色。

3. 透明度

质量好的液体状态油脂，温度在20℃静置24h后，应呈透明状。如果油质混浊，透明度低，说明油中水分多、黏蛋白和磷脂多，加工精炼程度差；有时油脂变质后，形成的高熔点物质，也能引起油脂的混浊。透明度低，掺了假的油脂，也有混浊和透明度差的现象。

4. 沉淀物

食用植物油在20℃以下，静置20h以后所能下沉的物质，称为沉淀物。油脂的质量越高，沉淀物越少。沉淀物少，说明油脂加工精炼程度高，包装质量好。

5. 滋味

除小磨香油带有特有的芝麻香味外，一般食用油多无任何滋味。油脂滋味有异感，说明油料质量、加工方法、包装和保管条件等不良。新鲜度较差的食用油，可能带有不同程度的酸败味。

（二）花生油质量感官评定应用

花生油感官质量要求如表9-30所示。

表9-30　花生油感官质量要求

等级	色泽	透明度	气味	沉淀物	滋味
良质	一般呈淡黄至棕黄色	清晰透明	具有花生油固有的香味（未经蒸炒直接榨取的油香味较淡），无任何异味	有微量沉淀物，杂质含量不超过0.2%	具有花生油固有的滋味，无任何异味
次质	呈棕黄色至棕色	微混浊，有少量悬浮物	花生油固有的香气平淡，微有异味，如青豆味、青草味等	有微量沉淀物	花生油固有的滋味平淡，微有异味

续表

等级	色泽	透明度	气味	沉淀物	滋味
劣质	呈棕红色至棕褐色，并且油色暗淡，在日光照射下有蓝色荧光	油液混浊	有霉味、焦味、哈喇味等不良气味	有大量悬浮物及沉淀物	有明显的异味

七、豆制品感官评定要点及应用

（一）豆制品感官评定要点

豆制品的感官评定，主要是依据观察其色泽、组织状态，嗅闻其气味和品尝其滋味来进行。其中应特别注意其色泽有无改变，手摸有无发黏的感觉以及发黏程度如何；不同品种的豆制品具有本身固有的气味和滋味，气味和滋味对评定豆制品很重要，一旦豆制品变质，即可通过鼻和嘴感觉到；故在评定豆制品时，应有针对性地注意鼻嗅和品尝，不可一概而论。

（二）豆制品质量感官评定应用

1. 豆浆质量的感官评定

评定方法：取豆浆样品置于比色管中，在黑色背景下借散射光线观察色泽和外观；取样品置于细颈容器中直接嗅闻气味，必要时加热后再嗅；取样品直接品尝滋味（表 9-31）。

表 9-31　豆浆感官质量要求

等级	色泽	外观	气味	滋味
良质	呈均匀一致的乳白色或淡黄色，有光泽	呈均匀一致的混悬液型浆液，浆体质地细腻，无结块，稍有沉淀	具有豆浆固有的香气，无任何其他异味	具有豆浆固有的滋味，味佳而纯正，无不良滋味，口感滑爽
次质	呈白色，微有光泽	有少量的沉淀及杂质	豆浆固有的香气平淡，稍有焦煳味或豆腥味	豆浆固有的滋味平淡，微有异味
劣质	灰白色，无光泽	浆液出现分层现象，结块，有大量的沉淀	有浓重的焦煳味、酸败味、豆腥味或其他不良气味	有酸味（酸泔水味）、苦涩味及其他不良滋味，颗粒粗糙

2. 豆腐质量的感官评定

评定方法：取一块样品在散射光线下直接观察色泽和组织状态；用刀切成几块再仔细观察切口处，嗅闻气味；用手轻轻按压，以试验其弹性和硬度；取小块样品细细咀嚼品尝其滋味（表 9-32）。

表 9-32　豆腐感官质量要求

等级	色泽	组织状态	气味	滋味
良质	呈均匀的乳白色或淡黄色，稍有光泽	块形完整，软硬适度，富有一定的弹性，质地细嫩，结构均匀，无杂质	具有豆腐特有的香味	口感细腻鲜嫩，味道纯正清香

续表

等级	色泽	组织状态	气味	滋味
次质	色泽变深直至呈灰白色，无光泽	块形基本完整，切面处可见比较粗糙或嵌有豆粕，有气孔，质地不细嫩，弹性差，有黄色液体渗出；表面发黏，用水冲后不粘手	豆腐特有的香气平淡	口感粗糙，滋味平淡
劣质	色泽呈深灰色、深黄色或者红褐色	块形不完整，组织结构粗糙而松散，触之易碎，无弹性，有杂质；表面发黏，用水冲洗后仍然粘手	有豆腥味、馊味等不良气味或其他外来气味	有酸味、苦味、涩味及其他不良滋味

八、果蔬及其制品感官评定要点及应用

（一）果蔬及其制品感官评定要点

鲜果蔬的感官评定方法主要是目测、鼻嗅和口尝。其中目测包括三方面的内容：一是看果蔬的成熟度和是否具有该品种应有的色泽及形态特征；二是看果蔬形状是否端正，个头大小是否基本一致；三是看果蔬表面是否清洁新鲜，有无病虫害和机械损伤等。鼻嗅则是辨别果蔬是否带有本品种所特有的芳香味，有时候果蔬的变质可以通过其气味的不良改变直接鉴别出来，像西瓜的馊味等。口尝不但能感知果蔬的滋味是否正常，还能感觉到质地是否良好。干果蔬经过了干制较鲜果蔬的含水量低，但其感官评定的原则与指标都基本上和前述三项大同小异。

（二）果蔬及其制品质量感官评定应用

1. 富士系苹果质量的感官评定

富士系苹果感官质量要求如表 9-33 所示。

表 9-33 富士系苹果感官质量要求

等级	表面色泽	外观形态	果梗	气味与滋味
优等	色泽均匀而鲜艳，表面洁净光亮，红者艳如珊瑚、玛瑙，青者黄里透出微红。红色品种的果面着色比例大于 90%	果面无缺陷，个头以中上等大小且均匀一致为佳，果形正，无病虫害，无外伤	果梗完整（不包括商品和处理造成的果梗缺省）	具有富士品种固有的清香味，肉质香甜鲜脆，味美可口
一级	色泽均匀而鲜艳，表面洁净光亮。红色品种的果面着色比例大于 80%	果面无缺陷，个头中等，均匀一致，允许果形有轻微缺省	果梗完整（不包括商品和处理造成的果梗缺省）	具有富士品种固有的清香味，肉质香甜，不够脆
二级	色泽不够均匀，表面洁净。红色品种的果面着色比例大于 55%	果面损伤不超过 4 项，果形偏小，有缺省，但仍保持本品基本特征，不得有畸形果	允许果梗轻微损伤	具有富士品种固有的清香味，肉质甜，带酸味，不够脆

2. 大白菜质量的感官评定

大白菜是我国种植面积和食用总量较大的蔬菜作物。对大白菜不仅要求有良好的外观和质地，更要有良好的口感。大白菜质量的感官评定主要以观察为主。其质量的基本要求是清洁、无杂物；外观新鲜，色泽正常，不抽薹，无黄叶、破叶、烧心、冻害和腐烂；茎基部削平，叶片附着牢固；无异常的外来水分；无异味；无虫害或病害造成的损伤；无虫或菌斑。在符合基本要求的前提下，大白菜按外观分为特级、一级和二级。大白菜感官质量要求如表 9-34 所示。

表 9-34 大白菜感官质量要求

等级	外观特征
特级	外观一致，结球紧实，修整良好；无老帮、焦边、涨裂、侧芽萌发及机械损伤等
一级	外观基本一致，结球较紧实、修整较好；无老帮、焦边、涨裂、侧芽萌发及机械损伤等
二级	外观相似，结球不够紧实、修整一般；可有轻微机械损伤

3. 黄瓜质量的感官评定

黄瓜食用部分是幼嫩的果实部分，其营养丰富，脆嫩多汁，一年四季都可以生产和供应，是瓜类和蔬菜类中常见的重要品种。黄瓜感官质量要求如表 9-35 所示。

表 9-35 黄瓜感官质量要求

等级	特征
良质	鲜嫩带白霜，以顶花带刺为最佳；瓜体直，均匀整齐，无折断损伤；皮薄肉厚，清香爽脆，无苦味；无病虫害
次质	瓜身弯曲而粗细不均匀，但无畸形瓜或是瓜身萎蔫不新鲜
劣质	色泽为黄色或近似黄色；瓜呈畸形，有大肚、尖嘴、蜂腰等；有苦味或肉质发糠；瓜身上有病斑或烂点

4. 果蔬罐头制品质量的感官评定

根据罐头的包装材质不同，可将市售罐头粗略分为马口铁听装、玻璃瓶装和软包装罐头三种。所有罐头的感官评定都可以分为开罐前与开罐后两个阶段。开罐前的鉴别主要依据眼看容器外观、手捏（按）罐盖、敲打听音和漏气检查四个方面进行。

（1）眼看鉴别法　主要检查罐头封口是否严密，外表是否清洁，有无磨损及诱蚀情况，如外表污秽、变暗、起斑、边缘生锈等。如是玻璃瓶罐头，可以放置明亮处直接观察其内部质量情况，轻轻摇动后看内容物是否块形整齐，汤汁是否混浊，有无杂质异物等。

（2）手捏鉴别法　主要检查罐头有无胖听现象。可用手指按压马口铁罐头的底和盖，玻璃瓶罐头按压瓶盖即可，仔细观察有无胀罐现象。

（3）敲听鉴别法　主要用以检查罐头内容物质量情况，可用小木棍或手指敲击罐头的底盖中心，听其声响鉴别罐头的质量。良质罐头的声音清脆，发实音；次质和劣质罐头（包括内容物不足、空隙大的）声音浊、发空音，即“破破”的沙哑声。

（4）漏气鉴别法　罐头是否漏气，对于罐头的保存非常重要。进行漏气检查时，一般是将罐头沉入水中用手挤压其底盖，如有漏气的地方就会发现小气泡。但检查时罐头淹没在水中不要移动，以免小气泡看不清楚。

（1）桃罐头质量的感官评定（表 9-36）

表 9-36　桃罐头感官质量要求

等级	色泽	滋味和气味	组织形态
优级	黄桃呈金黄色至黄色，白桃呈乳白色至乳黄色，同一罐内色泽一致，无变色迹象；糖水澄清较透明	具有桃罐头应有的滋味和气味，香味浓郁，无异味	肉质均匀，软硬适度，不连叉，无核窝松软现象；块形完整，同一罐内果块大小均匀。过度修边、毛边、机械伤、去核不良、瘫软缺陷片数总和不得超过总片数的 25%；不得残存果皮。两开和四开桃片：最大果肉的宽度与最小果肉的宽度之差不得大于 1.5cm，允许有极少量果肉碎屑。无外来杂质
一级	黄桃呈黄色至淡黄色，白桃呈乳黄色至青白色，同一罐内色泽一致，核窝附近允许稍有变色	具有桃罐头应有的滋味和气味，香味浓郁，无异味	肉质均匀，软硬较适度，有连叉，核窝有少量松软现象；块形基本完整，同一罐内果块大小较均匀。过度修边、毛边、机械伤、去核不良、瘫软缺陷片数总和不得超过总片数的 35%；不得残存果皮。两开和四开桃片：最大果肉的宽度与最小果肉的宽度之差不得大于 2.0cm，允许有少量果肉碎屑。无外来杂质

（2）果酱质量的感官评定　果酱是以水果、果汁或果浆和糖为主要原料，经预处理、煮制、打浆（或破碎）、配料、浓缩、包装等工序制成的酱状产品。果酱的感官质量应从色泽、气味与口感、组织状态和杂质等方面来进行分析（表 9-37）。

表 9-37　果酱感官质量要求

等级	色泽	气味	组织状态	口感	滋味
良质	色泽均匀	果香浓郁	凝胶良好，无分层，表面无液体析出；易于涂抹，涂层均匀、连续	口感细腻、无明显颗粒感	酸甜适中，果味浓郁
次质	色泽较均匀	果香平淡	基本形成凝胶，有流动感；较易涂抹，涂层较均匀	口感较细腻，有轻微颗粒感	偏酸或偏甜，果味较淡
劣质	色泽不均匀	无香气	未形成凝胶，有流动感；不易涂抹，涂层不连续	口感粗糙，有明显颗粒感	过酸或过甜，有不良风味

九、酒类感官评定要点及应用

（一）酒类感官评定要点

酒的品种繁多，分类的标准和方法多种多样，比如以原料、酒精含量、酿制工艺或酒的特性进行分类。按照市场营销的分类法，将酒分为白酒、黄酒、果酒、药酒和啤酒五类。

酒的感官评定主要从色泽、香气、口味及风格特征等方面进行。酒样注入洁净、干燥的品酒杯中（注入量为品酒杯的 1/2~2/3），在明亮处观察，记录其色泽、清亮程度、沉淀及悬浮物情况。然后用鼻进行嗅闻，记录其香气特征。检查香气的一般方法是将酒杯端在手中，离鼻子 7.6cm，进行初闻，再用左手扇风闻，评定酒香的芳香浓郁程度，然后将酒杯接近鼻子进行嗅闻，轻轻摇动酒杯，分析其香气是否纯正等。喝入少量样品（约 2mL）于口中，以味觉器官仔细品尝，记下口味特征；通过品评样品的香气、口味并综合分析，判断是否具有该产品的风格特点，并记录其典型性程度。

（二）酒类质量感官评定应用

1. 白酒质量的感官评定

浓香型白酒是以粮谷为原料，经传统固态法发酵、蒸馏、陈酿、勾兑而成，未添加食用酒精及非白酒发酵产生的呈香呈味物质，具有乙酸乙酯为主体复合香的白酒。按产品的酒精度分为高度酒（酒精度 41%~68%vol）和低度酒（酒精度 25%~40%vol）。按照感官质量分为优级和一级两类（表 9-38）。

表 9-38　白酒感官质量要求

等级	色泽和外观	香气	口味	风格
优级高度	无色或微黄，清亮透明，无悬浮物，无沉淀。当酒的温度低于 10℃时，允许出现白色絮状沉淀物质或失光。10℃以上时应逐渐恢复正常	具有浓郁的乙酸乙酯为主体的复合香气	酒体醇和协调，绵甜爽净，余味悠长	具有本品典型的风格
一级高度	无色或微黄，清亮透明，无悬浮物，无沉淀。当酒的温度低于 10℃时，允许出现白色絮状沉淀物质或失光。10℃以上时应逐渐恢复正常	允许果梗轻微损伤	酒体较醇和协调，绵甜爽净，余味较长	具有本品明显的风格
优级低度	无色或微黄，清亮透明，无悬浮物，无沉淀。当酒的温度低于 10℃时，允许出现白色絮状沉淀物质或失光。10℃以上时应逐渐恢复正常	具有较浓郁的乙酸乙酯为主体的复合香气	酒体醇和协调，绵甜爽净，余味较长	具有本品典型的风格
一级低度	无色或微黄，清亮透明，无悬浮物，无沉淀。当酒的温度低于 10℃时，允许出现白色絮状沉淀物质或失光。10℃以上时应逐渐恢复正常	具有乙酸乙酯为主体的复合香气	酒体较醇和协调，绵甜爽净	具有本品明显的风格

2. 葡萄酒质量的感官评定

葡萄酒是以鲜葡萄或葡萄汁为原料，经全部或部分发酵酿制而成的、含有一定酒精度的发酵酒。葡萄酒的色、香、味等综合决定葡萄酒的感官质量。

葡萄酒感官评定方法如下：

（1）在明亮的光线下，观察葡萄酒的清浑度和颜色。

（2）评定葡萄酒的香气，分别在静止、轻摇和剧烈摇动状态下嗅闻香气。

（3）评定葡萄酒的口感。一般一次喝入 5mL 左右的葡萄酒，使其在口腔内旋转，并充分地与舌头和口腔的各部位接触，然后把酒咽下，体会和描述各种感觉（表 9-39）。

表 9-39　　葡萄酒感官质量要求

等级	色泽和外观	香气	口感
良质	澄清、透亮、有光泽，无明显沉淀物	香气怡悦、果香浓郁	口感纯净，幽雅，甜润适口，醇美和谐，酒体丰满
次质	澄清、略失光、微混浊	香气纯正、果香轻微	微酸爽口，口味淡薄
劣质	失光、混浊、有明显沉淀物	有香气，有异味，如氧化味、硫化氢味、霉臭味等	口味粗糙，过酸或过腻，有异味

3. 啤酒质量的感官评定

啤酒感官质量要求如表 9-40 所示。

表 9-40　　啤酒感官质量要求

等级	色泽	泡沫	香气	口味
良质	澄清、透亮、有光泽，无明显沉淀物	注入杯中立即有泡沫窜起，起泡力强，泡沫厚实且盖满酒面，沫体洁白细腻，沫高占杯子的1/2~2/3；同时见到细小如珠的气泡自杯底连续上升，经久不失。泡沫挂杯持久，在 180s 以上	有明显的酒花香气和麦芽清香，无生酒花味、老化味、酵母味或其他异味	口味纯正，酒香明显，无任何异杂滋味。酒质清冽，杀口力强，苦味细腻、微弱，且略显愉快，无后苦，有再饮欲
次质	色淡黄或稍深些，透明，有光泽，有少许悬浮物或沉淀物	注入杯中泡沫升起较高较快，沫体洁白，泡沫挂杯持续 130s 以上	有酒花香气但不明显，也没有明显的异味	口味纯正，无明显异味，但香味平淡、微弱，酒体尚协调，具有一定杀口力
劣质	色泽暗而无光或失光，有明显悬浮物或沉淀，有可见小颗粒，严重者酒体混浊	倒入杯中，稍有泡沫且消散很快，有的根本不起泡沫；起泡者泡沫粗黄，不挂杯，似一杯冷茶水状	无酒花香气，有异味	味不正，有明显的异杂味、怪味，如酸味或甜味过于浓重、有铁腥味、苦涩味

十、饮料感官评定要点及应用

（一）饮料感官评定要点

饮料的感官评定通常可以取约 50mL 混合均匀的被测样品于 100mL 无色透明的玻璃容器中，置于明亮处，迎光观察其色泽和澄清度，并在室温下，嗅其气味，品尝其滋味。

（二）饮料质量感官评定应用

1. 调味茶饮料质量的感官评定

调味茶饮料感官质量要求如表 9-41 所示。

表 9-41 调味茶饮料感官质量要求

等级	香气	汤色和外观	滋味
良质	具有原茶和添加的辅料应有的香气	色相协调均匀，不分层，无沉淀物	酸甜可口，有茶味
次质	尚纯正	色相尚柔和，不分层，稍有沉淀物	尚可口，有茶味
劣质	香气不纯正，香精气过浓，或其他味过浓，如中草药气味	色相不协调，分层，有沉淀物	香精色素味重，酸甜比不协调，有异味

2. 植物蛋白饮料质量的感官评定

植物蛋白饮料的感官评定应从色泽、组织状态、滋味与气味、杂质、稳定性等方面进行分析。

以杏仁露为例，产品要求去皮杏仁添加量的质量比例应大于 2.5%（表 9-42）。

表 9-42 杏仁露感官质量要求

等级	色泽	滋味与气味	组织状态
良质	乳白色或微灰白色，或具有与添加成分相符的色泽	具有杏仁应有的滋味和气味，或具有与添加成分相符的滋味和气味；无异味	均匀液体，无凝块，允许有少量蛋白质沉淀和脂肪上浮，无可见外来杂质

3. 含乳饮料质量的感官评定

含乳饮料是以鲜乳或乳制品为原料，加入饮用水及适量辅料经配制或发酵而成的饮料制品。含乳饮料可分为配制型含乳饮料、发酵型含乳饮料、乳酸菌饮料（表 9-43）。

表 9-43 含乳饮料感官质量要求

等级	滋味与气味	色泽	组织状态
良质	特有的乳香滋味和气味或具有与添加辅料相符的滋味和气味；发酵产品具有特有的发酵芳香滋味和气味；无异味	均匀乳白色、乳黄色或带有添加辅料的相应色泽	均匀细腻的乳浊液，无分层现象，允许有少量沉淀，无正常视力可见外来杂质

十一、调味品感官评定要点及应用

（一）调味品感官评定要点

调味品的感官评定指标也是主要包括色泽，气味、滋味和外观形态等。其中气味和滋味在评定时具有尤其重要的意义，因为某种调味品在品质上稍有变化，就可以通过其气味和滋味微妙地表现出来。对于液态调味料还应目测其色泽是否正常，更要注意酱、酱油、食醋等表面是否有白醭或已经生蛆，对于固态调味品还应目测其外形或晶粒是否完整，所有调味品均应在感官指标上达到不霉、不臭、不酸败、不板结、无异物、无杂质、无寄生虫的要求。

（二）调味品质量感官评定应用

1. 食盐质量的感官评定

评定方法：将样品撒一薄层于黑底样品盘上，仔细观察其颜色和外形；取约 20g 样品于研钵中研碎，立即嗅其气味；取少量样品溶于 15~20℃蒸馏水中制成 5%的盐溶液，用玻璃棒蘸取少许品其滋味（表 9-44）。

表 9-44　　食盐感官质量要求

等级	颜色	外形	气味	滋味
良质	颜色洁白	结晶整齐一致，坚硬光滑，呈透明或半透明。不结块，无反卤吸潮现象，无杂质	无气味	具有纯正的咸味
次质	呈灰白色或淡黄色	晶粒大小不匀，光泽暗淡，有易碎的结块	无气味或夹杂轻微的异味	有轻微的苦味
劣质	呈暗灰色或黄褐色	有结块和反卤吸潮现象，有外来杂质	有异臭或其他外来异味	有苦味、涩味或其他异味

2. 酱油质量的感官评定

评定方法：将酱油置于有塞且无色透明的容器中，在白色背景下观察其色泽和清浊度；振摇去塞后立即嗅其气味；检查其中有无悬浮物，然后将样品放一昼夜，再看瓶底有无沉淀以及沉淀物的性状；先用水漱口，然后取少量（约 5mL）酱油滴于舌头上进行品味（表 9-45）。

表 9-45　　酱油感官质量要求

等级	色泽	组织状态	气味	滋味
良质	呈棕褐色或红褐色（白色酱油除外），色泽鲜艳，有光泽	澄清，无霉花浮膜，无肉眼可见的悬浮物，无沉淀，浓度适中	具有酱香或酯香等特有的芳香味，无其他不良气味	味道鲜美适口而醇厚，柔和味长，咸甜适度，无异味
次质	酱油色泽黑暗而无光泽	微混浊或有少量沉淀	酱香味和酯香味平淡	鲜美味淡，无酱香，醇味薄
劣质	酱油色泽发乌、混浊、灰暗而无光泽	严重混浊，有较多的沉淀和霉花浮膜，有蛆虫	无酱油的芳香或香气平淡，并且有焦煳、酸败、霉变和其他令人厌恶的气味	无鲜美味，并略有苦、涩等异味和霉味

3. 食醋质量的感官评定

食醋评定方法类似于酱油（表 9-46）。

表9-46 食醋感官质量要求

等级	颜色	组织状态	气味	滋味
良质	根据产品种类分别呈琥珀色、棕红色或白色	液态澄清，无悬浮物和沉淀物，无霉花浮膜等	具有食醋固有的醇香和悠长的乙酸乙酯香味，无其他异味	酸味柔和，稍有甜口，无其他不良异味
次质	根据产品种类分别呈琥珀色、棕红色或白色	液态微混浊或有少量沉淀，无霉花浮膜，或生有少量醋鳗	醇香不足，微有甜酸酒味	滋味不纯正或酸味欠柔和
劣质	色泽不正常，发乌无光泽	液态混浊，有大量沉淀，有片状白膜悬浮，有醋鳗、醋虱和醋蝇等	失去了固有的香气，具有酸臭味、霉味或其他不良气味	具有刺激性的酸味，有涩味、霉味或其他不良异味

4. 酱类质量的感官评定

评定方法：将酱类样品置于无色透明的容器中，在白色背景下观察其色泽和组织状态，如黏稠度、霉花、杂质和异物等；取少量样品直接嗅其气味，或稍加热后再进行嗅闻；取少量样品于口中用舌头细细品尝其滋味（表9-47）。

表9-47 酱类感官质量要求

等级	色泽	组织状态	气味	滋味
良质	呈红褐色或棕红色，油润发亮，鲜艳而有光泽	黏稠适度，不干不懈，无霉花，无杂质	具有酱香和酯香气味	滋味鲜美，入口酥软，咸淡适口，有豆酱或面酱独特的滋味，豆瓣辣酱可有锈味，无其他不良滋味
次质	色泽较深或较浅	过稠或过稀，无霉花，稍有杂质	酱的固有香气不浓，平淡，无其他异味	有轻微苦味或涩味、焦煳味、酸味及其他异味
劣质	色泽灰暗，无光泽	有霉花、杂质或蛆虫等	有酸败味或霉味等不良气味	有苦味或涩味、焦煳味、酸味及其他异味

5. 味精质量的感官评定

评定方法：取适量试样于黑色样品盘中，在自然光线下，观察其色泽和状态，主要观察其晶粒形态以及有无肉眼可见的杂质和霉迹；然后闻其气味，或取部分样品置研钵中研磨后嗅其气味；用温开水漱口后品其滋味（表9-48）。

表9-48 味精感官质量要求

等级	色泽	外形	气味	滋味
良质	洁白光亮	含谷氨酸钠90%以上的味精呈柱状晶粒，含谷氨酸钠80%～90%的味精呈粉末状。无杂质及霉迹	无任何气味	味道鲜，具有鲜咸肉的美味，略有咸味（含氯化钠的味精），无其他异味

续表

等级	色泽	外形	气味	滋味
次质	色泽灰白	晶粒大小不均匀，粉末状者居多数	微有异味	滋味正常或微有异味
劣质	色泽灰暗或呈黄铁锈色，无光泽	结块，有肉眼可见的杂质及霉迹，微混浊或有少量沉淀	有异臭味，化学药品气味及其他不良气味	有苦味、涩味、霉味及其他不良滋味

6. 香辛料质量的感官评定

香辛料根据香型浓淡不同分为浓香型、辛辣型和淡香型天然香辛料。评定方法：直接观察其颜色，嗅其气味，手摸感知其组织状态和口尝其滋味（表 9-49）。

表 9-49　　香辛料感官质量要求

等级	色、香、味	组织状态
良质	具有该种香料植物所特有的色、香、味	呈干燥的状态
次质	色泽稍深或变浅，香气和特异滋味不浓	有轻微的潮解、结块现象
劣质	具有不纯正的气味和味道，有发霉味或其他异味	潮解、结块、发霉、生虫或有杂质

十二、茶叶感官评定要点及应用

（一）茶叶感官评定要点

茶叶的感官评定分干评外形和湿评内质。评外形时将缩分后的有代表性的茶样 100～200g 置于评茶盘中，双手握住茶盘对角，用回旋筛转法，使茶样按粗细、长短、大小、整碎顺序分层并顺势收于评茶盘中间呈圆馒头形，根据上层（也称面张、上段）、中层（也称中段、中档）、下层（也称下段、下脚），用目测、手感等方法，通过翻动茶叶、调换位置，反复察看比较外形。评内质时，红茶、绿茶、黄茶、白茶、乌龙茶采用柱形杯审评法，取有代表性茶样 3.0g 或 5.0g，茶水比（质量体积比）1∶50，置于相应的柱形杯中，注满沸水、加盖、计时，按表 9-50 选择冲泡时间，依次等速滤出茶汤，留叶底于杯中，按汤色、香气滋味、叶底的顺序逐项审评。除此之外，乌龙茶、黑茶、花茶和紧压茶、袋泡茶等审评方法略有不同。最后综合外形和内质审评结果确定等级。

表 9-50　　各类茶冲泡时间

茶类	冲泡时间/min
绿茶	4
红茶	5
乌龙茶（条型、卷曲型）	5

续表

茶类	冲泡时间/min
乌龙茶（圆结型、拳曲型、颗粒型）	6
白茶	5
黄茶	5

干评主要评价茶叶的外形，包括形状、色泽、整碎、净度等。湿评主要评价茶叶的汤色、香气、滋味和叶底。汤色审评要快，因为溶于热水中的多酚类等物质与空气接触后很易氧化变色，如绿茶汤色变黄变深，青茶汤色变红，红茶汤色变暗；汤色审评主要从颜色种类与色度、明暗度和清浊度三方面去分析。茶叶的香气受茶树品种、产地、季节、采制方法等因素影响，使得各类茶具有独特的香气风格，如红茶的甜香、绿茶的清香、青茶的花果香等。即使是同一类茶，也会因产地不同而表现出地域性香气特点。审评茶叶香气时，除辨别香气类型外，主要比较香气的纯异、浓度和持久性。审评茶叶滋味先要区别是否纯正，纯正的滋味可区别其浓淡、厚薄、醇涩、鲜纯等，不纯的可区别其苦、涩、粗、异。叶底即冲泡后剩下的茶渣，评价叶底主要依靠视觉和触觉。干茶冲泡时吸水膨胀，芽叶摊展，叶质老嫩、色泽、匀度及鲜叶加工合理与否，均可在叶底中显现。叶底的审评主要包括嫩度、色泽、明暗度和匀整度。

（二）茶叶质量感官评定应用

1. 名优绿茶质量的感官评定

评定方法：目测审评茶汤，应注意光线、评茶用具等的影响，可调换审评杯的位置以减少环境光线对汤色的影响。一手持杯，一手持盖，靠近鼻孔，半开杯盖，嗅评杯中香气，每次持续 2～3s 后随即合上杯盖。可反复 1～2 次，并热嗅（杯温约 75℃）、温嗅（杯温约 45℃）、冷嗅（杯温接近室温）结合进行。用茶匙取适量（5mL）茶汤于口内，通过吸吮使茶汤在口腔内循环打转，接触舌头各部位，吐出茶汤或咽下。审评滋味适宜的茶汤温度为 50℃。精制茶采用黑色叶底盘，毛茶与乌龙茶等采用白色搪瓷叶底盘，操作时应将杯中的茶叶全部倒入叶底盘中，其中白色搪瓷叶底盘中要加入适量清水，让叶底漂浮起来。用目测、手感等方法审评叶底。

名优绿茶感官质量要求如表 9-51 所示。

表 9-51　　名优绿茶感官质量要求

等级	外形	汤色	香气	滋味	叶底
良质	以单芽、一芽一叶或一芽二叶为原料，造型有特色，色泽嫩绿或翠绿或深绿或鲜绿，油润，匀整，净度好	嫩绿明亮或绿明亮	高爽有栗香或有嫩香或带花香	甘鲜或鲜醇，醇厚鲜爽，浓醇鲜爽	嫩匀多芽，较嫩绿明亮，匀齐
次质	较嫩，以一芽二叶为主原料，造型较有特色，色泽墨绿或黄绿或青绿，较油润，尚匀整，净度较好	尚绿明亮或黄绿明亮、深黄或黄绿	清香，尚高爽，火工香	清爽，浓尚醇，尚醇厚	嫩匀有芽，绿明亮，尚匀齐

续表

等级	外形	汤色	香气	滋味	叶底
劣质	嫩度稍低，造型特色不明显，色泽暗褐或陈灰或灰绿或偏黄，较匀整，净度尚好	欠亮或混浊	尚纯，熟闷，老火	尚醇，浓涩，青涩	尚嫩，黄绿，欠匀齐

2. 工夫红茶质量的感官评定

评定方法：工夫红茶感官评定方法类似于绿茶评定。

工夫红茶感官质量要求如表 9-52 所示。

表 9-52　　工夫红茶感官质量要求

等级	外形	汤色	香气	滋味	叶底
良质	细紧或紧结或壮结，露毫有锋苗，色乌黑油润或棕褐油润显金毫，匀整，净度好	橙红明亮或红明亮	嫩香，嫩甜香，花果香	鲜醇或甘醇或醇厚鲜爽	细嫩(或肥嫩)多芽或有芽，红明亮
次质	较细紧或较紧结较乌润，匀整，净度较好	尚红亮	高，有甜香	醇厚	嫩软，略有芽，红尚亮
劣质	紧实或壮实，尚乌润，尚匀整，净度尚好	尚红欠亮	纯正	尚醇	尚嫩，多筋，尚红亮

本章小结

感官评定应用于食品的方方面面，本章节通过基础概念与案例教学相结合，详细阐述了感官评定在食品中的应用。在食品新产品的研发阶段，感官评定被用于评估新产品的口感、风味、质地等感官特性，以确保新产品符合消费者的口味和期望。在食品质量评价阶段通过感官评定，可以对食品的质量进行客观评价，包括食品的色泽、香气、滋味、口感等方面，从而确保食品的质量稳定性和一致性。感官评定还可以用于市场预测，通过了解消费者对产品的感官偏好，企业可以调整产品配方或改进生产工艺，以满足市场需求。在食品行业，感官评定被用于制定和验证产品标准，确保产品符合既定的感官质量要求。通过感官评定，可以评估食品在贮存过程中的感官品质变化，从而确定产品的合理保存期限。本章节将理论与实践相结合，通过调查问卷的案例帮助学生更好接触社会，增强社会责任感。

思考题

1. 简述进行消费者试验的场地分类及特点。
2. 消费者调查问卷的设计原则有哪些？
3. 设计一个“运动功能饮料”新产品的消费者调查问卷。
4. 消费者感官试验常用的方法有哪些？
5. 产品市场动向调查和产品市场接受度调查试验的区别有哪些？

6. 感官评价在市场调查中的作用有哪些？
7. 产品感官质量控制常用的方法有哪些？
8. 为什么新产品开发中常应用感官描述分析方法？

延伸阅读

不同年龄段消费者对黄大茶偏好性研究

黄大茶是主产于安徽省霍山县的一类传统黄茶，具有梗长叶大，滋味浓厚醇和，焦香味浓重，香高耐泡等独特的品质特征和辅助降血糖、降血脂、解腻助消化等特殊功效，近年来备受消费者的关注。随着黄大茶消费市场的逐步扩大，为了更好地适应市场和不同消费群体的需要，对不同年龄段的消费者进行黄大茶的喜好性分析具有重要的意义。

试验样品：6个，包括3种不同焙火程度与3种不同嫩度的黄大茶样品。黄大茶茶样基本信息见表9-53。

表9-53 黄大茶茶样基本信息

编号	焙火程度/嫩度
HDC1	小火
HDC2	足火
HDC3	老火
HDC4	高嫩度
HDC5	中嫩度
HDC6	低嫩度

评价员：共196人，其中青年消费者（18~29岁）68人，中年消费者（30~50岁）67人，老年消费者（50岁以上）61人，具体比例见图9-4。招募到的消费者评价员要求必须喜欢或者不讨厌被检验的黄大茶，必须对测试感兴趣且自愿参加。

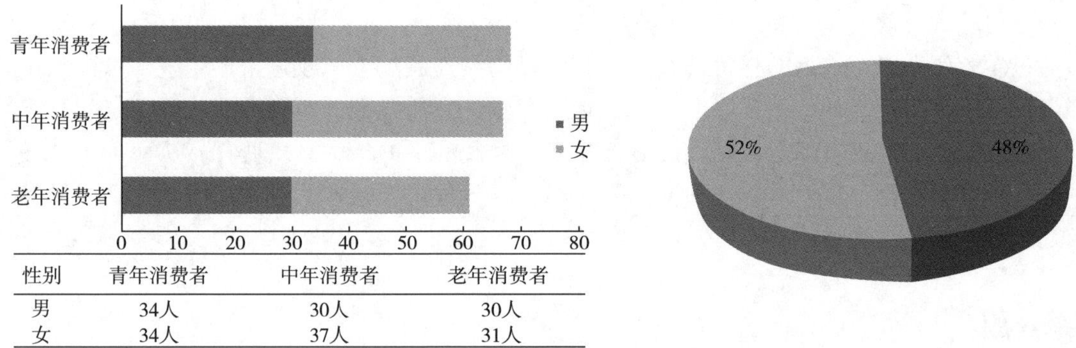

性别	青年消费者	中年消费者	老年消费者
男	34人	30人	30人
女	34人	37人	31人

（1）三个年龄段男女消费者人数分布　　（2）全部消费者男女比例

图9-4 黄大茶样品消费者评价员年龄段特征

试验采用的标度：9点喜好标度、5点正好标度（just about right，JAR）。

食品感官检验内容：

(1) 采用9点喜好标度（1分/非常不喜欢—9分/非常喜欢）对黄大茶的香气、滋味、整体风味进行评分以检验不同年龄段消费者对黄大茶的喜好度差异。

(2) 消费者采用 5 点正好标度（1——过弱、2——有点弱、3——正好、4——有点强、5——过强）测定黄大茶样品 6 个感官属性指标（甜香、焦火香、烟味、苦涩味、糊味、甘醇味）品质的消费者最适水平。

结果分析：

(1) 通过对 9 点喜好标度检验结果进行单因素方差分析和多重比较分析，6 种黄大茶样品的喜好度评价结果均存在显著性差异。结果表明，青年消费者和中年消费者最喜欢 HDC1 样品，老年消费者则更喜欢 HDC6（图 9-5）。

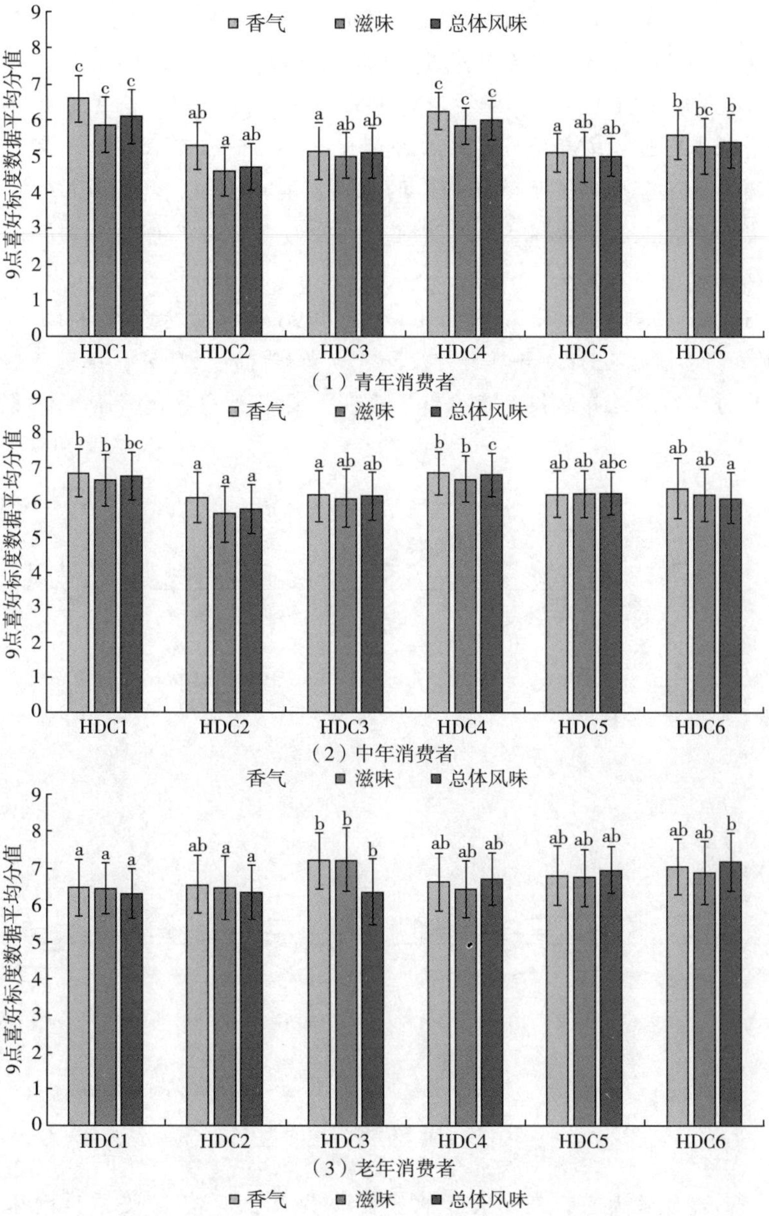

图 9-5　黄大茶 9 点喜好标度检验方差分析

（2）对6种黄大茶样品的5点正好标度检验结果进行多维折线图分析（图9-6），结果表明，青年消费者由于个性鲜明，对喜好的样品接受度高，对不喜欢的样品的接受度较差，在多维折线图上起伏大；老年消费者具有包容性较强的心理特点，对所有样品接受度高，在多维折线图上表现较为平缓；中年消费者较青年消费者和老年消费者来说具备理性的心理特征，多维折线图上的起伏处于青年消费者和老年消费者之间。

在青年消费者中，HDC1和HDC4的甜香、焦火香、烟味、苦涩味、糊味、甘醇味6个指标属性的适合度基本处于“正好”到“有点强”的程度，HDC2、HDC3、HDC5和HDC6等4个茶样的指标属性的适合度都处于“有点弱”与“有点强”之间，这说明HDC1和HDC4的6个指标属性更能让青年消费者接受；在中年消费者中，HDC1和HDC4的甜香、焦火香、烟味、苦涩味、糊味、甘醇味6个指标属性最接近正好（3分）的程度，但是HDC4的苦涩味对于中年消费者来说还是偏高，其余4个茶样的指标属性的适合度都处于“有点弱”与“有点强”之间，HDC1和HDC4最符合中年消费者的接受程度，中年消费者对样品属性的接受度与青年消费者基本一致；老年消费者对6种黄大茶样品的接受程度都较高，但认为6种茶样的甘醇味及甜香的适合度都低于“正好”的程度，其中HDC3和HDC6的6个指标属性最接近老年消费者正好（3分）的程度，说明随着年龄的增长，老年人味觉敏感性降低，更能接受焙火较重及低嫩度的黄大茶。

案例分析与讨论：本研究招募了不同年龄段的196名消费者（青年68人，中年67人，老年61人）对6种黄大茶进行9点喜好标度和5点正好标度的研究，探索了不同年龄段消费者对6种黄大茶的喜好度差异和接受度。结果表明，青年和中年消费者更偏爱具有甜香和甘

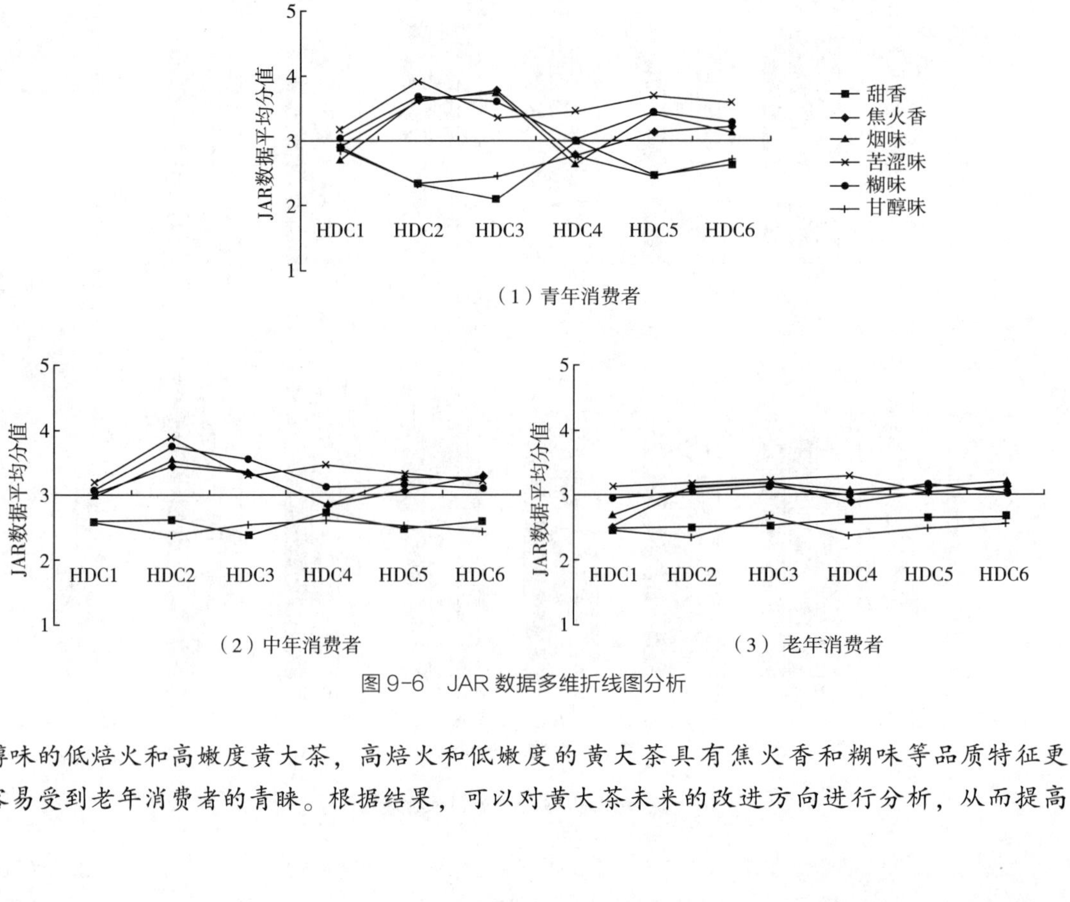

图9-6 JAR数据多维折线图分析

醇味的低焙火和高嫩度黄大茶，高焙火和低嫩度的黄大茶具有焦火香和糊味等品质特征更容易受到老年消费者的青睐。根据结果，可以对黄大茶未来的改进方向进行分析，从而提高

产品质量，增加不同年龄段消费者的购买欲。

案例归纳与总结：本案例以不同年龄段消费者为对象进行喜好标度检验和正好标度检验的研究，定性地得出 3 个年龄段消费者对样品喜好度及对其整体影响最大的属性、属性优化方向及改进优次顺序，能够直接反映消费者的喜好和购买意图。从经济角度来看，这有助于茶产品公司加工和设计消费者偏爱的产品，以期保持产品竞争力，更好地促进黄大茶市场的发展。此案例说明感官评定在食品研发及食品质量改进方面具有重要的作用。

第十章

10

食品感官评定试验设计

内容提要

本章主要介绍食品感官评定试验方法的选择、试验设计原则、主要心理学误差以及设计流程及注意事项。

教学目标

1. 掌握食品感官评定试验方法选择的基本原则和注意事项。
2. 掌握食品感官评定试验设计原则中的经验法则。
3. 掌握食品感官评定中的主要心理学误差以及克服方式。
4. 掌握食品感官评定试验设计流程及注意事项。

重要概念及名词

中心法则、心理学误差、期望误差、适应误差、刺激误差、时间顺序误差、位置误差。

第一节 概述

广义的试验设计是关于科学研究一般程序性的知识，它包括从问题的提出、假说的形成、变量的选择等一直到结果的分析、论文的写作等一系列内容。狭义的试验设计特指实施试验处理的一个计划方案以及与计划方案有关的统计分析。狭义的试验设计重点解决的是从如何建立统计假说到得出结论的过程。

一、食品感官评定试验设计的重要意义

食品感官评定试验设计是指进行食品感官评定之前，制定的关于试验目标、方法、参数选择、技术要求、结果统计与结果解释的全部试验方法与步骤。对于任何一个感官评定试验，试验设计都至关重要。

首先，食品感官试验设计是为了最佳地完成感官评定试验任务而制定的工作计划与方案，是试验结果可信度的根本保证。试验设计不是按部就班地套用某个方案或步骤，不是一个形式，更不是空洞的过程，而是一个论证过程，是根据具体的感官评定目标任务和任务分解以及产品特点，通过科学的逻辑分析、有针对性和内容特定性制定出来的试验方案，是一个严肃的过程。食品感官评定试验本身因为评价员的个体差异及情感差异误差较一般的物理、化学分析试验设计需要更加严格、苛刻，试验设计不合理，任务完不成，结果不可信，整个试验显得毫无意义，浪费人力、物力、财力。只有科学、合理、严密的试验设计，才可能顺利完成试验任务，结果才经得起推敲与质疑。

其次，试验设计是后续试验准备、试验实施结果统计与分析的指南和纲领性文件，试验一旦设计完成，在没有足够理由的前提下，一般不应进行大的修改，所有参与试验的人都必须按照设计方案进行试验，包括评定试验的组织者、准备者、评价员等，没有之前的试验设计，工作无法开展，随意性太强，各环节也不能很好地配合，导致试验失败或结果不可信。

最后，在试验报告或研究论文中，试验设计与其后面的试验结果、结果分析与讨论一脉相承，是一个逻辑上的因果关系。设计是为达到感官评定目标而制定的方案、措施；结果是在该方案下的试验结果，经得起试验重复检验，不保证采用其他研究方法能得到一致的试验结果；讨论是根据该方案下的试验结果进行分析、推理和得出结论，从而构成报告或研究论文的逻辑整体，搭建和同行交流、分享的基础平台。

二、食品感官评定类型与目的

前面章节介绍了食品感官评定是依靠人的感觉（视觉、听觉、触觉、味觉、嗅觉）对食品进行检验、测定或评价，并通过统计分析对食品质量与质量差异进行研究的一门学科。对于任何感官评定，人们最关心的是其评定结果能否准确地完成任务和目标、真实反映客观事实。

基于上述原因，食品感官评定通常根据其主要目的和适宜范围进行分类，可划分为分析型感官评定和嗜好型感官评定。分析型感官评定又包括差别评定和描述评定两大类。食品感官评定方法类型见表 10-1。

表 10-1　　食品感官评定方法类型

评定类型	关键问题	列别	评判人员特征
分析型感官评定	产品是否在任何方面有不同?	差别	按感官敏锐性挑选，检验方法经指导或培训
	产品在一定的感官特性方面如何不同?	描述	按感官敏锐性和目的挑选，经训练或高级训练
嗜好型感官评定	对产品的喜爱程度或更喜爱何种产品?	情感	按产品用途挑选，不经过培训

（一）分析型感官评定

分析型感官评定把人的感觉器官作为测定仪器，测定食品的特性或食品间差别的方法，其根本目的是希望借助人体感官，真实、客观地评定食品的品质特性、品质构成、品质变化或食品间的品质差异，而不以体现个人偏爱或可接受度为目的。例如，通过感官试验，判断两个食品样品是否存在着差异，只需要感官评价员判断有或者无差异，至于评价员个人喜欢哪一个产品，则不是试验本身所关注的内容。

分析型感官评定在实际生产中应用十分广泛，见表 10-2。

表 10-2　分析型感官评定在实际生产中的主要应用

应用领域	感官评定目的	常用的感官评定方法
食品原料质量控制	原料质量的稳定性 不同原料质量差异 原料等级划分	三点检验、二-三点检验、成对比较检验、评分检验、分等检验、排序检验等
食品原辅材料配比研究	优化食品配方	三点检验、二-三点检验、评分检验、排序检验、分级检验等
食品加工工艺研究	评定工艺与产量质量间的关系	三点检验、二-三点检验、成对比较检验、“A”-“非 A”检验、评分检验、排序检验、描述分析检验等
食品加工过程质量控制	评定样品与标品间有无差异以及差异的量	三点检验、二-三点检验、成对比较检验、选择检验、配偶检验、评分检验、分等检验、排序检验等
食品质量跟踪	食品储运过程中的品质变化	三点检验、二-三点检验、成对比较检验、“A”-“非 A”检验、连续检验等
品质研究	分析食品的品质构成	描述分析检验
品质评比	评定多个样品间的品质变化趋势	排序检验、分级检验、多重比较检验等

1. 差别评定

在食品感官评定中，有一类比较简单的试验评定工作，即仅仅回答两种食品间是否存在不同，用于分析造成食品间不同品质的原因。如在生产中，经常会遇到原料品种变化或供给商家发生改变、生产工艺改变、设备更新、包装更换等问题，但这些改变是否会对产品质量造成影响，往往是商家关注的焦点，甚至是影响决策的关键因素，而要回答“是否有影响，有什么样的影响”这些问题时，就可以通过对比改变后的产品和原产品之间有无差异的感官评定来完成，这就是差别评定，又称差别检验。

由于人的感官识别能力各不相同，所以差别评定也是基于频率和比率的统计学原理，进行试验设计，结论可以根据评价员从一系列相似或对照产品中，能够正确挑选出试验产品的概率推断出对比产品间是否存在差别，当正确挑选的次数超过随机期望水平时，被认为在相应的显著性水平下，产品间差异是存在的，同时说明，相应的改变对产品质量存在明显的影响。

常用的差别评定方法包括：三点检验、二-三点检验、五中取二检验、成对比较检验、“A” - “非 A” 检验、选择检验、配偶检验、连续检验、排序检验、评分检验、分级检验等。

2. 描述分析

描述分析是指由经过训练的评价员，选用规定的或自由的语言对试验样品特点或样品间的差异给出准确的语言描述，是感官评定中最复杂的评定方法。理论上，描述分析可以相对全面的了解食品的性质特征和特征强弱。描述分析也已经被证实是最全面、信息量最大的感官评定工具，适用于各种食品加工和开发中的品质研究。

所以描述分析的目的是客观、真实并且尽可能全面地将食品相关品质特征揭示出来，以便人们完整了解食品的感官特征。如通过风味剖面法描述分析，可以全面了解调味番茄酱的风味构成，滋味出现的顺序、强弱、余味、后味等特征。

描述分析包括定性描述分析法和定量描述分析法。

（二）嗜好型感官评定

嗜好型感官评定是指根据消费者的嗜好程度评定食品特性的方法，也称作快感或情感检验法。由于人们个体间嗜好差异比较大，所以在进行嗜好型感官评定的时候，需要向足够多的评价员（统计学的人数基本要求）提供食品样品，然后根据结果反馈的信息，分析是否存在着明显大多数倾向的选择，从而判断出食品的受喜欢程度。

嗜好型感官评定可直接反应评价员的主观意愿，更接近产品在将来投放市场后消费者的反应，所以嗜好型感官评定广泛用于产品开发、市场调研、市场预测等食品相关研究目的，并最终为产品配方、生产工艺、销售、市场经营、市场策略等提供决策参考。

食品感官评定试验中，弄清楚是分析型检验还是嗜好型检验是进行感官评定试验设计的基础和前提。因为二者的应用领域、完成目标以及在对评价员、最低人数、参数选择、问答卷设计、评定方法、统计分析等方面均有不同的要求。

三、食品感官试验设计原则

一般地讲，试验设计既有属于专业方面的要求，也有属于统计学方面的要求。

从专业要求角度，食品感官评定是依靠人的感觉（视觉、听觉、触觉、味觉、嗅觉）对食品进行评价、测定或检验并进行食品质量评定的方法。试验设计首要原则就是要根据食品特点、评定内容结合感觉器官的生理特点进行试验设计。比如，在进行食品色泽方面的感官评定试验设计时，既要考虑食品的特点，又要考虑环境光线对颜色的影响，还要考虑人体视觉生理特点；人们在评价刺激味较大或味道浓烈的产品时，需要考虑样品数量对结果的影响，评价员评价的数量越多，误差越大，结果越不可靠。其次，要根据试验的具体目标和任务选择试验方法。在进行感官试验设计时，需要明确试验的目标是寻找食品间的差异还是揭示食品在感官方面的特性，是了解食品间差异大小还是被消费者接受的程度，目的和任务不一样，选用的试验方法也不一样。如果是需要了解食品间是否存在感官品质方面的差异，通常会选用差异检验，如果是要揭示食品的感官特性，一般会选用描述试验，如果是要看消费者对产品的接受程度一般都选用嗜好性检验。接着，在感官评定人员选择方面，也要根据试验的目的来进行选择。比如，在进行品质研究的时候，一般选择专家型或具有丰富经验的评价员，而进行嗜好型评定时，一般选择食品销售目标人群的普通消费者来参加评定，企业在评定新工艺产品时，一般会选择对自己产品特别熟悉的人员参与感官评定试验。

从统计学角度，试验设计还应当考虑对照、重复、随机化等问题，以最大可能地减少试验误差，保证结果的可靠性。对照、重复、随机化被称为试验设计三原则。其中对照原则是为了排除试验非处理因素的影响，同时可以减少感官评价员认为个人对评价属性的理解不同而带来误差，如果没有对照，评价员在评价时很难把握基本标准与刻度，不同的评价员可能有不同的心理对照，从而带来较大试验误差。重复原则是为了保证试验结果的可重复性，排除偶然因素导致的试验结果假象；随机化原则是指每个感官评价员在进行感官试验时获得样品的先后顺序是随机的，所有试验样品在整个试验中出现在每个位置的概率均等，随机化原则是为了排除或减少试验不可控因素的影响，提高试验结果的准确性与可信度。

四、食品感官试验设计的基本内容

狭义的食品感官评定试验设计主要包括各种参数的确立、评定技术要求、实施步骤安排、结果统计方法等。广义的食品感官评定试验设计包括以下基本内容。

1. 试验目标任务

简单地讲，试验目标任务就是通过试验要解决的问题，感官评定试验中，比较常见的是试验目标任务有区别食品样品间是否有差异存在、样品间某些特性的变化趋势、按照某些特性的差异进行样品分级与分组、深入了解样品的品质特性以及食品样品被喜欢的程度等。

区别食品样品间是否有差异存在，主要用于食品研发或生产中的配方优化、工艺优化，也用于食品生产工艺改变、原辅料变化、设备更替、企业产品质量稳定性、产品贮运货架期质量变化、不同厂家产品质量对比、产品模仿等试验任务领域。

辨别食品样品间某些特性的变化趋势，常用于研究食品的感官特性随着某些参数的变化而改变的趋势。比如，随着发酵时间的推移，食品的酸味变化趋势，随着加热时间的延长，食品颜色的变化，随着温度的提高，食品脆度的变化等。

按照某些特性的差异进行样品分级与分组，常用于食品某些特性或综合品质对比以及产品评比活动。比如，人们常常将自己的产品与市场上的同类产品进行对比，更清楚了解自己的产品和市场上同类产品的优势与缺点，更好进行产品升级和制定市场策略。

深入了解食品的品质特性以及被喜欢的程度等，这是产品投放市场前常做的感官评定试验，是企业对产品方案做最后决策的基础，没有相关依据，企业对自己产品投放市场的策略和投放市场后的结果是盲目和模糊的，严重影响企业发展的不可预见性。

2. 试验方法

试验方法就是为了出色地完成目标任务而选取的感官评定方法。食品感官评定方法主要包括差别检验、排序与分级分组检验、嗜好性检验、描述分析检验等。每一种方法下面可以细分为多种试验方法。感官评定试验设计中方法的选择就是从上述方法中优选最合适的感官评定方法或方法的组合。

3. 结果解释与报告

结果解释与报告主要是指在对感官评定观测数据进行统计分析的基础上，怎样对结果进行解释，并形成报告等要点内容。

第二节　食品感官评定的经验法则

人是感官评定中的“仪器”，由于人这种“仪器”的特殊性，感官评定具有区别于其他分析学科的特殊要求和注意事项，以获得更科学和更可信的研究结果，在食品感官科学的发展过程中，人们逐步形成了一系列关于感官评定的原则和经验，以克服人这种“仪器”的不足。

一、试验设计中的中心原则

感官评定中的中心法则是指在进行感官评定试验设计时，一切要围绕感官评定目标来进行试验设计。

（1）感官评定任务决定感官评定试验设计的一切。甚至包括试验实施中食品感官评定方法的选择、人员的选择、评定过程、注意事项，归根到底是由具体研究的对象和任务决定的。人们需要根据评定任务和指标属性，来选择方法并进行试验设计和最后的实施。

例如，某食品厂打算更换一批加工烤肉用的调味酱生产设备，但企业想知道新设备对调味酱的风味是否有影响。对于这个案例，项目目标是确定新设备是否可以替代原设备，试验目标是对用两批设备生产的调味酱在味道上是否不同进行感官评定，可作如下的试验设计。

评定方法选择：首先确定为差别检验，由于烤肉酱味道浓烈，不适合让评价员同时评价更多的样品数量，故应采用较少的样品呈送方法，因而可采用差异成对比较检验。

评价人员数量：根据差异成对比较检验的统计学解释及人数要求，需要较多的参与人数，而且最好在试验中，AA、BB、AB、BA 4 种呈送顺序概率均等，所以需 4 的倍数，故可设计由 60 人参与试验，准备 120 份样品共 60 对，其中 AA、BB、AB、BA 各 15 对。

感官品评方法：由于调味酱味道较浓，不适宜直接品评，故试验采用白面包做辅助食品进行感官评价。

结果统计方法与显著性水平：这是一个根据某种结果出现的概率判定结论的方法，所以采用非参数的统计分析，可采用卡方检验，同时这是一个品质研究，研究结果对生产上的决策具有重要价值，因此，显著性水平选择 $\alpha=0.05$ 或 0.01。

（2）精准的分析型感官评定需要熟练的且具相似感官评定能力的感官评价员进行评定。分析型感官评定需要真实地反映产品的客观情况，需要的是准确性和结果的可信度，不需要反映评价员的主观意愿，所以它要求评价员最好具有相似的感官鉴别能力和评价经验，这如同仪器分析中稳定性和重现性，稳定性和重现性好，才能保证试验中的误差小。

二、试验设计中的随机化原则

随机化原则是针对感官评定中的大量的、不可控的非处理因素而提出的需在评定中遵循的原则，主要包括：

（1）样品编号应采用 3 位随机数字编码，以免产生偏见。

（2）呈送样品的排列次序应随机或平衡排列，每个样品出现在相应位置上的概率均等，以避免人为影响，或克服样品间相互干扰带来的感官评定误差。在随机化原则下每一个样品在所有评价员中，处于第一、第二、第三……各个顺位的概率是均等的。

（3）在评价过程中，专家之间应独立评定，不应有任何互相影响干扰，除了描述分析中的一致法描述分析。

三、感官知觉的特点与食品感官评定试验设计

感官评定的生理学基础是感官的感知性能，而影响感官的感知性能的因素很多，而且很复杂，还容易改变。个体差异、饮食及生活习惯、年龄，生理状态、一天中的时间段等都会影响到感官评价员对评定样品的感官评定，由此带来感官评定试验的误差较其他食品分析方

法大，为保证感官评定试验的科学性和结果可信度。所以在试验设计时，应当注意以下几个问题。

（1）注意味觉与嗅觉物质间的相互影响，各个混合感官成分在一定范围内会部分地相互抑制，因此，在相同浓度下，一个感官成分在复合产品中所感受到的强度往往比单独品评时低。在进行试验设计的时候，一定需要考虑产品的这些特点，在样品准备，样品呈送时都需要特别加以注意。

（2）注意感官适应现象，它是指在连续对嗅觉或味觉的刺激时会导致反应灵敏度降低的现象。尤其是刺激性较强烈的食品样品，这方面的影响会更大，因此感官评定试验设计的时候，在样品数量方面需要重点考虑，尽量选择需要品评的样品数量较少的方法。

（3）注意正确区分味觉与嗅觉，一般许多未经训练的人容易混淆味觉和嗅觉，常将口中挥发物的嗅觉误认为是味觉，因此培训或经验会更加重要。在进行试验设计的时候，要根据试验目标科学合理选择感官评价员。

（4）一般评价人员或消费者对滋味和香味的反应常常是一种整体的感觉，而训练有素的专业人员则能够进行进一步分析各种具体的滋味和具体的香味，包括其出现的先后次序、强弱、持续时间等，这对于描述分析是非常重要的。所以描述分析是一种复杂的感官评定活动，一般只有专业的感官评价员才能完成正规的描述分析试验。

基于上述感官的感知特性，在试验设计方面应该严格加以考虑。

四、差别检验方法的敏感性

差别检验方法较多，实际生产中该选用什么的方法，需要根据情况灵活运用。

（1）当有较合适的参照物，且检验对象与参照物相似时，一般认为二-三点检验比三点检验更敏感，原因是评价员对参照产品非常熟知，很容易发现试验样品和参照产品间的不同，而且相对而言，判断两个产品的时间比判断三个产品的时间短，不容易产生感官适应现象，但前提是有适合的参照样品。

例如，如果是一个生产历史较长且经过大量现行评估的现成产品或标准产品，那么该产品则非常适合作为参照物，因为评价员一般都会比较熟知这个参照样品，在以它为参照样品检验相似样品时，试验偏差范围比较稳定。

（2）当针对食品具体属性进行评定时，应首先选择检验更敏感的方法，比如成对比较检验。相反，在进行总体差别的综合评价时，由于需要进行全面判别检验，往往会忽视关键属性，只要求判断产品间的相对差别而不是比较差别强度，因此，总体差别检验多选用灵敏度相对较低一点的检验方法，如三点检验，即只偏重比较差别而不是强度。

（3）如果样品特性容易导致感官疲劳，则可以减少检验样本量。如果不存在疲劳问题，则应该考虑相对较多评价样品数量的评定方法，其试验结果具有更可靠的统计学解释。比如三点检验较二-三点检验具有较高的可信度，因为在无法正确区分差异时，猜对的概率要低（分别为 1/3 和 1/2），同样五中取二检验较三点检验具有更高的统计学可信度，因为他们在无法正确区分差异时，猜对的概率分别为 1/10 和 1/3。

五、合理选用标度

标度是记录评价员的感官体验和分析结果的方法，合理的标度方法可准确地反映评价员的感官体验，标度的尺度过大、过小都会导致试验误差增大。

（1）评定感官差异的工具选择取决于其差别的绝对级别，对于样品细微差异的感官评定，不管是单一属性还是总体差异，一般采用间接衡量方法，即差别评定法。对于评价属性存在着较大的差别时则宜用直接评价法，如描述分析法等。

（2）属性越简单，则应选择越精确的标度方式，但如果是对样品的多个属性进行综合评定，则需要将各个方面的内容组合起来，很难找到适合的精确的标度方式，则多选择概括性的标度方式，如排序检验、评分检验等。

（3）人的感觉器官是感官评定的“仪器”，具有灵敏、可靠和直接的特点，但只适合做相对的感官评定，不适合做绝对评定，根本原因是感官评定的结果是一种感觉，不是物质的绝对含量。因而感官评定用于做绝对评定时，效果很差，且所有标度必须由参照样品通过仪器来确定，对样品的评定则是在和参照样品的相互比较中得出。

（4）培训可提高评价员对标度使用的稳定性。同一样品在不同的试验中可能会获得不同的试验结果，因为评价员会受到参比样品和试验样品的相互影响而自行调整评判标准。例如，一个好产品与一个稍差的产品相比会显得好产品比原先好得多，同样，如果和一个更好的产品相比较，则会觉得不如原先的感觉那样好。试验的科学训练可以在一定程度上避免这一问题，可将参照样品与不同质量（包括好的、次的）产品反复提供给培训人员，使之熟悉对标度方式的合理掌握，提高对标度使用的稳定性。

（5）测量排序是感官评定常用的标度方法，也就是试验中常用的评分检验（排序），这种标度方式利于统计分析，不过这种标度方式如果出现了感官评定值正好在级与级交界的情况，则偏差会较大。

（6）非标记的检验栏标度较数字分类标度可获得更好的试验效果，因为对于数字分类标度容易引起部分评价员的数字偏见和喜好，影响试验的精确性。例如，在线性标度中，线条标尺上做记号，可以是数字或文字标记，不过文字标记会是较好的方式，评价员容易通过对参比样品的感官体验，建立自己的评价尺度或标准，如果以数字方式标识，还需要进行数字和感官体验的转化。

（7）类项标度和线性标度对试验结果的判断效果基本相同，但类项标度可能会造成一些过高估计，特别是以消费者为评价员的试验中，数据往往偏高（包含较高的离群值）。

六、评价小组成员构成与使用术语的基本要求

描述分析是一项复杂的感官评定工作，科学的描述语言体系和描述技巧至关重要。

（1）简单、基础性的术语比由许多单个属性组成的复杂术语更精确，对于组合性术语，评价员会较难形成准确的理解和把握，更难在各个评价员间形成一致的理解和把握，因而容易产生评定误差。

（2）成立正式评价小组之前，应当对各评价员进行严格的考核和筛选，筛选的标准是对产品种类差别的敏感度以及对产品属性的把握水平，选择具有相似的术语理解能力和标准把握能力的人员，组成正式评价小组。

（3）评价小组对评价术语的定义十分清楚明白，且具有相似的理解和把握，无论是以文字形式还是由参比样品标准得到的物理形式的术语。

（4）在正式评定实施之前，应当通过试验并进行统计分析，获得评价小组对术语和相应

的定义，以及用于强度判断的参比样品的一致意见，方可进行正式评定试验。

（5）描述分析的评价小组在培训过程中，必须反复对同一样品来进行试验，以提供统计强度和缩小检验评价小组成员的个体差异。

七、可接受性检验的注意事项

（1）在食品感官评定中，常用“可接受”和“可接受性”来记录对食品喜好或厌恶及其程度的感官评定结果，常用于“偏爱”评定试验。“偏爱”是从两个或两个以上的样品中挑选自己喜爱的产品，代表主观的消费意愿或情感。

（2）“排序、分级”是感官评定常遇到的情形，是对多个样品的某些属性或综合属性按照一定的方向（由强到弱或由弱到强）进行秩序排列，是一种相互比较的结果，是可接受性的相对分级，并不代表对样品“可接受性”的评估，即使排在第一位的样品也未必是评价员喜爱的产品。

（3）“偏爱检验”比“排序、分级”更敏感，大量实践经验表明“偏爱检验”比“排序、分级”更能准确发现样品间的“可接受性”差异。此外，即使在两种产品可能都不被喜欢的情况下，“偏爱”则还可以在这两者之间选出较好的产品，因此，可接受性试验数据所包含的信息更丰富，而且“偏爱检验”本身常常根据可接受性分级试验得出结论。

（4）在“可接受性”评定中，对称的 9 点快感标度是一种良好的评价工具，有效、灵敏。

（5）在“可接受性”评定中，做出“无偏爱”的选择很难，而且实际可操作性较差，所以一般不要求做“无偏爱”记录，如果必须做出“无偏爱”选择的话，需在做出“无偏爱”的结论同时，附上一个关于“偏爱”范围的说明。

八、情感检验与调查问卷设计

进行消费者试验与调查时，问卷设计十分重要，甚至起着关键性的作用，直接关系着试验的成功与否。所以，问卷的设计必须科学且简单易行。

（1）接受消费者试验的感官评价员应是评定产品的真实消费者，并且具有一定的产品消费频率，对产品有较多的感官体验。

（2）为了避免参与消费者试验的感官评价员被问到一些没有考虑过的属性而产生偏差，应首先询问一些总体意见的问题，然后再针对具体属性和情况进行调查或分开设计问题，即设计问题的先后次序是由概括性问题到具体问题。

（3）调查时应询问评价员比较了解的问题，这样会获得更多的信息，要保持提问的简单与直接，便于消费者理解和回答。

（4）在设计无限制性问题的提问时，应注意这种方法的局限性，这类问题有利于言语表达能力强、反应敏捷的评价小组或评价员，并且有利于组织者获得评价员真实的想法或感官体验，但在后期的资料汇总和统计或总结时则受到限制，难以获得一致的、公认的结论。

（5）在设计限制性选择题（限定选择项）时，应包括相互排斥和相互补充的选项。

（6）对于任何消费者感官评定的问卷设计，都需要进行预试验，以便发现问题，及时修正，这对完善问卷内容是非常重要且必需的。

（7）消费者试验还可以以家庭检验的方式进行，不过容易受到家庭成员间的相互干扰。

（8）消费者测试可以选择中心地区居民进行测试，其好处在于试验容易进行，容易挑选到符合某些要求的评价员，具有较高的可控性、可信度，但在中心地区的人们也容易受到相互间的以及社会思维、潮流等方面的影响，不完全具有代表性。

九、产品品质研究

在产品品质研究过程中，应根据情况，适时开展研究小组成员集中进行关于产品品质特性的研讨活动，这对于产品研发、确定感官评定方法和内容、建立评定标准和术语都是非常重要的，还有助于在进行消费者试验时的问卷设计等工作。

十、统计学设计与分析

感官评定科学是基于统计学基础的一门试验学科，对于结果的统计解释是必然的工作环节，只有通过统计分析，才能从试验获得的原始数据中得出科学的结论，才能对产品开发、生产管理、市场营销等生产经营活动的决策提供参考。在统计学设计、结果分析中，以下经验则值得借鉴。

（1）对于试验结果中包含偏高的数据或含较高离群值的数据，可采用中间值或几何平均值作为度量反映趋势，不宜采用算术平均值作为度量反应趋势。

（2）对于不成正态分布而成两边分布型的数据，不宜采用均值作为度量反应趋势，其代表性也较差，这种情况下适合用图描述或表示数据的分布。

（3）从统计学角度，试验设计应尽可能针对容易确立对照样的属性作为研究内容，以保证试验设计的严密性和完整性。

（4）由于感官评定过程中，每一位评价员在做出结果判断时，都是在经过样品间反复的相互比较和校正基础上，得出来的判断，所以在试验设计时，应尽量保证评价小组的每一位成员都能对所有样品进行评定，这样能获得更高的试验灵敏度，否则，会因为缺少某些样品间的相互比较，而降低判断的准确度，进一步降低整个试验的灵敏度。

（5）保证每个评价员均能评定所有产品的试验设计，还能使评价小组成员之间的差异能够容易地从整体误差中分离开来，从而提高试验的灵敏性。

（6）单侧检验适用于判别和对差别分级，双侧检验几乎适于其他所有检验，包括偏爱检验。

（7）试验设计中，尽量要保证有基准、空白或对照样，在某些设计中，基准、空白和对照样至关重要，没有这些样品，试验甚至无法进行，或根本没有实际意义。表 10-3 所示为感官评定中常见的基准或对照采用模式。

表 10-3　　感官评定中常见的基准或对照采用模式

评定方法	基准或对照	评定方法	基准或对照
信号检测，觉察阈	干扰检验，稀释率	相同 / 不同检验	相同平行样
“A” - “非 A” 检验	非 A	由对照样进行差别分级	自身质量对照平行样

十一、仪器感官校正

在食品感官品质研究中，感官评定具有独到的优势，但在下列情形时，应由仪器替代人工进行相关研究。

（1）校正曲线已建立，即人工感官评定结果和仪器检测数据间已经建立了相关模型或校正曲线，这种情况下就应该使用仪器开展相关的感官评定。

（2）重复、疲劳或危险的评定工作，如刺激性特别强烈或者后味特别持久的感官评定工作。

（3）从商业角度，某些食品的某些提醒需要数据，消费者可能更关心的是食品具体的成分含量，相对而言，并不主要在乎食品的感官品质，这种情况使用仪器分析显然更为合适。

第三节 感官评定的心理学误差

感官评定是一项评价员借助自身生理和心理两个方面功能的高度协调与配合的活动，就个人而言，是人借助感觉器官接受食品的感官刺激，然后将接受到的感官刺激信号传递给大脑，经过大脑的加工而形成的整体印象。所以从本质上讲，人的心理是人脑的机能，是对客观现实的主观反映。

由于人具有主观性，相对于食品理化分析、仪器分析，影响感官评定的准确性与稳定性更为复杂多样，有器质性的，有心理活动方面的。器质性的因素相对好控制，而心理活动则较难以控制而且多变。人心理活动内容非常广泛，过程复杂，影响因素繁多。评价员在感觉、知觉、记忆、想象、思维活动中，会受到各种各样的因素影响而出现偏差，个人生理因素、成长背景、观念、习惯、思维方式等都是影响感官评定的重要因素，感官评定活动过程中必须对此加以高度重视。

心理学误差是造成感官评定误差的重要原因。在进行感官试验设计、组织、实施过程中，应尽量加以考虑和回避，以保证获得科学、客观的评定结果。

一、期望误差

1. 期望误差的产生

当人们对食品的某些特性进行感官评定时，可能会由于评价的特性呈现一定规律的持续变化，使得评价员在接受到这种持续的变化后，可能形成规律性的思维模式，在对下一个样品进行评定时，出现事先的预判或期望，从而导致特性评定误差。例如，当人们在进行阈值测定的试验中，试验组织人员提供了一个递增的浓度序列，评价员每拿起一个样品进行评定时，都可能出现预感或者期望这个样品的感官刺激达到某个水准，这在无形之中就改变了对产品的客观判断，出现误差。

2. 期望误差对感官评定的影响与克服

期望误差对感官评定结果的影响是普遍存在的，具体影响方式与提供样品的相关性质持续变化方式相关，例如，在阈值试验中，呈递增还是递减的变化规律，对结果的影响可能出现相反的期望误差。实际上，期望误差不仅仅出现在某一次试验中，还可能出现在评价员的培训过程中。如果接受培训的人员每一次接受的系列产品，其特性变化呈现基本相似规律的时候，那么在之后的培训或正式评定中也会出现期望误差。

要克服期望误差，需要在进行感官试验设计的时候，尽量避免出现提供给同一个评价员的样品系列出现规律性的变化，随机排列，每一个样品在每一个位置上出现的概率尽可能均等，即随机化原则，这是试验设计和样品准备的一条基本原则。

二、适应误差

1. 适应误差的产生

当人们对食品的某些特性进行感官评定时，还可能会由于评价的特性呈现一定规律的持续变化，使评定出现另外一种误差，被称为适应误差。适应误差是评价员接受了一个相对时间较长的感官信息后，会在以前的反应上坚持或停留，降低对下一个样品的感官信息变化的心理敏感性。适应误差与感官疲劳不完全一样，这里的适应误差更多的是心理学范畴，是评价员在接受了一个相对时间较长的感官信息后，潜意识中想当然地认为下一个样品的相关特性会出现跟上一个样品相同的信息，因为注意力和信息捕捉能力出现下降，由此而带来的误差就是适应误差。

2. 适应误差对感官评定的影响与克服

适应误差主要是降低了评价员对样品的感官特性变化的捕捉能力或注意力，这时候需要通过外在的要求或刺激来解决评价员的注意力问题，并提高信息捕捉能力。

比如在感官评定试验中，在设计问答卷的时候，加上“强迫性选择”的要求，就会迫使评价员提高注意力，集中精力捕捉感官信息上的细微差异。这是目前解决适应误差的一个重要方法。

三、刺激误差

1. 刺激误差的产生

在感官评定中，如果评价员事先了解了一些关于将要评定样品的有关信息，于是在正式评定中，就有可能根据之前了解到的信息做出判定，而弱化了评定时的真实感受，或者强化了评价员对某些信息的捕捉注意力，进一步影响到评定结果判定，由此而产生的误差被称为刺激误差。

例如，对葡萄酒的来源或酿造时间（年份酒）进行辨别，如果知道提供样品的人喜欢喝什么样的酒，存放了什么酒，或者了解到邀请你做评定的人在做什么研究、调查，或者预先看见了酒瓶、外包装、商标等信息的话，评定活动就可能受到这些信息的影响，这种误差就是刺激误差。

2. 刺激误差对感官评定的影响与克服

在上述年份酒的例子中，刺激误差给结果判定带来的误差可能有两个方面：做出更准确的判定，或更错误的判定，这取决于评价员了解到的信息和样品真实信息间的差异。如果他所获得的样品和之前了解到的信息出入不大，比如他看见的包装就是评定样品的包装，那么评定结果就可能比正常情况下的判断更加准确。相反，如果他所获得的样品和之前了解到的信息出入很大，那么对结果判定的影响就是负面的。

所以在一个科学的感官评定活动中，尽可能不要让评价员对样品的信息事先有所了解，或了解得更少，因为实际评定活动中要让评价员对样品的信息和特性一无所知很难。此外要减少刺激误差，目前通用的办法是在感官试验中对样品采用盲标检验和随机编码的方法，可以在一定程度上减少刺激误差。

由于刺激误差的原因，在进行感官试验中，评价小组成员的选择也是需要注意的。例如，在一个食品工厂的质量控制中，工人可能知道哪天生产了哪些类型的产品，而他们也可能被邀请作为评价小组的成员，从而导致刺激误差，因此这些情况应当尽可能地避免。

随意地插入对照样品（肯定的对照样品和无效样品都要插入），有可能将评价员的猜测降低到最低水平。

四、时间顺序误差

1. 时间顺序误差的产生

评价员在进行多个样品的感官评定时，由于感官器官的不稳定性以及样品间相互影响，使得样品的排列顺序差异对最终结果判定也会产生误差，称为时间顺序误差。由于感觉器官具有不稳定性的特点，容易出现适应、疲劳等问题，再加上感官刺激产生的信号或多或少都有一个残存时间，评价员在完成前一个样品评定后，对下一个样品进行评定时，其感觉器官的灵敏度已有下降，上一次的刺激还可能没有完全消失，因此作为“仪器”的感觉器官和评定上一个样品时已经不处于同一状况，误差产生就难以避免。

2. 时间顺序误差对感官评定的影响与克服

对于评价员而言，时间顺序误差是很难避免的，不过感官评定活动是基于统计学的一门科学，科学的感官评定需要一定的样本数量，需要一定的重复试验，所以食品感官评定活动都是以一个评价小组的方式出现。在评价小组中，应尽量保证样品的均衡性，也就是尽量保证每一个样品在每一个位置出现的概率是均等的，从总体上克服时间顺序误差。

例如，前面章节阐述了在三点检验中，评价员人数最好是6的倍数，是由于三点检验是针对两种样品进行分析，每个人得到的样品数量是3个，根据每一个样品在每一个位置出现的概率是均等的要求，所以三点检验的人数有这样的基本要求。

五、位置误差

1. 位置误差的产生

位置误差与时间顺序误差类似，在对两个或两个以上的样品进行感官评定时，样品所处的位置不同，即样品摆放的先后次序不同，也有可能会导致评价员的评判误差。

位置误差产生的原因和时间顺序误差雷同，主要还是前后样品间的干扰。例如，人们在品尝葡萄酒的时候，要求先“干”（干葡萄酒）后“甜”（甜葡萄酒），是因为先品尝甜葡萄酒后，再品尝干葡萄酒，会感觉较正常情况下更酸更涩。对辣味食品的评定、对温度的感觉也有类似情况。

2. 位置误差对感官评定的影响与克服

和时间顺序误差一样，位置误差会使评价员对样品某些特性或指标的敏感性加强或减弱。克服位置误差，同样需要从整体试验设计上，尽量保证样品顺序的均衡性。

六、偶然刺激误差

1. 偶然刺激误差的产生

感官评价员在评定过程中，由于一些偶然因素引起心理活动改变而导致的评定误差就是偶然误差。比如其他评价员的观点、某个动作、表情等都有可能干扰到评价员的思维与结果判定，尤其是在犹豫不决、难以拿定主意的时候，这种干扰尤为明显。其实偶然因素很多，如评定样品间的某些外在的非本质差异等，装量多少的差异、盛装容器的差异在某些时候也会影响评价员的判定。

2. 偶然刺激误差对感官评定的影响与克服

偶然因素的刺激使得感官评价员在某些关键时候对样品的判定偏离了自身的真正感受，这种误差正如其名“偶然”，所以具有不确定性，但这并不意味着偶然刺激误差在工作中完全不可以克服。在试验设计和组织中，应尽量保证感官评价员在标准的感官评定室中独立工作，除了一致性的描述分析。样品的准备也需要尽量保证一致性，不管是装量、容器还是产品温度等，都尽可能一致，消除样品非本质的偶然差异。

对于消费者试验，感官评定活动往往是在一个相对开放的环境中进行，受偶然因素的影响可能更多，可以在问答卷的指令部分做更详细的说明和要求，在实施过程中，工作人员也需要更加专业的指导和讲解，以排除其他因素的干扰。

综上所述，心理学误差是感官评定和其他理化分析方法的重要区别，是影响感官评定准确性和可信度的重要因素，由于感官评定的特殊性，减少心理学误差不仅是工作人员和评价员都需要尤其注意的问题，而且在试验设计上要更加科学、合理。在试验设计上必须遵循以下几个原则——随机选择和对称平衡、稳定性、校准等，要合理、科学设计好对照样品，在不同条件下获得的试验数据和结论要慎重做比较或做出结论性的判断。

第四节　食品感官评定流程图及注意事项

食品感官评定试验和任何一个其他科学研究试验一样，都有一个规范的工作流程及操作基本要求。人们在组织进行任何一次感官评定试验设计和试验实施时，不仅要考虑每一步具体事项和细节，还必须遵循规范的工作流程。

任何感官评定试验基本上都要包括任务确定、方法选择、人员确定、试验设计、试验实施、统计分析、结果解释等步骤，而每个步骤又需要进一步细化，才能真正做好一次食品感官评定试验。

一、感官评定的基本步骤

人们在谈论食品感官评定时，往往只关注评定试验的实施环节，认为提供样品并进行检验就是感官研究的所有内容，将前期准备工作的复杂性过于简单化。事实上，试验实施之前的准备工作，包括任务确立、目标确定、方法选择、试验设计、评价员的选择等，对于感官评定至关重要，准备工作不充分，试验会失败，结果也不具有可信度。图 10-1 所示为食品感官评定的基本步骤。

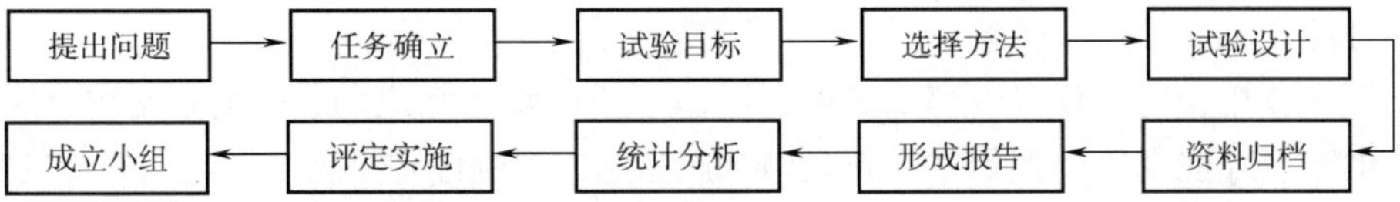

图 10-1　食品感官评定基本步骤

图 10-1 只是将感官评定中的主要步骤列出来了，每一步主要步骤都可以在其分支流程图中被进一步展开。因此，感官评定可看作是一系列逐级深入的决策树或流程图。

二、方法选择决策树

针对一个已经确立了任务目标的感官评定，方法选择就成为首要任务。图 10-2 所示为食品感官评定流程中的方法选择决策树。所谓方法选择决策树就是指根据感官评定任务，进行评定方法优选的详细过程。

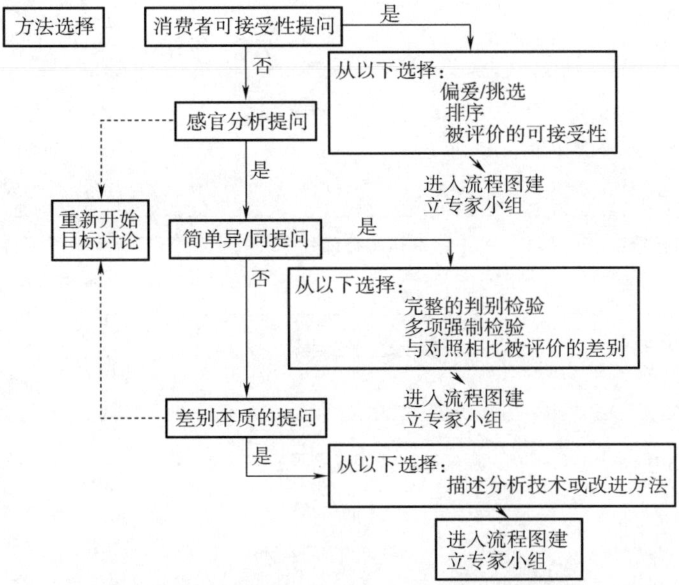

图 10-2　食品感官评定流程中的方法选择决策树

当感官评定负责人员接受任务后，首先需要考虑的是该任务是否属于消费者可接受性的评定范畴，如果是，则评定方法可以从情感检验，如偏爱检验、挑选检验、排序检验等方法中进行选择；如果不是可接受性的评定范畴，那么需要进一步分析，任务是否可以通过简单的产品异同评定来完成，如果是，则可以选择差别评定和与对照样品的差别评定，如果不能通过产品异同评定来完成任务，那一般应该是涉及食品间的本质差别，需要对食品属性进行深入细致的了解，因此，可以进一步采用描述分析或其他改进方法进行评定。

感官评定方法的选择，不仅仅与感官检验的目的任务有关，还与食品的特性、评价员情况等有关。例如，在进行刺激性较强烈（辣、咸等）产品的差别感官评定时，就比较适合采用评定样品数较少的成对比较检验、二-三检验，而不适合样品数较多的五中取二检验、三点检验等方法。评价员对样品的熟悉程度也会影响到方法的选择，比如在通过感官评定了解某产品是否是自己厂生产的产品而不是假冒产品时，可以采用“A”-“非A”检验，其中“A”就是自己厂生产的产品。

在实际工作中，有些任务没那么简单，不是一个试验能完成的，这时候可能就需要通过多个试验的配合才能完成。例如，对新老两个产品进行差别评定，如果评定结果是差异显著，那么究竟是哪一个产品更好呢？仅仅是差别评定是回答不了这个问题的，这时候需要将差别评定和喜好评定结合起来进行试验设计，如可采用扩展型差别评定方法。

表10-4所示为食品感官评定方法的选择与应用。

表10-4 食品感官评定方法的选择与应用

实际应用	检验目的	方法
生产过程中的质量控制	检出与标准品有无差异	成对比较检验法（单边/双边） 三点检验法 二-三点检验法 选择检验法 配偶检验法
	检出与标准品差异的量	评分检验法 成对比较检验法 三点检验法
原料品质控制检验	原料等级划分	评分检验法 分等检验法（总体的）
成品质量控制检验	检出趋向性差异	评分检验法 分等检验法
消费者嗜好调查 成品品质研究	获知嗜好程度或品质好坏	成对比较检验法 三点检验法 排序检验法 选择检验法
	嗜好程度或感官品质顺序 评分的数量化	评分检验法 多重比较检验法 配偶检验法
品质研究	分析品质内容	描述检验法

三、评价小组的建立

当感官评定方法确定之后，就需要根据方法的特点和要求来组建感官评价小组。感官评价小组的组建程序见图10-3。

上述程序在食品感官评定实践中，也需要根据具体情况作适当的调整，比如对一个接近优化的产品进行最后的品质评定，可以组建一个专家级别或者非常有经验的评价小组；对于

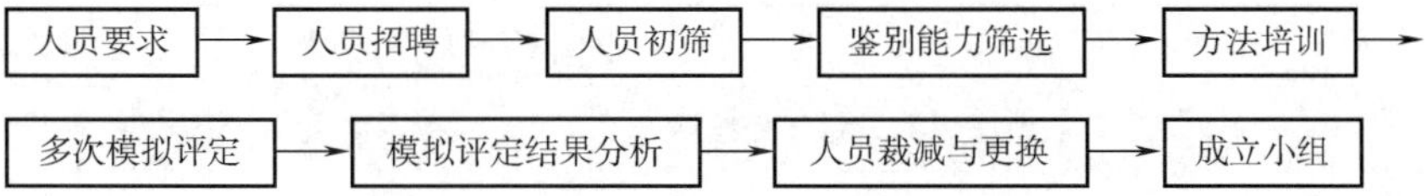

图 10-3　感官评价小组的组建程序

一个在研发过程中的品质评定，其评价小组成员可以是参与产品研发的研究人员；对于对企业关键产品的周期性品质评定时，可以组建由非常熟悉产品的品控人员构成评价小组。

评价小组人数除了满足统计学上的基本要求外，还应该根据评定的目的不同而不同，例如，对快成型产品的评定，应在前期研发过程中的品质评价小组的基础上，扩大评价员的筛选范围，而周期性的感官评定，则应保持相对固定的评价员，其培训工作也可以做相应的简化。如果检验的项目正在进行，则还需考虑评价小组的维持、实施、参与检测及评价小组成员的更替。图 10-4 为评价小组建立与维护的规范化程序。

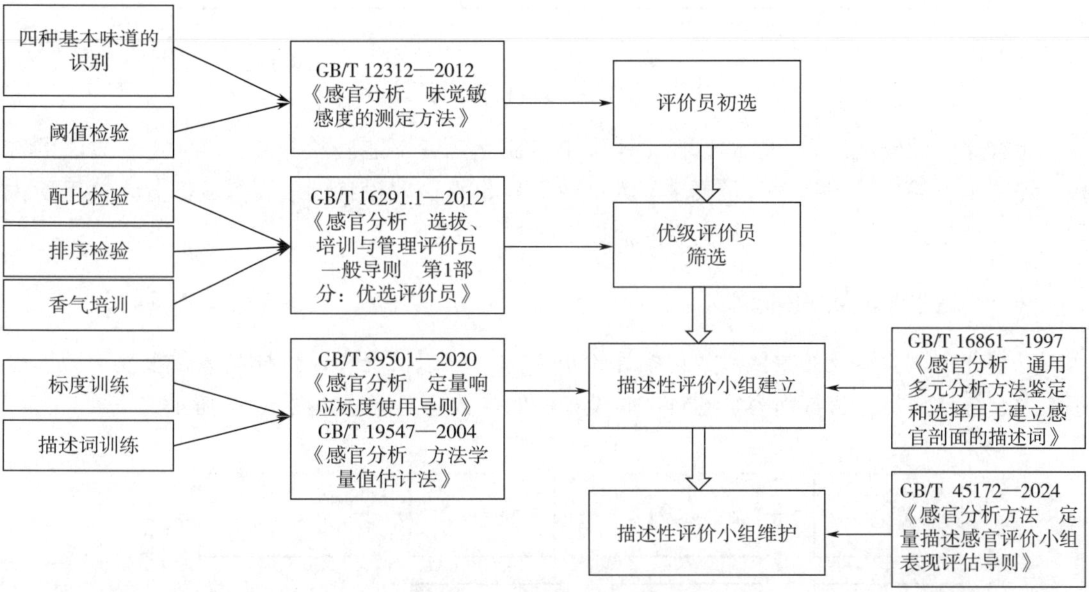

图 10-4　评价小组建立与维护的规范化程序

关于感官评价员培训与筛选的具体过程和技术，在前面章节已有叙述，在此不赘述。

表 10-5 所示为食品感官评价小组人员的基本要求。

表 10-5　食品感官评价小组人员的基本要求

方法	所需评价员人数		
	专家评价员	优秀评价员	初级评价员
成对比较检验法	7 名以上	20 名以上	30 名以上
三点检验法	6 名以上	15 名以上	25 名以上

续表

方法	所需评价员人数		
	专家评价员	优秀评价员	初级评价员
二-三点检验法			20 名以上
五中选二检验法		10 名以上	
“A”-“非 A”检验法		20 名以上	30 名以上
排序检验法	2 名以上	5 名以上	10 名以上
分类检验法	3 名以上	3 名以上	
评估检验法	1 名以上	5 名以上	20 名以上
评分检验法	1 名以上	5 名以上	20 名以上
分级检验法	视情况定	视情况定	
简单描述检验法	5 名以上	5 名以上	
定量描述或感官剖面检验法	5 名以上	5 名以上	

四、试验设计流程图

感官评定试验设计和方法的选择、评价小组成立三者不能截然分开，事实上，方法的选择、评价小组成立（包括评价员要求、人员数等）也是试验设计的重要组成部分。这里所说的试验设计是指在评定方法已经确立的前提下的具体问题设计。

（一）主要参数的确定

感官评定试验涉及的主要参数包括评价员人数、分组情况、评价样品数、重复次数、敏感参数、统计分析方法等内容。感官试验设计中的参数确立流程如图 10-5 所示。

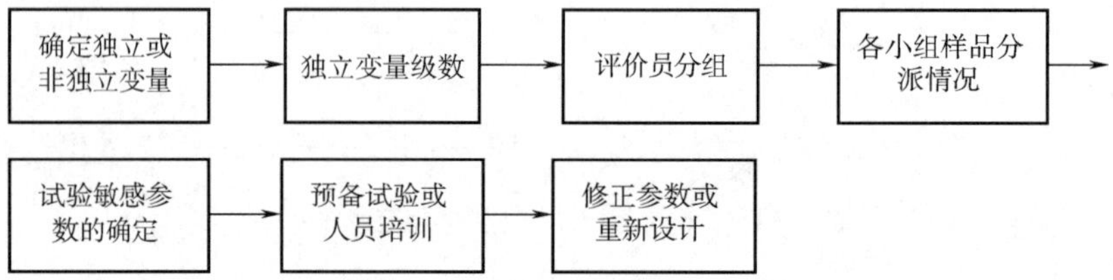

图 10-5　感官试验设计中的参数确立流程

上述参数确立的流程中，独立变量是指一个量改变不会引起除因变量以外的其他量改变的变量，非独立变量是指一个量改变会引起除因变量以外其他量改变的变量。评价员的分组、各小组样品分派情况等参数的确立可以根据试验具体情况确定。试验敏感参数是指 α、β 和 Pd 3 个参数。

1. 试验敏感参数 α

α 也称 α-风险，是统计学上的名词，是指错误地估计两者之间的差异存在的可能性，也称第 I 类错误。在没有差异的样品间，一般情况下是不可能发现差异的，出现这种错误的概率比较低（即小概率事件），根据“小概率事件实际不可能”的原理，α 的选择通常都比较低。α 越小说明能正确区分差异的人数就越多，说明样品间的差异就越大。在统计学上，α 在5%~10%（0.05~0.1）时，表明差异的程度中等；α 在1%~5%（0.01~0.05）时，表明差异的程度显著；α 在0.1%~1%（0.001~0.01）时，表明差异的程度非常显著。α 的选择，要根据试验目的和要求确定。一般地，在试验条件不容易控制或容易产生较大误差的情况下，可以选择相对较大的 α，如0.1或0.05，而试验结果容易产生严重后果，对生产决策等具有重要作用的时候，一般会选择较小的 α，如0.01甚至更小。统计学要求任何试验结果的可信度都需要以一定的试验样本数为基础，所以可以通过 α 来确定参与试验的最低人数要求。$1-\alpha$ 也就是试验结果的可信度。例如，某试验的结果在1%水平上达到显著性水平，说明结果的可信度为99%。

2. 试验敏感参数 β

β 也叫 β-风险，是指错误地估计两者之间的差异不存在的可能性，也就是两个样品之间是存在差异的，但在感官评定时，却错误认为这两者之间没有差异，犯这种错误的概率就称为 β-风险，也称第Ⅱ类风险。β 的范围在表明差异不存在的程度上，同 α 有着同样的规定。

3. 试验敏感参数 Pd

Pd 是指能够正确分辨出差异的人数比例。Pd 的范围意义如下：$Pd<25\%$时，表示能够分辨出差异的人数比例小；$25\%>Pd<35\%$时，表示能够分辨出差异的人数比例中等；$Pd>35\%$时，表示能够分辨出差异的人数比例大。

在以寻找差异为目的的检验中，通常只考虑 α-风险，因为食品感官差异评定试验本身就是针对食品间细微差异进行甄别，而在以寻找相似度为目的的检验中，α、β 和 Pd 都需要考虑。相似度检验主要用于两个不同样品间的相似程度的检验，相似程度隐含了另一个意思——两个样品间存在一定差异，通过评定活动来了解有多大比例的人能正确辨别其差异，因此在类似目的的检验中，一般确立较小的 β 值，α 值可以大一些，Pd 值则是委托单位或组织单位希望得到的能正确区分产品差异的人数比例。例如，某饮料生产商想用一种价格较低的芒果风味物质代替原来使用的价格较高的芒果风味物质，以降低生产成本，降低成本就有可能带来一定风险，所以又不希望有更多的人能觉察出来产品的不同，因此，想要通过感官评定结果来评估风险的大小。这就要采用以寻找相似度为目的的评定试验。在该试验中可以选择一个较小的 β（如1%或5%）和一个相对较大的 α（如30%），然后再选择一个自己可以接受的能够正确辨别差异的人数比例（如25%），也就是希望有75%以上的人不能觉察产品的改变。

（二）感官评定流程的建立

确立了感官评定的相关参数后，需要进行感官评定流程的设计，主要包括样品的采集、配置、编号、分配、评定条件、评定时的技术要求等问题。

1. 样品采集

试验样品的采集包括随机采样、有条件采样、科学试验样品和委托送样（来样）四种方式。试验中究竟是该采用随机采样还是有条件采样，主要根据评定目的范围来决定，如果评定的目的是要检验某个工艺产品、某个批次产品、某个企业产品、某个行业产品等，一般都采用随机采样，如果对一个相对较小范围内，且满足某些条件的产品进行评定时，则采用有条件采样。对科学试验样品的评定，则根据试验设计，对每个试验样品进行采集。对于委托样品的评定只对来样负责，需对每个来样进行评定。一般地讲，样品采集好以后，应尽快进行感官评定，不宜长时间存放，若要存放，要根据样品的特点、感官评定的要求进行样品保藏，所有样品的保藏条件应基本一致，不得让样品在采集后发生明显的感官变化。

2. 样品配置

样品配置是指样品的份数、排列次序、对照样品及对照方式。样品的配置归根到底是由试验目的、评定方法和样品特点决定的。为了克服感官评定的时间顺序误差、位置误差，样品的配置需要遵循对称平衡、稳定与校准的原则。合理采用对照，可以克服不同评价员对评定标准的把握差异。对照可以采用固定对照模式或随机对照模式。固定对照模式就是始终采用同一个样品作对照，每个评价员获得的对照都是一样的，这种模式下的对照样品通常为和目标样品同类的其他样品。而随机对照模式则是不固定对照样品，随机采用需要评定的目标样品为对照，每个评价员获得的对照样品可能都不一样。

3. 样品编号

样品的编号通常采用三位数随机编码。

4. 食品感官评定条件

感官评定对评定条件的要求包括共性要求和特殊要求，前面章节已经对共性要求做了介绍，但是针对具体的评定试验，需要根据样品特性和评定目标设计条件要求。比如感官视觉评定中对光线的特殊要求，一般地讲，视觉评定不适宜在有灯光环境中进行，而防止食品不同颜色对非视觉特性评定的影响，而一般的评定通常又需要在红光环境下进行评定，以消除食品颜色不同带来的评定误差。有的食品感官评定需要在一定温度条件下评定，那么在试验设计的时候，也需要指出温度要求并创造条件满足温度的需要，例如，葡萄酒的评定，红葡萄酒的最佳品评温度是 15~20℃，白葡萄酒的最佳品评温度是 10~14℃，而香槟酒的最佳品评温度为 5℃。所以在试验设计的时候，需要结合评定试验的实际情况，对评定条件进行规范。

5. 食品感官评定技术要求

技术要求也就是评定人员在进行感官评定时候的具体注意事项、评定步骤及要领，这是食品感官评定工作最重要的一环。技术要求取决于评定的目标特性及范围、食品种类及特点，例如，评定烤肉酱时，可以因为烤肉酱味重而采用一些载体，如白面包，将烤肉酱涂在白面包上进行品尝；又如，在进行基本味（酸、甜、苦、咸）的评定时，要根据舌头上各部位对几种味觉的敏感性不一样，而将注意力分别放在不同部位去捕捉对应的刺激，舌头对甜、咸味最敏感，舌的两侧对酸味最敏感，而舌根对苦味最敏感。

感官评定流程的建立可参照图 10-6 来设计。

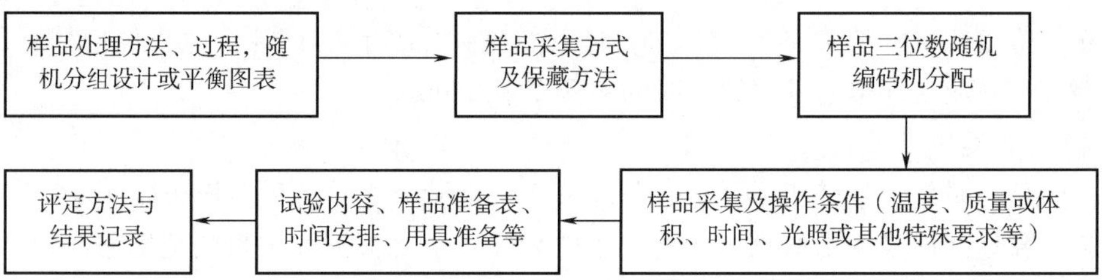

图 10-6 感官评定流程的建立

此外，样品准备表也非常重要，这是后来进行评定活动时的样品准备指南。样品准备表包括样品基本信息、样品编号、每个评价员得到的样品编号等内容。例如，现有两种茶叶，一种为原产品，另一种是新种植的品种，感官人员想知道两种产品间是否存在差异，试验采用三点检验来鉴别其差异，感官评价员为12人，样品准备工作表可按照表10-6制定。

表10-6　三点检验的样品准备工作表

样品准备工作表				
日期： 编号：				
样品类型：茶叶 试验类型：三点检验				
产品情况	含有两个A的号码使用情况			含有两个B的号码使用情况
A新产品	533		681	576
B原产品		298		885　372
呈送容器标记情况		号码顺序		代表类型
小组				
1	533	681	298	AAB
2	576	885	372	ABB
3	885	372	576	BBA
4	298	681	533	BAA
5	533	298	681	ABA
6	885	576	372	BAB
7	533	681	298	AAB
8	576	885	372	ABB
9	885	372	576	BBA
10	298	681	533	BAA
11	533	298	681	ABA
12	885	576	372	BAB
样品准备程序 （1）两种产品各准备18个，分两组放置（A/B）不要混淆。 （2）按上表编号，每种样品对应的3个编号各6个，即每个编号有6个重复。 （3）将标记好的样品按照上表进行组合，每份相应的小组号码和样品号码也要写在问答卷上，呈送给评价员。				

（三）问答卷的设计

问答卷的设计非常重要，因为参与感官评定的人是按照问答卷的要求或指令来进行评定活动以及根据记录获得评定结果。问答卷的内容主要包括试验信息、样品信息、试验指令、结果记录等内容。同样以上面的茶叶试验为例，问答卷可参看表 10-7 设计。

表 10-7　　茶叶三点检验的问答卷设计

茶叶三点检验问答卷
姓名：
日期：
小组编号：
样品类型：茶叶
试验类型：三点检验
试验指令：
试验中你会获得三个带有编号的样品，其中两个是一样的，另一个为不一样样品，请你从左到右依次品尝，然后在与其他两个样品不一样的样品编号上画上圈。 为保证试验温度的一致性，请务必在 ××分钟内完成试验，你可以多次品尝，但必须作回答。 谢谢！
样品编号：　　×××　　×××　　×××

问答卷设计方面，试验指令是最核心的内容之一，是对评价员在进行感官评定时的技术要求与规范，每个人都必须严格按照该指令进行评定活动，所以试验指令必须根据技术要求进行科学的设计，不同的感官评定方法，试验指令的内容也不一样。

描述分析是感官评定中较复杂的一种，其描述词汇体系的构建过程更为复杂，描述分析的词汇体系可以通过借鉴已有的或相近产品的描述分析词汇体系，在培训过程中逐步完善，还可以在评价员培训过程中重新建立。描述分析中描述词汇体系的建立流程如图 10-7 所示。

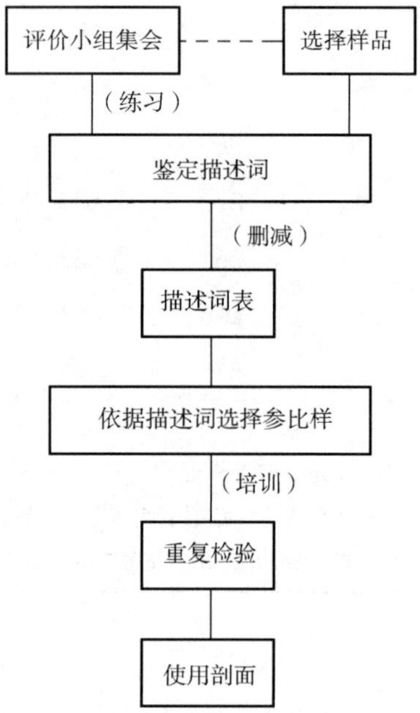

图 10-7　描述分析中描述词汇体系的建立流程

五、结果统计与结论

试验结论是在对试验结果进行统计分析的基础上，科学地做出结论，不能夸大，也不能缩小。结果统计与试验设计是一脉相承的，试验设计、方法选择在一定程度上就决定了统计方法。比如差别检验常用卡方统计分析方法，排序与分级多采用多重比较的统计方法。

六、检验报告

检验报告可供存档、提交上级主管部门或决策机构、向委托单位提交试验结果，所以检验报告也需要规范和完善，尽可能涵盖更多的试验信息，要让看见检验报告的人了解试验设计、统计分析、评定结论、显著性水平等内容，所以检验报告一般要包括表10-8所示的主要内容。

表10-8　　茶叶三点检验报告

茶叶三点检验报告	
样品类型：茶叶	样品来源：××××××
项目目标：××××××	试验目标：××××××
试验类型：三点检验	试验时间：××××××
试验设计：	
试验准备工作表（见附表X）	
问答卷设计（见附表Y）	
试验条件：	
试验结果：	
试验结论：	
试验人员：	
试验负责人（签名）：	
	年　　月　　日

本章小结

食品感官评定试验设计是食品科学领域中一项重要的研究方法，旨在通过人的感觉器官（视觉、嗅觉、味觉、触觉等）对食品的外观、气味、口感等方面进行评定，为食品品质控制和产品开发提供重要依据。本章节主要介绍食品感官评定试验的方法选择、设计原则和影响感官评定结果的主要心理学误差、食品感官评定试验设计流程及注意事项。旨在让大家掌握食品感官评定试验设计的基本原理、方法和技能，能够独立完成食品感官评定试验设计。

思考题

1. 试验设计对于食品感官评定活动有何重要意义？

2. 食品感官评定设计需要遵循哪些原则？食品感官评定设计包括哪些内容？
3. 食品感官评定的类型有哪些？举例说明其主要应用领域。
4. 食品感官试验设计中的“中心原则”具体包括哪些内容？
5. 食品感官试验设计中，如何体现随机化原则？
6. 食品感官试验设计中，如何合理选用标度方法？
7. 如何科学设计食品感官评定中的调查问卷？
8. 食品感官评定试验的误差有哪些？这些误差是如何产生的？
9. 如何克服或降低食品感官评定试验的误差？
10. 简述食品感官评定的基本流程。

第十一章

11

食品感官评定试验

试验一　味觉敏感度测定

一、试验目的

（1）掌握酸、甜、苦、咸四种基本味觉的识别方法，判断感官评价员的味觉灵敏度以及是否有感官缺陷。

（2）用于选择和培训评价员的初始试验，检测评价员对四种基本味的识别能力及其察觉阈、识别阈。

二、试验原理

味觉是人类的基本感觉之一，是人类对食物进行辨别、挑选和决定是否予以接受的重要因素。可溶性呈味物质进入口腔后，在肌肉运动作用下将呈味物质与味蕾相接触，刺激味蕾中的味细胞，这种刺激再以脉冲的形式通过神经系统传导到大脑，经大脑的综合神经中枢系统的分析处理，使人产生味觉。

不同的人味觉敏感度的差异很大，通常用阈值表示。所谓察觉阈是指刚刚能引起某种感觉的最小刺激量。识别阈是指能使人确认出某种具体感觉的最小刺激量。差别阈是指感官所能感受到的刺激的最小变化量。

感官评价员应有正常的味觉识别能力与适当的味觉敏感度。酸、甜、苦、咸是人类的四种基本味觉，取四种标准味感物质按两种系列（几何系列和算术系列）稀释，以浓度递增的顺序向评价员提供样品，品尝后记录味感。

三、试验器材

（1）蒸馏水，蔗糖、酒石酸、柠檬酸、咖啡因、无水氯化钠、盐酸奎宁等均为食用级。

（2）容量瓶，品评杯。按试验人数、次数准备品评杯若干，且每人一个漱口杯和一个吐液杯。

（3）四种味感物质储备液和稀释液的制备。配制四种味感物质储备液见表 11-1；然后将储备液按两种系列制备成稀释溶液，且样液的温度应保持一致。以算术系列稀释的试验溶液见表 11-2，以几何系列稀释的试验溶液见表 11-3。

表 11-1 四种味感物质储备液

基本味道	参比物质	浓度/（g/L）	基本味道	参比物质	浓度/（g/L）
甜	蔗糖 M=342.3	34	苦	盐酸奎宁 M=196.9	0.020
酸	酒石酸 M=150.1	2		咖啡因 M=212.12	0.20
	柠檬酸 M=210.1	1	咸	氯化钠 M=58.46	6

表 11-2 以算术系列稀释的试验溶液

稀释度	成分		试验液浓度 g/L					
	储备液/mL	水/mL	酸		苦		咸	甜
			酒石酸	柠檬酸	盐酸奎宁	咖啡因	氯化钠	蔗糖
A9	250	稀释至1000	0.50	0.250	0.0050	0.050	1.50	8.0
A8	225		0.45	0.225	0.0045	0.045	1.35	7.2
A7	200		0.40	0.200	0.0040	0.040	1.20	6.4
A6	175		0.35	0.175	0.0035	0.035	1.05	5.6
A5	150		0.30	0.150	0.0030	0.030	0.90	4.8
A4	125		0.25	0.125	0.0025	0.025	0.75	4.0
A3	100		0.20	0.100	0.0020	0.020	0.60	3.2
A2	75		0.15	0.075	0.0015	0.015	0.45	2.4
A1	50		0.10	0.050	0.0010	0.010	0.30	1.6

表 11-3 以几何系列稀释的试验溶液

稀释度	成分		试验液浓度 g/L					
	储备液/mL	水/mL	酸		苦		咸	甜
			酒石酸	柠檬酸	盐酸奎宁	咖啡因	氯化钠	蔗糖
B6	500	稀释至1000	1.0	0.05	0.010	0.100	3	16
B5	250		0.5	0.25	0.005	0.050	1.5	8
B4	125		0.25	0.125	0.0025	0.025	0.75	4
B3	62		0.12	0.062	0.0012	0.012	0.37	2
B2	31		0.06	0.030	0.0006	0.006	0.18	1
B1	16		0.03	0.015	0.0003	0.003	0.09	0.5

四、试验步骤

1. 基本味的识别

制备明显高于阈限水平的四种基本味溶液 10 个样品，每个样品编上不同的随机三位数码，提供给评价员从低至高品尝，重复 2 次，将编码与味感结果记录于表 11-4。正确率不能小于 80%。

表 11-4　　四种基本味识别能力的测定记录表

序号	一	二	三	四	五	六	七	八	九	十
试样编号										
味觉										
记录										

2. 味觉灵敏度测试

（1）把稀释溶液分别放置在已编号的容器内，另有一容器盛水。

（2）四种溶液依次从低浓度开始，逐渐提交给评价员，每次 7 杯，其中一杯为水。每杯约 15mL，杯号按随机三位数编号。

（3）评价员细心品尝每一种溶液，用小勺将溶液含在口中停留一段时间（请勿咽下），活动口腔，使试液充分接触整个舌头，仔细辨别味道，然后吐去试液。每次品尝后，用清水漱口，如果是再品尝另一种味液，需等待 1min，再品尝。

（4）品尝后，将编号及味觉结果记录于表 11-5。每个参试者的正确答案的最低浓度，就是该评价员的相应基本味感的察觉阈值或识别阈值。

表 11-5　　四种基本味阈值的测定记录（按算术系列稀释）

姓名：______　　时间：______年____月____日

	水	甜味	酸味	咸味	苦味	未知
一						
二						
三						
四						
五						
六						
七						
八						
九						

注：○无味；×察觉阈；××识别阈，随识别浓度递增，增加×数。

五、结果与分析

（1）根据评价员的评定结果，统计该评价员的察觉阈和识别阈。

（2）根据评价员对四种基本味觉的评定结果，计算各自的辨别正确率。

六、注意事项

（1）试验期间样品和水温尽量保持在20℃。

（2）试验样品的组合，可以是同一浓度系列的不同味液样品，也可以是不同浓度系列的同一味感样品或2~3种不同味感样品，每批样品数一致（如均为5个或7个）。

（3）样品编号以随机数编号，无论以哪种组合，都应使各种浓度的试验溶液都被品评过，浓度顺序应为以低逐步到高浓度。

七、思考题

（1）味觉是怎样产生的？影响味觉的因素有哪些？

（2）如何判断感官评价员的味觉灵敏度？

（3）按递增系列向评价员交替呈现刺激系列的原因是什么？

试验二　嗅觉辨别

一、试验目的

（1）学会使用直接嗅觉法和鼻后嗅觉法进行气味和香味的识别。

（2）通过采用配对试验辨认基本气味，初步判断评价员的嗅觉识别能力与灵敏度。

二、试验原理

嗅觉是辨别各种气味的感觉，属于化学感觉。嗅觉的感受器位于鼻腔最上端的嗅上皮内，嗅觉的感受物质必须具有挥发性和可溶性的特点。嗅觉的个体差异很大，有嗅觉敏锐者和迟钝者。嗅觉敏锐者也并非对所有气味都敏锐，因不同气味而异，且易受身体状况和生理的影响。

直接嗅觉法是采用鼻子直接闻气体物质的嗅技术。通常将嘴巴闭住，头部稍微低下对准被嗅物质，作短促的吸气或深呼吸，使气味分子自下而上通过鼻腔充分到达嗅上皮而引起嗅觉的增强效应。

鼻后嗅觉法包括范式试验法和啜食术。范氏试验法是指一种气体物质不送入口中而在舌上被感觉出的技术。首先，用手捏住鼻孔通过张口呼吸，然后把一个盛有气味物质的小瓶放在张开的口旁（注意：瓶颈靠近口但不能咀嚼），迅速地吸入一口气并立即拿走小瓶，闭口，放开鼻孔使气流通过鼻孔流出（口仍闭），从而在舌上感觉到该物质。

啜食术是一种代替吞咽的感觉动作，使香气和空气一起流过后鼻部被压入嗅味区的技术。用匙把样品送入口内并用劲地吸气，使液体杂乱无章吸向咽壁（就像吞咽一样），气体成分通过鼻后部到达嗅味区。避免吞咽，吐出样品。

三、试验器材

（1）标准香精样品包括柠檬、苹果、菠萝、香蕉、草莓、椰子、橘子、甜橙、乙酸乙酯、丙酸异戊酯等。

（2）稀释液的制备，参考 GB/T 15549—2022《感官分析　方法学　检测和识别气味方面评价员的入门和培训》。取 1g 香精物质用乙醇稀释至 100g，制成备用液；分别取备用液 1~5g，用无菌水稀释至 1L，即为不同浓度系列的稀释液。

（3）溶剂为乙醇（96.9%，体积分数）和丙二醇，水：中性、无色、无味。

（4）具塞专用棕色小玻璃瓶，具有容纳试验品的充足容量（一般在 20~125mL），并留有充足的顶部空间以使蒸气压保持均衡。

（5）干净、无污染的辨香纸（嗅条），参照 GB/T 14454.2—2008《香料　香气评定法》。用质量好的无臭滤纸（剪成宽 0.5~0.8cm，长 10~15cm）。

（6）白瓷盘，不锈钢汤匙若干把，吸管若干支。

四、试验步骤

1. 基础试验

挑选 4~5 个不同香型的香精（如苹果、香蕉、柠檬、草莓、菠萝），按要求制备好恰当浓度的稀释液，以随机三位数编码，让每个评价员得到 4 个样品，其中有两个相同，一个不同，外加一个稀释用的溶剂（对照样品），评价员采用直接嗅觉法进行识别。评价员应有 100%的选择正确率。

2. 辨香试验

挑选 10 个不同香型的香精（其中有 2~3 个比较接近易混淆的香型），按要求适当稀释至相同香气强度，分装入干净棕色玻璃瓶中，贴上标签名称，要求评价员将辨香纸分别伸入不同的瓶里迅速蘸取样品后，在 10min 内分别对样品的头香、体香和尾香进行评析，以充分辨别并熟悉它们的香气特征。评析时，评价员将嗅条距离鼻子 1~2cm，轻轻挥动，缓缓吸气，勿让嗅条接触鼻子、嘴或皮肤。

3. 等级试验

将上述辨香试验的 10 个香精稀释液分别制成两份样品，装入棕色瓶里，采用塑料薄膜封口，一份写明香精名称，一份只写编号，要求评价员采用鼻后嗅觉法对 20 瓶样品进行分辨评香。评析时，评价员用吸管刺穿塑料薄膜，然后用嘴含住吸管，吸入瓶中液面上方的气体后，经鼻腔用力呼出。要求吸管不接触液面，如果偶然发生接触的情况，就提供给评价员另一个烧杯。每个样品重复 2 次，结果记录于表 11-6。

表 11-6　　嗅觉辨别测定记录表

标明香精名称的样品号码	1	2	3	4	5	6	7	8	9	10
你认为香型相同的样品编号										
香味特征										

4. 配对试验

在评价员经过辨香试验熟悉了评价样品后，任取上述 5 个不同香型的香精稀释液，分别制备成外观完全一致、香气浓度完全相同的 2 份样品，分别进行随机三位数编号。让评价员对 10 个样品进行配对试验，采用范氏试验法经仔细辨香后，将相同的香精编号填入表 11-7，并简单描述其香气特征。每个样品重复 2 次。

表 11-7 嗅觉灵敏度测试的配对试验记录表

试验名称：辨香配对	
试验日期：______年____月____日	试验员：
相同的两种香精的编号	
它的香气特征	

五、结果与分析

（1）进行基础试验的评价员最好有 100%的选择正确率，如经过几次重复还不能察觉出差别，则不能入选评价员。

（2）等级试验中可用评分法对评价员进行初评，总分为 100 分，答对一个香型得 10 分。30 分以下者为不及格；30~70 分者为一般评价员；70~100 分者为优选评价员。

（3）配对试验可用差别试验中的配偶试验法进行评估。

六、注意事项

（1）评香试验室应有足够的换气设备，以 1min 内可换室内容积的 2 倍量空气的换气能力为最好。

（2）嗅觉容易疲劳，且较难得到恢复（有时呼吸新鲜空气也不能恢复），因此应该限制样品试验的次数，使其尽可能减少。在感觉到嗅觉疲劳时，评价员可嗅一下自己的衣袖。

（3）辨香纸蘸取样液的高度应相同。必须将用过的嗅条收集并放置于一个密闭的容器里，以使其不能扩散到试验室的空气中，以避免干扰以后的评价工作。

（4）香料、香气评定法，参照 GB/T 14454. 2—2008《香料　香气评定法》。

七、思考题

（1）嗅觉是怎样产生的？影响嗅觉的因素有哪些？

（2）如何判断评价员的嗅觉灵敏度？

（3）如何掌握范氏试验法与啜食术？它们有何区别？

试验三　差别阈值测定

一、试验目的

（1）了解某种基本味觉的个体差别阈值及群体差别阈值的分布情况。

（2）学习并掌握恒定刺激法测定味觉差别阈值的原理与方法。

（3）学会采用直线内插法计算差别阈值。

二、试验原理

阈值分为两种，即绝对阈和差别阈。感觉阈的基本测定方法有：极限法、平均误差法、恒定刺激法。在测定阈值的试验中，若被测对象对刺激所作的反应较复杂，则将会影响测定阈值的准确性。同时，应防止测试次数过多所导致被试者的感觉疲劳现象。

差别阈（ΔI）是感官所能感受到的刺激的最小变化量，或是最小可察觉差别水平（JND）。差别阈越小，味觉敏感度越强。差别阈不是一个恒定值，它会随一些因素的变化而变化。根据韦伯定律，差别阈的计算见式（11-1）。

$$K = \Delta I / I \tag{11-1}$$

式中 ΔI——物理刺激恰好能被感知差别所需的能量；

I——刺激的初始水平；

K——韦伯常数。

根据试验心理学，味觉差别阈值的测定常采用恒定刺激法。

刺激通常由5~7个组成，在试验过程中维持不变，这种方法称为恒定刺激法。刺激的最大强度要大到它被感觉到的概率为95%左右，刺激的最小强度要小到它被感觉到的概率只在5%左右。各个刺激之间的距离相等，确定几个指定值，与最大间距和最小变化不同，恒定刺激法的刺激是随机呈现的，每个刺激呈现的次数应相等，要求被试者按照比较的原则，对呈现的刺激与标准刺激进行比较，感觉分为高（+）、相等（=）或低（-）3类反应。

直线内插法是计算差别阈的常用方法。直线内插法是将刺激作为横坐标，以3种正确判断的百分数作为纵坐标作3条曲线。然后再从纵轴的50%处引出与横轴的平行线，该线与（+）曲线相交点的横轴为上差别阈限，与（-）曲线相交点的横轴为下差别阈限，因此，绝对差别阈限的计算见式（11-2）。

$$\mathrm{DL} = (\mathrm{DL}_1 - \mathrm{DL}_2)/2 \tag{11-2}$$

式中 DL_1——上差别阈限；

DL_2——下差别阈限；

DL——绝对差别阈限。

三、试验器材

（1）甜味剂 蔗糖或阿斯巴甜。

（2）品评杯 按试验人数、轮次数准备好杯子若干，每杯的样品量约为20mL。另外准备一个盛水杯和一个吐液杯。

（3）甜味剂的制备 配置阈值以上的阿斯巴甜系列稀释溶液，浓度分别为0.6×10^{-4}mol/L；1×10^{-4} mol/L、1.4×10^{-4} mol/L、1.8×10^{-4} mol/L、2.2×10^{-4} mol/L。

四、试验步骤

1. 呈送顺序

将5个比较刺激（包括标准刺激）与标准刺激配对，每对2个样品（其中一个中等强度的为标准刺激，一个为比较刺激），配成正反各5对，每5对为1批样品，4批为20对，共40个样品。为消除顺序误差和空间误差，20次中10次标准刺激在先，10次标准刺激在后。

每个比较刺激出现的次数相同。要求评价员每对样品比较 1 次，每人共比较 20 次，并记录结果。

2. 问卷表设计与做法

差别阈值问卷表见表 11-8。

表 11-8　　差别阈值问卷表

恒定刺激法测定甜味的差别阈值 评价员:　　　　　　品评时间:
您将收到一种具有甜味特征的样品浓度系列。请先品尝并熟悉对照样品，再用水漱口，勿将样品咽下。先品尝左边的样品，接着品尝右边的样品，然后比较右边比左边样品的刺激强度是大、小或相等。这样的比较要进行多次，每次比较后必须做出判断，前后的判断标准要尽量保持一致，可猜测，但不可放弃。请用下面的符号记录。 <小于　　=等于　　>大于

五、结果与分析

（1）整理记录结果，把比较刺激在先的判断转换成标准刺激在先的判断结果，将结果填入表 11-9 中。

（2）列表统计比标准刺激浓度大、小和相等的频次，并计算出相应的百分数。

（3）采用直线内插法计算个体差别阈值与群体差别阈值的分布图。

表 11-9　　差别阈值记录表

评价员:	性别:	时间:	地点:
组	>	=	<
1			
2			
3			
4			
5			
6			
7			
8			
9			
10			
11			
12			
13			

续表

评价员:	性别:	时间:	地点:
组	>	=	<
14			
15			
16			
17			
18			
19			
20			

六、注意事项

（1）比较同对样品时，两个刺激的时间间隔不要超过 1s，即两个刺激之间不漱口，避免被试的第一个刺激的甜度感觉被忘记，以减少时间误差。

（2）比较不同对样品时，两次比较之间的时间间隔要在 5s 以上，即需要漱口，以避免两次感觉之间的相互干扰，以减少顺序误差。

七、思考题

（1）差别阈值的测定在实际产品的研发过程中有何应用？

（2）分析测定结果与文献中的阈值存在差异的原因，讨论如何对试验进行改进。

试验四　差别检验——两点检验法
（以葡萄酒为样品）

一、试验目的

（1）学会运用两点检验法测试或培训评价员辨别不同浓度样品细微差别的能力。

（2）掌握两点检验法的原理、问答表的设计与方法特点。

（3）学会运用两点检验法评价葡萄酒的风味品质。

二、试验原理

两点检验法是指以随机顺序同时出示两个样品给评价员，要求评价员对这两个样品进行比较，判定整个样品或者某些特征强度顺序的一种评价方法，也称成对比较检验法。有两种形式：一种是差别成对比较（双边检验），另一种是定向成对比较（单边检验）。

葡萄酒的感官指标包括 4 个方面：外观、香气、滋味、典型性。

葡萄酒的品尝过程包括看（see）、摇（swirl）、闻（sniff）、吸（sip）、尝（savor）和吐（spit）6个简单的步骤。

品尝葡萄酒的口感，需要正确的品尝方法。首先，将酒杯举起，杯口放在嘴唇之间，并压住下唇，头部稍往后仰，轻轻地向口中吸气，并控制吸入的酒量，使葡萄酒均匀分布于舌头表面，以控制在口腔的前部。每次吸入的酒量应相等，一般在6~10mL（不能过多或过少）。当酒进入口腔后，闭上双唇，头微前倾，利用舌头和面部肌肉运动，搅动葡萄酒；也可将嘴微张，轻轻吸气，可以防止酒流出，并使酒蒸气进入鼻腔后部，然后将酒咽下。再用舌头舔牙齿和口腔内表面，以鉴别余味。通常酒在口腔内保留时间为12~15s（13s理论）。

本试验主要通过品尝，采用两点检验法鉴别两个葡萄酒产品之间是否有差异，或对同一种类葡萄酒的特性强度的细微差别进行鉴别，以测试评价员的味觉鉴别能力与嗜好度。

三、试验器材

（1）葡萄酒、蔗糖，市售。

（2）葡萄酒标准品评杯，采用国际NFV09-110-1971。杯口直径（46±2）mm、杯底宽（65±2）mm、杯身高（100±2）mm、杯脚高（55±3）mm、杯脚宽（65±5）mm、杯脚直径（9±1）mm。杯口必须平滑、一致，且为圆边，能耐0~100℃的变温，容量为210~225mL。

（3）托盘、小汤匙、漱口杯等若干。

四、试验步骤

1. 样品制备（由样品制备员准备）

（1）标准样品　12°葡萄酒，两个样品A、B。

（2）稀释比较样品　12°葡萄酒A间隔用水作10%稀释为系列样品：90mL葡萄酒添加10mL纯净水为A_1，90mL A_1加10mL纯净水为A_2。

（3）甜度比较样品　12°葡萄酒B以蔗糖4g/L的量间隔加入葡萄酒的系列样品中，90mL葡萄酒添加10mL的4g/L蔗糖为B_1，方法同上制成B_2。

2. 样品编号与呈送

以随机数对样品编号（由样品制备员准备），然后每次随机呈送两个样品给评价员，可以相同，也可以不同，依目的而定，例如AB、A_1A_2、B_2B_1、……。两点检验法样品编号见表11-10。

表11-10　两点检验法样品编号

样品	编号	
标准样品	534（A）	412（B）
稀释样品	791（A_1）	267（A_2）
加糖样品	348（B_1）	615（B_2）

3. 比较两个酒样感官特性的差异

每个评价员每次将得到两个样品，必须作答，结果填入表11-11。

4. 确定两个酒样中的哪个更甜

每个评价员每次将得到两个样品，必须作答，结果填入表11-12。

表 11-11 差别成对比较问答表

样品：葡萄酒（异同试验） 试验方法：两点检验法
评价员：_________ 试验日期：_________
从左至右品尝你面前的两个样品，确定两个样品是否相同，写出相应的编号。在两种样品之间请用清水漱口，然后进行下一组试验，重复品尝程序。
相同的两个样品编号：_________ _________
不同的两个样品编号：_________ _________

表 11-12 定向成对比较问答表

样品：葡萄酒（定向试验） 试验方法：两点检验法
评价员：_________ 试验日期：_________
从左至右依次品尝你面前的 2 个样品，在你认为较甜的样品编号上画圈。你可以猜测，但必须有选择。在两种样品之间请用清水漱口，然后进行下一组试验，重复品尝程序。
462 371

5. 确定评价员所喜欢的酒样

每个评价员每次将得到两个样品，必须作答，结果填入表 11-13。

表 11-13 偏爱检验问答表

样品：葡萄酒 试验方法：两点检验法
评价员：_________ 试验日期：_________
检验开始前，请用清水漱口。请按给定的顺序从左至右品尝两个样品。你可以尽你喜欢地多喝，在你所偏爱的样品号码上画圈，谢谢你的参与。
583 487

五、结果与分析

（1）统计本组同学的试验结果和有效问答表数，查两点检验法检验表，判断该评价员的鉴别水平和样品的差异性。

（2）统计本班同学的试验结果和有效问答表数，查两点检验法检验表，判断该评价员的鉴别水平和样品的差异性。

六、注意事项

（1）两点检验法的品尝顺序一般为：A→B→A。首先将 A 与 B 比较，然后将 B 与 A 比较。从而确定 A、B 之间的差异。若仍然无法确定，则待几分钟后，再品尝。

（2）依试验目的来确定评价员人数。若是要确定产品间的差异，可用 20~40 人；若是要确定产品间的相似性，则为 60~80 人。

（3）葡萄酒的感官要求：参照 GB 15037—2006《葡萄酒》。

七、思考题

（1）为何品尝葡萄酒时，应控制酒量？过多或过少有何影响？

（2）品尝葡萄酒与平常喝酒是否相同？有何区别？

（3）如何确定是差别成对比较检验还是定向成对比较检验？

试验五　差别检验——三点检验法

（啤酒评价员考核试验）

一、试验目的

（1）学会运用三点检验法鉴别两种食品间的细微差别。

（2）通过三点检验法，可以初步测试与训练评价员对啤酒的风味鉴别能力，便于挑选合格者进行复试与培训。

二、试验原理

在感官评定中，当样品间的差别很微小时，三点检验法是较常用的差别检验法之一。可用于两种产品的样品间的差异分析，也可用于挑选评价员和培训评价员。三点检验法是同时提供三个编码样品，其中有两个样品是相同的，要求评价员挑选出其中不同于其他两样品的检验方法。具体做法是，首先需要进行三次配对比较：A 与 B，B 与 C，A 与 C，然后指出哪个样品不同于其他两个相同样品。根据评价员对三个样品的反应，通过计算正确回答数来进行判断。

本试验中，运用三点检验法可鉴别出两种啤酒之间存在的细微差别，也可以初选与培训啤酒评价员。

啤酒的感官指标包括四个方面：外观、泡沫、香气和口味。

啤酒评价员的挑选与训练通常须经过几个阶段。初次面试→样品初试→风味复试→风味描述训练→风味程度描述分析→品尝和复试。

样品初试阶段是初选啤酒评价员的关键，采用三杯法测试，合格者才能进行风味复试。三杯法试样为两种风味特征相近的已知样品三杯，其中两杯相同，要求应试者找出其中不同的一杯，同种风味成分不重复。每次应试者只进行一次三杯法测试，在一段时间连续进行一系列测试，做好表格记录。一个人应试时间不超过一个月，参加 10~20 次三杯法测试。正确分辨率大于 75%者，被录取；如错误分辨率大于 45%者，则被淘汰。淘汰者需要等待一个月之后才能重测。

三、试验器材

（1）啤酒　两种不同品牌但感官品质相近的啤酒。

（2）试剂　蔗糖、α-苦味酸。

（3）啤酒品评杯　直径 50mm、杯高 100mm 的烧杯，或 250mm 高型烧杯。托盘若干。

四、试验步骤

1. 样品制备

（1）标准样品 12°啤酒（样品 A）。

（2）稀释比较样品 12°啤酒间隔用水作 10%稀释为系列样品：90mL 除气啤酒添加 10mL 纯净水为 B_1，90mL B_1 加 10mL 纯净水为 B_2，其余类推。

（3）甜度比较样品 以 4g/L 蔗糖的量间隔加入啤酒中的系列样品，做法同上。

（4）加苦样品 以 4mg/L α-苦味酸量间隔加入啤酒的系列样品，做法同上。

2. 样品编号（样品制备员准备）

以随机数对样品编号，见表 11-14。

表 11-14 啤酒三点检验法样品编号

样品	编号		
标准样品（A）	428（A_1）	156（A_2）	269（A_3）
稀释样品（B）	896（B_1）	258（B_2）	347（B_3）
加糖样品（C）	741（C_1）	358（C_2）	746（C_3）
加苦样品（D）	369（D_1）	465（D_2）	621（D_3）

3. 供样顺序（样品制备员准备）

每次随机提供三个样品，其中两个是相同的，另一个不同。例如，$A_1A_1B_1$、$A_1A_1C_1$、$A_1D_1D_1$、$B_2B_3B_2$、$A_2C_2C_3$……

4. 品评

每个评价员每次得到一组三个样品，依次品评，每人应评 10 次左右，问答表见表 11-15。

表 11-15 三点检验法问答表

样品：啤酒对比试验	试验方法：三点检验法
试验员：________	试验日期：________

请从左至右依次品尝你面前的三个样品，其中有两个是相同的，另一个不同，品尝后，记录结果。你可以多次品尝，但不能没有答案。

相同的两个样品编号是：________ ________

不同的那个样品编号是：________

五、结果与分析

（1）统计每个评价员的试验结果，查三点检验法检验表，判断该评价员的鉴别水平。

（2）统计本组及全班同学的试验结果，查三点检验法检验表，判断该评价员的鉴别水平和样品间的差异性。

六、注意事项

（1）试验用啤酒应作除气处理，处理方法如下。

① 过滤法：取约300mL样品，以快速滤纸过滤至具塞瓶中，加塞备用。

② 摇瓶法：取约300mL样品，置于500mL碘量瓶中，用手堵住瓶口摇动约30s，并不时松手排气几次。静置，加塞备用。

③ 超声波法：取约300mL样品，采用超声波除气泡。

上述三种方法中，第①、②法操作简便易行，误差较小，特别是第②法，国内外普遍采用。无论采用哪一种方法，同一次品尝试验中，必须采用同一种处理方法。

（2）控制光线以减少颜色的差别。

（3）啤酒的感官质量标准参照GB/T 4927—2008《啤酒》。

七、思考题

（1）如何利用三点检验法挑选和培训啤酒评价员？

（2）试设计一个带有特定的感官问题的风味（或异常风味、商标等）的三点检验的试验。

试验六　排序检验法

（以果汁为样品）

一、试验目的

（1）学会使用排序检验法对食品进行感官评定。

（2）运用排序检验法对果汁饮料进行偏爱程度的检验。

二、试验原理

在对样品作更精细的感官分析之前可采用排序检验法进行筛选。排序检验是比较数个样品，按指定特性由强度或嗜好程度排出一系列样品的方法。该方法只排出样品的次序，不估计样品间差别的大小。具体来讲，就是以均衡随机的顺序将样品呈送给评价员，要求评价员就指定指标将样品进行排序，计算秩次和，然后利用Friedman法或Page法对数据进行统计分析。

此方法可用于进行消费者可接受性检查及确定偏爱的顺序，选择产品，确定不同原料、加工、处理、包装或贮藏等环节对产品感官特性的影响。通常在样品需要为下一步的试验作准备或预分类的时候，可应用此方法。

排序检验形式可以有以下几种：

（1）按某种特性（如甜度、咸度、黏度等）强度的递增顺序；

（2）按质量顺序（如竞争食品、风味）等进行比较；

（3）赫道尼科（Hedonic）顺序（如喜欢/不喜欢、偏爱度、可接受度等）。

排序检验法的优点在于可以同时比较两个以上的样品。但是对于样品品种较多或样品之间差别较小时，就难以进行。排序检验法中的评判情况取决于评价员的感官分辨能力和有关食品方面的性质。

三、试验器材

（1）提供5种相同类型果汁样品，例如，不同品牌色泽相近的、浓度相同的橙汁饮料。

（2）预备足够量的碟、样品托盘。

四、试验步骤

1. 试验分组

每10人一组，如全班为30人，则分3个组，每组选出1个小组长，轮流进入试验区。

2. 样品编号

把5种果汁饮料分别倒入25mL的玻璃杯中，备样员给每个样品编出三位数的代码，每个样品给3个编码，作为3次重复，随机数码取自随机数表。样品编码实例及供样顺序分别见表11-16和表11-17。

表11-16　样品编码实例

样品名称：__________________

日期：________年_____月_____日			
样品	重复检验编码		
	1	2	3
A	478	247	763
B	563	712	532
C	798	452	652
D	639	215	130
E	263	965	325

表11-17　供样顺序

评价员	供样顺序	第1次检验时号码顺序				
1	EDCAB	263	639	798	478	563
2	CDBAE	798	639	563	478	263
3	CAEDB	798	478	263	639	563
4	ABDEC	478	563	639	263	798
5	DEACB	639	263	478	798	563
6	BAEDC	563	478	263	639	798
7	EBACD	263	563	478	798	639
8	ACBED	478	798	563	263	639
9	DCABE	639	798	478	563	263
10	EABDC	263	478	563	639	798

在做第 2 次重复检验时，供样顺序不变，样品编码改用上表中第 2 次检验用码，其余类推。

3. 排序检验法问答表

评价员每人都有 1 张单独的排序检验法问答表，见表 11–18。

表 11–18 排序检验法问答表

试验方法：排序检验法

样品名称：__________ 检验日期：__________年______月______日

评价员：____________ 试验日期：__________

检验内容：

请仔细品评您前面的 5 杯果汁饮料样品，根据它们的色泽、组织状态、香气、滋味、口感等综合指标给它们排序，最好的排在左边第 1 位，依次类推，最差的排在右边最后 1 位，样品编号填入对应方框里。

样品排序：	（最好） 1	2	3	4	5（最差）
样品编号：					

五、结果与分析

（1）以小组为单位，统计检验结果。

（2）用 Friedman 检验法和 Page 检验法对 5 个样品之间是否有差异做出判定。

（3）如果存在差异，可以用多重比较分组法对样品进行分组。

（4）采用 Spearman 相关检验，分析每人排序的稳定性。

（5）讨论你的工作体会。

六、注意事项

（1）评价员不应将不同的样品排为同一秩次，应按不同的特性安排不同的顺序。

（2）控制光线以减少颜色的差别。

（3）橙汁的感官质量标准参照 GB/T 21731—2008《橙汁及橙汁饮料》。

七、思考题

（1）简述排序检验法的特点。

（2）影响排序检验法评价食品感官质量准确性的因素有哪些？

试验七　评分检验

（以火腿肠为样品）

一、试验目的

（1）学习运用评分检验法对一种或多种产品的一个或多个感官指标的强度进行区别。

（2）结合火腿肠的感官质量标准，掌握评分检验法对火腿肠进行感官质量鉴别的基本原理、试验方法。

二、试验原理

评分法是按预先设定的评价基准，对试样的品质特性或嗜好程度以数字标度进行评价，然后换算成得分的一种方法。所使用的数字标度可以是等距标度或比率标度，所得评分结果属于绝对性判断，增加评价员人数，可以克服评分粗糙的现象。

评分试验时，首先应确定所使用的标度类型，其次要使评价员对每个评分点所代表的意义有共同的认识。样品随机排列，评价员以自身尺度为基准，对产品进行评价。评价结果按选定的标度类型转换成相应的数值，然后通过相应的统计分析方法和检验方法来判断样品间的差异性。此方法应用广泛，可同时评价一种或多种产品的一个或多个指标的强度及其差别。

三、试验器材

（1）火腿肠，提供 5 种以上的火腿肠样品。

（2）盘和叉若干套。

（3）每人一个盛水杯和一个吐液杯。

四、试验步骤

1. 主持讲解

试验前由主持者统一火腿肠的感官指标和评分方法，使每个评价员掌握统一的评分标准，并参照火腿肠的感官质量标准（GB/T 20712—2006《火腿肠》），讲解评价要求见表 11-19。

表 11-19　火腿肠感官指标要求

项目	感官要求
外观	肠体均匀饱满、无损伤，表面干净、完好，结扎牢固，密封良好，肠衣的结扎部位无内容物渗出
色泽	具有产品固有的色泽
组织状态	组织致密，有弹性，切片良好，无软骨及其他杂质，无密集气孔
风味	咸淡适中，鲜香可口，具固有风味，无异味

根据产品的感官要求，观察肠体是否均匀饱满，是否有内容物渗出；肉制品的色泽是否鲜明，有无加入人工合成色素；肉质的坚实程度和弹性如何，有无异臭、异物、霉斑等；是否具有该类制品所特有的正常气味和滋味，风味是否咸淡适中、鲜香可口。要求评价员对 5 种火腿肠的外观、色泽、组织状态和风味按 10 分制进行检验，评分方法见表 11-20。

表 11-20　火腿肠感官评分方法

项目	好（10 分）	较好（8 分）	一般（6 分）	较差（4 分）	差（2 分）
外观	肠体均匀饱满，完好，结扎牢固	肠体较饱满，结扎较牢固	肠体一般，无内容物渗出	肠体不饱满，结扎不牢固	肠体有损伤，有内容物渗出

续表

项目	好（10 分）	较好（8 分）	一般（6 分）	较差（4 分）	差（2 分）
色泽	色泽好，光泽感明显	色泽较好，光泽感较明显	色泽一般，光泽一般	色泽较暗，光泽较差	色泽暗淡，无光泽
组织状态	组织致密，有弹性，切片好	组织较致密，弹性较好	组织弹性一般，无其他杂质	组织不致密，弹性较差	组织松弛，弹性差，切片碎
风味	风味浓郁，咸淡适中，有火腿肠固有的风味	风味较浓郁，咸淡较适宜	风味一般，无异味	偏咸或偏淡，风味较差	很咸或很淡，风味差

2. 样品呈送与品评

将样品三位随机编号后，呈送给评价员，每次不超过 5 个样品。在光线充足的试验室直接观察试样的外观；剥落肠衣，将内容物置于洁净的白瓷盘内，分别切成 0.5cm 左右厚的薄片，对产品的各项感官指标进行评定。评价员独立品评并做好记录，见表 11-21。

表 11-21　　火腿肠品评记分表

组：＿＿＿＿　评价员：＿＿＿＿　评价日期：＿＿＿＿年＿＿月＿＿日

项目	得分				
	×××	×××	×××	×××	×××
外观					
色泽					
组织状态					
风味					
合计					
评语					

五、结果与分析

（1）以小组为单位对结果进行统计，用方差分析法分析样品间的差异。

（2）以小组为单位对结果进行统计，用方差分析法分析评价员之间的差异。

六、注意事项

（1）要求每组人数在 10 人左右，以减少误差。

（2）火腿肠感官质量标准参照 GB/T 20712—2006《火腿肠》。

七、思考题

（1）影响评分检验法评价火腿肠感官质量准确性的因素有哪些？

（2）比较分析排序检验法和评分检验法在产品质量评价中的应用。

试验八　加权评分检验

（以茶叶为样品）

一、试验目的

（1）学习运用加权评分检验法对样品的感官品质进行评价。

（2）了解茶叶的感官质量标准，掌握加权评分检验法对茶叶进行感官品质评定的基本原理、试验方法和结果的统计分析。

二、试验原理

加权评分检验法是考虑各项指标对产品质量的权重后求平均分数或总分的方法。权重是指某个指标在被评价因素中的影响和所处的地位。权重的确定一般邀请业内人士根据被评价因素对总体评价结果的影响程度，采用德尔菲法进行赋权打分，得到各个因素的打分表，然后统计所有人的打分，得到各个因素的得分，再除以所有指标总分之和，便得到各因素的权重因子。产品质量的优劣则是根据最后的得分情况来判断。

加权评分检验法一般以10分或100分为满分进行评分，比评分检验法更加客观、公正，可对产品的质量做出更加准确的评价。

评价员对样品各评价指标的评分结果进行加权处理后，得出整个样品的得分（P），见式（11-3）。

$$P = \sum_{i=1}^{n} a_i x_i / f \tag{11-3}$$

式中　P——总得分；

a_i——各指标的权重；

x_i——各评价指标的得分；

f——评价指标的满分值，如采用百分制，则$f=100$；如采用十分制，则$f=10$。

三、试验器材

（1）绿茶　5种不同品牌相同类型的大宗绿茶。

（2）茶具

①茶壶：陶瓷茶壶若干套。

②审评茶杯：瓷质，纯白瓷烧，大小、厚薄和色泽必须一致，高65mm，外径66mm，内径62mm，容量150mL，具盖，盖上有一小孔，在杯柄相对的杯口上缘有一呈锯齿形的小缺口。

③审评茶碗：白色瓷质，大小、厚薄、色泽一致，高55mm，上口外径95mm，内径92mm，容量150mL。

④叶底盘：方形小木盘或塑料盘，长、宽各95mm，高15mm，无气味。

（3）审评用水　品茶用水的理化指标和卫生指标参照GB 5749—2022《生活饮用水卫生

标准》。同一批茶叶审评用水水质应一致。

（4）电子天平　感量 0.1g。

四、试验步骤

1. 主持讲解

试验前由主持者按国家标准统一所选绿茶感官品质特征，并讲解评价要求。

要求评价员用加权评分法对 5 种相同类型绿茶的外形、汤色、香气、滋味和叶底 5 项因子进行评价，并参照 GB/T 14487—2008《茶叶感官审评术语》中规定的评茶术语表达，绿茶各指标的权重系数参照 GB/T 23776—2018《茶叶感官审评方法》，绿茶评分系数见表 11-22。

表 11-22　绿茶评分系数　单位：%

茶类	外形	汤色	香气	滋味	叶底
名优绿茶	25	10	25	30	10
普通（大宗）绿茶	20	10	30	30	10

2. 审评

5 种绿茶按三位随机数进行随机编号后，呈送给评价员，评价员独立审评并做好记录，见表 11-23。

表 11-23　绿茶审评记分表

组：________　评价员：________　评价日期：________年____月____日

项目	得分					
	×××	×××	×××	×××	×××	评语
外形（20%）						
汤色（10%）						
香气（30%）						
滋味（30%）						
叶底（10%）						
总分（P）						

（1）外形审评　用分样器从待检样品中分取代表性试样 100~150g，置于评茶盘中，将评茶盘运转数次，使试样依粗细、大小顺序分层后，按茶叶外形的形态、色泽、匀整度和净度进行审评。

（2）内质审评　称取评茶盘中混匀的试样 3g，置于评茶杯中，注入 150~180mL 沸水，茶水比为 1∶50，加盖冲泡 4~5min，在规定的时间将茶汤快速滤入评茶碗中，按香气（热嗅）、汤色、香气（温嗅）、滋味、香气（冷嗅）、叶底的顺序逐项审评。

①香气的审评：审评茶汤中茶汤和叶底所具有的香气。闻香时，只须稍稍掀开杯盖，把它接近鼻子，嗅闻杯中散发出来的香气，每次持续 2~3s，闻后仍旧盖好，放置原位。可反复品 2 次。按热嗅（杯温约 75℃）、温嗅（杯温约 45℃）、冷嗅（杯温接近室温）结合进行。

②汤色的审评：把评茶杯中的茶水倒入评茶碗中，审评茶水（汤水）的色泽。注意避免光线的影响。

③滋味的审评：品尝茶汤的滋味，用舌头在口腔内打转 2~3 次后，茶汤吐出或直接咽下。最适宜的茶汤温度为 50℃。

④叶底的审评：将评茶杯中的叶底（即冲泡过的茶叶）倾倒于叶底盘中，用目测和手感的方法，审评叶底的嫩度和光泽。

五、结果与分析

（1）以小组为单位，用加权评分法对所给的 5 种样品进行质量评价，评定 5 种绿茶的级别。（一级：90~100 分；二级：81~90 分；三级：71~80 分；四级：61~70 分；五级：51~60 分）。

（2）以小组为单位分析评价员之间的差异，分析评价小组之间的差异。

（3）以班为单位分析评价员之间的差异。

六、注意事项

（1）根据计算结果审评的等级按分数从高到低进行排序。如遇分数相同者，则按“滋味→外形→香气→汤色→叶底”的次序比较单一因子得分的高低，高者居前。

（2）茶叶的感官审评术语参照 GB/T 14487—2008；茶叶的感官审评方法参照 GB/T 23776—2018。

七、思考题

（1）加权评分检验法与评分检验法相比有哪些优点？

（2）如何确定加权评分检验法的权重？

（3）若按加权评分检验法得到的不同样品总分相同，可采用怎样的方法进行分析和评价？

试验九　描述分析检验

（以饼干为样品）

一、试验目的

（1）学会运用定量描述分析的原理与方法评价食品的感官特性与指标强度。

（2）了解酥性饼干的感官质量标准，掌握定量描述分析法对酥性饼干感官品质特性强度进行评价的主要程序与过程。

二、试验原理

定量描述分析（QDA）是在风味剖面和质地剖面的基础上引入统计分析对产品感官特性各项指标进行描述的分析方法。

将若干名学生作为经验型评价员，向评价员介绍试样的特性，包括样品生产的主要原料和生产工艺以及感官质量标准，使大家对酥性饼干有一个大致了解。接着提供一个典型样品让大家观察和品尝，在老师的指导下，对产品进行描述，选定熟悉的常用的若干个能表达出该类产品的特征名词，并确定强度的等级范围，通过品尝后，统一大家的认识。然后，分组进行独立感官评定。

试验时，评价员单独品评，对产品每项性质（每个描述词汇）进行打分，使用的标度通常是一条15cm的直线，起点和终点分别位于距离直线两端1.5cm处，一般是从左向右强度逐渐增加，评价员就在这条直线上做出能代表产品该项性质强度的标记。试验结束后，将标尺上的强度标记转化成相应的数值，对各个评价员的评价结果集中进行统计分析，试验结果通常以蜘蛛网图（QDA图）来表示，由图的中心向外有一些放射状的线，表示每个感官特性，线的长短代表强度的大小。

三、试验材料

（1）提供5种不同品牌类型相同的酥性饼干样品。

（2）足够的碟和样品托盘。

（3）每人一个盛水杯和一个吐液杯。

四、试验步骤

1. 试验分组

每组10人，全班共分为3~4个组。

2. 样品编号与分组

备样员采用三位随机数给每个样品编号，每个样品3个编码，用于3次重复检验；然后，排定每组评价员的样品编号、供样组别与编码，见表11-24和表11-25。

表11-24 样品编号

样品号	A（样1）	B（样2）	C（样3）	D（样4）	E（样5）
第1次检验	734	042	706	664	813
第2次检验	183	747	375	365	854
第3次检验	026	617	053	882	388

表11-25 供样组别与编码

评价员（姓名）	供样顺序	第1次检验样品编码
1（×××）	C A E D B	706，734，813，664，042
2（×××）	A C B E D	734，706，042，813，664
3（×××）	D C A B E	664，706，734，042，813
4（×××）	E B A C D	813，042，734，706，664
5（×××）	D E A C B	664，813，734，706，042
6（×××）	B A E D C	042，734，813，664，706

续表

评价员（姓名）	供样顺序	第 1 次检验样品编码
7（×××）	E D C A B	813，664，706，734，042
8（×××）	A B D E C	734，042，664，813，706
9（×××）	C D B A E	706，664，042，734，813
10（×××）	E A B D C	813，734，042，664，706

3. 建立描述词汇

选取有代表性的饼干样品，评价员轮流对其进行品尝，每人轮流给出描述词汇，然后选定 8~10 个能确切描述酥性饼干产品感官特性的特征词汇，并确定强度等级范围，重复 7~10 次，形成一份大家都认可的词汇描述表。

4. 描述分析试验

把随机编号的 5 种饼干样品用托盘盛放，并呈送给评价员。各评价员单独品尝，对每种样品各项指标强度采用线性标度评价。结果记录于表 11-26。

表 11-26　描述性试验记录表

样品名称：酥性饼干　　样品编号：

组：________　评价员：________　评价日期：________年______月______日

（弱）________________________（强）

色泽

酥松

脆度

甜度

香气

细腻感

残留

异味

……

五、结果与分析

（1）以小组为单位，汇总记录表，解除编码密码，统计出各个样品的评定结果。

（2）以小组为单位，进行方差分析，评价评价员的重复性、样品的差异性。

（3）讨论协调后，得出每个样品的总体评价。

（4）绘制蜘蛛网图（QDA 图）。

六、注意事项

（1）样品制备员应在教师指导下先进行预备试验。

（2）饼干的感官质量要求参照 GB/T 20980—2007《饼干》。

七、思考题

（1）谈谈如何才能有效制定某产品感官定量描述分析词汇描述表。

（2）影响定量描述分析法描述食品各种感官特性的因素主要有哪些？

试验十　感官剖面检验
（橙汁的风味剖面）

一、试验目的

（1）学习风味剖面检验的流程与风味描述词汇。

（2）掌握逐步稀释法剖析橙汁风味的过程及风味强度的描述。

二、试验原理

感官剖面是尽量完整地对形成样品感官特征的各个指标及特性强度，按感觉出现的先后顺序进行品评，选择由简单描述试验所确定的词汇，描述样品整个感官印象。

风味是品尝过程中感知到的嗅感、味感和三叉神经感的复合感觉。产品的风味是由可识别的味觉和嗅觉特性，以及不能单独识别特性的复合体两部分组成。许多食品都具有口感平衡、风味和谐的特点，它们的总体风味是协调的，而不是某种特殊成分占主导地位，所以，检验风味和谐产品中的特有成分是相当困难的。

橙汁的风味剖面是通过逐步稀释的方法，将橙汁稀释后破坏了产品原有的风味平衡，使各种单一的风味成分按一定的感觉顺序更好地识别出来。本方法用可再现的方式描述和评估产品风味。鉴别形成产品综合印象的各种风味特性，评估其强度，从而建立一个描述产品风味的方法。

三、试验器材

（1）材料　橙汁 100%（汇源果汁），蒸馏水。

（2）样品制备　按算术系列将原果汁进行稀释，制成待检样品。

（3）样品编码　利用随机数表将试样进行三位数编码。

（4）器具　品评杯若干；每人一个盛水杯和一个吐液杯。

四、试验步骤

（1）试验前，主持人通过启发和鼓励，使评价员熟悉样品检验程序和产品特性，并正确理解强度标度的含义。

（2）选用标准样品作预备品评，讨论其特性特征和感觉顺序，并确定 6~10 个感觉词汇作为描述该类产品的特性特征，供品评样品时选用，橙汁风味剖面问答表见表 11-27。

（3）将不同浓度系列的样品随机呈送给评价员，要求独立品评。品评时，呷一小口样品，使其与口腔、舌头充分接触，先记住入口的第一感觉和突出的感觉，再慢慢品味其他更细微的感觉，咽下样品后，感觉是否有余味。可以重复品评，然后选用预备词汇对样品进行评估和定量描述，并将感觉到的样品的特性特征、感觉顺序、特征强度和综合印象等记录于表 11-28。

（4）强度等级：0＝无气味/风味；1＝弱；2＝中等强度；3＝强；4＝很强。

表 11-27　　橙汁风味剖面问答表

橙汁风味剖面检验	评价员：	品评时间：

您将收到已编码的不同浓度系列的橙汁样品。请从左到右（按浓度递增顺序）依次对每个样品进行品评，并用恰当的文字将香气、甜味、酸味等风味感受描述出来。样品可以反复品尝。

注意：在更换样品时，请用水漱口。你可以参考以下预备词汇。

柑橘味，柑橘皮油味，青草味，甜味，酸味，鲜味，柠檬酸味，苹果酸味，胡萝卜味，苦味，洗碗水味，青草味，口感清爽平和，果香味浓厚，甜味柔和，酸酸甜甜，收敛感，苦涩味，细腻留口，口感稀薄，浓郁饱满等。

表 11-28　　稀释法剖析果汁的风味结果记录表

样品号	香气刺激感描述	强度	甜味描述	强度	酸味描述	强度
1						
2						
3						
4						
5						
6						
7						
8						
9						
10						

五、结果与分析

（1）以小组为单位，统计本组的检验结果，分析评价员之间的差异。

（2）统计小组的平均分值，以表或图表示，并形成橙汁风味剖面检验报告（一致法），见表 11-29。

表 11-29　　橙汁风味剖面检验报告（一致法）

样品：100%橙汁　　检验日期：______年_____月_____日

特性特征（感觉顺序）	强度指标
风味	
余味	
综合印象	

六、注意事项

（1）允许根据不同样品的特性特征出现差异时选用新的词汇进行描述和定量。

（2）参照感官分析方法风味剖面标准 GB/T 12313—1990《感官分析方法　风味剖面检验》。

七、思考题

（1）产品稀释到什么程度时能感觉到它的特征？稀释过程中风味的变化有何特点？

（2）结合本试验，说明如何对两种以上的产品进行风味剖面检验，在试验过程中还要注意哪些问题？

试验十一　市场调查
（以凉茶饮料为例）

一、试验目的

（1）要求综合运用所学理论知识，掌握感官评定设计的总体原则和基本方法。

（2）学会感官分析方法在产品市场调查中的应用以及市场调查问卷的设计。

（3）了解凉茶饮料的市场潜力和动向；培养学生的试验设计能力、独立分析和解决问题的能力以及综合运用知识的能力。

二、试验内容

学生根据所学食品感官评定的基础理论知识，结合现有的试验条件，通过查阅相关文献资料，全面了解市售的流行凉茶饮料，设计简易可行的凉茶饮料市场调查试验方案，对凉茶饮料的市场走向和产品形式、产品感官特征、产品市场接受度等进行调查和分析，确定凉茶饮料的市场动向，形成完整的凉茶饮料市场预测报告。

三、试验步骤和要求

（1）将每班同学分成3~4组，每组选出一名组长，拟在不同的场所进行调查。

（2）根据凉茶饮料的性质和试验的目的，每组独立设计市场调查问卷，完成后组与组之间进行讨论，形成一份完整可行的凉茶饮料市场调查问卷，并准备必要的试验样品（如适量的王老吉凉茶、黄振龙凉茶等）和工具。

（3）在学校或其他选定的公共场合组织调查，分发调查问卷，必要时进行产品现场品尝，详细记录相关信息，回收调查问卷（要求每组有效问卷的数量在50份以上）。

（4）每组统计有效的调查问卷，形成各组的市场调查报告。

（5）每班综合各组的调查结果，拟写一份本地凉茶饮料市场动向的调查报告，最后将各班的调查结果进行比较和汇总。

四、考核形式

采用试验前集中讲解、分组讨论、独立准备，然后集中讨论提问，以调查过程的监测和书面报告检查的方式进行综合考核，主要考核学生对理论知识应用的能力、独立分析解决问题的能力、调查问卷设计的可行性和完整性、调查现场的组织和协调以及调查报告的质量等。

五、试验报告要求

（1）试验结束后每组提交完整的试验设计方案、市场调查问卷、问卷的回收和统计结果，市场动向调查报告。

（2）要求报告符合规范，图表清晰，对调查结果进行详细的统计和分析。每个班对各组的试验结果进行综合，拟写一份本地凉茶饮料市场动向的调查报告。

六、思考题

（1）试述产品市场动向调查和产品市场接受度调查的区别。

（2）结合凉茶饮料的市场调查，简述市场调查问卷设计必须注意的问题。

（3）影响产品市场调查的因素主要有哪些？

（4）根据所做的凉茶饮料市场动向调查结果，浅谈凉茶饮料新产品的设计。

本章小结

感官评定试验旨在让大家对通过视觉、嗅觉、味觉、触觉和听觉而感知到的食品的特征性质进行反映、测量、分析和解释。它可以帮助企业了解产品的感官特性，从而确保产品质量和满足消费者需求。本章节根据嗅觉、味觉以及各种感官评定的检验方法设计了11个试验，将理论与实践相结合，旨在让大家更好掌握感官评定在食品中的应用。在实操过程中，强调安全意识和责任意识，培养大家严格按照规程操作的工作态度，同时培养大家关注试验过程中的环保和节能的意识。它可以帮助企业了解产品的感官特性，从而确保产品质量和满足消费者需求。

常用感官评定术语

1 一般性术语

1.1 感官评定（sensory evaluation）：用人们的感觉器官对食品的感官特性进行评定。

1.2 感官的（sensory）：与使用感觉有关的，如个人经验。

1.3 特性（attribute）：可感知的特征。

1.4 感官特性（organoleptic attribute）：可由感觉器官感知的特性（即产品的感官特性）有关的。

1.5 评价员（assessor）：参加感官评定的人员。

1.6 优选评价员（selected assessor）：挑选出具有较高感官评定能力的评价员。

1.7 专家（expert）：根据自己的知识或经验，在相关领域中有能力给出感官评定结论的优选评价员。在感官评定中，有两种类型的专家，即专家评价员和专业专家评价员。

1.8 专家评价员（expert sensory assessor）：具有高度的感官敏感性，经过广泛的训练并具有丰富的感官评定方法经验，能够对所涉及领域内的各种产品做出一致的、可重复的感官评价的优秀评价员。

1.9 评价小组（sensory panel）：参加感官评定的评价员组成的小组。

1.10 小组培训（panel training）：评定特定产品时，由评价小组完成的，且评价员定向参加的评价任务的系列培训活动，培训内容可能包括相关产品特性、标准评价标度、评价技术和术语。

1.11 小组一致性（panel consensus）：评价员之间在评定产品特性术语和强度时形成的一致性。

1.12 消费者（consumer）：产品使用者。

1.13 品尝员（taster）：主要用嘴评定食品感官特性的评价员、优秀评价员或专家。

1.14 品尝（tasting）：主要用嘴评定食品的感官特性。

1.15 产品（product）：可通过感官评定进行评价的可食用的或其他物质。

1.16 样品（sample）、产品样品（sample of product）：用于做评定的样品或一部分产品。

1.17 被检样品（test sample）：被检验样品的一部分。

1.18 被检部分（test portion）：直接提交评价员的检验部分或被检验样品。

1.19 参照值（reference point）：与被评价的样品对比的选择值（一个或几个特性值，或产品的值）。

1.20 对照样品（control sample）：选择用作参照值的被检验样品。所有其他样品都与其作比较。

1.21 参比样品（reference sample）：认真挑选出来的，用于定义或阐明一个特性或一个给定特性的某一特定水平的刺激或物质。有时本身不是被检验材料，所有其他样品都可与其作比较。

1.22 喜好的（hedonic）：与喜欢和不喜欢有关的。

1.23 可接受性（acceptability）：总体上或在特殊感官特性上对刺激喜爱或不喜爱的程度。

1.24 偏爱（preference）：评价员依据喜好标准，从指定样品组中对一种刺激或产品做出的偏向性选择。

1.25 厌恶（aversion）：由某种刺激引起的令人讨厌的感觉。

1.26 区别（discrimination）：定性或定量鉴别 2 种或多种刺激的行为。

1.27 区别能力（discrimination ability）：感知定量和定性的差异的敏感性、敏锐性和能力。

1.28 食欲（appetite ）：食用食物的欲望所表现的生理状态。

1.29 开胃的（appetizing）：描述产品能增进食欲。

1.30 可口性（palatability）：能使消费者喜爱食用的食品的综合特性。

1.31 心理物理学（psychophysics）：研究物理刺激和它所引起的相应的感官反应之间关系的学科。

1.32 嗅觉测量（olfactometry）：对评价员嗅觉敏感性的测量。

1.33 嗅觉测量仪（olfactometer）：用于可再现条件下向评价员显示嗅觉刺激的仪器。

1.34 气味测量（odorimetry ）：对物质气味特性的测量。

1.35 气味物质（odorant）：其挥发性成分能被嗅觉器官（包括神经）感知的物质。

1.36 质量（quality）：反映产品过程或服务能满足明确或隐含需要的特性总和。

1.37 质量要素（quality factor）：从评价某产品整体质量的诸要素中挑选一个特征或特性。

1.38 态度（attitude）：以特定的方式对一系列目标或观念的反应倾向。

1.39 咀嚼（mastication）：用牙齿咬，磨碎和粉碎的动作。

2 与感觉有关的术语

2.1 感受器（receptor）：能对某种刺激产生反应的感觉器官的特定部分。

2.2 刺激（stimulus）：能激发感受器的因素。

2.3 知觉（perception）：单一或多种感官刺激效应所形成的意识。

2.4 感觉（sensation）：感官刺激引起的心理生理反应。

2.5 敏感性（sensitivity）：用感觉器官感知、识别或定性和定量区别一种或多种刺激的能力。

2.6 感官适应（sensory adaptation）：由于连续和重复的刺激而使敏感器官的敏感性暂时改变。

2.7 感官疲劳（sensory fatigue）：敏感性降低的感官适应状况。

2.8（感觉）强度（intensity）：感觉强度，感知到的感觉强度。

2.9（刺激）强度（intensity）：刺激强度，引起可感知感觉的刺激的大小。

2.10 敏锐性（acuity）：辨别刺激间细小差别的能力。

2.11 感觉模态（sensory modality）：由任何一个感官系统感觉到的感知感觉。

2.12 味道（taste）：在可溶物质的刺激下，味觉器官所感受到的感觉。

2.13 味觉的（gustatory）：与味觉器官有关。

2.14 嗅觉的（olfactory）：与气味感觉有关的。

2.15 嗅（smell）：感受或试图感受某种气味。

2.16 触觉（touch）：触觉的官能。

2.17 视觉（vision）：视觉的官能。

2.18 听觉的（auditory）：与听觉官能有关的。

2.19 三叉神经感（trigeminal sensations）：化学刺激在口鼻咽喉所引起刺激的感觉，如接触感、热感、冷感和痛感。

2.20 皮肤触感（cutaneous sense）：由皮肤内或皮下感受器引起的任意感觉，如接触感、热感、冷感和痛感。

2.21 化学温度觉（chemothermal sensation）：由特定组织引起的冷热感觉，与物质本身的冷热感觉无关。

2.22 体觉（somesthesis）：由皮肤或者是口鼻咽喉所引起刺激的感觉，如接触感、热感、冷感和痛感。

2.23 触觉体觉感受器（tactile somesthetic receport）：由皮肤外面和皮肤内部及口鼻咽喉所引起刺激的感觉，如接触感、热感、冷感和痛感。

2.24 动觉（kinaesthesis）：由肢体运动所感受到的来自触觉的感受。

2.25 刺激阈（stimulus threshold）：引起感觉所需要的感官刺激最小值。

2.26 识别阈（recognition threshold）：引起识别所需要的感官刺激最小值。

2.27 差别阈（difference threshold）：引起差别所需要的感官刺激最小值。

2.28 极限阈（terminal threshold）：引起极限所需要的感官刺激最小值。

2.29 阈下的（sub-threshold）：低于所指阈的刺激强度。

2.30 阈上的（supra-threshold）：高于所指阈的刺激强度。

2.31 味觉缺失（ageusia）：对味道刺激缺乏敏感性。

2.32 嗅觉缺失（anosmia）：对嗅觉刺激缺乏敏感性。

2.33 色觉障碍（dyschromatopsia）：与标准观察者相比，显著地对视觉刺激缺乏敏感性。

2.34 色盲（colour blindness）：对颜色与标准观察者有显著的差异。

2.35 拮抗效应（antagonism）：2 种或多种刺激的联合作用，导致感觉水平低于预期各种刺激效应的叠加。

2.36 协同效应（synergism）：2 种或多种刺激的联合作用，导致感觉水平高于预期各种刺激效应的叠加。

2.37 掩蔽（masking）：混合特性中一种特性掩盖一种或多种特性的现象。

2.38 对比效应（contrast effect）：提高了对 2 个同时或连续刺激的差别反应。

2.39 收敛效应（convergence effect）：降低了对 2 个同时或连续刺激的差别反应。

3 与感觉器官有关的术语

3.1 外观（appearance）：物质或物体的所有可见性。

3.2 基本味道（basic taste）：独特味道的任意一种，酸的、甜的等。

3.3 酸味（acid taste）：由某些酸性物质（如柠檬酸、酒石酸等）的水溶液产生的一种基本味道。

3.4 苦味（bitter taste）：由某些物质（如奎宁、咖啡因等）的水溶液产生的一种基本味道。

3.5 咸味（salty taste）：由某些物质（如氯化钠）的水溶液产生的一种基本味道。

3.6 甜味（sweet taste）：由某些物质（如蔗糖）的水溶液产生的一种基本味道。

3.7 碱味（alkaline taste）：由某些物质（如碳酸氢钠）在嘴里产生的复合感觉。

3.8 涩味（astringent taste）：某些物质（如多酚类）产生的使皮肤或黏膜表面收敛的一种复合感觉。

3.9 风味（flavour）：品尝过程中感受到的嗅觉、味觉和三叉神经觉特性的复杂结合。它可能受触觉的、温度觉的、痛觉的和（或）动觉效应的影响。

3.10 异常风味（off-flavour）：非产品本身所具有的风味（通常与产品的腐败变质相联系）。

3.11 异常气味（off-odour）：非产品本身所具有的气味（通常与产品的腐败变质相联系）。

3.12 沾染（taint）：与该产品无关的外来味道、气味等。

3.13 味道（taste）：能产生味觉的产品的特性。

3.14 基本味道（primary taste）：四种独特味道的任何一种，酸味、苦味、咸味、甜味。

3.15 厚味的（sapid）：味道浓的产品。

3.16 平味的（bland）：产品风味不浓且无任何特色。

3.17 乏味的（insipid）：产品风味远不及预料的那样。

3.18 无味的（tasteless，flavourless）：产品没有风味。

3.19 风味增强剂（flavour enhancer）：一种能使某种产品的风味增强而本身又不具有这种风味的物质。

3.20 后味、余味（after-taste，residual taste）：在产品消失后产生的嗅觉和（或）味觉。它有时不同于产品在嘴里时的感受。

3.21 滞留度（persistence）：类似于当食品在嘴中所感受到的嗅觉和（或）味觉持续的时间。

3.22 芳香（aroma）：一种带有愉快内涵的气味。

3.23 气味（odour）：嗅觉器官感受到的感官特性。

3.24 特征（note）：可区别及可识别的气味或风味特色。

3.25 异常特征（off-note）：非产品本身具有的特征（通常与产品的腐败变质相联系）。

3.26 外观（appearance）：一种物质或物体的外部可见特性。

3.27 质地（texture）：用机械的、触觉的方法或在适当条件下，用视觉及听觉感受器感觉到的产品的所有流变学的和结构上的（几何图形和表面）特征。

3.28 稠度（consistency）：由机械的方法和触觉感受器，特别是口腔区域受到的刺激而觉察到的流动特性。它随产品的质地不同而变化。

3.29 硬的（hard）：描述需要很大力量才能造成一定的变形或穿透的产品的质地特点。

3.30 结实的（firm）：描述需要中等力量可造成一定的变形或穿透的产品的质地特点。

3.31 柔软的（soft）：描述只需要小的力量就可造成一定的变形或穿透的产品的质地特点。

3.32 嫩的（tender）：描述很容易切碎或嚼烂的食品的质地特点。常用于肉和肉制品。

3.33 老的（tough）：描述不易切碎或嚼烂的食品的质地特点。常用于肉和肉制品。

3.34 酥的（crisp）：修饰破碎时带响声的松而易碎的食品。

3.35 有硬壳的（crusty）：修饰具有硬而脆的表皮的食品。

3.36 透明度（transparency）：能够使光线全部透过。

3.37 半透明度（translucency）：能透过一部分的光线。

3.38 不透明度（opacity）：不能透过光线。

3.39 光泽度（gloss）：表面在最强程度反射出的最强烈的光线下的发光特性。

3.40 质地（texture）：在口中完成第一口咀嚼的过程中感觉到的触觉的感觉以及牙齿由动觉体觉感受器感知到的机械性的、连续性的真实触觉。

3.41 硬性（hardness）：与使产品达到变形穿透磨损所需力有关的机械质地特性。如结实的（firm）、硬的（hard）。

3.42 黏聚性（cohesiveness）：与物质断裂前的变形程度有关的机械质地特性，它包括碎裂性（3.44）、咀嚼性（3.45）和胶黏性（3.47）。

3.43 碎裂性（fracturability）：与黏聚性、硬性和粉碎产品所需力量有关的机械质地特性。

注1：可通过在门齿间（前门牙）或手指间的快速挤压来评价。

注2：与不同程度碎裂性相关的主要形容词有：黏聚性的（cohesive）、易碎的（crumbly）、易裂的（crunchy）、脆的（brittle）、松脆的（crispy）、有硬壳的（crusty）、粉碎的（pulverulent）。

3.44 咀嚼性（chewiness）：与咀嚼固体产品至可被吞咽所需的能量有关的机械质地特性。

注：与不同程度咀嚼性相关的主要形容词有：融化的（melting）、嫩的（tender）、有咬劲的（chewy）、坚韧的（tough）。

3.45 咀嚼次数（chew count）：产品被咀嚼至可吞咽稠度所需的咀嚼次数。

3.46 胶黏性（gumminess）：与柔软产品的黏聚性有关的机械质地特性。

注1：它与在嘴中将产品磨碎至易吞咽状态所需的力量有关。

注2：与不同程度胶黏性相关的主要形容词有：松脆的（short 低度）、粉质的、粉状的（mealy）、糊状的（pasty）、胶黏的（gummy）。

3.47 黏性（viscosity）：与抗流动性有关的机械质地特性。

注1：它与将勺中液体吸到舌头上或将它展开所需力量有关。

注2：与不同程度黏性相关的形容词主要有：流动的（fluid）、稀薄的（thin）、滑腻的（unctuous/creamy）、黏的（thick/viscous）。

3.48 稠度（consistency）：由刺激视觉或触觉感受器而观察到的机械特性。

3.49 弹性（elasticity；springiness；resilience）：与变形恢复速度有关的机械质地特性，以及解除形变压力以后变形物质恢复原状的程度有关的机械质地特性。

注：与不同程度弹性相关的主要形容词有：可塑的（plastic）、韧性的（malleable）、弹性的（elastic，springy，rubbery）。

3.50 黏附性（adhesiveness）：与移动附着在嘴里或黏附于物质上的材料所需力量有关的机械质地特性。

注 1：与不同程度黏附性相关的主要形容词有：发黏的（tacky）、有黏性的（clinging）、黏的、胶质的（gooey，gluey）、黏附性的（sticky，adhesive）。

注 2：样品的黏附性可能有多种体验途径。

①腭：样品在舌头和腭之间充分挤压后，用舌头将产品从腭上完全移走需要的力量；

②嘴唇：产品在嘴唇上的黏附程度，将样品放在双唇之间，轻轻挤压后移开，用于评价黏附度；

③牙齿：产品被咀嚼后，黏附在牙齿上的产品量；

④产品：产品放置于嘴中，用舌头将产品分成小片需要的力量；

⑤手工：用匙状物的背部将黏在一起的样品分成小片需要的力量。

3.51 重（heaviness）、重的（heavy）：与饮料黏度或固体产品紧密度有关的特性。

注：描述截面结构紧密的固体食品或流动有一定困难的饮料。

3.52 紧密度（denseness）：产品完全咬穿后感知到的，与产品截面结构紧密性有关的集合质地特性。

注：与不同程度紧密性相关的主要形容词有：轻的（light）、重的（heavy）、稠密的（dense）。

3.53 粒度（granularity）：与感知到的产品中粒子的大小、形状和数量有关的几何质地特性。

注：与不同程度粒度相关的主要形容词有：平滑的（smooth）；粉末的（powdery）、细粒的（gritty）、颗粒的（grainy）、珠状的（beady）、颗粒状的（granular）、粗粒的（coarse）、块状的（lumpy）。

3.54 构型（conformation）：与感知到的产品中粒子形状和排列有关的几何质地性质特性。

注：与不同程度相关的主要形容词有：包囊状的（cellular）、结晶状的（crystalline）、纤维状的（fibrous）、薄片状（flaky）、蓬松的（puffy）。

3.55 水感（moisture）：口中的触觉接受器对食品中水含量的感觉，也与食品自身的润滑特性有关。

注：不仅反映感知到的产品水分总量，还反映水分释放或吸收的类型、速率和方式。

3.56 水分（moisture）：描述感知到的产品吸收或释放水分的表面质地特性。

注：与不同程度相关的主要形容词有：干的（dry）、潮湿的（moist）、多汁的（juicy）、多水的（succulent）、水感的（watery）。

3.57 干（dryness）、干的（dry）：描述感知到产品吸收水分的质地特性。例如奶油硬饼干。

注：舌头和咽喉感到干的一种饮品，如红莓汁。

3.58 脂质（fattiness）：与感知到的产品脂肪数量或质量有关的表面质地特性。

注：与不同程度脂质相关的主要形容词有：油性的（oily）、油腻的（greasy）、多脂的（fatty）。

3.59 充气（aeration）、充气的（aerated）：描述含有小而规则小孔的固体、半固体产品，小孔中充满气体（通常为二氧化碳或空气），且通常为软孔壁所包裹。

注：产品可被描述为起泡的或泡沫样的（细胞壁为流动的，例如奶昔），或多孔的（细胞壁为固态），例如棉花糖、蛋白酥皮筒、巧克力慕斯、有馅料的柠檬饼、三明治面包。

3.60 起泡（effervescence）、起泡的（effervescent）：液体产品中，因化学反应产生气体，或压力降低释放气体导致气泡形成。

注：气泡或气泡形成是作为质地特性被感知的，但高度的起泡可通过视觉和听觉感知。对起泡的程度描述如下，静止的（still）、平的（flat）、刺痛的（tingly）、多泡的（bubbly）、沸腾的（fizzy）。

3.61 清洁感（clean feel）、清洁的（clean）：吞咽后口腔无产品滞留的后感特性（见3.51 黏附性）。例如水。

3.62 腭清洁剂（palate cleanser）、清洁用的（cleansing）：用于除去口中残留物的产品。例如水、奶油苏打饼干。

3.63 后感（after-feel）：质地刺激移走后，伴随而来的感受。此感受可能是最初感受的延续，或是经过吞咽、唾液消化、稀释以及其他能影响刺激物质或感觉域的阶段后所感受到的不同特性。

3.64 滞留度（persistence）：刺激引起的响应滞留于整个测量时间内的程度。

3.65 中味的（neutral）：描述无任何明显特色的产品。

3.66 平淡的（flat）：描述对产品的感觉低于所期望的感官水平。

4 与分析方法有关的术语

4.1 客观方法（objective method）：受个人意见影响最小的方法。

4.2 主观方法（subjective method）：考虑到个人意见的方法。

4.3 分等（grading）：为将产品按质量归类，根据标度估计产品质量的方法，例如，排序（ranking）、分类（classification）、评价（rating）和评分（scoring）。

4.4 排序（ranking）：同时呈送系列（两个或多个）样品，并按指定特性的强度或程度进行排列的分类方法。

4.5 分类（classification）：将样品划归到不同类别的方法。

4.6 评价（rating）：用顺序标度测量方法，按照分类方法中的一种记录每一感觉的量值。

4.7 评分（scoring）：用与产品或产品特性有数学关联的指定数字评价产品或产品特性。

4.8 筛选（screening）：初步的选择过程。

4.9 匹配（matching）：确认刺激间相同或相关的试验过程，通常用于确定对照样品和未知样品间或未知样品间的相似程度。

4.10 量值估计（magnitude estimation）：用所定数值的比率等同于所对应的感知的数值比率的方法，对特性强度定值的过程。

4.11 独立评价（independent assessment）：在没有直接比较的情况下，评价一种或多种刺激。

4.12 绝对判断（absolute judgement）：未直接比较即给出对刺激的评价，例如产品单一外观。

4.13 比较评价（comparative assessment）：对同时提供的刺激的比较。

4.14 稀释法（dilution method）：制备逐渐降低浓度的样品，并顺序检验的方法。

4.15 心理物理学法（psychophysical method）：为可测量物理刺激和感官响应建立联系的程序。

4.16 差别检验（discrimination test）：对样品进行比较，以确定样品间差异是否可感知的检验方法。

4.17 成对比较检验（paired comparison test）：提供成对样品，按照给定标准进行比较的一种差别检验。

4.18 三点检验（triangle test）：差别检验的一种方法。同时提供三个已编码的样品，其中有两个样品是相同的，要求评价员挑出其中不同的单个样品。

4.19 二-三点检验（duo-trio test）：差别检验的一种方法。同时提供三个样品，其中一个已标明为对照样品，要求评价员识别哪一个样品与对照样品相同，或哪一个样品与对照样品不同。

4.20 五中取二检验（two-out-of-five test）：差别检验的一种方法。五个已编码的样品，其中有两个是一种类型，其余三个是另一种类型，要求评价员将这些样品按类型分成两组。

4.21 “A” - “非 A” 检验（“A” or “not A” test）：差别检验的一种方法。当评价员学会识别样品“A”以后，将一系列可能是“A”或“非 A”的样品提供给他们，要求评价员指出每一个样品是“A”还是“非 A”。

4.22 描述分析（descriptive analysis）：由经过培训的评价小组对刺激引起的感官特性进行描述和定量的方法。

4.23 定性的感官剖面（qualitative sensory profile）：对样品感官特性的描述。

4.24 定量的感官剖面（quantitative sensory profile）：对样品特性及其强度的描述。

4.25 感官剖面（sensory profile）：对样品感官特性的描述，包括按顺序感知的特性以及确定的特性强度值。

注：任何一种剖面的通用术语，无论剖面是全面的或部分的、标记的或非标记的。

4.26 自选感官剖面（free choice sensory profile）：每一评价员独立为一组产品选择的特性组成的感官剖面。

注：一致性样品感官剖面经由统计得到。

4.27 质地剖面（texture profile）：样品质地的定性或定量感官剖面。

4.28 偏爱检验（preference test）：两种或多种样品间更偏爱哪一种的检验方法。

4.29 标度（scale）：适用于响应标度或测量标度的术语。

4.29.1 响应标度（response scale）：评价员记录量化反应的方法，如数字、文字或图形。

注 1：在感官分析中，响应标度是一种装置或工具，用于表达评价员对可转换为数字的特性响应。

注 2：作为响应标度的等价形式，术语“标度”更常用。

4.29.2 测量标度（measurement scale）：特性（如感官感知强度）和用于代表特性量值的数字（如评价员记录的或由评价员响应导出的数字）之间的有效联系（如顺序、等距和比率）。

注：作为测量标度的等价形式，术语“标度”更常用。

4.30 强度标度（intensity scale）：指示感知强度的一种标度。

4.31 态度标度（attitude scale）：指示态度和观点的一种标度。

4.32 对照标度（reference scale）：用对照样品确定性或给定性的特定强度的一种标度。

4.33 喜好标度（hedonic scale）：表达喜欢或不喜欢程度的一种标度。

4.34 双极标度（bipolar scale）：两端有描述词的一种标度，例如，一种从硬到软的质地标度。

4.35 单级标度（unipolar scale）：只有一端有描述词的标度。

4.36 顺序标度（ordinal scale）：按照被评价特性的感知强度顺序排列量值顺序的一种标度。

4.37 等距标度（interval scale）：不仅有顺序标度的特征，还明显有量值间相同差异等价于被测量特性间（感官分析中指感知强度）相同差异的特征的一种标度。

4.38 比率标度（ratio scale）：不仅有等距标度的特征，还有刺激量值间比率等价于刺激感知强度间比率的特征的一种标度。

4.39 评价的误差（error of assessment）：观察值（或评价值）与真值之间的差别。

4.40 随机误差（random error）：感官评定中不可预测的误差，其平均值趋向于零。

4.41 偏差（bias）：感官评定中正负系统误差。

4.42 预期偏差（expectation bias）：由于评价员的先入之见造成的偏差。

4.43 光圈效应（halo effect）：关联效应的特殊事件，同一时间内，在某一特性上对刺激的喜好和不喜好的评价影响在其他特性上对刺激的喜好和不喜好的评价。

4.44 真值（true value）：感官评定中想要估计的某特定值。

4.45 标准光照度（standard illuminance）：国际照明委员会（CIE）定义的自然光或人造光范围内的有色光照度。

4.46 参比值（anchor point）：对样品进行评定的参照值。

4.47 评分（score）：描述刺激物质在可能特性强度范围内的特定位点的数值。

注：给食品评分就是按照标度或按照有明确数字含义的标准评定食品特性。

4.48 评分表（score sheet）、评分卡（score card）：计分票。

附录

食品感官评定常用数据

附表 1 随机数字表

97	74	24	67	62	42	81	14	57	20	42	53	32	37	32	27	07	36	07	51	24	51	79	89	73
12	56	85	99	26	96	96	68	27	31	05	03	72	93	15	57	12	10	14	21	88	26	49	81	76
03	47	44	73	86	36	96	47	36	61	46	98	63	71	62	33	26	16	80	45	60	11	14	10	95
16	76	62	27	66	56	50	26	71	07	32	90	79	78	53	13	55	38	58	59	88	97	54	14	10
55	59	56	35	64	38	54	82	46	22	31	62	43	09	90	06	18	44	32	53	23	83	01	50	30
16	22	77	94	39	49	54	43	54	82	17	37	93	23	78	87	35	20	96	43	84	26	34	91	64
63	01	63	78	59	16	95	55	67	19	98	10	50	71	75	12	86	73	58	07	44	39	52	38	79
57	60	86	32	44	09	47	27	96	54	49	17	46	09	62	90	52	84	77	27	08	02	73	43	28
84	42	17	53	31	57	24	55	06	88	77	04	74	47	67	21	76	33	50	25	83	92	12	06	76
33	21	12	34	29	78	64	56	07	82	52	42	07	44	38	15	51	00	13	42	99	66	02	79	54
26	62	38	97	75	84	16	07	44	99	83	11	46	32	24	20	14	85	88	45	10	93	72	88	71
52	36	28	19	95	50	92	26	11	97	00	56	76	31	38	80	22	02	53	53	86	60	42	04	53
37	85	94	35	12	43	39	50	08	30	42	34	07	96	88	54	42	06	87	98	35	85	29	48	39
18	18	07	92	46	44	17	16	58	09	79	83	86	19	62	06	76	50	03	10	55	23	64	05	05
23	43	40	64	74	82	97	77	77	81	07	45	32	14	08	32	98	94	07	72	93	83	79	10	75
56	62	18	37	35	96	83	50	87	75	97	12	25	93	47	70	33	24	03	54	97	77	46	44	80
16	08	15	04	72	33	27	14	34	09	45	59	34	68	49	12	72	07	34	45	99	27	72	95	14
70	29	17	12	13	40	33	20	38	26	13	89	51	03	74	17	76	37	13	04	07	74	21	19	30
99	49	57	22	77	88	42	95	45	72	16	64	36	16	00	04	43	18	66	79	94	77	24	21	90
31	16	93	32	43	50	27	89	87	19	20	15	37	00	49	52	85	66	60	44	38	68	88	11	30
68	34	30	13	70	55	74	30	77	40	44	22	78	84	26	04	33	46	09	52	68	07	97	06	57
27	42	37	86	53	48	55	90	65	72	96	57	69	36	30	96	46	92	42	45	97	60	49	04	91
29	94	98	94	24	68	49	69	10	82	53	75	91	93	30	34	25	20	57	27	40	48	73	51	92
74	57	25	65	76	59	29	97	68	60	71	91	38	67	54	03	58	18	24	76	15	54	55	95	52
35	24	10	16	20	33	32	51	26	38	79	78	45	04	91	16	92	53	56	16	02	75	50	95	98

续表

16	90	82	66	59	83	62	64	11	12	69	19	00	71	74	60	47	21	28	68	02	02	37	03	31
11	27	94	75	06	06	09	19	74	66	02	94	37	34	02	76	70	90	30	86	38	45	94	30	38
38	23	16	86	38	42	38	97	01	50	87	75	66	81	41	40	01	74	91	62	48	51	84	08	32
31	96	25	91	47	96	44	33	49	13	34	86	82	53	91	00	52	43	48	85	27	55	26	89	62
00	39	68	29	61	66	37	32	20	30	77	84	57	03	29	10	45	65	04	26	11	04	96	67	24
20	46	78	73	90	97	51	40	14	02	04	02	33	31	08	39	54	16	49	36	47	95	93	13	30
14	90	84	45	11	75	73	88	05	90	52	27	41	14	86	22	98	12	22	08	07	52	74	95	80
66	67	40	67	12	64	05	81	95	86	11	05	65	09	68	76	83	20	37	90	57	16	00	11	66
68	05	51	58	00	33	96	02	75	19	07	60	62	93	55	59	33	82	43	90	49	37	38	44	59
64	19	58	97	79	15	06	15	93	20	01	90	10	75	06	40	78	78	89	62	02	67	74	17	33
26	99	61	65	53	58	37	78	80	70	42	10	50	67	42	32	17	55	85	74	94	44	67	16	94
07	97	10	88	23	09	98	42	99	64	61	71	63	99	15	06	51	29	16	93	58	05	77	09	51
05	26	93	70	60	22	35	85	15	13	92	03	51	59	77	59	56	78	06	83	52	91	05	70	74
90	26	59	21	19	23	52	23	33	12	96	93	02	18	39	07	02	18	36	07	25	99	32	70	23
14	65	52	68	75	87	59	36	22	41	26	78	63	06	55	13	08	27	01	50	15	29	39	39	43
90	20	50	81	69	31	99	73	68	68	35	81	33	03	76	24	30	12	48	60	18	99	10	72	34
68	71	86	85	85	54	87	66	47	54	73	32	08	11	12	44	95	92	63	16	29	56	24	29	48
17	53	77	58	71	71	41	61	50	82	12	41	94	96	26	44	95	27	36	99	02	96	74	30	82
41	23	52	55	99	31	04	49	69	96	10	47	48	45	88	13	41	43	89	20	97	17	14	49	17
91	25	38	05	90	94	58	28	41	36	45	37	59	03	09	90	35	57	29	12	82	62	54	65	60
60	96	23	70	00	39	00	03	06	90	55	85	78	38	36	94	37	30	69	32	90	89	00	76	33
88	75	80	18	14	22	95	75	42	49	39	32	82	22	49	02	48	07	70	37	16	04	61	67	87
34	50	57	74	37	98	80	33	00	91	09	77	93	19	82	79	94	80	04	04	45	07	31	66	49
09	79	13	77	48	73	82	97	22	21	05	03	27	24	83	72	89	44	05	60	35	80	39	94	88
85	22	04	39	43	73	81	53	94	79	33	62	46	86	28	08	31	54	46	31	53	94	13	38	47
98	25	37	55	28	01	91	82	61	46	74	71	12	94	97	24	02	71	37	07	03	92	18	66	75
63	38	06	86	54	90	00	65	26	94	02	32	90	23	07	79	62	67	80	60	75	91	12	81	19
35	30	58	21	46	06	72	17	10	94	25	21	31	75	96	49	28	24	00	49	55	65	79	78	07
63	45	36	82	69	65	51	18	37	98	31	38	44	12	45	32	82	85	88	65	54	34	81	85	35
53	74	23	99	67	61	02	28	69	84	94	62	67	86	24	98	33	41	19	95	47	53	53	38	09
85	07	26	13	89	01	10	07	82	04	09	63	69	36	03	69	11	15	53	80	13	29	45	19	28
02	63	21	17	69	71	50	80	89	56	38	15	70	11	48	43	40	45	86	98	00	83	26	21	03
32	85	27	84	87	61	48	64	56	26	90	18	48	13	26	37	70	15	42	57	65	65	80	39	07
64	55	22	21	82	48	22	28	06	00	01	54	13	43	91	82	78	12	23	29	06	66	24	12	27
58	54	16	24	15	51	54	44	82	00	82	61	65	04	69	38	18	65	18	97	85	72	13	49	21

续表

01	85	89	95	66	51	10	19	34	88	15	84	97	19	75	12	76	39	43	78	64	63	91	08	25
08	45	93	15	22	60	21	75	46	91	98	77	27	85	42	28	88	61	08	84	69	62	03	42	73
07	08	55	18	40	45	44	75	13	90	24	94	96	61	02	57	55	66	83	15	73	42	37	11	61
03	92	18	27	46	57	99	16	96	56	00	33	72	85	22	84	64	38	56	98	99	01	30	98	64
62	95	30	27	59	57	75	41	66	48	86	97	80	61	45	23	53	04	01	63	45	76	08	64	27
88	78	28	16	84	13	52	53	94	53	75	45	69	30	96	73	89	65	70	31	99	17	43	48	70
72	84	71	14	35	19	11	58	49	26	50	11	17	17	76	86	31	57	20	18	95	60	78	46	78
78	60	73	99	84	43	89	94	36	45	56	69	47	07	41	90	22	91	07	12	78	35	34	08	72
96	76	28	12	54	22	01	11	94	25	71	96	16	16	88	68	64	36	74	45	19	59	50	88	92
43	31	67	72	30	24	02	94	08	63	38	32	36	66	02	69	36	38	25	39	48	03	45	15	22
22	66	22	15	86	26	63	75	41	99	58	42	36	72	24	58	37	52	18	51	03	37	18	39	11
45	17	75	65	57	28	40	19	72	12	25	12	73	75	67	90	40	60	81	19	24	62	01	61	16
50	44	66	44	21	66	06	58	05	62	68	15	54	38	02	42	35	48	96	32	14	52	41	52	48
31	73	91	61	91	60	20	72	93	48	98	57	07	23	69	65	95	39	69	48	56	80	30	19	44
96	24	40	14	51	23	22	30	88	57	95	67	47	29	83	94	69	30	06	07	18	16	38	78	85
36	67	10	08	23	98	93	35	08	86	99	29	76	29	81	33	34	91	58	93	63	14	44	99	81
84	37	90	61	56	70	10	23	98	05	85	11	34	76	60	76	48	45	34	60	01	64	18	30	96
55	19	68	97	65	03	73	52	16	56	00	53	55	90	87	33	42	29	38	87	22	15	88	83	34
07	28	59	07	48	89	64	58	89	75	83	85	62	27	89	30	14	78	56	27	86	63	59	80	02
10	15	83	87	66	79	24	31	66	56	21	48	24	06	93	91	98	94	05	49	01	47	59	38	00
35	91	70	29	13	80	03	54	07	27	96	94	78	32	66	50	95	52	74	33	13	80	55	62	54
53	81	29	13	39	35	01	20	71	34	62	35	74	82	14	55	73	19	09	03	56	54	29	56	93
51	86	32	68	92	33	98	74	66	99	40	14	71	94	58	45	94	49	38	81	14	44	99	81	07
37	71	67	95	13	20	02	44	95	94	64	85	04	05	72	01	32	90	76	14	53	89	74	60	41
93	66	13	83	27	92	79	64	64	77	28	54	96	53	84	48	14	52	98	84	56	07	93	89	30
79	69	10	61	78	71	32	76	95	62	87	00	22	58	40	92	54	01	75	25	43	11	71	99	31
02	96	08	45	65	13	05	00	41	84	93	07	34	72	59	21	45	57	09	77	19	48	56	27	44
84	60	71	62	46	40	80	81	30	37	34	39	23	05	38	25	15	35	71	30	88	12	57	21	77
18	17	30	88	71	44	91	14	88	47	89	23	30	63	15	56	54	20	47	89	99	82	93	24	98
49	33	43	48	35	82	88	33	69	96	72	36	04	19	76	47	45	15	18	60	82	11	08	95	97
95	33	95	22	00	18	74	72	00	18	38	79	58	69	32	81	76	80	26	82	82	80	84	25	39
75	93	36	87	83	56	20	14	82	11	74	21	97	90	65	96	12	68	63	86	74	54	13	26	94
51	29	50	10	34	31	57	75	95	80	51	97	02	74	77	76	15	48	49	44	18	55	63	77	09
46	40	62	98	82	54	97	20	56	95	15	74	80	08	32	10	46	70	50	80	67	72	16	42	79
29	01	23	87	88	58	02	39	37	67	42	10	14	20	92	16	55	23	42	45	54	96	09	11	06

续表

38	30	92	29	03	06	28	81	39	38	62	25	06	84	63	61	29	08	93	67	04	32	92	08	09
90	84	60	79	80	24	36	59	87	38	82	07	53	89	35	96	35	23	79	18	05	98	90	07	35
21	61	38	86	24	37	79	81	53	74	73	24	16	10	33	52	83	90	94	76	70	47	14	54	36
20	31	89	03	43	38	46	82	68	72	32	12	82	59	70	80	60	47	18	97	63	49	30	21	38
71	59	73	03	50	08	22	23	71	77	01	01	93	20	49	82	96	59	26	94	60	39	67	98	68

附表 2　χ^2值表

$$P\{\chi^2(n) > \chi_\alpha^{\ 2}(n)\} = \alpha$$

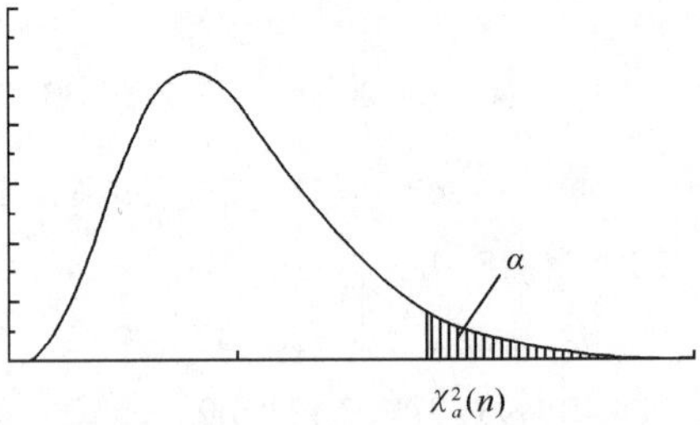

自由度 v	概率 P									
	0.995	0.990	0.975	0.950	0.900	0.100	0.050	0.025	0.010	0.005
1	0.000	0.000	0.001	0.004	0.016	2.706	3.841	5.024	6.635	7.879
2	0.010	0.020	0.051	0.103	0.211	4.605	5.991	7.378	9.210	10.597
3	0.072	0.115	0.216	0.352	0.584	6.251	7.815	9.348	11.345	12.838
4	0.207	0.297	0.484	0.711	1.064	7.779	9.488	11.143	13.277	14.860
5	0.412	0.554	0.831	1.145	1.610	9.236	11.070	12.833	15.086	16.750
6	0.676	0.872	1.237	1.635	2.204	10.645	12.592	14.449	16.812	18.548
7	0.989	1.239	1.690	2.167	2.833	12.017	14.067	16.013	18.475	20.278
8	1.344	1.646	2.180	2.733	3.490	13.362	15.507	17.535	20.090	21.955
9	1.735	2.088	2.700	3.325	4.168	14.684	16.919	19.023	21.666	23.589
10	2.156	2.558	3.247	3.940	4.865	15.987	18.307	20.483	23.209	25.188
11	2.603	3.053	3.816	4.575	5.578	17.275	19.675	21.920	24.725	26.757
12	3.074	3.571	4.404	5.226	6.304	18.549	21.026	23.337	26.217	28.300
13	3.565	4.107	5.009	5.892	7.042	19.812	22.362	24.736	27.688	29.819
14	4.075	4.660	5.629	6.571	7.790	21.064	23.685	26.119	29.141	31.319
15	4.601	5.229	6.262	7.261	8.547	22.307	24.996	27.488	30.578	32.801
16	5.142	5.812	6.908	7.962	9.312	23.542	26.296	28.845	32.000	34.267

续表

自由度 ν	概率 P									
	0.995	0.990	0.975	0.950	0.900	0.100	0.050	0.025	0.010	0.005
17	5.697	6.408	7.564	8.672	10.085	24.769	27.587	30.191	33.409	35.718
18	6.265	7.015	8.231	9.390	10.865	25.989	28.869	31.526	34.805	37.156
19	6.844	7.633	8.907	10.117	11.651	27.204	30.144	32.852	36.191	38.582
20	7.434	8.260	9.591	10.851	12.443	28.412	31.410	34.170	37.566	39.997
21	8.034	8.897	10.283	11.591	13.240	29.615	32.671	35.479	38.932	41.401
22	8.643	9.542	10.982	12.338	14.041	30.813	33.924	36.781	40.289	42.796
23	9.260	10.196	11.689	13.091	14.848	32.007	35.172	38.076	41.638	44.181
25	10.520	11.524	13.120	14.611	16.473	34.382	37.652	40.646	44.314	46.928
30	13.787	14.953	16.791	18.493	20.599	40.256	43.773	46.979	50.892	53.672
31	14.458	15.655	17.539	19.281	21.434	41.422	44.985	48.232	52.191	55.003
32	15.134	16.362	18.291	20.072	22.271	42.585	46.194	49.480	53.486	56.328
33	15.815	17.074	19.047	20.867	23.110	43.745	47.400	50.725	54.776	57.648
34	16.501	17.789	19.806	21.664	23.952	44.903	48.602	51.966	56.061	58.964
35	17.192	18.509	20.569	22.465	24.797	46.059	49.802	53.203	57.342	60.275
36	17.887	19.233	21.336	23.269	25.643	47.212	50.998	54.437	58.619	61.581
37	18.586	19.960	22.106	24.075	26.492	48.363	52.192	55.668	59.893	62.883
40	20.707	22.164	24.433	26.509	29.051	51.805	55.758	59.342	63.691	66.766
50	27.991	29.707	32.357	34.764	37.689	63.167	67.505	71.420	76.154	79.490
60	35.534	37.485	40.482	43.188	46.459	74.397	79.082	83.298	88.379	91.952
70	43.275	45.442	48.758	51.739	55.329	85.527	90.531	95.023	100.425	104.215
80	51.172	53.540	57.153	60.391	64.278	96.578	101.879	106.629	112.329	116.321

注：χ^2临界值 Excel 计算函数 CHIINV（α，ν）。

附表 3　F 分布表

$$P\{F_{(\nu_1, \nu_2)} > F_{\alpha(\nu_1, \nu_2)}\} = \alpha$$

分母自由度 ν_2	α=0.05 分子自由度 ν_1																	
	1	2	3	4	5	6	7	8	9	10	12	15	20	24	30	40	60	∞
1	161.45	199.50	215.71	224.58	230.16	233.99	236.77	238.88	240.54	241.88	243.91	245.95	248.01	249.05	250.10	251.14	252.20	254.31
2	18.51	19.00	19.16	19.25	19.30	19.33	19.35	19.37	19.38	19.40	19.41	19.43	19.45	19.45	19.46	19.47	19.48	19.50
3	10.13	9.55	9.28	9.12	9.01	8.94	8.89	8.85	8.81	8.79	8.74	8.70	8.66	8.64	8.62	8.59	8.57	8.53
4	7.71	6.94	6.59	6.39	6.26	6.16	6.09	6.04	6.00	5.96	5.91	5.86	5.80	5.77	5.75	5.72	5.69	5.63
5	6.61	5.79	5.41	5.19	5.05	4.95	4.88	4.82	4.77	4.74	4.68	4.62	4.56	4.53	4.50	4.46	4.43	4.37
6	5.99	5.14	4.76	4.53	4.39	4.28	4.21	4.15	4.10	4.06	4.00	3.94	3.87	3.84	3.81	3.77	3.74	3.67
7	5.59	4.74	4.35	4.12	3.97	3.87	3.79	3.73	3.68	3.64	3.57	3.51	3.44	3.41	3.38	3.34	3.30	3.23
8	5.32	4.46	4.07	3.84	3.69	3.58	3.50	3.44	3.39	3.35	3.28	3.22	3.15	3.12	3.08	3.04	3.01	2.93
9	5.12	4.26	3.86	3.63	3.48	3.37	3.29	3.23	3.18	3.14	3.07	3.01	2.94	2.90	2.86	2.83	2.79	2.71
10	4.96	4.10	3.71	3.48	3.33	3.22	3.14	3.07	3.02	2.98	2.91	2.85	2.77	2.74	2.70	2.66	2.62	2.54
11	4.84	3.98	3.59	3.36	3.20	3.09	3.01	2.95	2.90	2.85	2.79	2.72	2.65	2.61	2.57	2.53	2.49	2.40
12	4.75	3.89	3.49	3.26	3.11	3.00	2.91	2.85	2.80	2.75	2.69	2.62	2.54	2.51	2.47	2.43	2.38	2.30
13	4.67	3.81	3.41	3.18	3.03	2.92	2.83	2.77	2.71	2.67	2.60	2.53	2.46	2.42	2.38	2.34	2.30	2.21
14	4.60	3.74	3.34	3.11	2.96	2.85	2.76	2.70	2.65	2.60	2.53	2.46	2.39	2.35	2.31	2.27	2.22	2.13
15	4.54	3.68	3.29	3.06	2.90	2.79	2.71	2.64	2.59	2.54	2.48	2.40	2.33	2.29	2.25	2.20	2.16	2.07
16	4.49	3.63	3.24	3.01	2.85	2.74	2.66	2.59	2.54	2.49	2.42	2.35	2.28	2.24	2.19	2.15	2.11	2.01
17	4.45	3.59	3.20	2.96	2.81	2.70	2.61	2.55	2.49	2.45	2.38	2.31	2.23	2.19	2.15	2.10	2.06	1.96
18	4.41	3.55	3.16	2.93	2.77	2.66	2.58	2.51	2.46	2.41	2.34	2.27	2.19	2.15	2.11	2.06	2.02	1.92
19	4.38	3.52	3.13	2.90	2.74	2.63	2.54	2.48	2.42	2.38	2.31	2.23	2.16	2.11	2.07	2.03	1.98	1.88
20	4.35	3.49	3.10	2.87	2.71	2.60	2.51	2.45	2.39	2.35	2.28	2.20	2.12	2.08	2.04	1.99	1.95	1.84
21	4.32	3.47	3.07	2.84	2.68	2.57	2.49	2.42	2.37	2.32	2.25	2.18	2.10	2.05	2.01	1.96	1.92	1.81

22	4.30	3.44	3.05	2.82	2.66	2.55	2.46	2.40	2.34	2.30	2.23	2.15	2.07	2.03	1.98	1.94	1.89	1.78
23	4.28	3.42	3.03	2.80	2.64	2.53	2.44	2.37	2.32	2.27	2.20	2.13	2.05	2.01	1.96	1.91	1.86	1.76
24	4.26	3.40	3.01	2.78	2.62	2.51	2.42	2.36	2.30	2.25	2.18	2.11	2.03	1.98	1.94	1.89	1.84	1.73
25	4.24	3.39	2.99	2.76	2.60	2.49	2.40	2.34	2.28	2.24	2.16	2.09	2.01	1.96	1.92	1.87	1.82	1.71
26	4.23	3.37	2.98	2.74	2.59	2.47	2.39	2.32	2.27	2.22	2.15	2.07	1.99	1.95	1.90	1.85	1.80	1.69
27	4.21	3.35	2.96	2.73	2.57	2.46	2.37	2.31	2.25	2.20	2.13	2.06	1.97	1.93	1.88	1.84	1.79	1.67
28	4.20	3.34	2.95	2.71	2.56	2.45	2.36	2.29	2.24	2.19	2.12	2.04	1.96	1.91	1.87	1.82	1.77	1.65
29	4.18	3.33	2.93	2.70	2.55	2.43	2.35	2.28	2.22	2.18	2.10	2.03	1.94	1.90	1.85	1.81	1.75	1.64
30	4.17	3.32	2.92	2.69	2.53	2.42	2.33	2.27	2.21	2.16	2.09	2.01	1.93	1.89	1.84	1.79	1.74	1.62
40	4.08	3.23	2.84	2.61	2.45	2.34	2.25	2.18	2.12	2.08	2.00	1.92	1.84	1.79	1.74	1.69	1.64	1.51
60	4.00	3.15	2.76	2.53	2.37	2.25	2.17	2.10	2.04	1.99	1.92	1.84	1.75	1.70	1.65	1.59	1.53	1.39
∞	3.84	3.00	2.60	2.37	2.21	2.10	2.01	1.94	1.88	1.83	1.75	1.67	1.57	1.52	1.46	1.39	1.32	1.00

分母自由度 ν_2	α=0.01																	
	分子自由度 ν_1																	
	1	2	3	4	5	6	7	8	9	10	12	15	20	24	30	40	60	∞
1	4052	4999	5403	5625	5764	5859	5928	5981	6022	6056	6106	6157	6209	6235	6261	6287	6313	6366
2	98.50	99.00	99.17	99.25	99.30	99.33	99.36	99.37	99.39	99.40	99.42	99.43	99.45	99.46	99.47	99.47	99.48	99.50
3	34.12	30.82	29.46	28.71	28.24	27.91	27.67	27.49	27.35	27.23	27.05	26.87	26.69	26.60	26.50	26.41	26.32	26.13
4	21.20	18.00	16.69	15.98	15.52	15.21	14.98	14.80	14.66	14.55	14.37	14.20	14.02	13.93	13.84	13.75	13.65	13.46
5	16.26	13.27	12.06	11.39	10.97	10.67	10.46	10.29	10.16	10.05	9.89	9.72	9.55	9.47	9.38	9.29	9.20	9.02
6	13.75	10.92	9.78	9.15	8.75	8.47	8.26	8.10	7.98	7.87	7.72	7.56	7.40	7.31	7.23	7.14	7.06	6.88
7	12.25	9.55	8.45	7.85	7.46	7.19	6.99	6.84	6.72	6.62	6.47	6.31	6.16	6.07	5.99	5.91	5.82	5.65
8	11.26	8.65	7.59	7.01	6.63	6.37	6.18	6.03	5.91	5.81	5.67	5.52	5.36	5.28	5.20	5.12	5.03	4.86
9	10.56	8.02	6.99	6.42	6.06	5.80	5.61	5.47	5.35	5.26	5.11	4.96	4.81	4.73	4.65	4.57	4.48	4.31
10	10.04	7.56	6.55	5.99	5.64	5.39	5.20	5.06	4.94	4.85	4.71	4.56	4.41	4.33	4.25	4.17	4.08	3.91

续表

分母自由度 ν_2	α=0.01 分子自由度 ν_1																	
	1	2	3	4	5	6	7	8	9	10	12	15	20	24	30	40	60	∞
11	9.65	7.21	6.22	5.67	5.32	5.07	4.89	4.74	4.63	4.54	4.40	4.25	4.10	4.02	3.94	3.86	3.78	3.60
12	9.33	6.93	5.95	5.41	5.06	4.82	4.64	4.50	4.39	4.30	4.16	4.01	3.86	3.78	3.70	3.62	3.54	3.36
13	9.07	6.70	5.74	5.21	4.86	4.62	4.44	4.30	4.19	4.10	3.96	3.82	3.66	3.59	3.51	3.43	3.34	3.17
14	8.86	6.51	5.56	5.04	4.69	4.46	4.28	4.14	4.03	3.94	3.80	3.66	3.51	3.43	3.35	3.27	3.18	3.00
15	8.68	6.36	5.42	4.89	4.56	4.32	4.14	4.00	3.89	3.80	3.67	3.52	3.37	3.29	3.21	3.13	3.05	2.87
16	8.53	6.23	5.29	4.77	4.44	4.20	4.03	3.89	3.78	3.69	3.55	3.41	3.26	3.18	3.10	3.02	2.93	2.75
17	8.40	6.11	5.18	4.67	4.34	4.10	3.93	3.79	3.68	3.59	3.46	3.31	3.16	3.08	3.00	2.92	2.83	2.65
18	8.29	6.01	5.09	4.58	4.25	4.01	3.84	3.71	3.60	3.51	3.37	3.23	3.08	3.00	2.92	2.84	2.75	2.57
19	8.18	5.93	5.01	4.50	4.17	3.94	3.77	3.63	3.52	3.43	3.30	3.15	3.00	2.92	2.84	2.76	2.67	2.49
20	8.10	5.85	4.94	4.43	4.10	3.87	3.70	3.56	3.46	3.37	3.23	3.09	2.94	2.86	2.78	2.69	2.61	2.42
21	8.02	5.78	4.87	4.37	4.04	3.81	3.64	3.51	3.40	3.31	3.17	3.03	2.88	2.80	2.72	2.64	2.55	2.36
22	7.95	5.72	4.82	4.31	3.99	3.76	3.59	3.45	3.35	3.26	3.12	2.98	2.83	2.75	2.67	2.58	2.50	2.31
23	7.88	5.66	4.76	4.26	3.94	3.71	3.54	3.41	3.30	3.21	3.07	2.93	2.78	2.70	2.62	2.54	2.45	2.26
24	7.82	5.61	4.72	4.22	3.90	3.67	3.50	3.36	3.26	3.17	3.03	2.89	2.74	2.66	2.58	2.49	2.40	2.21
25	7.77	5.57	4.68	4.18	3.85	3.63	3.46	3.32	3.22	3.13	2.99	2.85	2.70	2.62	2.54	2.45	2.36	2.17
26	7.72	5.53	4.64	4.14	3.82	3.59	3.42	3.29	3.18	3.09	2.96	2.81	2.66	2.58	2.50	2.42	2.33	2.13
27	7.68	5.49	4.60	4.11	3.78	3.56	3.39	3.26	3.15	3.06	2.93	2.78	2.63	2.55	2.47	2.38	2.29	2.10
28	7.64	5.45	4.57	4.07	3.75	3.53	3.36	3.23	3.12	3.03	2.90	2.75	2.60	2.52	2.44	2.35	2.26	2.06
29	7.60	5.42	4.54	4.04	3.73	3.50	3.33	3.20	3.09	3.00	2.87	2.73	2.57	2.49	2.41	2.33	2.23	2.03
30	7.56	5.39	4.51	4.02	3.70	3.47	3.30	3.17	3.07	2.98	2.84	2.70	2.55	2.47	2.39	2.30	2.21	2.01
40	7.31	5.18	4.31	3.83	3.51	3.29	3.12	2.99	2.89	2.80	2.66	2.52	2.37	2.29	2.20	2.11	2.02	1.81
60	7.08	4.98	4.13	3.65	3.34	3.12	2.95	2.82	2.72	2.63	2.50	2.35	2.20	2.12	2.03	1.94	1.84	1.60
∞	6.64	4.61	3.78	3.32	3.02	2.80	2.64	2.51	2.41	2.32	2.19	2.04	1.88	1.79	1.70	1.59	1.47	1.00

注： F临界值 Excel 计算函数 FINV（α，ν_1，ν_2）。

附表 4　t 值表

自由度 ν	概率 P								
	单侧	0.25	0.20	0.10	0.05	0.025	0.01	0.005	0.0005
	双侧	0.50	0.40	0.20	0.10	0.05	0.02	0.01	0.001
1		1.000	1.376	3.078	6.314	12.706	31.821	63.657	636.619
2		0.816	1.061	1.886	2.920	4.303	6.965	9.925	31.599
3		0.765	0.978	1.638	2.353	3.182	4.541	5.841	12.924
4		0.741	0.941	1.533	2.132	2.776	3.747	4.604	8.610
5		0.727	0.920	1.476	2.015	2.571	3.365	4.032	6.869
6		0.718	0.906	1.440	1.943	2.447	3.143	3.707	5.959
7		0.711	0.896	1.415	1.895	2.365	2.998	3.499	5.408
8		0.706	0.889	1.397	1.860	2.306	2.896	3.355	5.041
9		0.703	0.883	1.383	1.833	2.262	2.821	3.250	4.781
10		0.700	0.879	1.372	1.812	2.228	2.764	3.169	4.587
11		0.697	0.876	1.363	1.796	2.201	2.718	3.106	4.437
12		0.695	0.873	1.356	1.782	2.179	2.681	3.055	4.318
13		0.694	0.870	1.350	1.771	2.160	2.650	3.012	4.221
14		0.692	0.868	1.345	1.761	2.145	2.624	2.977	4.140
15		0.691	0.866	1.341	1.753	2.131	2.602	2.947	4.073
16		0.690	0.865	1.337	1.746	2.120	2.583	2.921	4.015
17		0.689	0.863	1.333	1.740	2.110	2.567	2.898	3.965
18		0.688	0.862	1.330	1.734	2.101	2.552	2.878	3.922
19		0.688	0.861	1.328	1.729	2.093	2.539	2.861	3.883
20		0.687	0.860	1.325	1.725	2.086	2.528	2.845	3.850
21		0.686	0.859	1.323	1.721	2.080	2.518	2.831	3.819
22		0.686	0.858	1.321	1.717	2.074	2.508	2.819	3.792
23		0.685	0.858	1.319	1.714	2.069	2.500	2.807	3.768
24		0.685	0.857	1.318	1.711	2.064	2.492	2.797	3.745
25		0.684	0.856	1.316	1.708	2.060	2.485	2.787	3.725
26		0.684	0.856	1.315	1.706	2.056	2.479	2.779	3.707
27		0.684	0.855	1.314	1.703	2.052	2.473	2.771	3.690
28		0.683	0.855	1.313	1.701	2.048	2.467	2.763	3.674
29		0.683	0.854	1.311	1.699	2.045	2.462	2.756	3.659
30		0.683	0.854	1.310	1.697	2.042	2.457	2.750	3.646
35		0.682	0.852	1.306	1.690	2.030	2.438	2.724	3.591
40		0.681	0.851	1.303	1.684	2.021	2.423	2.704	3.551
50		0.679	0.849	1.299	1.676	2.009	2.403	2.678	3.496
60		0.679	0.848	1.296	1.671	2.000	2.390	2.660	3.460
70		0.678	0.847	1.294	1.667	1.994	2.381	2.648	3.435
80		0.678	0.846	1.292	1.664	1.990	2.374	2.639	3.416
90		0.677	0.846	1.291	1.662	1.987	2.368	2.632	3.402
100		0.677	0.845	1.290	1.660	1.984	2.364	2.626	3.390
∞		0.674	0.842	1.282	1.645	1.960	2.326	2.576	3.291

注：双侧检验 t 临界值 Excel 计算函数 TINV（α，ν）。

附表5　Tukey's HSD q 值表

自由度 ν	α	k（检验极差的平均数个数，即秩次距） 2	3	4	5	6	7	8	9	10	11	12	13	14	15	16	17	18	19	20
3	0.05	4.50	5.91	6.82	7.50	8.04	8.84	8.85	9.18	9.46	9.72	9.95	10.15	10.35	10.52	10.84	10.69	10.98	11.11	11.24
	0.01	8.26	10.62	12.27	13.33	14.24	15.00	15.64	16.20	16.69	17.13	17.53	17.89	18.22	18.52	19.07	18.81	19.32	19.55	19.77
4	0.05	3.39	5.04	5.76	6.29	6.71	7.05	7.35	7.60	7.83	8.03	8.21	8.37	8.52	8.66	8.79	8.91	9.03	9.13	9.23
	0.01	6.51	8.12	9.17	9.96	10.85	11.10	11.55	11.93	12.27	12.57	12.84	13.09	13.32	13.53	13.73	13.91	14.08	14.24	14.40
5	0.05	3.64	4.60	5.22	5.67	6.03	6.33	6.58	6.80	6.99	7.17	7.32	7.47	7.60	7.72	7.83	7.93	8.03	8.12	8.21
	0.01	5.70	6.98	7.80	8.42	8.91	9.32	9.67	9.97	10.24	10.48	10.07	10.89	11.08	11.24	11.40	11.55	11.68	11.81	11.93
6	0.05	3.46	4.34	4.90	5.30	5.63	5.90	6.12	6.32	6.49	6.65	6.79	6.92	7.03	7.14	7.24	7.34	7.43	7.51	7.59
	0.01	5.24	6.33	7.03	7.56	7.97	8.32	8.61	8.87	9.10	9.30	9.48	9.65	9.81	9.95	10.08	12.21	10.32	10.43	10.54
7	0.05	3.34	4.16	4.68	5.06	5.36	5.01	5.82	6.00	6.16	6.30	6.43	6.55	6.66	6.76	6.85	9.94	7.02	7.10	7.17
	0.01	4.95	5.92	6.54	7.01	7.37	7.68	9.94	8.17	8.37	8.55	8.71	8.86	9.00	9.12	9.24	9.35	9.46	9.55	9.65
8	0.05	3.26	4.04	4.53	4.89	5.17	5.40	5.60	5.77	5.92	6.05	6.18	6.29	6.39	6.48	6.57	6.65	6.73	6.80	6.87
	0.01	4.75	5.64	6.20	6.62	4.96	7.24	7.47	7.68	7.86	8.03	8.18	8.31	8.44	8.55	8.66	8.76	8.85	8.94	9.03
9	0.05	3.20	3.95	4.41	4.76	5.02	5.24	5.43	5.59	5.74	5.87	5.98	6.09	6.19	6.28	6.36	6.44	6.51	6.58	6.64
	0.01	4.60	5.43	5.96	6.35	6.66	6.91	7.13	7.33	7.49	7.65	7.78	7.91	8.03	8.13	8.23	8.33	8.41	8.49	8.57
10	0.05	3.15	3.88	4.33	4.65	4.91	5.12	5.30	5.46	5.60	5.72	5.83	5.93	6.03	6.11	6.19	6.27	6.34	6.40	6.47
	0.01	4.48	5.27	5.77	6.14	4.43	6.67	6.87	7.05	7.21	7.36	7.48	7.60	7.71	7.81	7.91	7.99	8.08	8.15	8.23
11	0.05	3.11	3.82	4.26	4.57	4.82	5.03	5.20	5.35	5.49	5.61	5.71	5.81	5.90	5.98	6.06	6.13	6.20	6.27	6.33
	0.01	4.39	5.15	5.62	5.97	6.25	6.48	6.67	6.84	6.99	7.13	7.25	7.36	7.46	7.56	7.65	7.13	7.81	7.88	7.95
12	0.05	3.08	3.77	4.20	4.51	4.75	4.95	5.12	5.27	5.39	5.51	5.61	5.71	5.80	5.88	5.95	6.02	6.09	6.15	6.21
	0.01	4.32	5.05	5.55	5.84	6.10	6.32	6.51	6.67	6.81	6.94	7.06	7.17	7.26	7.36	7.44	7.52	7.59	7.66	7.73
13	0.05	3.06	3.73	4.15	4.45	4.69	4.88	5.05	9.19	5.32	5.45	5.53	5.63	5.71	5.79	5.86	5.93	5.99	6.05	6.11
	0.01	4.26	4.96	5.40	5.73	5.98	6.19	6.37	6.53	6.67	6.79	6.90	7.01	7.10	7.19	7.27	7.35	7.42	7.48	7.55
14	0.05	3.03	3.70	4.11	4.41	4.64	4.83	4.99	5.13	5.25	5.36	5.46	5.55	5.64	5.71	5.79	5.85	5.91	5.97	6.03
	0.01	4.21	4.89	5.32	5.63	5.88	6.08	6.26	6.41	6.54	6.66	6.77	6.87	6.96	7.05	7.13	7.20	7.27	7.33	7.39

15	0.05	3.01	3.67	4.08	4.37	4.59	4.78	4.94	5.08	5.20	5.31	5.40	5.49	5.57	5.65	5.72	5.78	5.85	5.90	5.96
	0.01	4.17	4.84	5.25	5.56	5.80	5.99	6.16	6.31	6.44	6.55	6.66	6.76	6.84	6.93	7.00	7.07	7.14	7.20	7.26
16	0.05	3.00	3.65	4.05	4.33	4.56	4.74	4.90	5.03	5.15	5.26	5.35	5.44	5.52	5.59	5.66	5.73	5.79	5.84	5.90
	0.01	4.13	4.79	5.19	5.49	5.72	5.92	6.08	6.22	6.35	6.46	6.56	6.66	6.74	6.82	6.90	6.97	7.03	7.09	7.15
17	0.05	2.98	3.63	4.02	4.30	4.52	4.70	4.86	4.99	5.11	5.21	5.31	5.39	5.47	5.54	5.61	5.67	5.73	5.79	5.84
	0.01	4.10	4.74	5.14	5.43	5.66	5.85	6.01	6.15	6.27	6.38	6.48	6.57	6.66	6.73	6.81	6.87	6.94	7.00	7.05
18	0.05	2.97	3.61	4.00	4.28	4.49	4.67	4.82	4.96	5.07	5.17	5.27	5.35	5.43	5.50	5.57	5.63	5.69	5.74	5.76
	0.01	4.07	4.70	5.09	5.38	5.60	5.79	5.94	6.08	6.20	6.31	6.41	6.50	6.58	6.65	6.73	6.79	6.85	6.91	6.97
19	0.05	2.96	3.59	3.98	4.25	4.47	4.65	4.49	4.92	5.04	5.14	5.23	5.31	5.39	5.46	5.53	5.59	5.65	5.70	5.75
	0.01	4.05	4.67	5.05	5.33	5.55	5.73	5.89	6.02	6.16	6.25	6.34	6.43	6.51	6.58	6.65	6.72	6.78	6.84	6.89
20	0.05	2.95	3.58	3.96	4.23	4.45	4.62	4.77	4.90	5.01	5.11	5.20	5.28	5.36	5.43	5.49	5.55	5.61	5.66	5.71
	0.01	4.02	4.64	5.02	5.29	5.51	5.69	5.84	5.97	6.09	6.19	6.28	6.37	6.45	6.52	6.59	6.65	6.71	6.77	6.82
24	0.05	2.92	3.53	3.90	4.17	4.37	4.54	4.68	4.81	4.92	5.05	5.10	5.18	5.25	5.32	5.38	5.44	5.49	5.55	5.59
	0.01	3.96	4.55	4.91	5.17	5.37	5.54	5.69	5.81	5.92	6.02	6.11	6.19	6.26	6.33	6.39	6.45	6.51	6.56	6.01
30	0.05	2.89	3.49	3.85	4.10	4.30	4.46	4.60	4.72	4.82	4.92	5.00	5.08	5.15	5.21	5.27	5.33	5.38	5.43	6.47
	0.01	3.89	4.45	4.80	5.05	5.24	5.40	5.54	5.65	5.76	5.85	5.93	6.01	6.08	6.14	6.20	6.26	6.31	6.36	6.41
40	0.05	2.86	3.44	3.79	4.04	4.23	4.39	4.52	4.63	4.73	4.82	4.90	4.98	5.04	5.11	5.16	5.22	5.27	5.31	5.36
	0.01	3.82	4.37	4.70	4.93	5.11	5.26	5.39	5.50	5.60	5.69	5.76	5.83	5.90	5.96	6.02	6.07	6.12	6.16	6.21
60	0.05	2.83	3.40	3.74	3.98	4.16	4.31	4.44	4.55	4.65	4.73	4.81	4.88	4.94	5.00	5.06	5.11	5.15	5.20	5.24
	0.01	3.76	4.28	4.59	4.82	4.99	5.13	5.25	5.36	5.45	5.53	5.60	5.67	5.73	5.78	5.84	5.89	5.93	5.97	6.01
∞	0.05	2.77	3.31	3.63	3.86	4.03	4.17	4.29	4.39	4.47	4.55	4.62	4.68	4.74	4.80	4.85	4.89	4.93	4.97	5.01
	0.01	3.64	4.12	4.40	4.60	4.76	4.88	4.99	5.08	5.16	5.23	5.29	5.35	5.40	5.45	5.49	5.54	5.57	5.61	5.65

注：利用 DPS 软件中的 qtest 函数可以计算 q 值，qtest（ν，k，α）。

附表 6　Duncan's 新复极差检验的 SSR 值

自由度 ν	α	k（检验极差的平均数个数）													
		2	3	4	5	6	7	8	9	10	12	14	16	18	20
1	0.05	18.0	18.0	18.0	18.0	18.0	18.0	18.0	18.0	18.0	18.0	18.0	18.0	18.0	18.0
	0.01	90.0	90.0	90.0	90.0	90.0	90.0	90.0	90.0	90.0	90.0	90.0	90.0	90.0	90.0
2	0.05	6.09	6.09	6.09	6.09	6.09	6.09	6.09	6.09	6.09	6.09	6.09	6.09	6.09	6.09
	0.01	14.0	14.0	14.0	14.0	14.0	14.0	14.0	14.0	14.0	14.0	14.0	14.0	14.0	14.0
3	0.05	4.50	4.50	4.50	4.50	4.50	4.50	4.50	4.50	4.50	4.50	4.50	4.50	4.50	4.50
	0.01	8.26	8.5	8.6	8.7	8.8	8.9	8.9	9.0	9.0	9.0	9.1	9.2	9.3	9.3
4	0.05	3.93	4.0	4.02	4.02	4.02	4.02	4.02	4.02	4.02	4.02	4.02	4.02	4.02	4.02
	0.01	6.51	6.8	6.9	7.0	7.1	7.1	7.2	7.2	7.3	7.3	7.4	7.4	7.5	7.5
5	0.05	3.64	3.74	3.79	3.83	3.83	3.83	3.83	3.83	3.83	3.83	3.83	3.83	3.83	3.83
	0.01	5.70	5.96	6.11	6.18	6.26	6.33	6.40	6.44	6.5	6.6	6.6	6.7	6.7	6.8
6	0.05	3.46	3.58	3.64	3.68	3.68	3.68	3.68	3.68	3.68	3.68	3.68	3.68	3.68	3.68
	0.01	5.24	5.51	5.65	5.73	5.81	5.88	5.95	6.00	6.0	6.1	6.2	6.2	6.3	6.3
7	0.05	3.35	3.47	3.54	3.58	3.60	3.61	3.61	3.61	3.61	3.61	3.61	3.61	3.61	3.61
	0.01	4.95	5.22	5.37	5.45	5.53	5.61	5.69	5.73	5.8	5.8	5.9	5.9	6.0	6.0
8	0.05	3.26	3.39	3.47	3.52	3.55	3.56	3.56	3.56	3.56	3.56	3.56	3.56	3.56	3.56
	0.01	4.74	5.00	5.14	5.23	5.32	5.40	5.47	5.51	5.5	5.6	5.7	5.7	5.8	5.8
9	0.05	3.20	3.34	3.41	3.47	3.50	3.51	3.52	3.52	3.52	3.52	3.52	3.52	3.52	3.52
	0.01	4.60	4.86	4.99	5.08	5.17	5.25	5.32	5.36	5.4	5.5	5.5	5.6	5.7	5.7
10	0.05	3.15	3.30	3.37	3.43	3.46	3.47	3.47	3.47	3.47	3.47	3.47	3.47	3.47	3.48
	0.01	4.48	4.73	4.88	4.96	5.06	5.12	5.20	5.24	5.28	5.36	5.42	5.48	5.54	5.55
11	0.05	3.11	3.27	3.35	3.39	3.43	3.44	3.45	3.46	3.46	3.46	3.46	3.46	3.47	3.48
	0.01	4.39	4.63	4.77	4.86	4.94	5.01	5.06	5.12	5.15	5.24	5.28	5.34	5.38	5.39
12	0.05	3.08	3.23	3.33	3.36	3.48	3.42	3.44	3.44	3.46	3.46	3.46	3.46	3.47	3.48
	0.01	4.32	4.55	4.68	4.76	4.84	4.92	4.96	5.02	5.07	5.13	5.17	5.22	5.24	5.26
13	0.05	3.06	3.21	3.30	3.36	3.38	3.41	3.42	3.44	3.45	3.45	3.46	3.46	3.47	3.47
	0.01	4.26	4.48	4.62	4.69	4.74	4.84	4.88	4.94	4.98	5.04	5.08	5.13	5.14	5.15
14	0.05	3.03	3.18	3.27	3.33	3.37	3.39	3.41	3.42	3.44	3.45	3.46	3.46	3.47	3.47
	0.01	4.21	4.42	4.55	4.63	4.70	4.78	4.83	4.87	4.91	4.96	5.00	5.04	5.06	5.07
15	0.05	3.01	3.16	3.25	3.31	3.36	3.38	3.40	3.42	3.43	3.44	3.45	3.46	3.47	3.47
	0.01	4.17	4.37	4.50	4.58	4.64	4.72	4.77	4.81	4.84	4.90	4.94	4.97	4.99	5.00
16	0.05	3.00	3.15	3.23	3.30	3.34	3.37	3.39	3.41	3.43	3.44	3.45	3.46	3.47	3.47
	0.01	4.13	4.34	4.45	4.54	4.60	4.67	4.72	4.76	4.79	4.84	4.88	4.91	4.93	4.94
17	0.05	2.98	3.13	3.22	3.28	3.33	3.36	3.38	3.40	3.42	3.44	3.45	3.46	3.47	3.47
	0.01	4.10	4.30	4.41	4.50	4.56	4.63	4.68	4.72	4.75	4.80	4.83	4.86	4.88	4.89
18	0.05	2.97	3.12	3.21	3.27	3.32	3.35	3.37	3.39	3.41	3.43	3.45	3.46	3.47	3.47
	0.01	4.07	4.27	4.38	4.46	4.53	4.59	4.64	4.68	4.71	4.76	4.79	4.82	4.84	4.85

续表

自由度 ν	α	k（检验极差的平均数个数）													
		2	3	4	5	6	7	8	9	10	12	14	16	18	20
19	0.05	2.96	3.11	3.19	3.26	3.31	3.35	3.37	3.39	3.41	3.43	3.44	3.46	3.47	3.47
	0.01	4.05	4.24	4.35	4.43	4.50	4.56	4.61	4.64	4.67	4.72	4.76	4.79	4.81	4.82
20	0.05	2.95	3.10	3.18	3.25	3.30	3.34	3.36	3.38	3.40	3.43	3.44	3.46	3.46	3.47
	0.01	4.02	4.22	4.33	4.40	4.47	4.53	4.58	4.61	4.65	4.69	4.73	4.76	4.78	4.79
22	0.05	2.93	3.08	3.17	3.24	3.29	3.32	3.35	3.37	3.39	3.42	3.44	3.45	3.46	3.47
	0.01	3.99	4.17	4.28	4.36	4.42	4.48	4.53	4.57	4.60	4.65	4.68	4.71	4.74	4.75
24	0.05	2.92	3.07	3.15	3.22	3.28	3.31	3.34	3.37	3.38	3.41	3.44	3.45	3.46	3.47
	0.01	3.96	4.14	4.24	4.33	4.39	4.44	4.49	4.53	4.57	4.62	4.64	4.67	4.70	4.72
26	0.05	2.91	3.06	3.14	3.21	3.27	3.30	3.34	3.36	3.38	3.41	3.43	3.45	3.46	3.47
	0.01	3.93	4.11	4.21	4.30	4.36	4.41	4.46	4.50	4.53	4.58	4.62	4.65	4.67	4.69
28	0.05	2.90	3.04	3.13	3.20	3.26	3.30	3.33	3.35	3.37	3.40	3.43	3.45	3.46	3.47
	0.01	3.91	4.08	4.18	4.28	4.34	4.39	4.43	4.47	4.51	4.56	4.60	4.62	4.65	4.67
30	0.05	2.89	3.04	3.12	3.20	3.25	3.29	3.32	3.35	3.37	3.40	3.43	3.44	3.46	3.47
	0.01	3.89	4.06	4.16	4.22	4.32	4.36	4.41	4.45	4.48	4.54	4.58	4.61	4.63	4.65
40	0.05	2.86	3.01	3.10	3.17	3.22	3.27	3.30	3.33	3.35	3.39	3.42	3.44	3.46	3.47
	0.01	3.82	3.99	4.10	4.17	4.24	4.30	4.31	4.37	4.41	4.46	4.51	4.54	4.57	4.59
60	0.05	2.83	2.98	3.08	3.14	3.20	3.24	3.28	3.31	3.33	3.37	3.40	3.43	3.45	3.47
	0.01	3.76	3.92	4.03	4.12	4.17	4.23	4.27	4.31	4.34	4.39	4.44	4.47	4.50	4.53
∞	0.05	2.77	2.92	3.02	3.09	3.15	3.19	3.23	3.26	3.29	3.34	3.38	3.41	3.44	3.47
	0.01	3.64	3.80	3.90	3.98	4.04	4.09	4.14	4.17	4.20	4.26	4.31	4.34	4.38	4.41

注：利用 DPS 软件中的 dctest 函数计算 Duncan 临界值， dctest（ ν， k， α）。

附表 7 Dunnett-t 值

自由度 ν	α	k（处理个数，包括对照）								
		2	3	4	5	6	7	8	9	10
5	0.05	2.57	3.03	3.29	3.48	3.62	3.73	3.82	3.90	3.97
	0.01	4.03	4.63	4.98	5.22	5.41	5.56	5.68	5.79	5.89
6	0.05	2.45	2.86	3.10	3.26	3.39	3.49	3.57	3.64	3.71
	0.01	3.71	4.21	4.51	4.71	4.87	5.00	5.10	5.20	5.28
7	0.05	2.36	2.75	2.97	3.12	3.24	3.33	3.41	3.47	3.53
	0.01	3.50	3.95	4.21	4.39	4.53	4.64	4.74	4.82	4.89
8	0.05	2.31	2.67	2.88	3.02	3.13	3.22	3.29	3.35	3.41
	0.01	3.36	3.77	4.00	4.17	4.30	4.40	4.48	4.56	4.62
9	0.05	2.26	2.61	2.81	2.95	3.05	3.14	3.20	3.26	3.32
	0.01	3.25	3.63	3.85	4.01	4.12	4.22	4.30	4.37	4.43
10	0.05	2.23	2.57	2.76	2.89	2.99	3.07	3.14	3.19	3.24
	0.01	3.17	3.53	3.74	3.88	3.99	4.08	4.16	4.22	4.28

续表

自由度 ν	α	k（处理个数，包括对照）								
		2	3	4	5	6	7	8	9	10
11	0.05	2.20	2.53	2.72	2.84	2.94	3.02	3.08	3.14	3.19
	0.01	3.11	3.45	3.65	3.79	3.89	3.98	4.05	4.11	4.16
12	0.05	2.18	2.50	2.68	2.81	2.90	2.98	3.04	3.09	3.14
	0.01	3.06	3.39	3.58	3.71	3.81	3.89	3.96	4.02	4.07
13	0.05	2.16	2.48	2.65	2.78	2.87	2.94	3.00	3.06	3.10
	0.01	3.01	3.34	3.52	3.65	3.74	3.82	3.89	3.94	3.99
14	0.05	2.14	2.46	2.63	2.75	2.84	2.91	2.97	3.02	3.07
	0.01	2.98	3.29	3.47	3.59	3.69	3.76	3.83	3.88	3.93
15	0.05	2.13	2.44	2.61	2.73	2.82	2.89	2.95	3.00	3.04
	0.01	2.95	3.25	3.43	3.55	3.64	3.71	3.78	3.83	3.88
16	0.05	2.12	2.42	2.59	2.71	2.80	2.87	2.92	2.97	3.02
	0.01	2.92	3.22	3.39	3.51	3.60	3.67	3.73	3.78	3.83
17	0.05	2.11	2.41	2.58	2.69	2.78	2.85	2.90	2.95	3.00
	0.01	2.90	3.19	3.36	3.47	3.56	3.63	3.69	3.74	3.79
18	0.05	2.10	2.40	2.56	2.68	2.76	2.83	2.89	2.94	2.98
	0.01	2.88	3.17	3.33	3.45	3.53	3.60	3.66	3.71	3.75
19	0.05	2.09	2.39	2.55	2.66	2.75	2.81	2.87	2.92	2.96
	0.01	2.86	3.15	3.31	3.42	3.50	3.57	3.63	3.68	3.72
20	0.05	2.09	2.38	2.54	2.65	2.73	2.80	2.86	2.90	2.95
	0.01	2.85	3.13	3.29	3.40	3.48	3.55	3.60	3.65	3.69
24	0.05	2.06	2.35	2.51	2.61	2.70	2.76	2.81	2.86	2.90
	0.01	2.80	3.07	3.22	3.32	3.40	3.47	3.52	3.57	3.61
30	0.05	2.04	2.32	2.47	2.58	2.66	2.72	2.77	2.82	2.86
	0.01	2.75	3.01	3.15	3.25	3.33	3.39	3.44	3.49	3.52
40	0.05	2.02	2.29	2.44	2.54	2.62	2.68	2.73	2.77	2.81
	0.01	2.70	2.95	3.09	3.19	3.26	3.32	3.37	3.41	3.44
60	0.05	2.00	2.27	2.41	2.51	2.58	2.64	2.69	2.73	2.77
	0.01	2.66	2.90	3.03	3.12	3.19	3.25	3.29	3.33	3.37
120	0.05	1.98	2.24	2.38	2.47	2.55	2.60	2.65	2.69	2.73
	0.01	2.62	2.85	2.97	3.06	3.12	3.18	3.22	3.26	3.29
∞	0.05	1.96	2.21	2.35	2.44	2.51	2.57	2.61	2.65	2.69
	0.01	2.58	2.80	2.92	3.00	3.06	3.11	3.15	3.19	3.22

注：利用 DPS 软件中计算 Dunnett-t 临界值， Dntest（ν， k， α）。

附表 8　斯图登斯化范围表

ν	t											
	2	3	4	5	6	7	8	9	10	12	15	20
1	18.00	27.0	32.8	37.1	40.4	43.1	45.4	47.4	49.1	52.0	55.4	59.6
2	6.09	8.3	9.8	10.9	11.7	12.4	13.0	13.5	14.0	14.7	15.7	16.8
3	4.50	5.91	6.82	7.50	8.04	8.48	8.85	9.18	9.46	9.95	10.52	11.24
4	3.93	5.04	5.76	6.29	6.71	7.05	7.35	7.60	7.83	8.21	8.66	9.23
5	3.64	4.60	5.22	5.67	6.03	6.38	6.58	6.80	6.99	7.32	7.72	8.21
6	3.46	4.34	4.90	5.31	5.63	5.89	6.12	6.32	6.49	6.79	7.14	7.59
7	3.34	4.16	4.68	5.06	5.36	5.61	5.82	6.00	6.16	6.43	6.76	7.17
8	3.26	4.04	5.43	4.89	5.17	5.40	5.60	5.77	5.92	6.18	4.48	6.87
9	3.20	3.95	4.42	4.76	5.02	5.24	5.43	5.60	5.74	5.98	6.28	6.64
10	3.15	3.88	4.33	4.65	4.91	5.12	5.30	5.46	5.60	5.83	6.11	6.47
11	3.11	3.82	4.26	4.57	4.82	5.03	5.20	5.35	5.49	5.71	5.99	6.33
12	3.08	3.77	4.20	4.51	4.75	4.95	5.12	5.27	5.40	5.62	5.88	6.21
13	3.06	3.73	4.15	4.45	4.69	4.88	5.05	5.19	5.32	5.53	5.79	6.11
14	3.03	3.70	4.11	4.41	4.64	4.88	4.99	5.13	5.25	5.46	5.72	6.03
15	3.01	3.67	4.08	4.37	4.60	4.78	4.94	5.08	5.20	5.40	5.65	5.96
16	3.00	3.65	4.05	4.30	4.56	4.74	4.90	5.03	5.15	5.35	5.59	5.90
17	2.98	3.63	4.02	4.30	4.52	4.71	4.86	4.99	5.11	5.31	5.55	5.84
18	2.97	3.61	4.00	4.28	4.49	4.67	4.82	4.96	5.07	5.27	5.50	5.79
19	2.96	3.59	3.98	4.25	4.47	4.65	4.79	4.92	5.07	5.23	5.46	5.75
20	2.95	3.58	3.96	4.23	4.45	4.62	4.77	4.90	5.01	5.20	5.43	5.71
24	2.92	3.53	3.90	4.17	4.37	4.54	4.68	4.81	4.92	5.10	5.32	5.59
30	2.89	3.49	3.84	4.10	4.30	4.46	4.60	4.72	4.83	5.00	5.21	5.48
40	2.86	3.44	3.79	4.04	4.23	4.39	4.52	4.63	4.74	4.91	5.11	5.36
60	2.83	3.40	3.74	3.93	4.16	4.31	4.44	4.55	4.65	4.81	5.00	5.24
120	2.80	3.36	3.84	3.92	4.10	4.24	4.36	4.48	4.56	4.72	4.90	5.13
∝	2.77	3.31	3.63	3.88	4.03	4.17	4.29	4.39	4.47	4.62	4.80	5.01

注：$q(t, \nu, 0.05)$，t=比较物个数，ν=自由度。

参考文献

[1] 宋焕禄. 分子感官科学及其在食品感官品质评价方面的应用 [J]. 食品与发酵工业, 2011, 37 (8): 126-130.

[2] 张水华, 徐树来, 王永华. 食品感官分析与实验 [M]. 北京: 化学工业出版社, 2006.

[3] 徐树来, 王永华. 食品感官分析与实验 [M]. 2 版. 北京: 化学工业出版社, 2010.

[4] PORADA D K, REGENBOGEN C, SEUBERT J, et al. Multisensory Enhancement of Odor Object Processing in Primary Olfactory Cortex [J]. Neuroscience: An International Journal under the Editorial Direction, of IBRO, 2019, 418 (3).

[5] HARRY T. LAWLESS, Hildegarde Heymann. 王栋, 李崎, 华兆哲, 等, 译. 食品感官评价原理与技术 [M]. 北京: 中国轻工业出版社, 2001.

[6] 王永华, 戚穗坚. 食品风味化学 [M]. 北京: 中国轻工业出版社, 2015.

[7] STONE H, SIDEL J L. Sensory evaluation practices (影印版) [M] 3rd ed. 北京: 中国轻工业出版社. 2007.

[8] 杜双奎, 师俊玲. 食品试验优化设计 [M]. 2 版. 北京: 中国轻工业出版社. 2018.

[9] 李波, 白艳红, 栗俊广. "食品感官评定" 课程的思政建设与探索 [J]. 轻工科技, 2021, 37 (11): 134-135.

[10] 魏永义, 尹军杰, 邱学思. 分类检验法在食醋感官评价中的应用 [J]. 中国调味品, 2018, 43 (8): 122-123.

[11] ATANASOVA B, MONDON K, DREYFUSS L, et al. Hedonic assessment of odors: A comparison of two sensory scales for use with Alzheimer's disease patients and elderly individuals [J]. Journal of Alzheimer's Disease, 2018, 61 (3): 929-938.

[12] 韩北忠, 童华荣, 杜双奎. 食品感官评价 [M]. 2 版. 北京: 中国林业出版社, 2015.

[13] 沈明浩, 谢主兰. 食品感官评定 [M]. 2 版. 郑州: 郑州大学出版社, 2016.

[14] 杨洋, 杨敏, 索化夷, 等. Check-all-that-apply 和定量描述分析法对褐色酸奶感官性质的分析 [J]. 食品与发酵工业, 2020, 46 (18): 209-214.

[15] RINALDI A, VECCHIO R, MOIO L. Differences in astringency subqualities evaluated by consumers and trained assessors on sangiovese wine using Check-All-That-Apply (CATA) [J]. Foods, 2021, 10 (2): 218.

[16] TAN V W K, WEE M S M, TOMIC O, et al. Rate-All-That-Apply (RATA) comparison of taste profiles for different sweeteners in black tea, chocolate milk, and natural yogurt [J]. Journal of Food Science, 2020, 85 (2): 486-492.

[17] 林芳栋, 蒋珍菊, 廖珊, 等. 质构仪及其在食品品质评价中的应用综述 [J]. 生命科学仪器, 2009, 7 (5): 61-63.

[18] BANERJEE R, TUDU B, SHAW L, et al. Instrumental testing of tea by combining the responses of electronic nose and tongue [J]. Journal of Food Engineering, 2012, 110 (3): 356-363.

[19] 王艳芬. 基于电子舌鉴别的传感器阵列优化方法研究 [J]. 食品与机械, 2016, 32 (7): 93-95.

[20] 唐平, 许勇泉, 汪芳, 等. 电子舌在茶饮料分类中的应用研究 [J]. 食品研究与开发, 2016, 37 (11): 121-126, 165.

[21] 武晓娟, 薛文通, 王小东, 等. 豆沙质地特性的感官评定与仪器分析 [J]. 食品科学, 2011, 32 (9): 87-90.

[22] 汤勃, 孔建益, 伍世虔. 机器视觉表面缺陷检测综述 [J]. 中国图象图形学报, 2017, 22 (12): 1640-1663.

[23] 欧阳静怡, 刘木华. 基于计算机视觉的鸡蛋裂纹检测方法研究 [J]. 农机化研究, 2012, 34 (3): 91-93.

[24] 杨祖彬, 曾莉红. 脐橙分选包装表面损伤识别算法设计研究 [J]. 食品工业科技, 2014, 35 (1): 264-269.

[25] 王泽京. 基于机器视觉的马铃薯自动检测分级研究 [D]. 兰州: 甘肃农业大学, 2010: 33-45.

[26] 赵慧, 雷玉洁, 张永迪, 等. 基于计算机视觉的午餐肉颜色测定系统研究 [J]. 食品安全质量检测学报, 2015, 6: 2256-2261.

[27] 毕智健, 张若宇, 齐妍杰, 等. 基于机器视觉的番茄成熟度颜色判别 [J]. 食品与机械, 2016, 32 (12): 133-136.

[28] 童阳, 艾施荣, 吴瑞梅, 等. 茶叶外形感官品质的计算机视觉分级研究 [J]. 江苏农业科学, 2019, 47 (5):

178-181.

[29] 裴悦琨，叶家敏，姜艳超，等．基于机器视觉的樱桃形状及大小检测技术［J］．食品工业，2020，4（8）：199-202.

[30] 赵丹丹，艾医．基于计算机视觉的苹果大小检测方法研究［J］．农机化研究，2022，7：206-214.

[31] ELMASRY G，CUBERO S，MOLTÓ E，et al. In-line sorting of irregular potatoes by using automated computer-based machine vision system［J］．Journal of Food Engineering，2012，112（12）：60-68.

[32] 王聪，王婷．马铃薯质量和形状自动分级系统研究——基于计算机视觉［J］．农机化研究，2018，40（6）：205-209.

[33] 王巧华，王彩云，马美湖．基于机器视觉的鸭蛋新鲜度检测［J］．中国食品学报，2017，17（8）：268-274.

[34] 潘婧，钱建平，刘寿春，等．计算机视觉用于猪肉新鲜度检测的颜色特征优化选取［J］．食品与发酵工业，2016，42（6）：153-158.

[35] JIANG，S.，Ni，C D，Chen，G L.，Liu，Y. A novel data fusion strategy based on multiple intelligent sensory technologies and its application in the quality evaluation of Jinhua dry-cured hams［J］．Sensors and Actuators B：Chemical，2021，344：130324.

[36] Jiang，S.，Liu，Y. Gas sensors for volatile compounds analysis in muscle foods：A review［J］．Trends in Analytical Chemistry. 2020，115877.

[37] 刘唯一，周琳，赵华．化妆品功效评价——消费者使用测试［J］．日用化学工业，2021，51（6）：485-490.

[38] 安琪，邱桐，张莹，等．基于不同年龄段消费者的黄大茶偏好研究［J］．茶叶科学，2022，42（3）：435-446.